Corel Painter X

数字绘画快航

迪一工作室/编著

兵器工业出版社

北京希望电子出版社
Beijing Hope Electronic Press
www.bhp.com.cn

内 容 简 介

本书以 Painter 最新版本 Painter X 为基础，以实用案例为引导，详细介绍了 Painter X 的功能与应用。全书共分为 10 章，依次为认识 Painter X、Painter X 中的色彩、Painter X 中的工具箱、图层、笔刷工具、艺术材质、特效等内容。本书还详细讲述了如何通过设定画布进行数字绘画创作的基本要点和方法，并且为了提高学习效率，在每章设置了疑难及常见问题，并在配套光盘中进行了相应的解答。本书作为初级读本，应用范围涉及 Painter X 在图形设计、多媒体设计、插画、摄影及动画等设计领域的应用。读者通过对本书的学习，能够掌握如何在计算机上运用传统的绘画技巧，从而使数字绘画作品更加生动。

本书可作为初学者轻松掌握 Painter X 的自学用书，也可作为各院校及相关专业培训班的辅助教材。

本书配套光盘中包含部分案例的素材文件、源文件及最终成品文件，同时还提供了一些习题答案。

图书在版编目（CIP）数据

Corel Painter X 数字绘画快航/迪一工作室编著.
北京：兵器工业出版社；北京希望电子出版社，2010.1
ISBN 978-7-80248-465-8

I. C… II. 迪… III. 图形软件，Corel Painter X
IV. TP391.41

中国版本图书馆 CIP 数据核字（2009）第 202593 号

出版发行：兵器工业出版社　北京希望电子出版社
邮编社址：100089　北京市海淀区车道沟 10 号
100085　北京市海淀区上地 3 街 9 号
金隅嘉华大厦 C 座 611
电　　话：010-62978181（总机）转发行部
010-82702675（邮购）010-82702698（传真）
经　　销：各地新华书店　软件连锁店
印　　刷：北京市密东印刷有限公司
版　　次：2010 年 1 月第 1 版第 1 次印刷

封面设计：K.X，DESIGN
责任编辑：王　强　宋丽华
罗　蕊
责任校对：韩培付
开　　本：787 mm×1092 mm　1/16
印　　张：21.5
印　　数：1-3000
字　　数：465 千字
定　　价：36.00 元（配 1 张光盘）

跑！跑！跑！

静物写生

色彩分离效果

飞吧！

创意小图

快乐的小男孩

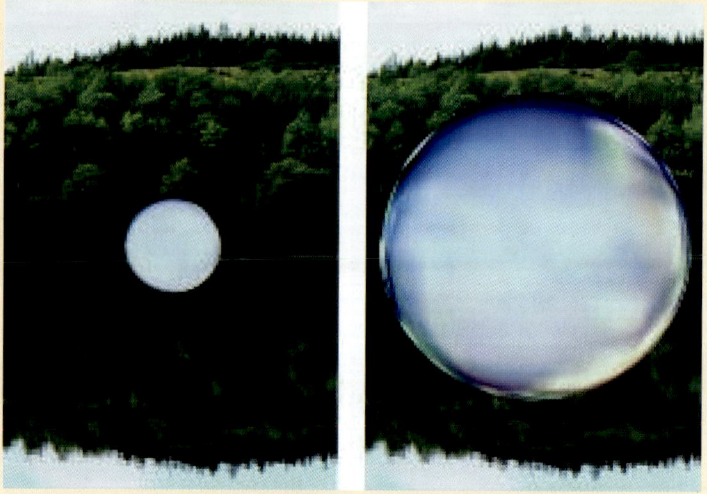

容量变化效果

星球

梦想家

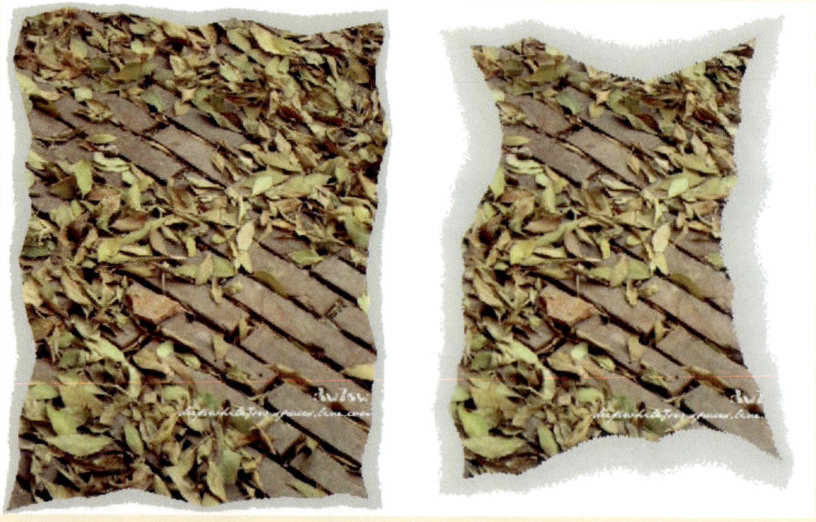

撕裂的效果

容量变化效果

油画风格的玫瑰

顺时针旋转的液体效果

液体向下凹陷的效果

液体流动的效果

小男孩

花卉

怀旧的老照片

小碎花墙纸

放射状模糊效果

快乐的女人

卡通形象设计

灰阶纹理效果

镜头动态模糊效果

涟漪效果

隆起效果

球体效果

木版画效果

迷宫效果

秘密花园

气泡效果

柔化效果

图像扭曲效果

纹理效果

镶嵌马赛克效果

颜色覆盖效果

撑红伞的胖汤姆

前　言

Corel Painter是一款强大而又独具特色的数字软件，它不但解决了其他软件对图形图像处理的相对单一性和局限性问题，而且还开发了很多独特的功能，如，它对文件和图像分辨率的有效掌控，使其能够打造高清晰度的矢量图形；它所具有的强大色库和高效率的色彩调配功能，各类艺术绘图工具，如铅笔、钢笔、水彩、丙烯和粉笔等，使绘画过程表现得更真实，更接近自然。Painter X绘画效果也可以与传统手绘效果相媲美，使创作出来的图像具有普通图像编辑软件无法比拟的真实感和艺术效果。

Corel Painter X是Corel Painter系列软件中的最新版本，与以前版本相比，Painter X新增了很多功能，新增功能使其使用起来更方便，速度和稳定性也得到了明显改善。

本书旨在还原Corel Painter作为一款软件工具的特点，循序渐进地向读者讲解这款软件的操作方法，同时介绍一些操作技巧，以帮助初学者迅速提高绘图技能。另外，在每章的后面还安排了疑难解答，对初学者在学习过程中经常遇到的一些问题进行了详细的回答。

本书由迪一工作室编著，在编写过程中得到了刘欣、侯军兰、丛珊、米华、徐延岗、李保君、吴蕾、姜玉爱、李和平等人的帮助，在此一并表示感谢。由于编著者水平有限，书中难免有不足之处，欢迎广大读者批评指正。

有问题请与我们联系，邮箱是yt_diyi2008@126.com。

编著者

第1章 认识Painter X

第2章 Painter X中的色彩

第3章 绘制与编辑对象

第4章 Painter X的图层

第6章 笔刷详解

第7章 艺术材质

第8章 Painter X中的特效

第9章 脚本与动画

第10章 综合实例

第1章

认识Painter X

本章导读

Corel Painter是世界上功能强大的自然媒体绘画和插画软件，具有独特的数字笔刷属性，艺术材质和底纹，使绘画作品犹如传统艺术的再现。最新版本的Corel Painter X（以下简称Painter X）凭借具有里程碑意义的真实笔触绘画系统、黄金分割布局工具、网格设置工具和增强的照片绘画控制面板为商业设计师、摄影师和杰出的画家，提供了一个广阔的舞台，将数字艺术设计提升到了空前的水平。

Painter X拥有丰富的笔刷变体及功能多样的笔刷效果，并提供了强大的特效滤镜、图案制作和动画功能。此外，还包括符合工业标准的文字工具、图层、通道和蒙版。Corel Painter X作为一个功能全面的工具，可以绘制线条、处理照片及所有与数字图像有关的操作，包括设计、插画、拼贴画和视频等。

不管使用Painter X软件进行哪方面的创作，真正打开Painter X魔法的钥匙是运用手绘笔触的能力（配合使用一个带压感的数位板）。尽管Painter X拥有众多优秀的特效滤镜，但其更适用于成品图的锦上添花。读者不能只局限于一些现成的特效使用，要学会用创意的头脑和灵巧的双手在绘画作品中表现，而不仅仅局限于软件的熟练操作。

1.1 知识讲解

Painter X是一款优秀的图像处理及图像创意软件。我们在更好地运用众多强大功能和丰富多彩的笔刷前，先来了解Painter X软件操作中的一些基本性能和初步设置，并从中掌握一些最基础的实际操作知识，如新建文件、笔刷选择、变换颜色、清除画布、保存文件等，同时解决Painter X软件中出现的一些常见问题，逐步熟悉Painter X的工作界面，并能轻松自如地选择和控制笔刷，这些都是使用Painter X软件的基础。

1.1.1 Painter X的新增功能

下面介绍Painter X的一些新增功能。

① 新的真实笔触绘画系统能够真实地再现绘画过程中在画布与笔刷之间的交互感触。

② 新的黄金分割布局工具有助于创作者在视觉上安排在画面上绘画或者上色的优先等级。网格布局工具能够将画布分割成相等的部分。

③ 笔刷控制面板提供易于访问的所有笔刷的设置和控制。拖动滑杆能迅速改变笔刷和笔刷变量，操作过程中不会有任何中断。

④ 新的欢迎屏幕可以快速访问最近使用的文件、教程、笔刷和颜色管理等设置，也包括出自著名Corel Painter X大师的艺术作品，如图1-1所示。

图1–1　欢迎屏幕

⑤ 使用艺术油画笔刷系统绘画时，可以直接用笔刷在图像上混色。画笔能够同画布上已有的绘画相互作用，就如同在真实的自然介质上绘画。

⑥ 通过单击按钮或者使用快捷键，捕捉路径绘画功能将约束笔刷的笔触沿着路径或者形状进行绘画。

⑦ 快速克隆功能加快了图像克隆的工作流程，并将操作步骤从五步减少到一步。

数字水彩颜料保留不同部分之间的湿度，使用户能够从上一次结束的部分开始新的绘画。

① 有超过30种不同的笔刷，范围包括色粉笔、粉笔、炭笔和丙烯笔、水彩笔刷、艺术油画笔、真实笔刷画笔和液态水笔等。

② 纸纹设置允许用户控制画布的纹理，以达到用户期望在自然介质表面绘画的效果。脚本能记录和播放绘画记录，当在收集的图像中执行同样的操作时能够节省时间，并且不必担心图像分辨率的问题。

③ 动画功能，包括许多动画属性，如洋葱皮和静态取像属性。

④ 增强对Adobe Photoshop文件的支持，完全兼容Adobe Photoshop (PSD)文件格式(支持打开和保存)，并且支持图层和图层蒙板。

⑤ 能够自由访问和选择Lynda.com的培训视频。Lynda.com是世界最著名的图像设计培训公司，能帮助用户熟悉Painter X的工作空间、工具、属性和技术。

1.1.2 Painter X的辅助工具

Painter X是一个优秀的图像创意程序，但还需要一个数字图像基本处理的常用软件Adobe Photoshop。在图像处理中，Painter X和Photoshop这两种基础工具都是处理位图的程序，用来分配和组合位图中的像素，以得到理想的艺术效果。尽管这两款软件都有和分辨率无关的文字样式及基于矢量形状的图层，但其本质还是位图处理软件。除了这两款优秀的软件外，可能还要具备一些绘制矢量图形和文字处理的工具软件，如Adobe Illustrator、CorelDRAW等。在此大致列举了一些数字图像工作中用到的基本软件，读者可以根据实际工作需要选择不同的软件，这里并没有任何硬性规定，能够达到目的即可。

1.1.3 学习使用Painter X的准备工作

在学习Painter X前先了解数位板和压感笔。通过压感笔在数位板上的感压后，可以随心所欲地创作个人喜欢的作品。压感笔由两部分组成：一部分是压感笔的笔杆和可以更换的笔尖；另一部分是数位板，这两部分需要结合使用，缺一不可。

1. 什么是数位板

数位板是一种代替鼠标的输入设备，它在计算机屏幕上的表现很富有活力。使用数位板时，如同使用一种特殊的笔，并带有压力感应，从而灵活控制屏幕上的光标指针。

2. 数位板的选择

市场上数位板的种类有很多，如图1-2所示为Wacom公司生产的Intuos3 6*8（A5）尺寸的Wacom数位板，它具有很多可供选择的笔尖，且有侧压。

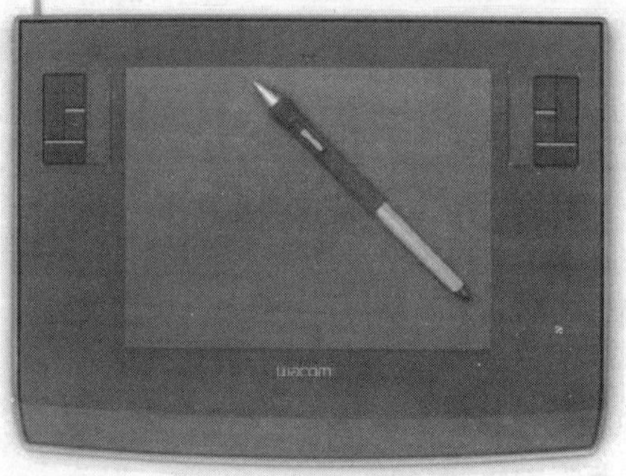

图1-2 Wacom数位板

3. 压感笔的使用

放松地执笔，把数位板放在身体的正前方，也就是身体和屏幕之间。最舒适的方式是把数位板放在桌子的前沿部分，使数位板的工作区域偏向于习惯用手的方向，Intuos3数位板的标准配笔是一只压感笔。使用方法是用放松的姿态来握压感笔，手和手臂应保持完全放松，这样才不会引起肌肉的过度紧张与疲劳。

压感笔在数位板上的操作决定了屏幕上光标指针的相应位置和走向。压感笔和鼠标不同，它完全是利用点对点的接触方式来传递输入命令的。一支压感笔拥有鼠标的全部功能，轻轻地触及相当于鼠标的单击，轻轻地连续点击两次相当于鼠标的双击。在进行拖曳操作时可以先点按在屏幕操作对象上，然后用笔在数位板上轻轻地连贯滑动，直到拖曳到指定的操作地点。现在把鼠标放置在一边，尝试用压感笔来完成计算机上的所有输入操作，包括使用Painter X或者其他程序。当能熟练使用压感笔操作时，就不再想用鼠标操作了。

4. Wacom数位板的控制面板

数位板的驱动程序安装完毕后会在当前的操作系统中形成一个数位板的控制面板，并确认安装了最新且最匹配当前计算机操作系统版本的数位板驱动（可以到Wacom的官方网站www.wacom.com.cn免费下载最新的数位板更新程序）。

单击“开始”按钮，选择“控制面板”的路径或双击Wacom数位板图标，打开相应的控制面板，如图1-3所示。

在Wacom数位板控制面板的工具菜单上方，选择“笔”选项卡，如图1-4所示。

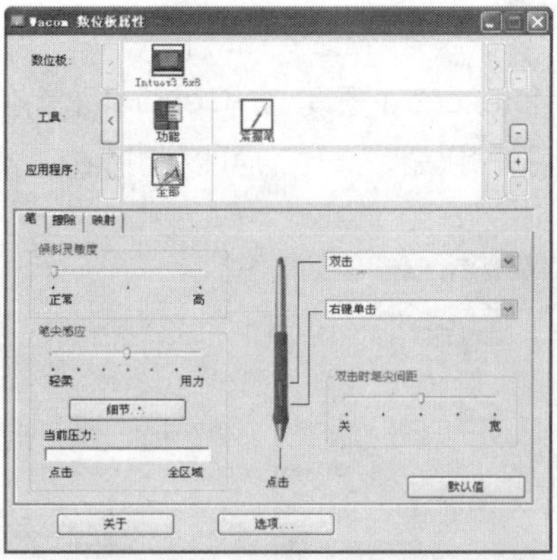

图1–3　Wacom Intuos3的控制面板和笔尖功能的调试选项

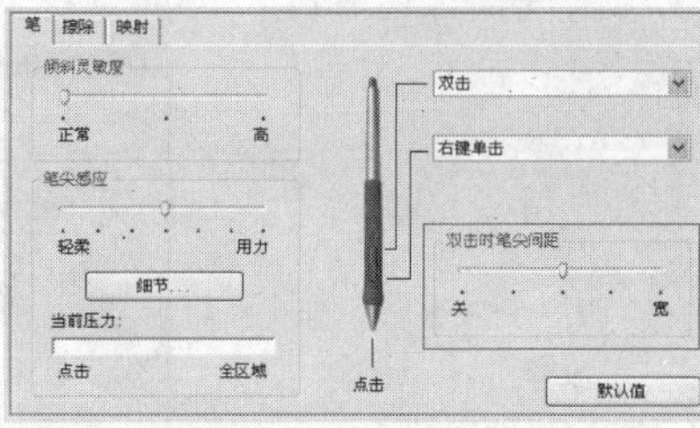

图1–4　“笔”选项卡

在压感笔右侧的选项下拉列表中，可以选择不同的功能键。

把“双击时笔尖间距”的控制滑杆移向右边（间距增大），使压感笔在数位板上的双击操作变得更加灵敏，比较折中的设定是不要把数值调节到最大，否则双击变得过于敏感容易造成错误操作。

单击“细节”按钮，弹出压感细节的调节窗口，如图1-5所示。

将“点击滑块”的数值调低，可以使运笔单击的压力感应更灵敏，这最好根据个人的习惯来设定。如果觉得单击的压感过于灵敏，可以恢复“点击滑块”的数值。若需要进一步调节压感运笔的灵敏度，“压力感应度”的调节将有助于做更加精确的设定。“在这里试试”区域用来测试当前设定的笔尖压感灵敏度，如果这些高级设定选项达到了效果，单击OK按钮，回到笔尖调试的主窗口，如图1-3所示。“笔尖感应”的调节滑块同样用来调节笔尖的感压特征。用户也可以在Painter X软件中做感压的进一步调整，不用担心在数位板控制面板中的调整是否精确。如果单击“工具”右侧的功能图标，可以进入数位板按键的设置窗口，如图1-6所示。

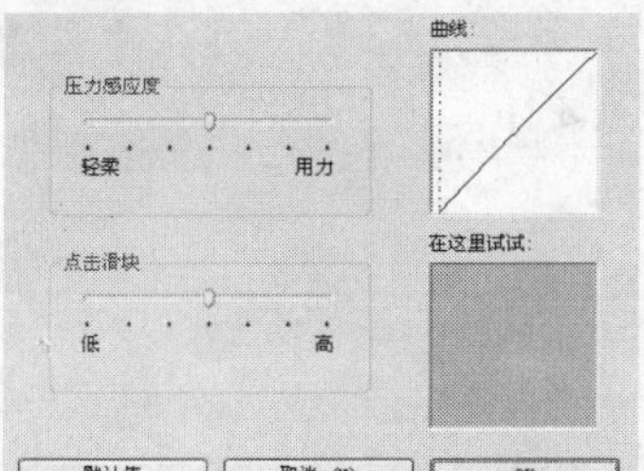

图1–5　压感细节的调节窗口

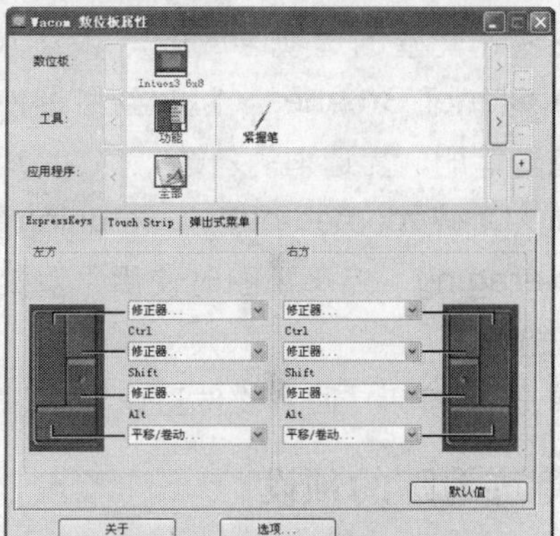

图1–6　笔尖调试的主窗口

1.1.4 Painter X的预设

下面了解Painter X中每一个环节的预设。有些预设选项可能不需要更改，但我们还是有必要了解一下这些预设的作用，并且知道该如何去运用它们。

1. 常规的预设

① 按快捷键Ctrl+K，或者选择Edit（编辑）→Preferences（预设）→General（常规）命令。

② 在弹出的对话框中调节光标的角度，如果习惯用右手操作，可以选择右上倾斜的光标方向，如图1-7所示。

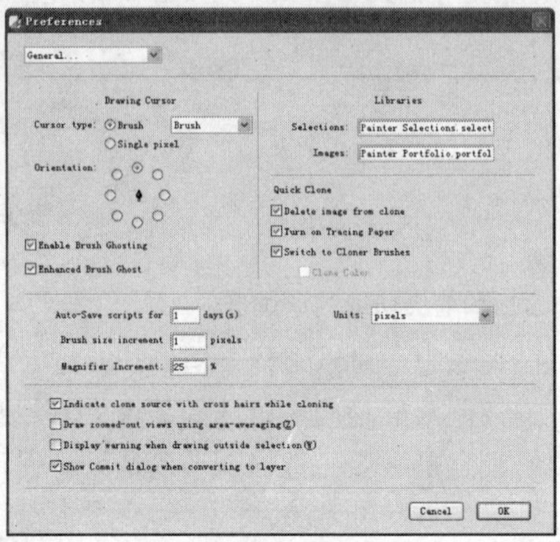

图1–7　常规的预设

③ 取消Enable Brush Ghosting（显示笔刷头）复选框的勾选。一般在默认设置中，该选项是启用的，其作用是显示当前笔刷头的形状和尺寸大小。当在画布上作画时，可以直观地看到画布上运行的笔刷光标及所有对应的笔刷尺寸大小和笔刷头形状。

④ 在快速克隆的选项区域中，取消Switch to Cloner Brushes（跳转到最近使用的克隆笔刷）复选框的勾选。

⑤ 勾选Draw zoomed-out views using area-averaging（缩小视图时使用平滑处理）复选框。

⑥ 单击OK按钮，回到软件工作界面。

设置笔刷头的形状和尺寸时，也有不利的一面。如使用尺寸非常小的笔刷，可能看不清笔刷头的光标位置。如果使用尺寸较大的笔刷头，就不能很好地判断笔触的入手点和相关作用点的准确位置。试着关闭显示笔刷头的选项，这样更便于操作。

2. 笔迹追踪的预设

① 在Painter X工作界面的右上角，可以看到一个笔刷选取面板，上面有两个图标分别显示当前的笔刷类别和笔刷变体。单击左边的图标弹出菜单，可以看到笔刷类别列表。

② 选择Pencil（铅笔）的笔刷类别。

③ 单击右边的图标将看到包含在Pencil（铅笔）笔刷中所有笔刷变体的菜单列表。选择2B Pencil（2B铅笔）的笔刷变体。

④ 使用时就如同平时使用铅笔在画布上画一道笔触一样。如果画出的笔触线条是生硬的变粗，就要调节Brush Tracking的预设来进行调节。再尝试画几笔确认是否能够获得平滑的笔触效果。不必担心运笔的用力过度，关注一下笔触的粗细变化和运笔力度之间的对应关系，有时会发现笔触的感压会过于敏感或者过于迟钝，因为每个人运笔力度的范围值不一样。Brush Tracking的预设调节可以使Painter X记录下个人惯用的运笔力度范围值。

⑤ 按快捷键Ctrl+K，或者选择Edit（编辑）→Preferences（预设）→General（常规）命令。

⑥ 在Preferences对话框的下拉列表中，选择Brush Tracking的预设选项，如图1-8所示。

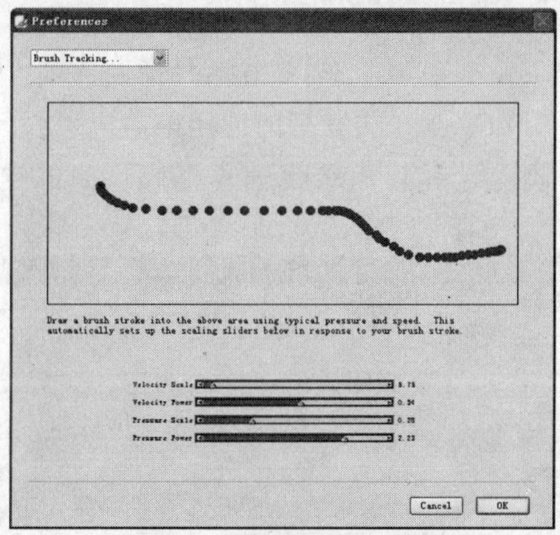

图1–8　笔迹追踪的预设

⑦ 注意在Brush Tracking预设对话框下方的4个调节滑块，如果已经作出了调节并单击OK按钮确认了新设定，就不能重新取消或者更改那些滑块的基本数值了。

⑧ 在Brush Tracking对话框中，用最惯用的运笔力度画一条轻柔自然的笔触。

⑨ 单击OK按钮确认。

⑩ 在画布上试着画一条从轻到重的笔触线条，观察笔触由细变粗的状态是否平滑，是否比之前更容易控制。如果有必要的话，可以再次回到Brush Tracking的预设对话框重新设定。

3．自定义快捷键的预设

按快捷键Ctrl+K，在Preferences对话框的下拉列表中，选择Customize Keys预设选项。可以看到包含全部主菜单和子菜单的命令及对应的默认快捷键设置，如图1-9所示。单击相应命令后面的快捷键，然后按自己的习惯对快捷键作出新的自定义设置。

4．撤销的预设

在Preferences对话框的下拉列表中，选择Undo预设选项，可以看到默认的设置最多是32步，如图1-10所示。建议保留这个默认设置，因为这样可以通过快捷键Ctrl+Z来撤销之前在画布上进行的32步操作（包括笔触、命令和效果运用）。

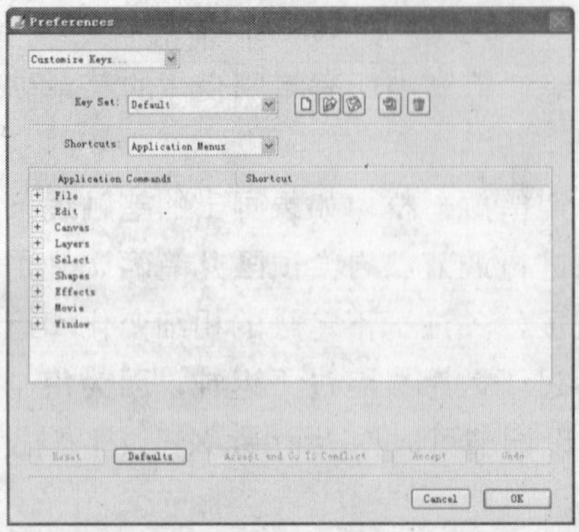

图1-9　自定义快捷键的预设

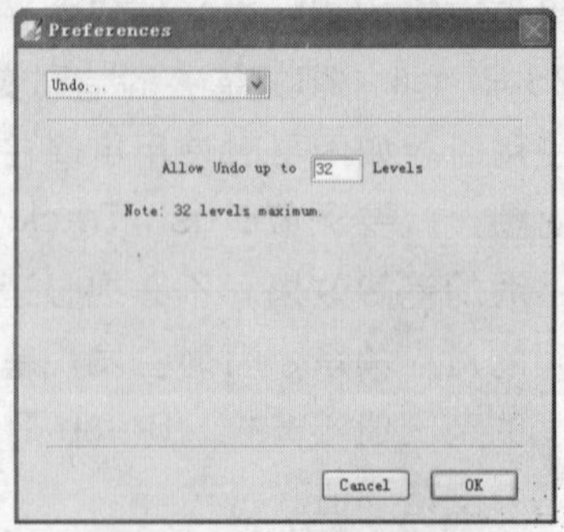

图1-10　撤销的预设

5．矢量形状的预设

在Preferences对话框的下拉列表中，选择Shapes预设选项，如图1-11所示。取消默认设置的Stroke In Current Color On Draw（在绘画时使用当前色彩作为路径的描边色）和Fill With Current Color On Close（在闭合路径时使用当前色彩作为形状的填充色）选项。启用Big Handles（大的路径控制手柄）选项。

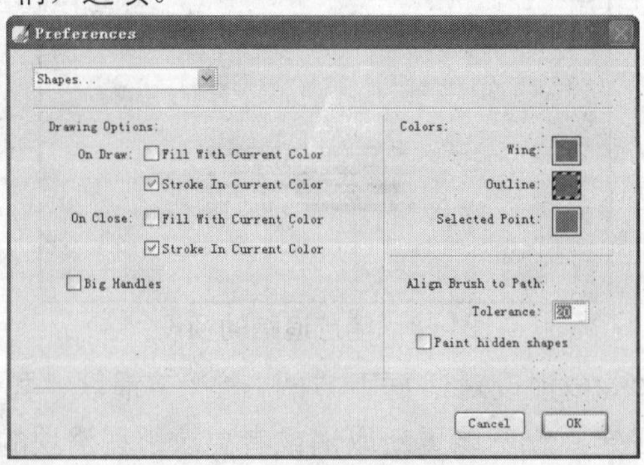

图1-11　矢量形状的预设

提示

这些设置在使用钢笔工具绘制路径并需要转换为选区时，能保持路径状态的简单化。注意，Shapes的预设窗口中还包含了Align Brush to Path Tolerance（笔刷顺着路径运行的容忍度）选项，该选项主要是配合笔刷吸附路径绘画功能而设定的。

6．保存的预设

在Preferences对话框的下拉列表中，选择Save预设选项，如图1-12所示。可以把Color Space（色彩空间）中的TIFF和PSD选项改为RGB，默认的设置为Prompt on Save（保存时会出现提示框）。

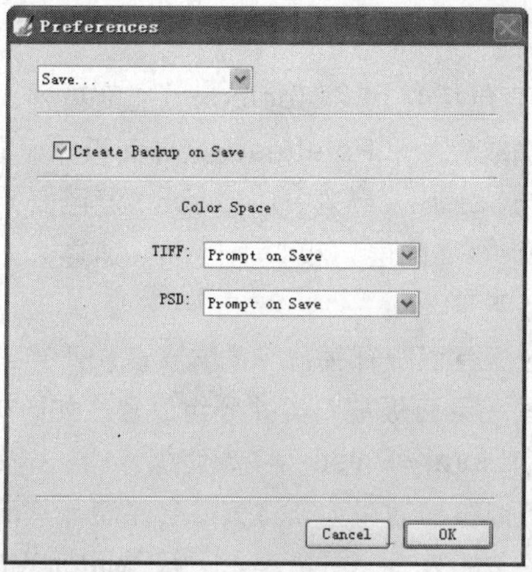

图1–12 保存的预设

7. 面板和界面外观的预设

在Preferences对话框的下拉列表中，选择Palettes and UI预设选项，如图1-13所示。如果想改变默认灰色窗口背景的颜色（这个背景是Screen Mode下围绕在画布周围的颜色），可以单击Custom Color按钮进行设置。

8. 内存与缓存的预设

在Preferences对话框的下拉列表中，选择Memory & Scratch预设选项，如图1-14所示。如果希望在Painter X中操作大容量的文件时，需要发挥软件的最高性能，可以把Memory Usage（内存使用）的数值加大到80%~100%的允许范围内，同时确认指定分配的Scratch Disk（暂存盘）有足够的剩余空间。

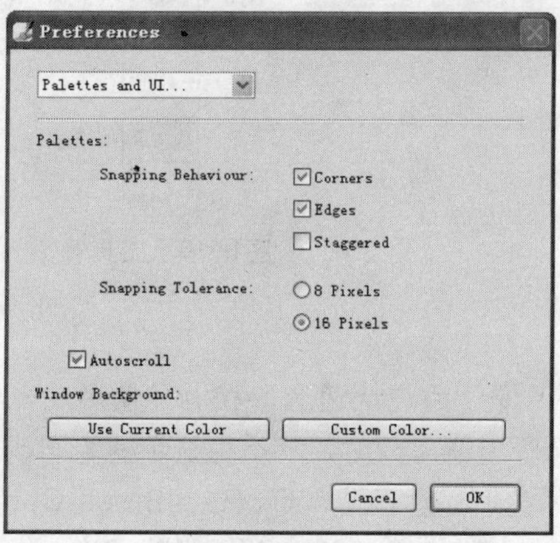

图1–13 面板和界面外观的预设

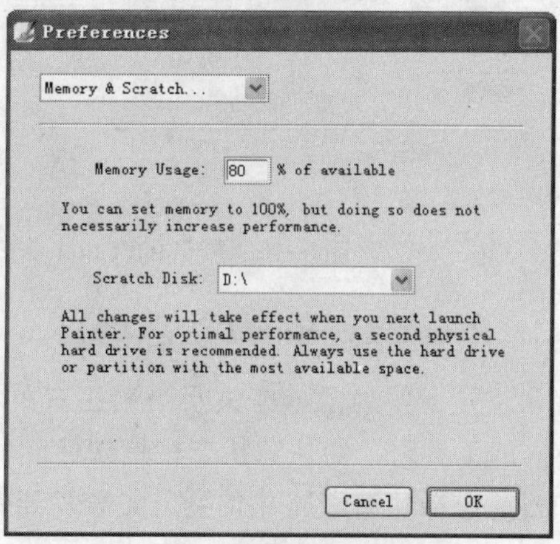

图1–14 内存与缓存的预设

1.1.5 Painter X工作界面

下面介绍Painter X界面上一些工具面板及其用处，同时了解如何控制软件界面。

1．工作界面

Painter X的工作界面主要包括4部分：Toolbox（工具箱）、Property Bar（状态栏）、Brush Selector Bar（笔刷选取栏）和Palettes（工具面板）。首次运行Painter X时，工作界面上默认显示的工具面板为Colors（色彩）、Mixer（混色器）、Color Sets（色彩集）、Color Info（色彩信息）、Layers（图层）和Channels（通道）面板。还有一些工具面板显示在Windows菜单中，如图1-15所示。

在Windows菜单中，相应工具面板开关显示的文字取决于当前软件界面的面板显示状况。在Windows菜单的下方，一些工具面板被归类并分组放置，如Brush Controls（笔刷控制）、Color Palettes（色彩面板）、Library Palettes（库面板）。

所有的这些工具面板都可以被移动、重新排列或者隐藏，从而便捷地控制Painter X的自定义工作环境。这里通过这些图文的表述，希望读者了解Painter X最原始的概念，这比盲目地查询相应工具面板的细节更有意义。

2．Toolbox（工具箱）

Toolbox可以用来直接选取Painter X的全部工具及一些丰富的艺术材质，如纸纹、图案、渐变、管口图像、织物和笔刷外貌，如图1-16所示。需要注意的是工具箱中有的工具图标右下角带有三角形，单击该三角形后会出现隐藏工具的弹出式菜单。

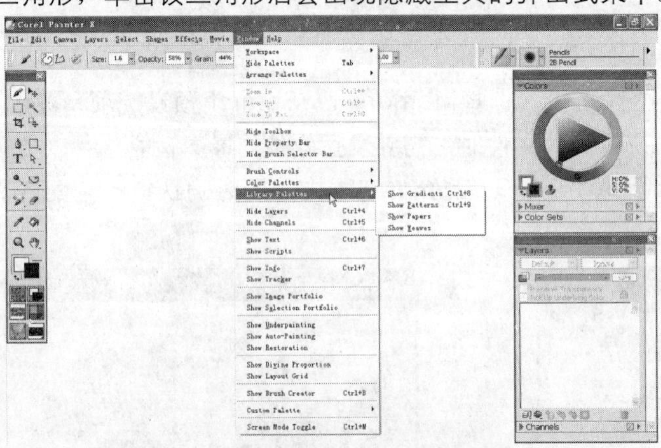

图1–15　默认的Painter X工作界面

图1–16　工具箱

3．Property Bar（状态栏）

状态栏上罗列了一些关于当前工具的常见选项，便于用户快速选取和调节使用。当切换为不同的工具时，要注意状态栏是如何变化的。当选择笔刷工具时，状态栏显示的笔刷参数调节和当前选择的笔刷属性有关。如果需要做更高级的笔刷属性调节，可以使用Brush Controls（笔刷控制面板）或者Brush Creator（笔刷设计器），相应的菜单命令分别位于Windows菜单下。相关的具体操作在第3、4章中具体介绍。

4．Brush Selector Bar（笔刷选取栏）

笔刷是Painter X的核心部分。笔刷选取栏提供了Painter X所有笔刷的选取功能，包括左边的笔刷类别选取和右边的笔刷变体选取，如图1-17所示。通常情况下，总是先选择笔刷类别，然后选择相应的笔刷变体。可以把笔刷类别菜单看作是一个装有各类画笔（油画笔、铅笔、粉笔、钢笔……）的工具箱，单击笔刷类别的小三角来查看Painter X提供了哪些画笔，如图1-18所示。在选择不同的笔刷后都会有相应的笔刷变体，如图1-19所示。

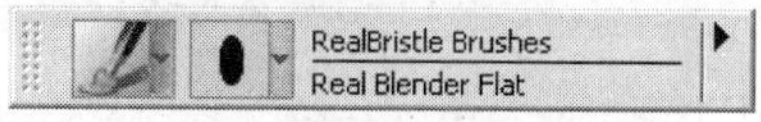

图1–17　笔刷选取栏

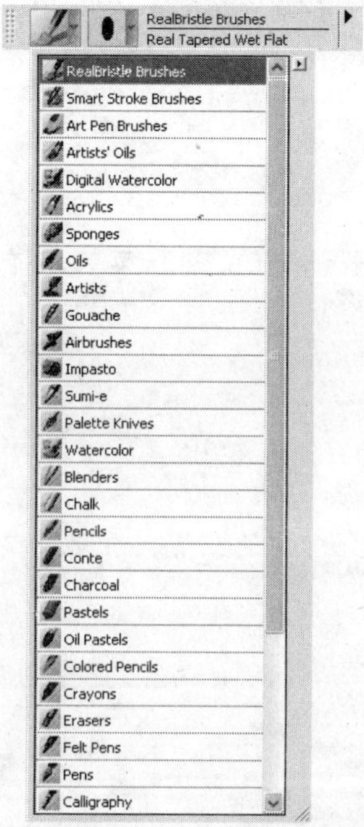

图1–18　笔刷种类

图1–19　笔刷变体列表

5. Colors（色彩面板）

Painter X拥有4块关于色彩的工具面板，分别为Colors（色彩）、Mixer（混色器）、Color Sets（色彩集）和Color Info（色彩信息），如图1-20所示。可以在这4块面板上进行色彩选取和色彩调节操作，还可以添加用颜色吸管工具采集的色彩样本。除了Color Info（色彩信息）面板外，其余的3块面板都有各自的取色和调节方式。

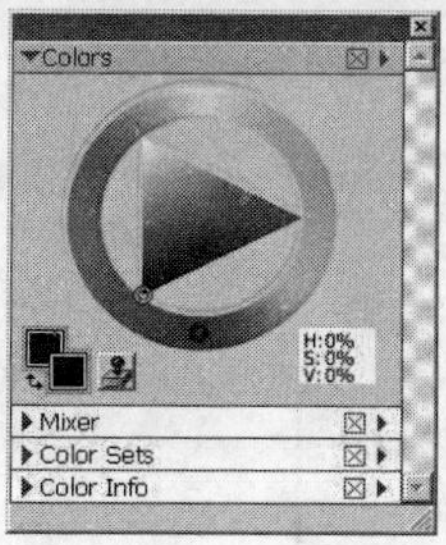

图1–20　色彩面板

1.1.6 Painter X菜单栏

Painter X菜单栏提供了10个菜单，分别为：File（文件）、Edit（编辑）、Canvas（视图编辑）、Layers（图层）、Select（选择）、Shapes（矢量图形设置）、Effects（效果）、

Movie（动画）、Window（窗口）及Help（帮助）菜单，如图1-21所示。在每个菜单中都包含下一级的子菜单，这些菜单几乎包括了Painter X所有面向对象进行处理的操作命令。单击每一个菜单都会弹出相应的子菜单选项。

图1–21　菜单栏

1. File（文件）菜单

文件菜单中包括了对绘图文件的基本操作命令。单击File（文件）菜单，弹出下拉菜单栏，如图1-22所示。

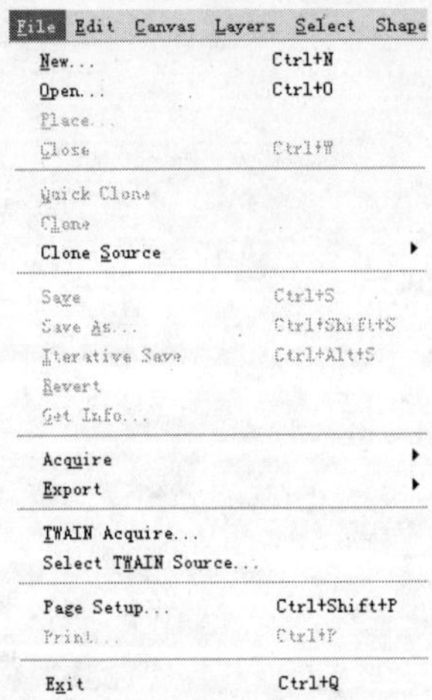

图1–22　文件下拉菜单

- New（新建）

选择File（文件）→ New（新建）命令，或按快捷键Ctrl+N，弹出New（新建文件）对话框，在该对话框中可以创建一个新的空白图像文件，如图1-23所示。

- Open（打开）

选择File（文件）→ Open（打开）命令，或按快捷键Ctrl+O，弹出Select Image（选取图像）对话框，如图1-24所示。

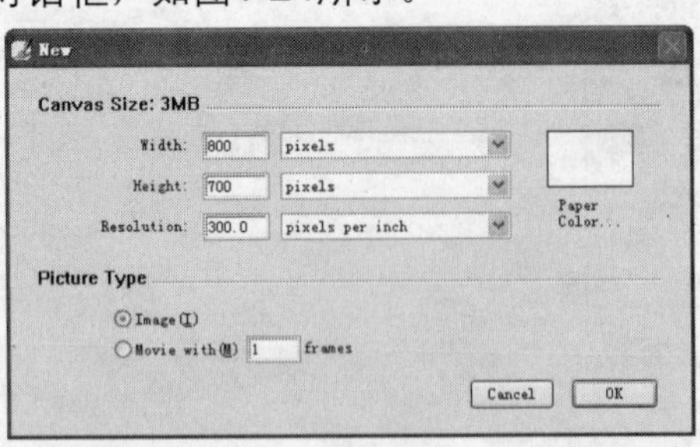

图1–23　New（新建文件）对话框

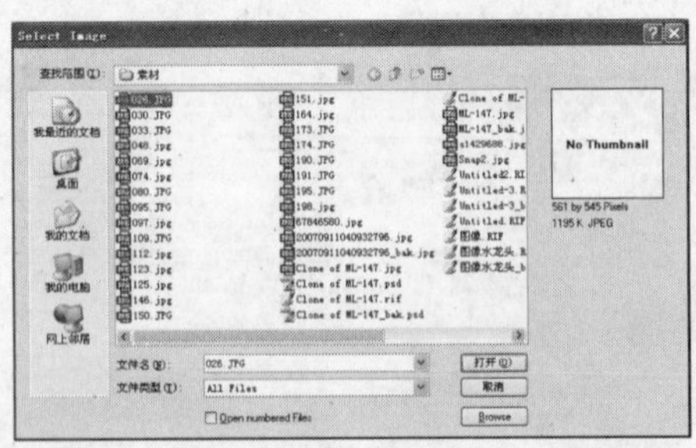

图1–24　Select Image（选取图像）对话框

- Place（置入）

选择File（文件）→ Place（置入）命令，弹出Select Image（选取图像）对话框，可以选择一副新的图像文件并将其置入正在编辑的文件中。

● Close（关闭）

选择File（文件）→ Close（关闭）命令，或按快捷键Ctrl+W可以关闭一个当前正在操作的文件。如果是没有保存的文件，将会出现提示对话框，如图1-25所示。

● Quick Clone（快速克隆）

选择File（文件）→ Quick Clone（快速克隆）命令，将打开的一个图像进行克隆后显示描图纸。这是Painter IX以后新加入的功能，在之前版本中是执行图像→克隆→全选克隆图像→删除→显示描图纸命令。现在只要使用快速克隆这一步就可以完成了。

● Clone（克隆）

选择File（文件）→ Clone（克隆）命令，可以克隆出一个和当前正在编辑的文件完全相同的文件，不管该文件是否已经保存过，都可以进行克隆操作。

● Clone Source（克隆来源）

该命令主要用于同时打开多个文件时选择需要克隆的文件，如图1-26所示。可以在克隆来源子菜单中选择Current Pattern（当前绘图文件）命令或选择其他打开的图像文件，然后用Clone（克隆）命令来完成克隆操作。

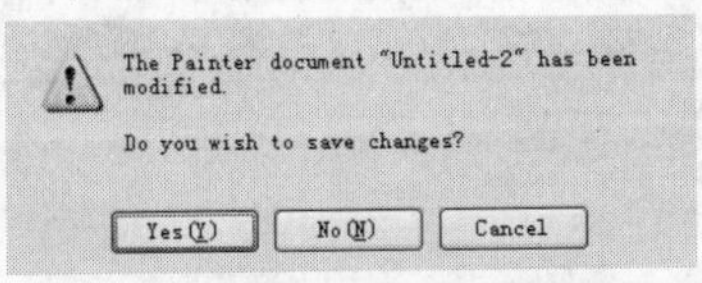

图1—25 提示对话框

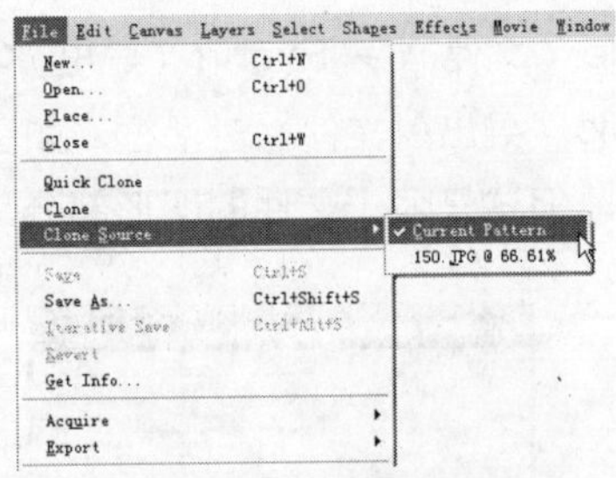

图1—26 克隆来源

● Save（保存）

选择File（文件）→ Save（保存）命令，或按快捷键Ctrl+S，可将当前图像窗口中的图像文件保存。需要注意的是，Painter X保存的图像格式为原图像格式，若原图像是JPG格式，那么保存的图像文件也是JPG格式，同时所有TIFF格式的特有信息将丢失。如果想要保存这些特有信息，需要执行Save As（另存为）命令。

● Save As（另存为）

选择File（文件）→ Save As（另存为）命令，或按快捷键Ctrl+Shift+S，可以对文件进行另存为操作。与Save（保存）命令不同，用“另存为”命令保存文件可以更换文件名称、路径、格式，然后存入磁盘中，这样可以保留原始图像不被改动并且起到备份作用。

● Iterative Save（重复保存）

选择File（文件）→ Iterative Save（重复保存）命令可以将文件自动保存为副本，每次使用该命令都会将其保存为一个新的文件副本，这样就算是想恢复多少步也不是什么大问题了，只要找到保存的那个副本就可以了。

● Rever（还原）

选择File（文件）→ Rever（还原）命令可以撤销对当前文件所做的所有改动，恢复到上次保存时的状态。如果图像还没被保存过，将会恢复到图像的原始状态。在选择该命令时会出现警告窗口，单击Revert（还原）按钮即可还原文件。

● Get Info（图像信息）

选择File（文件）→ Get Info（图像信息）命令，弹出File Information（文件信息）对话框，如图1-27所示。在对话框中的空白部分可以为当前的图像添加说明信息，此外还可以在该对话框中查看其他Painter X文件中已有的图像说明信息。

● Acquire（获取）→Adobe Illustrator File

选择File（文件）→ Acquire（获取）→Adobe Illustrator File命令，可以将Adobe Illustrator中的AI文件导入到Painter X中。需要注意的是，并不是所有的AI文件都可以导入Painter X中，Painter X中只能导入Illustrator 8.0以及更低版本的AI文件，如果导入高版本的AI文件，需要先在Illustrator中把文件另存为8.0版本的AI文件。

如果被导入的AI文件包含文字，则需要在导入前将文字转换成路径，否则文字部分不能被导入到Painter X中，AI文件中所包含的图像也不能被导入到Painter X中。

图形成为由矢量图层组成的群组后，单击导入群组的小三角将显示导入AI文件的各个组成部分，选择需要修改的部分就可以进行调整了。

● Export（导出）→Adobe Illustrator File

选择File（文件）→ Export（导出）→ Adobe Illustrator File命令，弹出Export as Adobe Illustrator File（导出AI文件）对话框，如图1-28所示，通过该对话框可以将绘制好的图形输出为AI格式文件，但这只限于文件的图形部分，窗口中的点阵部分不能被输出到AI文件中。

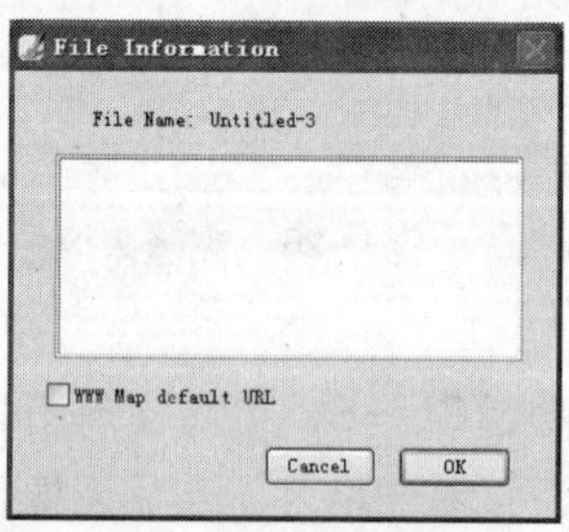

图1-27 File Information（文件信息）对话框

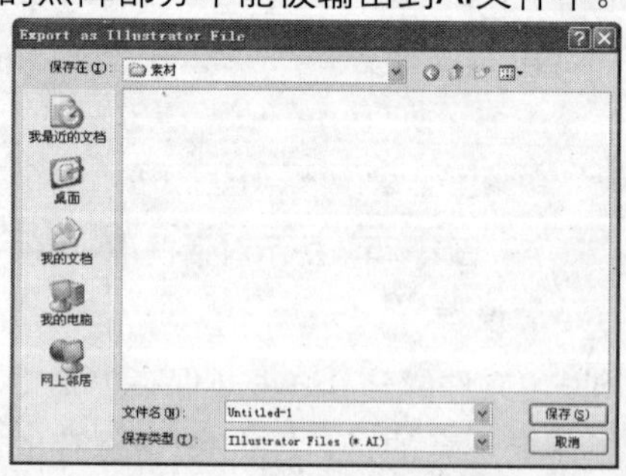

图1-28 导出AI文件对话框

● TWAIN Acquire（从设备中获取）

选择File（文件）→ TWAIN Acquire（从设备中获取）命令，可以使用当前设备来获取图像。但要先确定计算机已经连接了相关的获取设备，如扫描仪等。如果没有相应的设备该命令将不起作用。

● Select TWAIN Source（选定来源）

当计算机上有两个或两个以上的获取设备时，可以选择File（文件）→ Select TWAIN Source（选定来源）命令，在弹出的对话框中选择要使用的设备。

● Page Setup（页面设置）

选择File（文件）→ Page Setup（页面设置）命令，或按快捷键Ctrl+Shift+P弹出Page Setup（页面设置）对话框，在该对话框中可以设置文件的页面打印属性。

● Print（打印）

选择File（文件）→ Print（打印）命令，或按快捷键Ctrl+P弹出Print（打印）对话框，在该对话框中可以对使用的打印机、打印尺寸、打印页数等属性进行设置。设置完成后单击OK

按钮即可进行图像的打印。

2. Edit（编辑）菜单

编辑菜单主要用于对各种对象进行复制、剪切、粘帖、清除等操作。单击Edit（编辑）菜单，弹出下拉菜单栏如图1-29所示。

● Undo（撤销）

选择Edit（编辑）→ Undo（撤销）命令，也可以按快捷键Ctrl+Z回到上一步操作。在Undo命令后面有最后一次所进行操作的名称，如Undo Brush Stroke（撤销笔触）、Undo Fill（撤销填充）、Undo Text Layer（撤销文字图层）等，Painter X最多允许撤销32步。

● Redo（重做）

选择Edit（编辑）→ Redo（重做）命令，或按快捷键Ctrl+Y可以恢复已经取消的操作。需要注意的是，只有在使用Undo（撤销）命令后，该命令才可以使用。

● Rade（淡化）

选择Edit（编辑）→ Rade（淡化）命令，或按快捷键Ctrl+Shift+F弹出Fade（淡化）对话框，如图1-30所示。在该对话框中可以对画面中的笔触进行淡化操作（只限于最后一笔），也可以对所使用的图像效果起到减弱的作用（只限于最后一次使用的效果），Undo Amount（淡化程度）滑块的数值越高，淡化程度越明显。

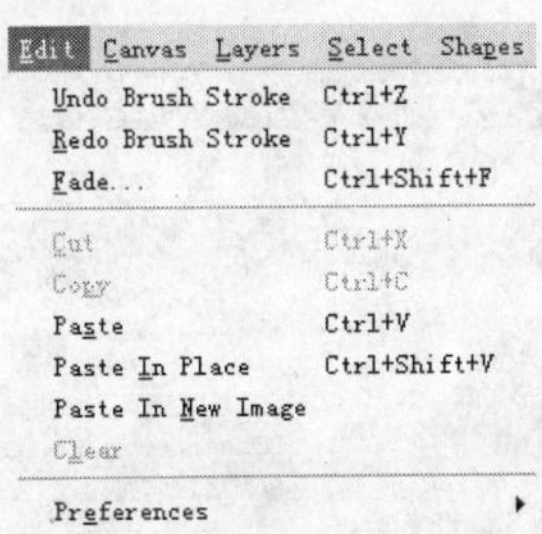

图1-29 编辑下拉菜单

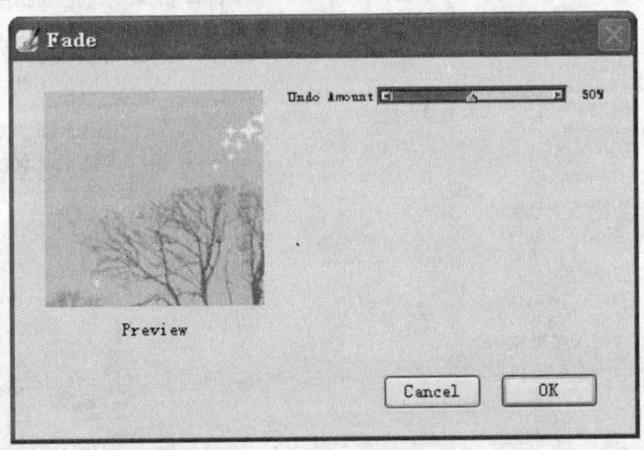

图1-30 Rade（淡化）对话框

● Cut（剪切）

选择Edit（编辑）→ Cut（剪切）命令，或按快捷键Ctrl+X可以将所选的对象从当前文件中剪切。被剪切的对象将保存在剪贴板中。

● Copy（复制）

选择Edit（编辑）→ Copy（复制）命令，或按快捷键Ctrl+C可以将当前选择的对象复制并存储到剪切板中。

● Paste（粘贴）

选择Edit（编辑）→ Paste（粘贴）命令，或按快捷键Ctrl+V可以将使用剪切或复制命令后存到剪贴板中的对象进行粘贴，粘贴后的对象将作为一个图像层出现。

● Paste In Place（选择性粘贴）

选择Edit（编辑）→ Paste In Place（选择性粘贴）命令，或按快捷键Ctrl+Shift+V可以将保存到剪贴板中的对象粘贴到图像的左上角，如果剪贴板上的对象来自于当前操作的图像，则该对象将被粘贴到其被复制或剪切的原始位置上，粘贴后的对象将作为一个图像层出现。

● Paste In New Image（粘贴到新文件）

选择Edit（编辑）→ Paste In New Image（粘贴到新文件）命令，可以将使用剪切或复制命令存到剪贴板的对象粘贴为一个新的文件。

● Clear（清除）

选择Edit（编辑）→ Clear（清除）命令，可以将选区内的图像清除，清除的部分变成当前图像所设置的纸张颜色。

3. Canvas（画布）菜单

画布菜单中包括对画布的设置及辅助对象的显示控制工具，如标尺、辅助线、网格等。单击Canvas（画布）菜单命令，弹出下拉菜单如图1-31所示。

● Resize（改变尺寸）

选择Canvas（画布）→ Resize（改变尺寸）命令，弹出Resize（改变尺寸）对话框。在该对话框中可以对打开图像的尺寸和分辨率进行修改，如图1-32所示。需要注意的是，Painter X中的图像尺寸只能按比例进行调整。

对话框上半部分的Current Size（目前尺寸）显示的是原图像文件占用硬盘空间的大小，Width和Height后的数值是实际文件的宽度和高度，Resolution后的数值是实际文件的分辨率。

对话框下半部分的New Size（新的尺寸）显示的是调整完的图像文件所占硬盘空间的大小，在Width和Height后面的输入框中可以输入新的文件尺寸，在Resolution后面的输入框中可以输入新的文件分辨率。

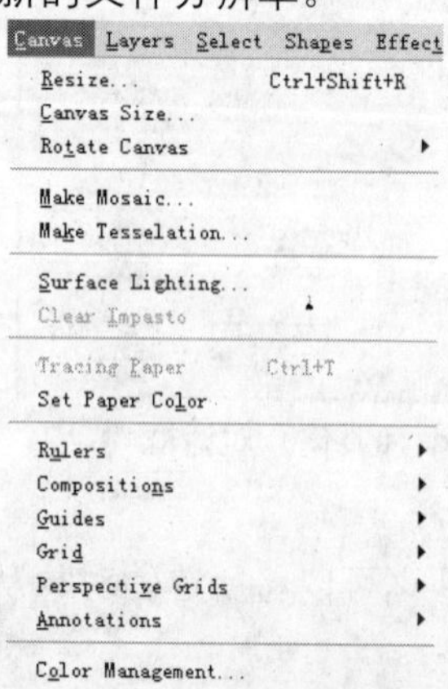

图1-31 画布菜单

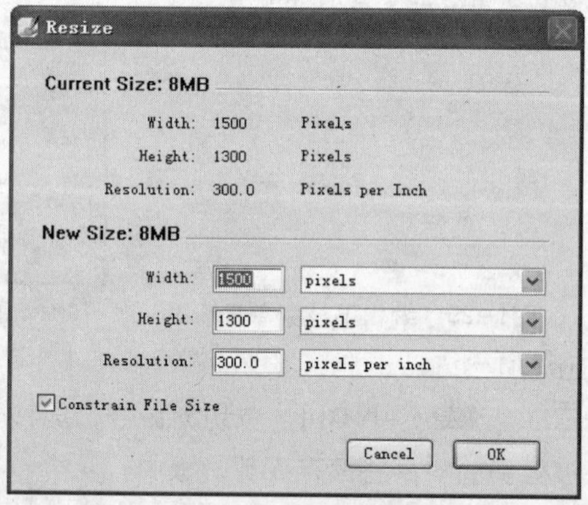

图1-32 Resize（改变尺寸）对话框

● Canvas Size（画布尺寸）

如果想不受约束地增加图像尺寸，选择Canvas（画布）→ Canvas Size（画布尺寸）命令，在出现的对话框中对画布的尺寸进行调整，如图1-33所示。但这个命令只能改变图像尺寸而不能使图像自适应画布的尺寸。

对话框中的Current Size（目前尺寸）显示的是当前图像文件的Width（宽度）和Height（高度），在Adjust Size（调整尺寸）选项下有4个输入框，在输入框中输入相应的数值就可以改变图像的尺寸了。

● Rotate Canvas（旋转画布）

在之前版本中是不能旋转画布的（在效果菜单中旋转只能对图层起作用而对画布本身无

效）。虽然可以把图像放到Photoshop中进行旋转，但来回切换软件给操作带来不便，Painter X终于解决了这一问题。

选择Canvas（画布）→ Rotate Canvas（旋转画布）命令，可显示旋转画布的相关选项，如图1-34所示。需要注意的是，旋转画布后所有的图层都转换为图像层，如水彩层、图形层，这是该工具的一个缺憾。

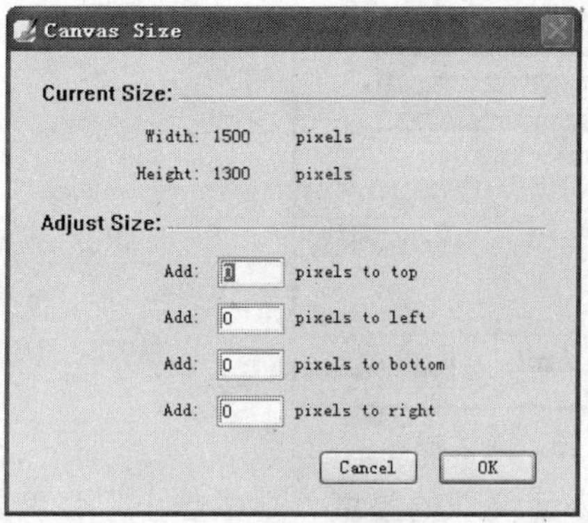

图1-33 Canvas Size（画布尺寸）对话框

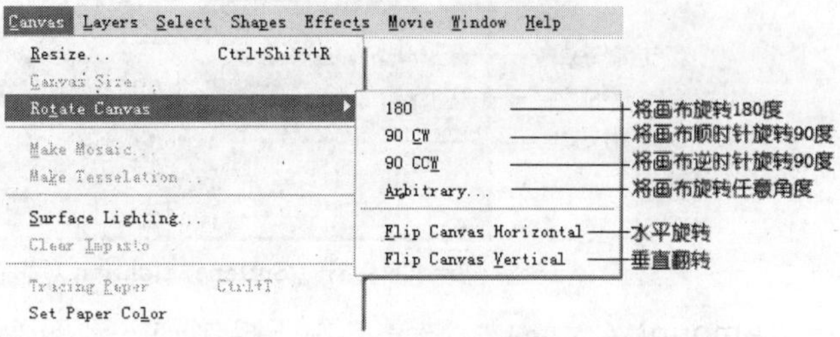

图1-34 旋转画布

● Make Mosaic（制作马赛克）

选择Canvas（画布）→ Make Mosaic（制作马赛克）命令，弹出Make Mosaic对话框，如图1-35所示。用该对话框中的工具可以制作出马赛克效果。

● Make Tesselation（制作镶嵌）

选择Canvas（画布）→ Make Tesseation（制作镶嵌）命令，弹出Make Tessellation对话框，如图1-36所示。在该对话框中可以为画面添加镶嵌效果。

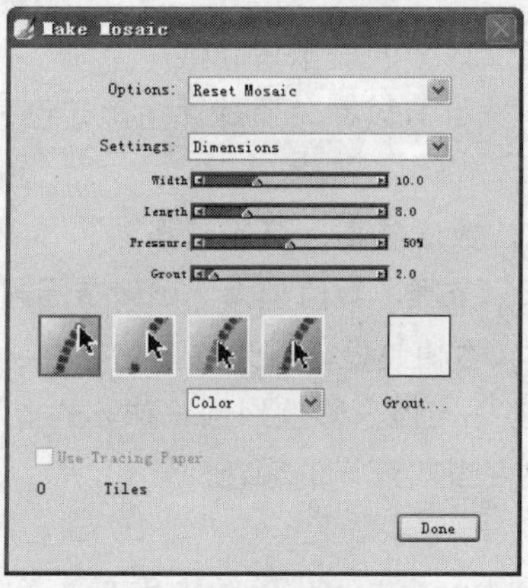

图1-35 Make Mosaic（制作马赛克）对话框

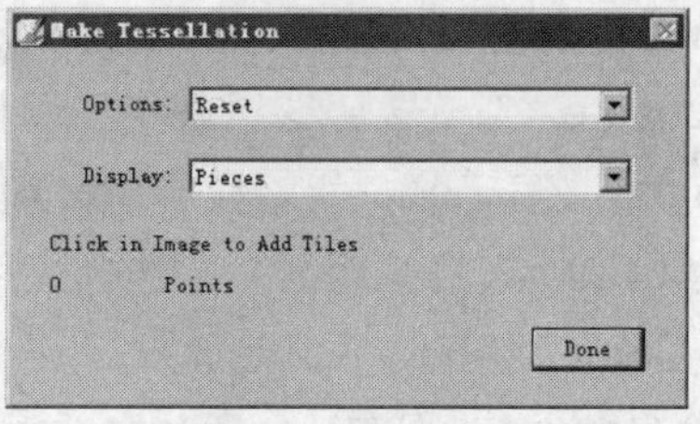

图1-36 Make Tessellation（制作镶嵌）对话框

● Surface Lighting（表面光源）

选择Canvas（画布）→ Surface Lighting（表面光源）命令，弹出Surface Lighting对话框，如图1-37所示。在该对话框中可以对画面的表面光源和厚涂的程度进行调整。

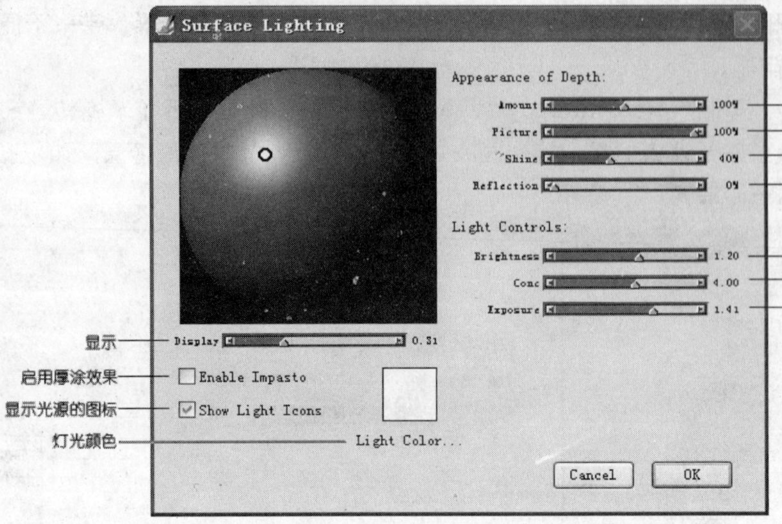

图1−37　Surface Lighting（表面光源）对话框

Amount（数量）：该滑条用于控制加入到图像中表面纹理的强度。数值越小，强度越小；数值越大，强度越大。

Picture（图像色彩量）：该滑条用于控制图像中颜色的含量。取值范围为0～100%，当其数值为100%时，图像的颜色为完全光照下的颜色；当数值变小时，图像的颜色变暗。

Shine（光泽）：该滑条用于控制图像表面的光泽程度。数值越高，表面纹理的反射程度就越强；数值越低，表面纹理的反射程度就越弱。

Reflection（反射率）：该滑条控制图像表面纹理的反射，数值越高，表面纹理的反射程度就越强；数值越低，表面纹理的反射程度就越弱。

Enable Impasto（启用厚涂效果）：该选项决定厚涂效果的显示与隐藏。

Show Light Icons（显示光源的图标）：勾选该复选框可以在预览球体上显示圆形的光源图标。

Brightness（亮度）：该滑条用于调整灯光的亮度，数值越高，灯光越强烈。

Conc（聚光）：该滑条用于调整灯光在图像上的照射范围，数值越大，照射范围越广。

Exposure（曝光）：该滑条用于调整灯光的曝光度，数值越低，灯光的曝光范围越集中。

Display（显示）：能够显示非常细微的亮度层次变化，但只影响到预览球体的显示。

Light Color（灯光颜色）：选择该颜色框，可以改变当前灯光的颜色。

- Clear Impasto（清除厚涂）

选择Canvas（画布）→ Clear Impasto（清除厚涂）命令，可以清除应用在画面中的厚涂效果。

- Tracing Paper（描图纸）

选择Canvas（画布）→ Tracing Paper（描图纸）命令，或按快捷键Ctrl+T可以激活描图纸功能，与单击图像窗口右上角第一个图标的作用相同。

- Set Paper Color（设置纸张颜色）

选择Canvas（画布）→ Set Paper Color（设置纸张颜色）命令，可以将纸张的颜色设置为前景色。

- Rulers（标尺）

选择Canvas（画布）→ Rulers（标尺）→ Show Rulers（显示标尺）命令，可以在图像窗口的顶部和左边显示横向、纵向标尺。

选择Canvas（画布）→ Rulers（标尺）→ Hide Rulers（隐藏标尺）命令，可以将显示的标尺隐藏。使用快捷键Ctrl+R可以在显示与隐藏标尺之间进行切换。

选择Canvas（画布）→ Rulers（标尺）→ Ruler Options（标尺选项）命令，弹出Ruler Options对话框，在该对话框中可以设置标尺的度量单位，如图1-38所示。

- Compositions（合成）

选择Canvas（画布）→ Compositions（合成）→ Show Layout Grid（显示设计网格）命令，可以显示出设计网格。选择Canvas（画布）→ Compositions（合成）→ Hide Layout Grid（隐藏设计网格）命令，则可将设计网格隐藏。

选择Canvas（画布）→ Compositions（合成）→ Show Divine Proportion（显示黄金比例）命令，可以显示出黄金比例分割线。选择Canvas（画布）→ Compositions（合成）→ Hide Divine Proportion（隐藏黄金比例）命令，可以将黄金比例分割线隐藏。

- Guides（参考线）

选择Canvas（画布）→ Guides（参考线）→ Show(Hide) Guides（显示或隐藏参考线）命令，可以控制参考线的显示与隐藏，按快捷键Ctrl+;可以在显示与隐藏参考线之间进行切换。

选择Canvas（画布）→ Guides（参考线）→ Snap to Guides（对齐参考线）命令，可以将参考线对齐。

在标尺上双击参考线，弹出Guide Options（参考线属性）对话框，在其中可以对其参考线的宽度、颜色等属性进行修改，如图1-39所示。

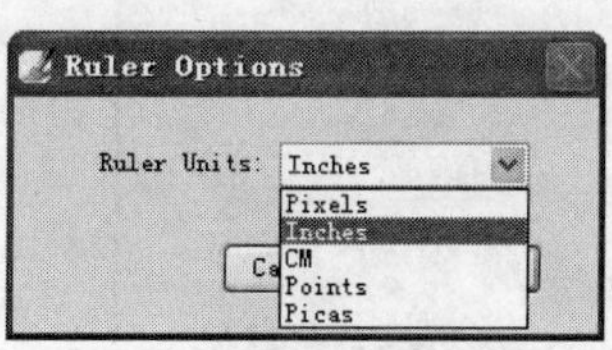

图1-38 标尺的设置

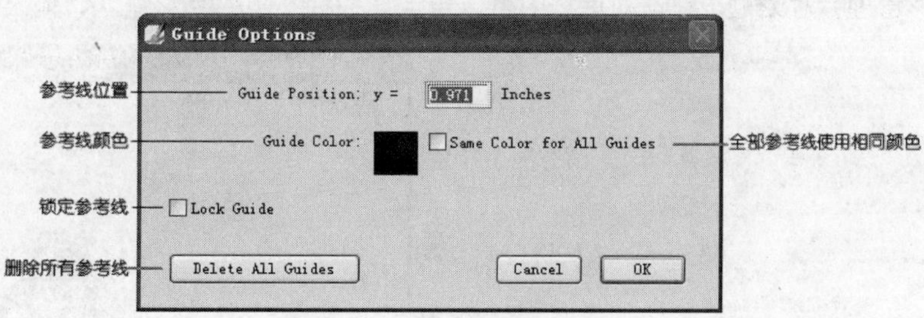

图1-39 参考线的设置

- Grid（网格）

选择Canvas（画布）→ Grid（网格）→ Show(Hide) Grid（显示或隐藏网格）命令，可以控制网格的显示或隐藏。按快捷键Ctrl+’可以在显示与隐藏网格之间进行切换。

选择Canvas（画布）→ Grid（网格）→ Grid Options（网格选项）命令，弹出Grid Options对话框，如图1-40所示。在这里可以设置网格的密度、颜色等属性。

- Perspective Grids（透视网格）

选择Canvas（画布）→ Perspective Grids（透视网格）→ Show Grids（显示网格）命令，可以在画面中显示如图1-41所示的透视网格，使用透视网格可以准确地对画面的透视角度进行衡量。

选择Canvas（画布）→ Perspective Grids（透视网格）→ Hide Grids（隐藏网格）命令，可以将画面中的透视网格隐藏。

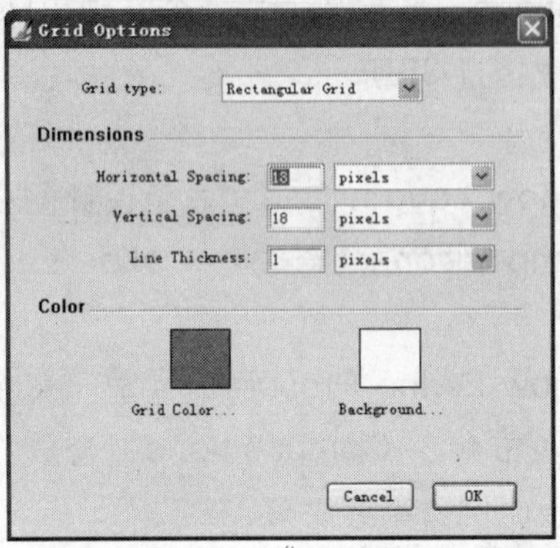

图1–40 Grid Options（网格选项）对话框

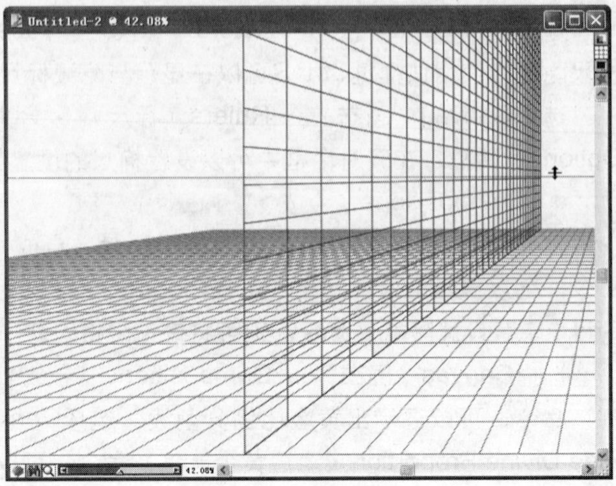

图1–41 透视网格

● Annotations（注释）

选择Canvas（画布）→ Annotations（注释）→ Show(Hide) Annotations（显示或隐藏注释）命令，可以使图像窗口中的注释显示或隐藏。

选择Canvas（画布）→ Annotations（注释）→ Annotate（注释）命令，弹出如图1-42所示的Annotation（注释）对话框，可以为画面增加注释。

● Color Management（色彩管理）

选择Canvas（画布）→ Color Management（色彩管理）命令，弹出Color Management（色彩管理）对话框，在该对话框中可以自定义各种不同的色彩输入、输出方式，如图1-43所示。

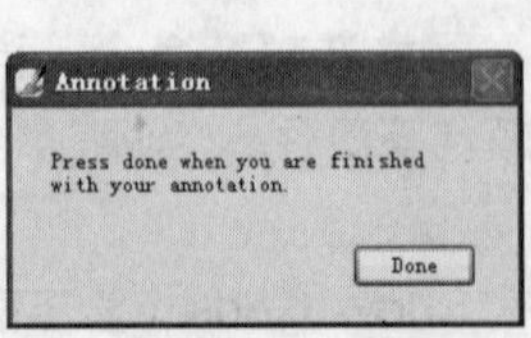

图1–42 Annotation（注释）对话框

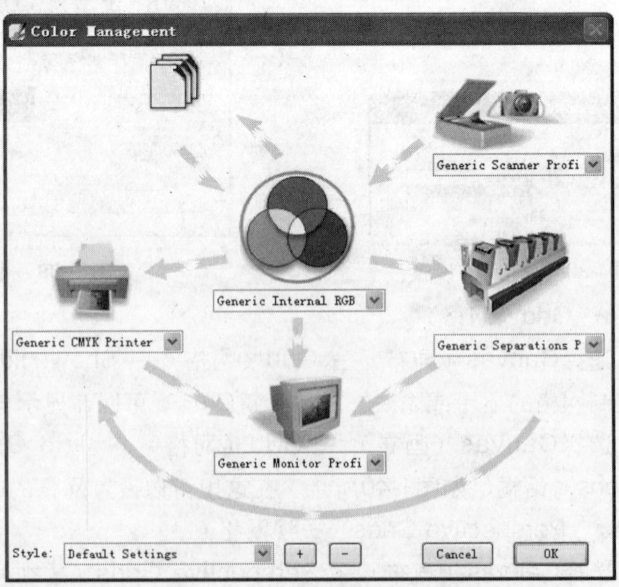

图1–43 Color Management（色彩管理）对话框

4. Layers（图层）菜单

图层菜单可以建立各种不同的图层并对其进行编辑、修改、组合等操作，如图1-44所示。

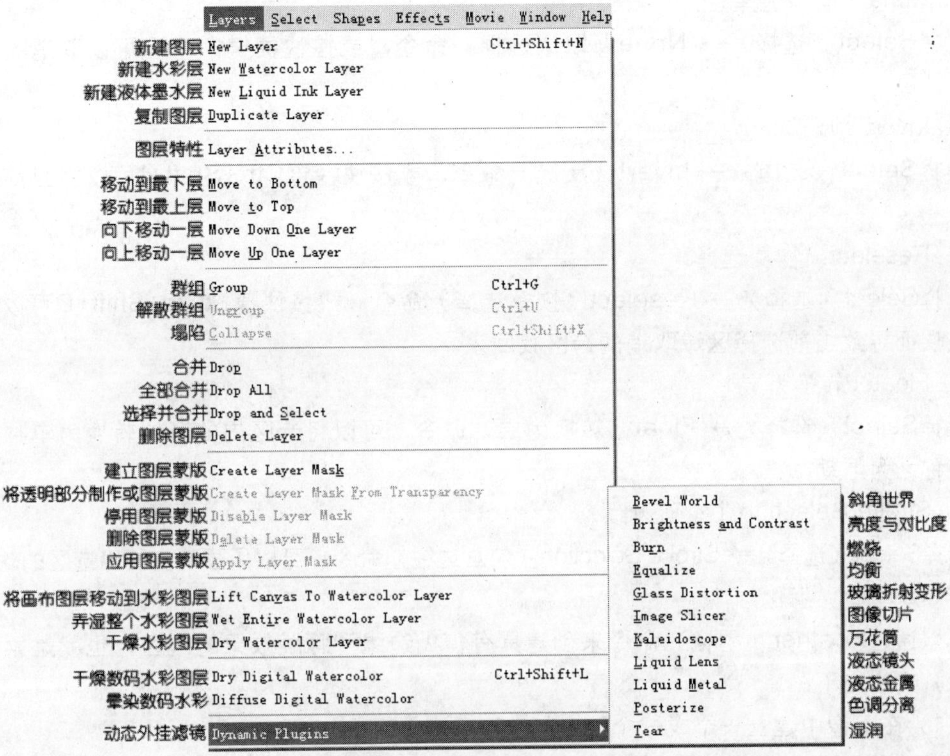

图1-44 Layers（图层）菜单

5. Select（选择）

选择菜单中主要包括与选区和通道（蒙版）相关的命令，利用选区菜单中的命令可以保护一块区域不受操作的影响，或是只对这块区域产生影响。也可以使选择的图像区域生成新的层，进行移动或复制操作。此外对于创建的选区，还可以沿着选区边缘进行描边，使其产生整齐的绘画效果，如图1-45所示。

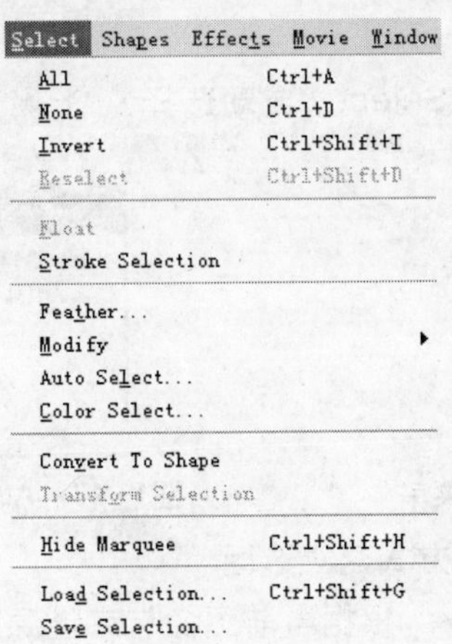

图1-45 Select（选择）菜单

● All（全选）

选择Select（选择）→ All（全选）命令，或按快捷键Ctrl+A可以将整幅图像选中。

● None（取消选择）

选择Select（选择）→ None（取消选择）命令，或按快捷键Ctrl+D可以取消图像中的选区。

● Invert（反选）

选择Select（选择）→ Invert（反选）命令，或按快捷键Ctrl+Shift+I可以将当前的区域反选。

● Reselect（恢复选择）

选择Select（选择）→ Reselect（恢复选择）命令，或按快捷键Ctrl+Shift+D可以将因为操作失误而导致当前选择区域取消的选区找回来。

● Float（转换为层）

选择Select（选择）→ Float（转换为层）命令，可以将选区内的区域转换为单独的图像层，也称之为浮动。

● Stroke Selection（勾画边线）

选择Select（选择）→ Stroke Selection（勾画边线）命令，可以用画笔勾画出选区的轮廓。

● Feather（羽化）

可以通过Feather（羽化）命令来创建具有模糊边缘和朦胧效果的选区，也就是柔化选区的边缘。方法如下：

（1）在图像中建立一个或一个以上的选区。

（2） 选择Select（选择）→ Feather（羽化）命令。

（3）在出现的对话框中输入需要羽化的像素值。

（4）单击OK按钮确认，图像中的选区就被羽化了。

（5）如果对效果不满意，可再次选择Feather（羽化）命令对羽化值进行调整。

● Modify（修改）

在修改菜单中包含了若干个子菜单命令，利用它们可以对一个定义好的选区进行延伸操作（前提是选区没有被羽化过）如图1-46所示。

● Auto Select（自动选择）

选择Select（选择）→ Auto Select（自动选择）命令，出现Auto Select（自动选择）对话框，如图1-47所示。

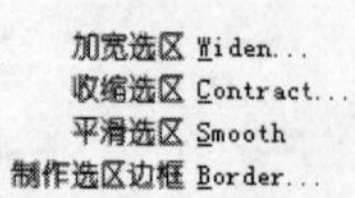

图1—46　Modify（修改）菜单

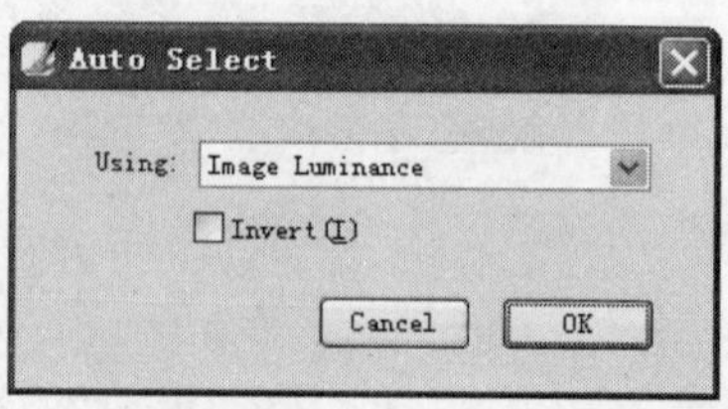

图1—47　Auto Select（自动选择）对话框

Paper（纸张）：以纸张纹理方式建立选区。

3D Brush Strokes（3D笔刷）：根据当前图像与克隆源图像之间的差异创造选区。如果未选取任何来源，Painter X将使用当前的Pattern（图案）。

Original Selection（原始选择）：该方式利用Clone Source（克隆源）建立选区。如果没有Clone Source（克隆源），它将利用Painter X图案，以图案面板中当前图片的明暗度进行选择。

Image Luminance（图像亮度）：该方式利用图像本身明暗关系建立选区。

Original Luminance（原始亮度）：该方式可以利用Clone Source（克隆源）图像的明暗度来建立选区。

Current Color（当前颜色）：该方式根据Painter X用户指定的当前色来选取颜色的区域。

● Color Select（颜色选择）

颜色选择功能可以将图像中近似的颜色一次性选中，方法如下：

（1）打开要进行颜色选择的图像。

（2）选择Select（选择）→ Color Select（颜色选择）命令，弹出Color Select（颜色选择）对话框，如图1-48所示。

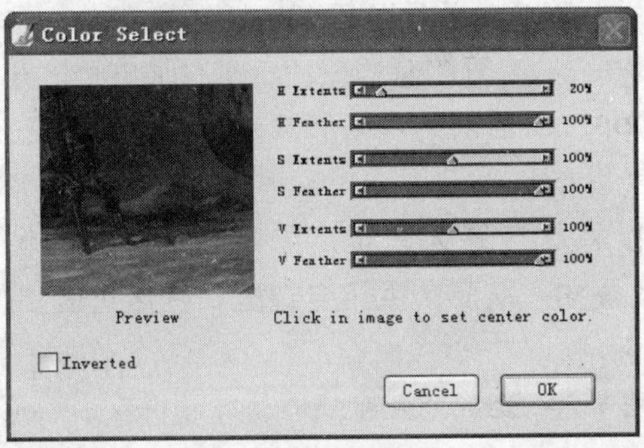

图1-48 Color Select（颜色选择）对话框

（3）在图像窗口中的合适位置单击，选择要进行近似色选取的参考色。

（4）在面板中对颜色选择的属性进行调整。

H Extents（色相程度）：该滑条决定色相的选取近似程度，数值越大，颜色近似色调被选择的部分就越广。

H Feather（色相羽化）：该滑条决定根据色相进行选区边缘的光滑程度，数值越大，边缘越光滑。

S Extents（饱和度程度）：该滑条决定饱和度的选取近似程度，数值越大，选择的近似颜色饱和度的范围就越广。

S Feather（饱和度羽化）：该滑条根据饱和度控制选取边缘的光滑程度，数值越大，边缘越光滑。

V Extents（明度程度）：该滑条决定亮度的选取近似程度，数值越大，颜色近似亮度被选择的部分就越广。

V Feather（明度羽化）：该滑条通过亮度来选取边缘的光滑度，数值越大，边缘越光滑。

● Convert To Shape（转换为矢量图形）

选择Select（选择）→ Convert To Shape（转换为矢量图形）命令，可以将一个设定好的选区转换为矢量图形。

● Transform Selection（改变选区）

选择Select（选择）→ Transform Selection（改变选区）命令，可以手动调整一个设定好的选区边框大小。

● Hide(Show) Marquee（隐藏或显示选区）

选区的边缘是以虚线方式来显示的，有时它的存在往往是多余的，但又不得不使用选区，这时选择Select（选择）→ Hide Marquee（隐藏选区）命令，就可以将其隐藏。注意，隐藏了边界，选区依然是存在的。同样选择Select（选择）→ Show Marquee（显示选区）命令，可以将隐藏的选区显示。按快捷键Ctrl+Shift+H可以在选区的隐藏和显示之间进行切换。

● Load Selection（加载选区）

选择Select（选择）→ Load Selection（加载选区）命令，或使用快捷键Ctrl+Shift+G弹出Load Selection（加载选区）对话框，在Load From（载入自）后面的选框中选择要加载的蒙版，并选择适合的选项，如图1-49所示。

Replace Selection：存储并用新选区代替原有选区。

Add To Selection：把当前的选区和选择的蒙版区域联合在一起形成新的蒙版。

Subtract From Selection：从原有的蒙版中减去要存储的选区并将剩下的部分存为新蒙版。

Interesect With Selection：取当前的选区和蒙版区域的交集。

● Save Selection（存储选区）

当选择好选区后，可以将其存储为蒙版，如将新存的选区和原来的蒙版存储在一起，Painter X可进行不同方式的叠加，从而产生组合选区。存储选区步骤如下：

（1）制作要保存的选区。

（2）选择Select（选择）→ Save Selection（存储选区）命令，或在Channels（通道）面板中单击图标，如图1-50所示。

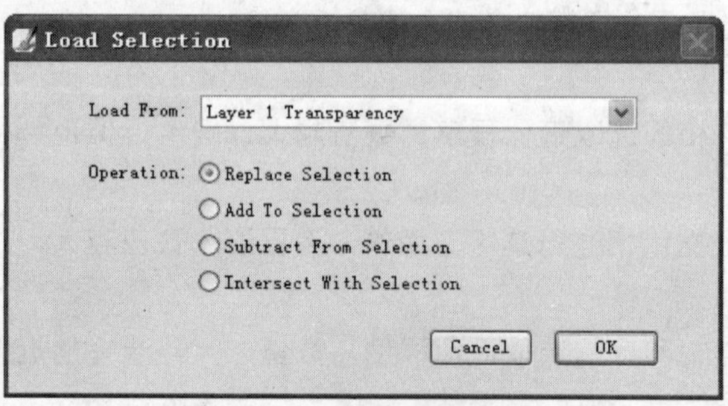

图1—49　选择蒙版

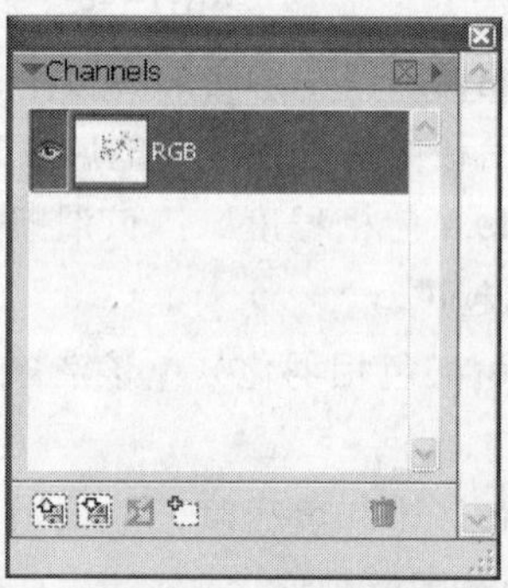

图1—50　存储选区

（3）在弹出的Save Selection（存储选区）对话框中可选择一个蒙版作为存储当前选区的基础，如图1-51所示。默认状态为新建蒙版，在Name（名称）栏中输入蒙版名称后，单击OK按钮。

6．Shapes（矢量图形）菜单

Painter X本身是基于点阵图形的绘画软件，但也可以进行一些简单的绘制矢量图操作。使用Painter X提供的工具，可以建立和编辑矢量图形或路径。这些编辑功能与Corel DRAW和Adobe Illustrator等矢量软件中的编辑功能相似。但在创建较复杂图形时的效率和便捷性与专业的矢量软件还有一定的差距。对于矢量图形的编辑命令，可以通过Shapes（矢量图形）菜单来选择，如图1-52所示。

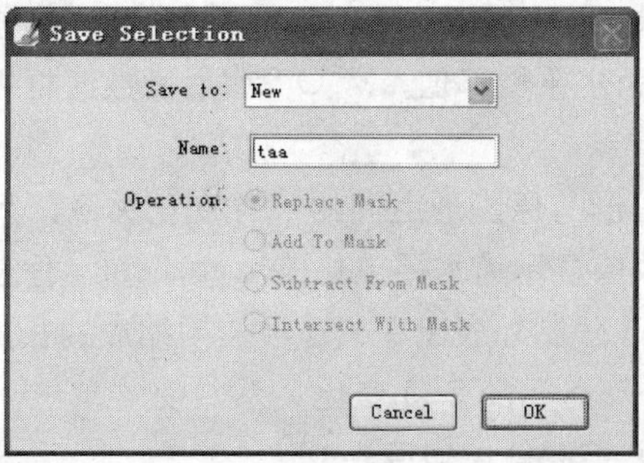

图1–51 Save Selection（存储选区）对话框

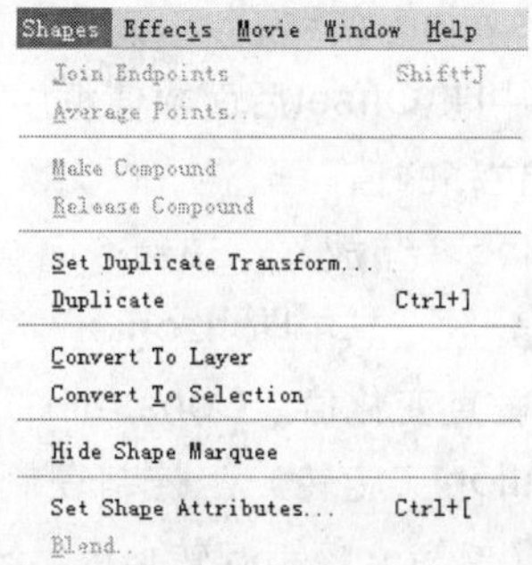

图1–52 Shapes（矢量图形）菜单

● Join Endpoints（连接端点）

使用“选择工具”选择图形的两个端点，选择Shapes（矢量图形）→ Join Endpoints（连接端点）命令，这样两个端点之间会出现连接端点的路径。无论是同一图形的端点，还是不同图形的端点，Join Endpoints（连接端点）命令都可将其连接。

● Average Points（平均化节点）

Average Points（平均化节点）命令可以使节点及节点控制的路径发生一定的变化。方法如下：

（1）在工具栏中选择“图形选择工具”，然后在图形上选择要进行变化的节点。

（2）选择Shapes（矢量图形）→ Average Points（平均化节点）命令。

（3）在出现的Average Points（平均化节点）对话框中选择一种平均化节点方式，Both（两者）、Horizontal（水平）或Vertical（垂直）。

（4）单击OK按钮确定变化。

● Make Compound（合并图形）

Make Compound（合并图形）命令可以将两个图形合并成一个图形。方法如下：

（1）建立两个图形。

（2）按住Shift键，使用“图形调整工具”选择这两个图形。注意，如果两个图形之间有互相重叠的部分则该部分将被剪切，颜色以被遮挡图形颜色为准。

（3）选择Shapes（矢量图形）→ Make Compound（合并图形）命令，这时两个图形被合并成一个图形，图形之间重叠的部分将被剪切掉。

● Release Compound（释放复合）

在选择一个复合图形后，选择Shapes（矢量图形）→ Release Compound（释放复合）命令，即可将复合路径恢复为原来的单个图形。

Painter X中的形状或图形是以矢量为基础的物体对象。这类图形包括由钢笔工具绘制的线条（直线或曲线）、由文字工具植入的文字轮廓或任何形式的开放或闭合路径等。

● Set Duplicate Transform（设置复制变形）

Painter X可以在进行复制图形的同时使所复制的图形产生一定规律的变形。方法如下：

（1）建立一个要进行复制变形的图形。

（2）选择Shapes（矢量图形）→ Set Duplicate Transform（设置复制变形）命令。

（3）在出现的对话框中对图形的复制变形属性进行调整，如图1-53所示。

Translation（转换）：该命令可以转换复制图形与原图形之间的位置关系，位移的单位为像素，其中H. Offset后面数值框中的数值显示为水平位移值，V. Offset后面数值框中的数值显示为垂直位移的值。

Scaling（缩放）：该命令可以控制复制图形与原图形之间的尺寸变化关系，尺寸变化的单位是百分数。其中Horizontal（水平）后的数值显示为水平变化值，Vertical（垂直）后的数值显示为垂直变化值，Constrain Aspect Ratio（限制外表比率）选项控制缩放的长宽比。

Rotation（旋转）：控制复制图形与原图形之间的角度变化关系，变化单位为度。其中Rotation（旋转）控制旋转角度，Slant（斜度）控制斜拉角度。

- Duplicate（复制）

选择Shapes（矢量图形）→ Duplicate（复制）命令，或按快捷键Ctrl+]可以进行图形的复制操作。

- Convert To Layer（转化为图层）

创建一个新的矢量图形，选择Shapes（矢量图形）→ Covert To Layer（转化为图层）命令，可将该图形转换为一个图层。

- Convert To Selection（转化为选区）

用“修改工具”或者“图形选择工具”选择要转化为选区的图形，或者在图层控制面板中直接选择要转换的图形后，选择Shapes（矢量图形）→ Convert To Selection（转化为选区）命令，可以将该图形转换为选区。

- Show (Hide) Shape Marquee（显示或隐藏矢量选取框）

选择Shapes（矢量图形）→ Hide Shape Marquee（隐藏矢量选取框）命令，可以将当前选择的矢量图形选取框隐藏。选择Shapes（矢量图形）→ Show Shape Marquee（显示矢量选取框）命令，可以将当前选择的矢量图形选取框显示。

- Set Shape Attributes（设置矢量图形属性）

设置矢量图形属性的方法如下：

（1）用“图层调整工具”或“图形选择工具”选择要修改属性的图形，也可以在图层面板中直接选择要修改属性的图形。

（2）选择Shapes（矢量图形）→ Set Shape Attributes（设置矢量图形属性）命令，或按快捷键Ctrl+[弹出Set Shape Attributes（设置矢量图形属性）对话框，如图1-54所示。

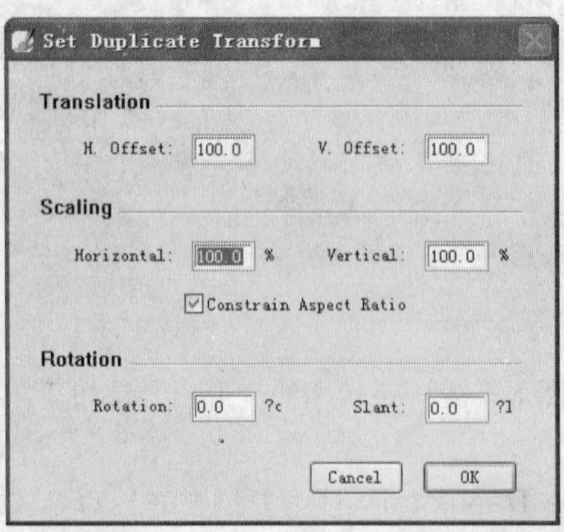

图1–53 Set Duplicate Transform（设置复制变形）对话框

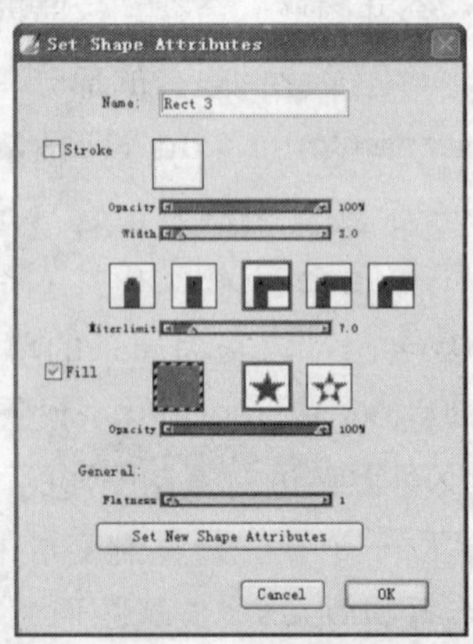

图1–54 Set Shape Attributes（设置矢量图形属性）对话框

（3）在Set Shape Attributes（设置矢量图形属性）对话框的上部，可以改变图形线段的颜色、透明度和线宽等属性。

Name（名称）：输入图形的名称。

Stroke（笔迹）：勾选该复选框，Painter X会沿着图形的路径画出笔迹。

Color（笔迹颜色）：该选择框在Stroke（笔迹）选项旁，双击Color（颜色）色框就可打开颜色选择栏，选择一种笔迹颜色。

Opacity（不透明度）：用以控制笔迹的不透明度。

Width（线宽）：该滑条控制笔迹的宽度。

Line Cap（线端形状）：用来控制端点的形状。

Line Join（拐角形状）：用来控制图形中拐角的形状。

Miterlimit（拐角程度）：该滑条用来控制图形笔迹的拐角程度。

（4）选择一种填充方式。Fill（填充）选项控制开放图形的相交部分或封闭部分是否填充，Fill选项旁的颜色框是填充的颜色，双击颜色框可以改变填充颜色。

Fill overlaps（交迭填充）图标：该选项图标是颜色框旁边的第一个图标，选择该图标后，图形中交迭的部分也会填充相同的颜色。

Don't Fill overlaps（交迭不填充）图标：该选项图标是最后一个图标，选择该图标后，图形中交迭的部分不填充。

Opacity（填充不透明度）：该滑块用来控制填充区域的不透明度。

（5）设置填充一般属性。Flatness（路径平滑）滑条控制打印时，程序用几条直线描述一条直线。一般情况下不用改变Flatness（路径平滑）设置，只有使用非常高的分辨率的打印机或是在打印出错时才可能用到。

● Blend（混合）

选择Shapes（矢量图形）→ Blend（混合）命令，弹出Blend（混合）对话框，可以在两个或多个图形之间复制一系列图形，如图1-55所示。

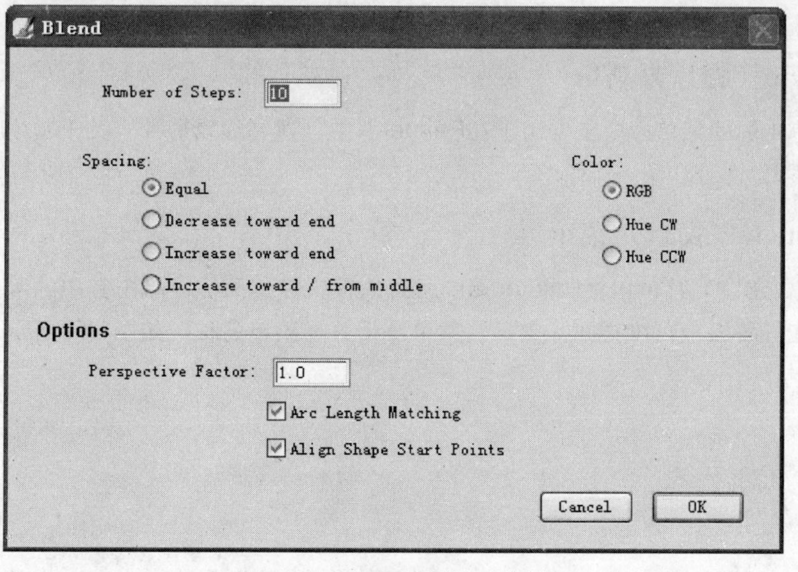

图1-55 Blend（混合）对话框

在对话框中可以对Blend（混合）属性进行调整。

Number of Steps（混合步数）：该命令控制图形之间混合的图形步数。图形步数越高，混合越光滑。

Ramp Type（过渡类型）：该命令决定混合图形之间的间隔规律。

Color（色彩）：该命令控制不同颜色图形之间颜色的过渡，有3种形式：RGB选项所指的过渡只是两个图形之间颜色的过渡；Hue CW选项是指图形颜色的过渡，按色调环上顺时针方向的颜色顺序进行；Hue CCW选项是指图形颜色的过渡，按色调环上逆时针方向的颜色顺序进行过渡。

Perspective Factor（透视系数）：该命令控制混合图形之间的间距。其中，Arc Length Matching（与弧度匹配）选项在两个过渡图形的节点数不相同时使用，如果没有勾选该复选框，那么混合图形的节点数必须相同。

7．Effects（特效）菜单

特效菜单中包含的命令较多，应用广泛，该部分将在第8章详细介绍，特效菜单中几大类功能的基本名称，如图1-56所示。

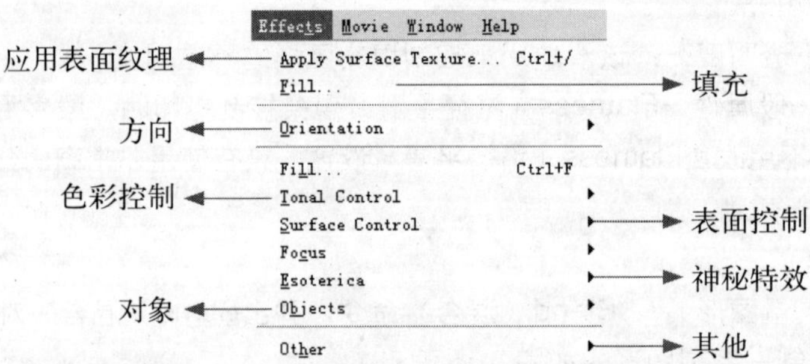

图1-56 Effects（特效）菜单

8．Movie（影片）菜单

影片菜单中的的菜单命令主要用于在Painter X中创建和编辑影片。关于其中功能的详细使用方法将在第9章详细介绍。

9．Window（窗口）菜单

Window（窗口）菜单包括Painter X中所有的编辑控制面板，单击其中的菜单命令，可以显示或隐藏这些面板。Windows（窗口）菜单及相关子菜单名称，如图1-57所示。

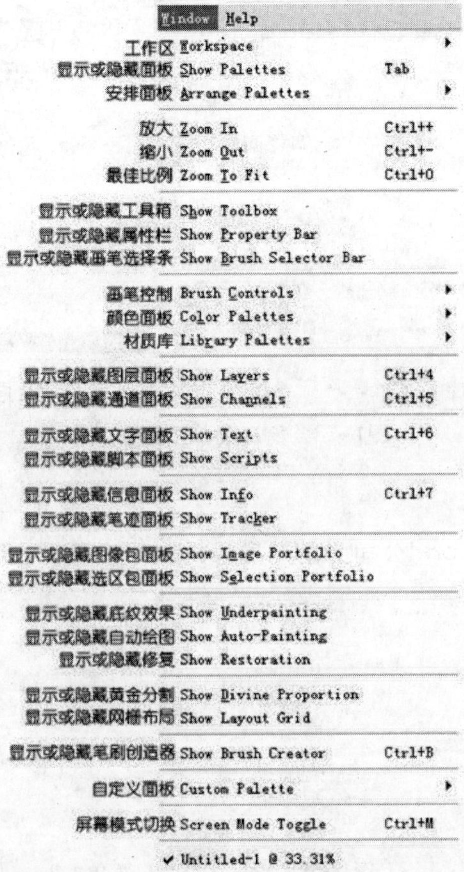

窗口菜单

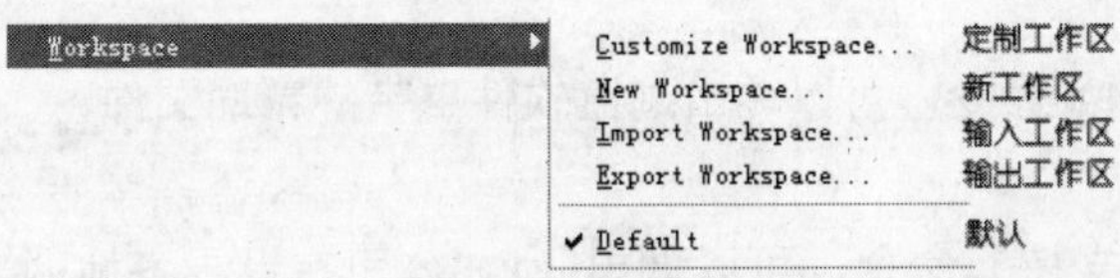

工作区子菜单

安排面板子菜单

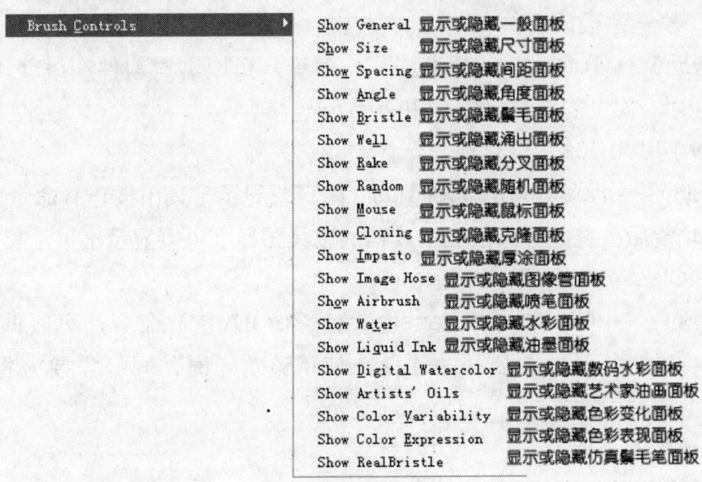

笔刷控制子菜单

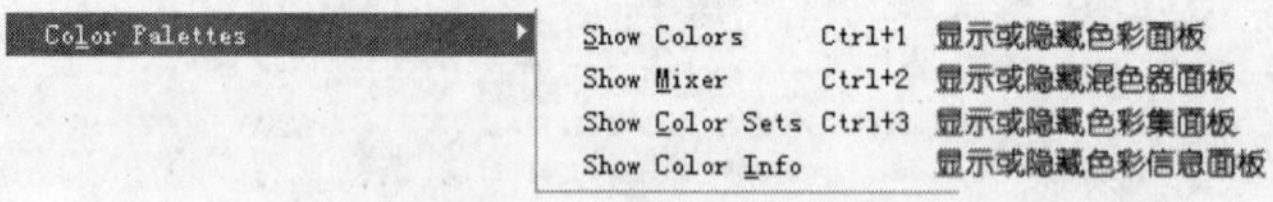

色彩面板子菜单

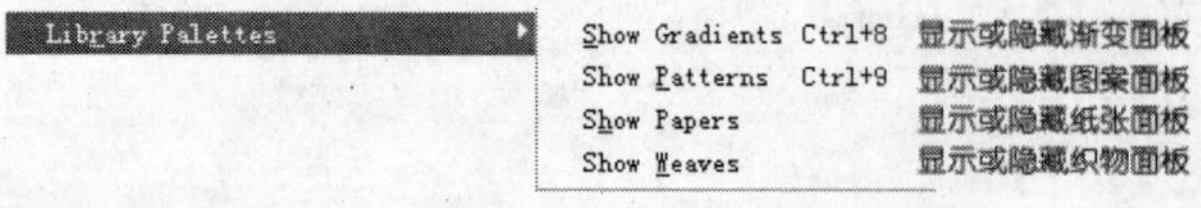

材质库子菜单

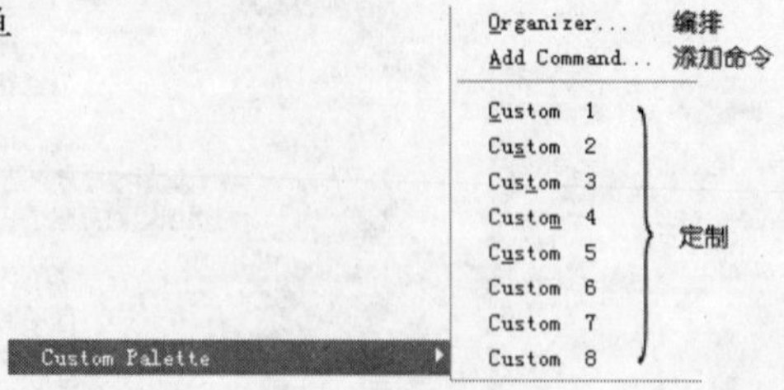

自定义面板子菜单

图1-57 窗口菜单及其子菜单

10. Help（帮助）

帮助菜单中可以浏览Corel公司为用户提供的软件使用、售后服务等各个方面的服务信息，如图1-58所示。

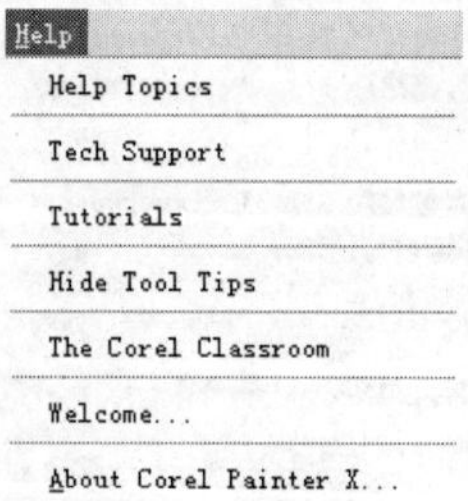

图1-58 Help（帮助）菜单

- Help Topics（帮助主题）

选择Help（帮助）→ Help Topics（帮助主题）命令，可以调出浏览软件自带的帮助文件。

- Tech Support（技术支持）

选择Help（帮助）→ Tech Support（技术支持）命令，可以调出Corel公司在世界各地的客户技术支持信息。

- Tutorials（教学课程）

选择Help（帮助）→ Tutorials（教学课程）命令，可以浏览软件在线使用指南，在使用该命令所提供的功能时，首先需要将计算机和互联网连接。

- Hide(Show) Tool Tips（隐藏或显示工具小技巧）

选择Help（帮助）→ Hide(Show) Tool Tips（隐藏或显示工具小技巧）命令，可以将显示小技巧打开，当开启该功能后，将鼠标停留在工具箱的工具图标上可以显示出该工具的英文名称。

- The Corel Classroom（Corel教室）

选择Help（帮助）→ The Corel Classroom（Corel教室）命令，可以调出Corel公司的在线课堂，用户可以在线学习Corel公司的软件。使用该功能时，同样需要先将计算机与互联网连接。

- Welcome（欢迎界面）

选择Help（帮助）→ Welcome（欢迎界面）命令，可以调出Painter X的开始界面。其中主要提供几项功能，包括Create new document（新建一张画布）、Open an existing document（打开硬盘中已有的作品）、Select recent document（选择最近的作品）和A template（打开模板）等选项。

● About Corel Painter X（关于Corel Painter X）

选择Help（帮助）→ About Corel Painter X（关于Corel Painter X）命令，可以调出一个说明页面，该说明页面中包括对色彩的管理、画笔的调整、感谢和升级检查等，如图1-59所示。

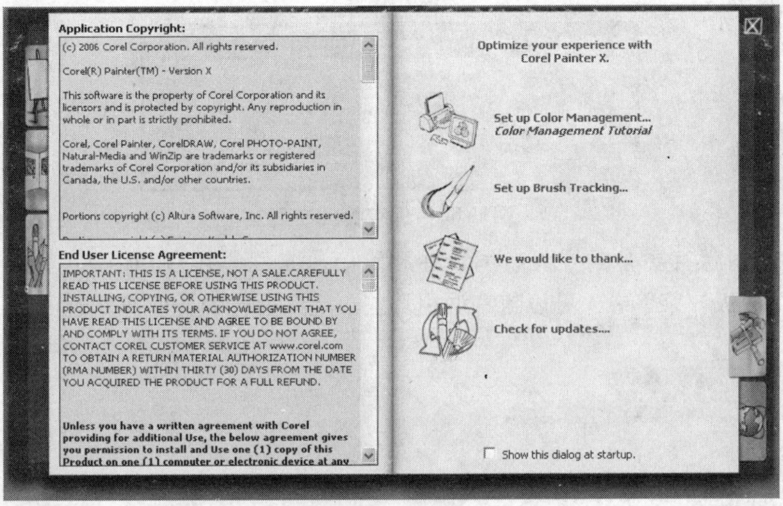

图1-59 关于Corel Painter X

1.2 基础应用

了解了Painter X的预设选项、用户界面及基础操作后。注意在使用Painter X过程中最关键的3个要点：简化、管理和优化。它们有助于用户更高效、便捷地使用Painter X软件。

1.2.1 简化版面

1. 只显示要用到的工作面板

要显示或隐藏独立的面板，只需选择Window（窗口）菜单中Hide（隐藏）或Show（显示）相应的面板名称即可，或者使用相关面板对应的快捷键，只显示需要分派任务的工作面板，隐藏其他不用的面板。在绘制一幅图像时，隐藏不用的面板可以获得较大的屏幕空间，方便整体观察。就像画家在作画过程中经常会退后一段距离来整体审视画面效果一样。需要重置画面时，按快捷键Ctrl+M使它充满整个屏幕窗口，按Tab键隐藏所有的工具面板，然后退后计算机屏幕一段距离，进行整体观察。

2. 组合面板来适应工作需求

在Painter X中，用户可以组合和拆分面板。把鼠标指针移动到面板标题栏的中部，用拖曳的方式来决定组合还是拆分面板。可通过单击面板上的关闭按钮来隐藏面板，关闭按钮位于每个面板标题栏的右边。当选择了一块适合当前工作需求的工具面板时，建议把该面板和其他面板进行群组，这样便于统一管理和切换。

3．保存面板的布局

当设定了一个便捷、高效的工具面板布局，并用来基本的绘画时，可以选择Window（窗口）→ Arrange Palettes（排列面板）→ Save Layout（保存界面布局）命令保存面板的布局，如图1-60所示。

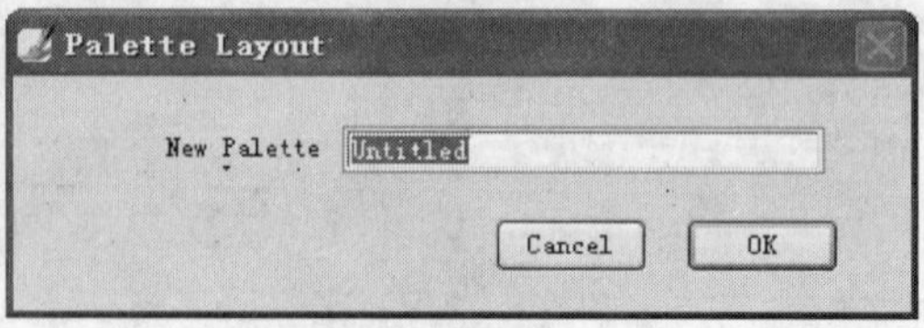

图1–60　保存界面布局

用户可以随时保存更多的界面布局，并删除旧的布局。在Window（窗口）→ Arrange Palettes（排列面板）菜单中，可以随意调用那些自定义保存的界面布局选项。

1.2.2 管理文件

1．在硬盘上管理文件和文件夹

建立一个简明扼要的文件保存系统。如文件夹的标题中包含有关项目文件的标题提示、文件版本编号和文件类型，以方便日后查找。

2．掌握文件格式

在Save As（另存为）对话框中，可以选择保存的文件格式类型。通常情况下，建议保存成Painter X内的工作进程文件RIFF（Raster Image File Format）格式，这是Painter X的原始文件格式。RIFF文件只能在Painter X中被打开，它可以完好地保存Painter X中的所有特质信息。RIFF的文件可以保护一些特定元素的持续可编辑性，如所有类型的图层，包括文字图层、水彩图层、液态墨水图层和动态滤镜图层。RIFF文件还能保护完整的图层合成模式、数码水彩、厚涂和马赛克。其他可以在Painter X中打开的图层文件是PSD格式文件，但当把RITF文件转换为PSD文件后，类似水彩、液态墨水的特殊图层都会转换为普通图层而丢失了其原有特性。

在关闭Painter X前，建议保存一个PSD格式的文件备份，无论作品是否已经完成，这个备份文件都非常重要。在之前版本中操作大容量的RIFF文件容易出错，建议保存PSD的备份文件而不是TIFF文件的原因是，之前版本不支持带图层或者通道信息的高级TIFF文件。TIFF文件很适合打印，但PSD文件更安全、通用，是一个高品质的备份。在Painter X中保存相同的文件可以是RIFF格式或PSD格式，RIFF格式文件体积比同等文件的PSD格式更小。如果用户预先考虑到不使用水彩笔刷或者液态墨水笔刷及一些特殊的图层混合模式时，可以将所有的版本文件都保存为PSD格式。

3. 随时保存备份

传统绘画和数字绘画的一个最大区别在于数字文件的脆弱性。很多人有过因为意外而丢失、损失文件的经历。当按键错误或者计算机死机时，很容易丢失文件，所以要随时备份文件。

1.2.3 优化运用

到此已经初步了解了有关Painter X的界面及如何管理工作界面。接下来介绍如何在Painter X中最大限度地发挥创造力。创造力要借助可多样化选择的工具，其中使用工具的关键是恰到好处地运用它。

1. 使用一种笔刷一画到底

练习控制笔刷的方法是只用一种笔刷绘画。也就是说，只用一种笔刷变体来完成整幅画的创作。在绘画过程中，可以改变笔刷的尺寸、不透明度和压感设置。在这种限制条件下，看是否能够仅使用单个笔刷就能达到多样化的效果。对于某些特殊的绘画作品来说，这样的练习很有益，如通过观察的写生或基于照片的再创作。

2. 良好的内存管理习惯

当完成操作时，关闭Painter X，需要时再重新打开该软件。因为Painter X在运行时将会产生巨大的缓存文件，并占用等额的系统内存。重新打开Painter X前清理这些暂存文件可以释放更多的内存空间，使Painter X的工作更有效率，减少软件的崩溃几率。

3. 使用硬盘上存储的文件

相比那些移动存储媒体，如Zip、CD或DVD来说，直接使用硬盘上的文件可以使Painter X发挥最大效率。使用Painter X时，该程序将产生一些暂存文件并暂存在系统的硬盘上。如果操作很大的文件时，最好先设定暂存文件到一个有足够剩余空间的硬盘分区上，从而使软件可以获得更多的内存交换空间。如果当前的系统中硬盘有各自独立的分区，为避免操作系统将所有硬盘作为暂存盘，可以选择菜单中的Edit（编辑）→ Preferences（预设）→ General（常规）命令，在调出的常规预设对话框中重新设定。

4. 保持文件尺寸的可控性

在操作大文件时，Painter X的运行速度会变慢，特别是带有图层的文件，在使用一些比较耗费内存的笔刷时，有明显感觉。当使用最终需要的文件分辨率来工作时，如果发现Painter X的响应速度很慢，可以适当降低文件图像的分辨率或尺寸，还可以把整个画布切分成几块，并单独绘制独立的分割区域。常用区域绘制的方式操作很大的文件，如壁画、宣传海报或大幅的墙上喷绘等。

5. 保持精简的材质库

如果进一步使用Painter X时，可能会逐渐建立一些多样化的自定义艺术材质，如Paper

（纸纹）和Pattern（图案），那么相关材质库的尺寸会变大。在Painter X材质库中，额外的文件会占用更多的内存，从而使程序的运行速度变慢。特别是当保存了非常大的图像作为Paper（纸纹）和Pattern（图案）时，会明显感受到速度变慢，所以应及时保持精简的材质库。

1.3 疑难及常见问题

1. 如何保持Painter X的稳定运行

在使用Painter X时经常遇到强制退出程序的现象，Painter X强制自动退出的原因有很多，不再赘述。下面介绍几种方法常见的处理方法，可避免或减少这种情况的发生。

① 确保虚拟内存足够大。根据绘制图像的大小而定，建议不低于2G。

② 避免软件的冲突。如果在每次运行Painter X时都会遇到错误信息的提示，就要尽量避免一些会产生冲突的软件和Painter X同时运行。

③ 减少撤销次数。将撤销的次数设置为较低的数值，默认为32次。

④ 绘制的图像不要太大，尽量保证物理内存为图像大小的2倍以上。

⑤ 尽量避免同时打开多张图像。

⑥ 尽量避免使用尺寸过大的画笔，尤其是Water Color（水彩）类画笔。

2. 为什么一些JPG格式的图像在Painter X中打不开

JPG格式有两种色彩模式：一种为RGB；另一种为CMYK。Painter X只能打开色彩模式为RGB的JPG图像。对于CMYK模式的图像只有先将其转换为RBG模式才可以在Painter X中打开。

3. 怎样解决Painter X的显示色彩不正常的问题

① 改变色彩设定。如果用户使用的是Windows操作系统，会发现Painter X的界面是蓝绿色。可以把当前系统的色彩显示属性改为“32位色”。

② 退出Painter X。按快捷键Ctrl+Q先退出Painter X程序，然后重新运行Painter X。

③ 检查所有的连接线路。检查计算机屏幕和计算机主机的连接状况。

④ 重新启动计算机。

4. 如何解决数位板的不正常工作问题

① 退出Painter X程序。选择File（文件）→ Quit（退出）命令，然后重新运行Painter X软件。

② 检查数位板的控制面板。打开数位板的控制面板，如果有些选项设置不对，就要调试其到正确的状态。

③ 重新启动计算机。

④ 安装最新的数位板驱动程序。

5. Painter X默认的RIFF格式特点是什么

这种格式最大的优势在于可以保留修改信息，如图层、图形、蒙版和马赛克。很少有软件可以打开Painter X的RIFF格式文件，所以如果想要在其他软件中使用Painter X图像，就要把文件保存为其他格式。

1.4 习题与上机练习

1．选择题

（1）Painter X软件相对其他平面软件最强大的特点是____________。

A. 特殊的图层效果　　B. 绚丽的色彩混合器

C. 丰富的仿真自然笔刷　　D. 众多的图像处理效果

（2）打开常规预设时可以使用快捷键____________。

A. Ctrl+→　B. Ctrl+T　C. Ctrl+K　D. Ctrl+B

（3）在绘画过程中通过快捷键____________来随时保存创作的文件，以免意外情况发生使文件丢失。

A. Ctrl+S　B. Ctrl+Y　C. Ctrl+C　D. Ctrl+X

（4）在绘画过程中通过快捷键____________显示或隐藏参考线，来对画面进行更准确的处理。

A. Ctrl+；　B. Ctrl+Y　C. Ctrl+\　D. Ctrl+'

（5）要回到上一步的操作并对其进行修改可以使用快捷键____________。

A. Ctrl+V　B. Ctrl+Y　C. Ctrl+Z　D. Ctrl+S

（6）进行创作时，需要对建立的选区进行反选时，可以使用快捷键____________。

A. Ctrl+Shift+C　B. Ctrl+Shift+I　C. Ctrl+Shift+M　D. Ctrl+Shift+V

（7）在绘画过程中按快捷键____________弹出淡化对话框，可以对画面中最后一笔的笔触进行淡化。

A. Ctrl+Shift+I　B. Ctrl+Shift+D　C. Ctrl+Shift+F　D. Ctrl+Shift+J

（8）当打开Painter X软件发现整个工作界面色彩显示为混乱的花绿色时，可以通过改变当前系统的色彩显示属性来解决这个问题，应将其设置为____________位色。

A. 16　B. 24　C. 32　D. 36

2．问答题

（1）在开始创作前，应该首先调节哪个部分的常规预设？其操作步骤如何？

（2）当需要保存完好的Painter X特质时，保存的文件格式是什么，为了结合Photoshop同时使用文件时，要保存的格式是什么？

（3）在绘画过程中如何调节艺术材质？

3．上机练习

（1）使用压感笔在数位板上感觉一下与纸上的笔触有何不同，找出最佳使用方法。

（2）试着排列一个常用的工作界面，并将其存储下来。

（3）使用一种具有趣味性并富有挑战性笔尖形状的笔刷在画布上绘画，体会其使用技巧。

读书笔记

第2章

Painter X中的色彩

本章导读

本章介绍如何通过不同途径来应用色彩，以及在Painter X中合理地使用工具来选择和控制色彩。色彩可用来创建视觉焦点和表达形体，产生能量及动感，或在绘画中表达情感。普通计算机系统提供了数以亿计的颜色用于表现数字图像中的像素。那么该如何从中选择适合个人创作中的颜色呢？让我们一起进入Painter X中的色彩世界吧！

2.1 实例引入——静物写生

运用色彩造型的方式绘画，将色彩和形状结合起来，把色彩放置在合适的位置上。可以从一个粗略的大形状关系开始起稿，首先使用有限的颜色，然后在这个基础上逐步深入，创建出更为丰富的色彩和色调效果，如图2-1所示。

图2–1　静物写生

2.1.1 制作分析

在绘画过程中选取的色彩要符合基本的形体色调关系，这个过程需要仔细观察，观察色彩表现后的真实形体；观察一个物体放置在一个环境下受光源色和环境色的影响而产生的颜色。下面用色彩塑造一个水果。

选择Cover Pencil（覆盖铅笔）工具绘制轮廓，选择笔刷及Mixer（混合器）面板绘制对象。混合器面板如同平时用的调色板，对于写生的绘画可以产生很强的艺术真实感。在绘制过程中距离画面很近时，很难看出画面中的色彩对比关系，这时可以将画面缩小（就像平时绘画时将作品推远），或者用将图像去色的方法来观察画面的黑白关系，丰富画面的立体感，如图2-2所示。

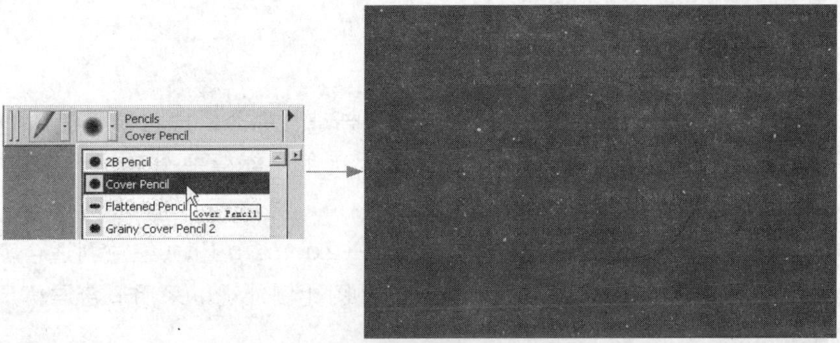

使用铅笔起稿

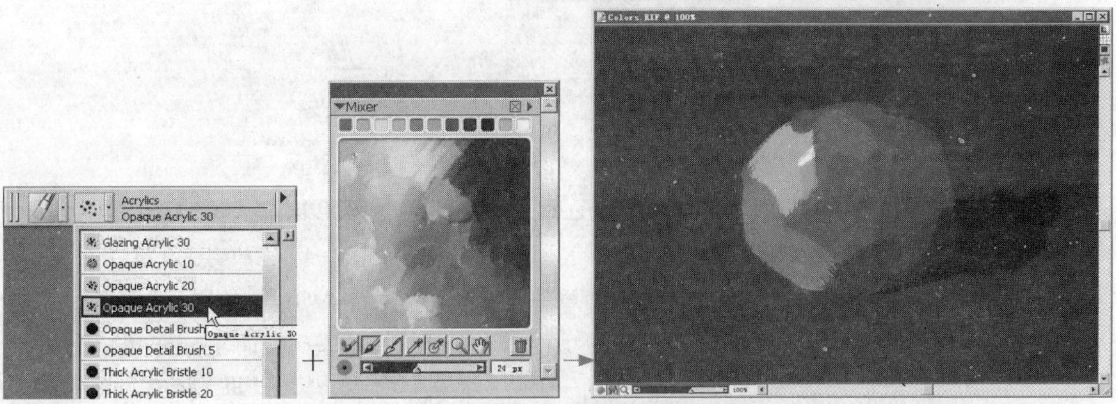

使用混合器面板调出颜色使其产生强烈的艺术真实感

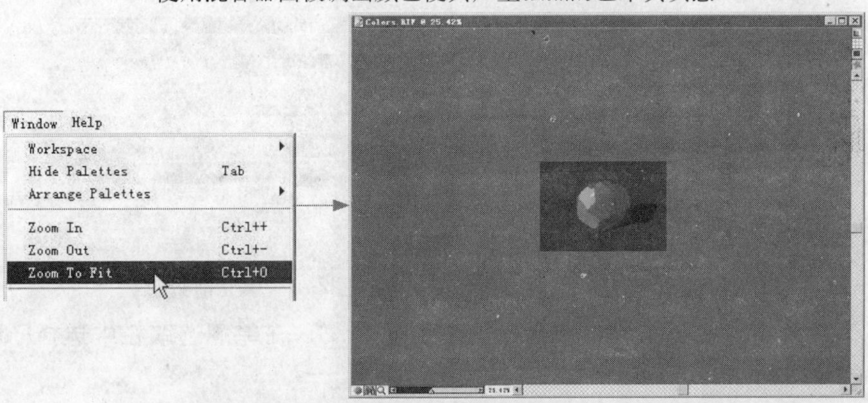

将画面缩放到适合窗口来观察画面的色彩关系并完善画面效果

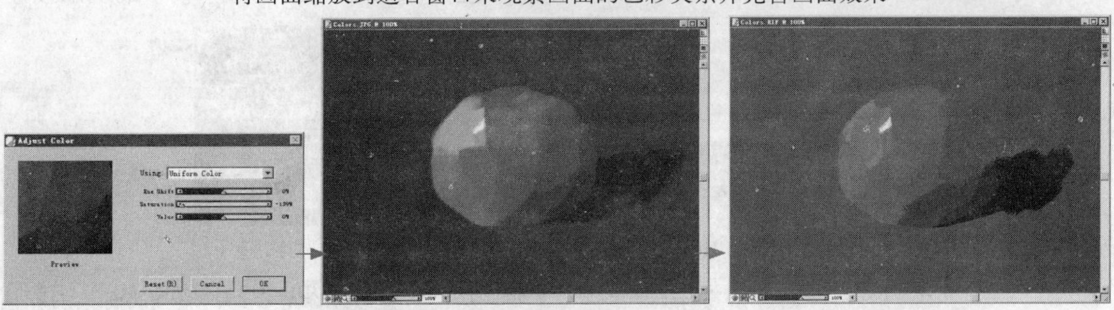

运用图像去色的方法来观察画面的立体关系并完善画面效果

图2-2 景物写生分解示意图

2.1.2 制作步骤

（1）新建画布。选择File（文件）→New（新建）命令，或按快捷键Ctrl+N在Painter X中新建一个画布文件。在打开的New（新建）对话框中新建一个700×500像素，分辨率为200ppi的新画布，如图2-3所示。

（2）调整画布布局。选择Window（窗口）→Zoom To Fit（缩放到适合窗口）命令，如图2-4所示。或按快捷键Ctrl+O调整当前画面的视图比例外观，采用适合屏幕尺寸范围和工具面板的布局。

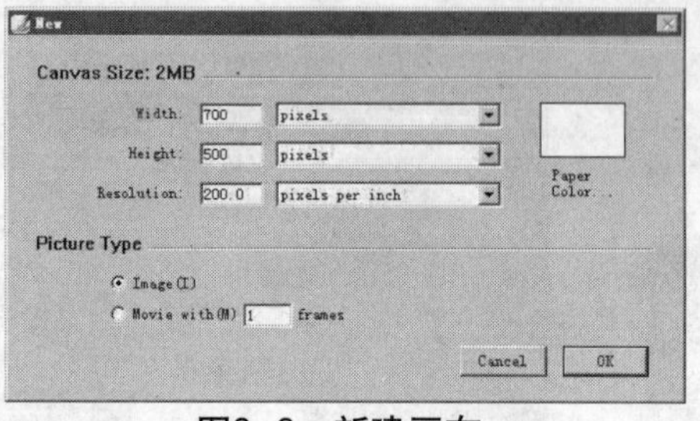

图2-3　新建画布

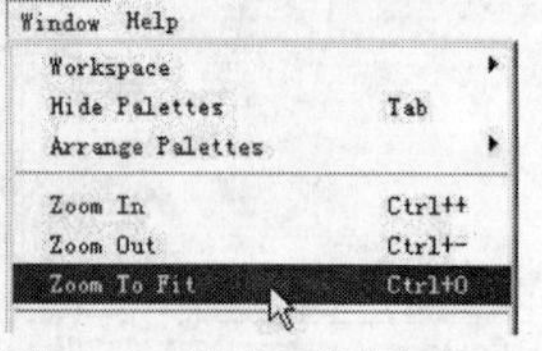

图2-4　缩放到适合窗口

（3）选取颜色。在Colors（色彩）面板中单击色值读数器，将HVS模式转换为RGB模式，在拾色器中选择颜色值R：70、G：30、B：126的颜色，作为画布中的基础色调，如图2-5所示。

（4）填充前景色。选择Effects（特效）→Fill（填充）命令，打开Fill（填充）对话框，在Fill With（填充为）选项中点选Current Color（前景色）单选按钮，如图2-6所示。

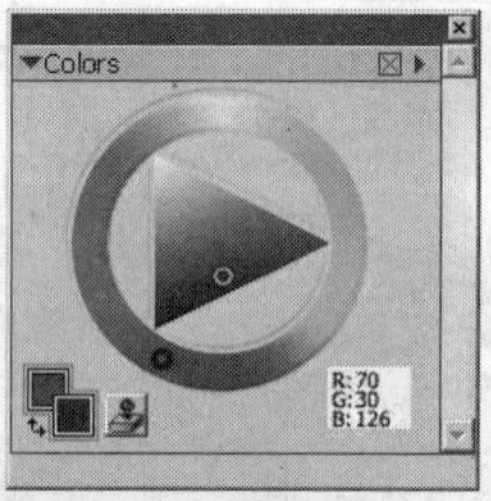

图2-5　选取颜色

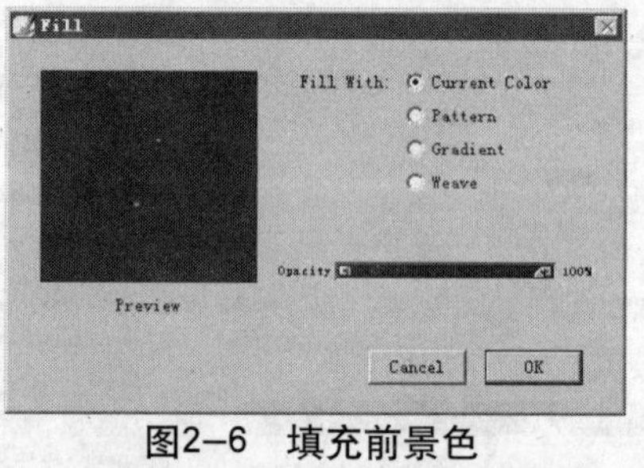

图2-6　填充前景色

（5）选择笔刷。在工具栏中选择“画笔工具”，在笔刷选取栏中选择Pencils（铅笔）→Cover Pencil（覆盖铅笔）命令，如图2-7所示。

（6）绘制轮廓。在Colors（色彩）面板中选择黑色，在画布中绘制一个橘子的轮廓线，如图2-8所示。

图2-7　选择笔刷

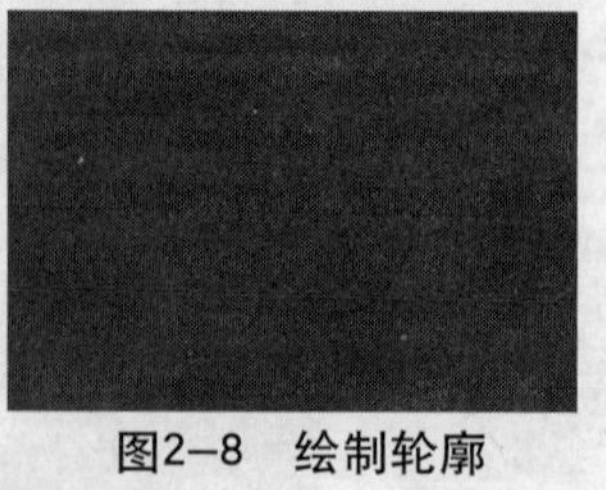

图2-8　绘制轮廓

（7）选择笔刷。在笔刷选取栏中选择Acrylics（丙烯画笔）→Opaque Acrylic 30（不透明丙烯30号）命令，如图2-9所示。

（8）选取颜色。在Mixer（混合器）面板中选取橘子的主要颜色分别为红色、橙色、黄色、蓝色和紫色。在调色盘中调出合适的颜色并在画布上描绘对象，如图2-10所示。

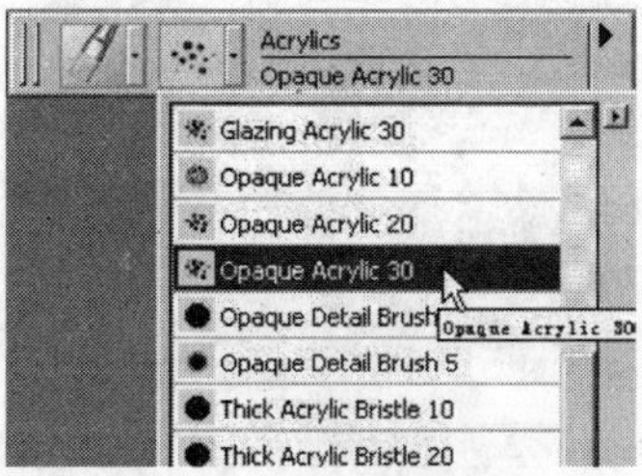

图2–9　选择笔刷

图2–10　在混色器中选取颜色

（9）观察并描绘对象。眯起眼睛观察橘子的整体色彩感觉，找出最亮和最暗的部分。首先从最暗的部分开始画，用大色块铺满整个画布，相当于先把大的色彩关系抓住（橘子的大关系）。在操作中可以将画笔尺寸适量调大，如图2-11所示。

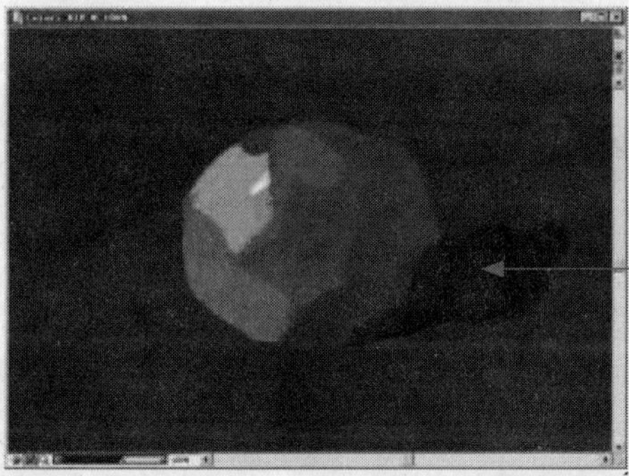

图2–11　观察并描绘对象

> 提示
>
> 在最初的绘画中笔触可以疏松一些，不必关注对象的细节部分而急于表现形体的相似度和逼真度。

（10）观察画布中的色彩关系。选择Window（窗口）→Zoom out（缩小）命令，或按快捷键Ctrl+-缩小视图比例，观察画面缩小后所体现出来的色彩基本关系，如图2-11所示。

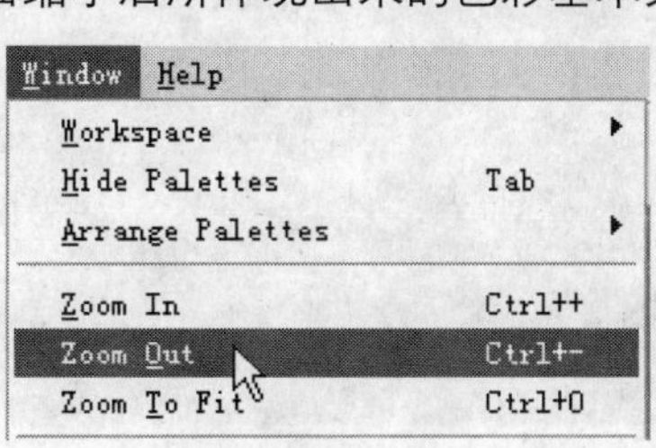

选择缩小命令

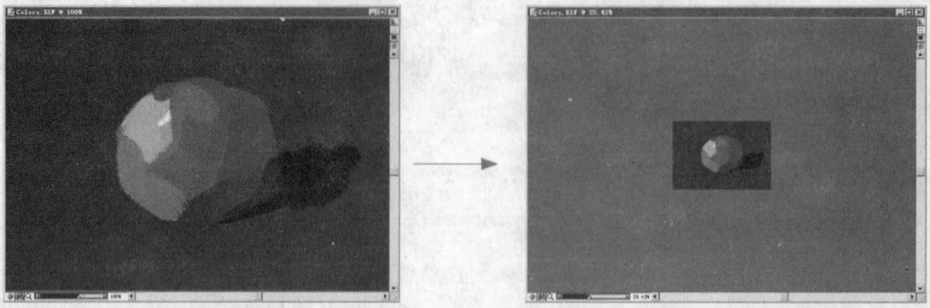

当画面满屏时很难确定画面的整体关系　　当画面缩小时很容易观察画面整体效果

图2-12　观察画布中的色彩关系

（11）观察画布中的色彩关系。选择Effects（特效）→ Tonal Control（色彩控制）→ Adjust Color（调整色彩）命令，在打开的Adjust Color（调整色彩）对话框中，将Saturation（饱和度）滑块调节到最左边（-139%），如图2-13所示。单击OK按钮后观察画面中的色彩明暗关系，如图2-14所示。

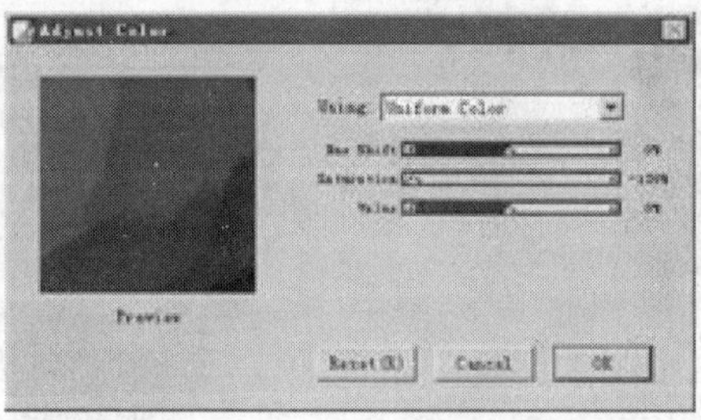

图2-13　调整色彩图

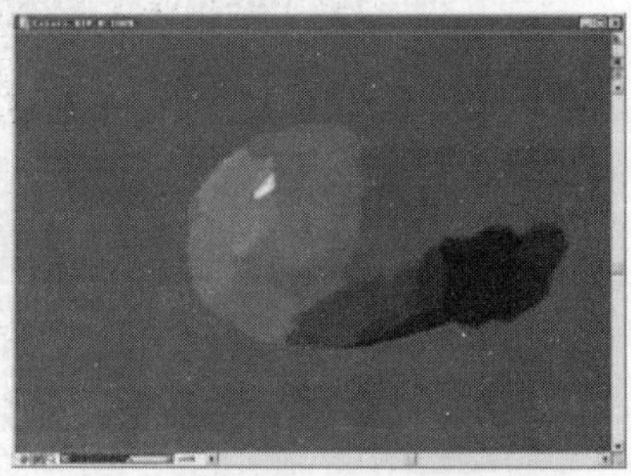

图2-14　观察画布中的色彩关系

（12）描绘颜色过渡部分。按快捷键Ctrl+Z将上一步操作撤销，在笔刷选取栏中选择Acrylics（丙烯画笔）→Captured Bristle（分叉毛笔）命令，现在仔细观察描绘对象，发现其微妙的色调和色彩变化。在已有的大色块基础上开始绘制较小的色块，使用相对较小的笔刷尺寸，以便表达出更加丰富的层次感。最终的水果图形如图2-15所示。

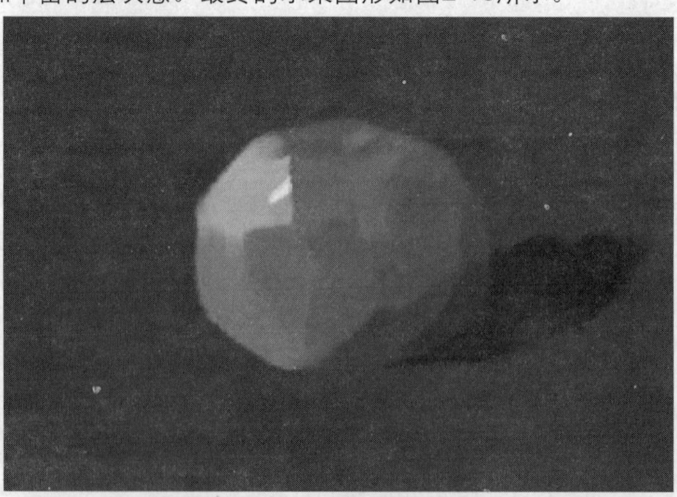

图2-15　描绘颜色过渡部分

2.2 基本术语

物体表面颜色的形成主要有3个方面的决定因素：光源的照射（光源色）、物体本身反射的色光（反光）、环境与空间对物体色彩的影响（环境色）。色彩属性可以分为色相、饱和度、明度。下面来认识色彩中的几个基本词汇。

2.2.1 色彩模式

Painter X中提供了两种不同的色彩表示模式，分别为RGB和HSV。可以根据不同需要在这两种模式之间任意切换。

RGB模式以三原色为基础，将三种光的强弱程度在某一点上叠加，R代表红色，G代表绿色，B代表蓝色。红、绿、蓝三原色根据不同的比例和强度（目前通用的标准是每种颜色包含256个级别的亮度）可以产生上万种颜色。由于RGB模式是采用三原色叠加表现色彩的，所以又叫加色法。

HSV模式是一种基于人的直觉的颜色模式，H代表色相（Hue），S代表饱和度（Saturation），V代表明度（Value），根据此模式可以轻松地选择各种不同明亮度的颜色。与RGB相比，HSV更接近传统绘画的色调习惯。

2.2.2 色相

色相是主要光谱色之一，如同红色、蓝色和绿色。色相用来表示颜色在色轮或光谱上的位置，同时说明该颜色的冷暖型，如橘红色色相最暖，蓝绿色色相最冷。

在基于传统颜料的色系中，红色、黄色和蓝色是三原色，也就是它们不能由其他颜色混合获得。绿色、橘色和紫色属 于中间色，这三种颜色分别位于色轮上的三原色之间。复色包括黄绿色、蓝紫色和橘红色，它们分别位于原色与间色之间。

> 提示
>
> 颜色的冷暖是相对的，如紫色是冷色，但与蓝绿色对比时，它的色相就偏暖了。

邻近色是指在色轮上相邻排列且具有共同属性的颜色，如同蓝绿色、蓝色和蓝紫色。互补色是指色轮上呈相对排列的颜色，如红色和绿色、蓝色和橘色。Painter X的色轮和色栏均基于电脑屏幕的RGB成分显示，因此无法精确地与传统的以颜料为基础的色轮一一对应。

2.2.3 饱和度

饱和度反映了颜色的纯度和浓度。改变颜色饱和度最常用的方法是调整其灰色成分的比重。在表示颜色的三角中，向左移动小圆圈可以减少颜色的饱和度，向右移动则会增加颜色的饱和度。屏幕上显示的位于颜色三角尖端或者靠近尖端饱和度很高的颜色与打印时的效果有较大的出入。

2.2.4 明度

明度是指色的明暗程度，也就是颜色的亮度、深浅。如把五彩的黑、白作为两个极端，在中间根据明度的顺序，等间隔地排列若干灰色，就成为有关明度阶段的系列，即明度系列。靠近白端为高明度色，靠近黑端为低明度色，中间部分为中明度色。

2.3 相关知识讲解

在计算机上创建一张图画时，可以通过计算机屏幕观看或者将其打印出来欣赏。在计算机屏幕上，或者使用投影仪，所看到的颜色取决于光源色，例如一张白纸，这种状态下的颜色被称为添加颜色。当将红色、绿色和蓝色的光源混合时，会得到纯白色的光线，这3种颜色在物理学上称之为三原色。

当观看同样作品的打印稿时，所看到的色彩信息来源于光线在打印稿上的反射作用，是一种颜色相减的现象。当将红色、黄色和蓝色混合时，会得到一种接近黑色的颜色。在传统绘画中，红、黄、蓝的颜色不能通过其他颜色的调和来获得，它们也被称为原色。这里的原色和之前屏幕上的原色类型有所不同，原理也不一样。添加色和相减色的色域和色彩范围完全不同，因此永远不能使打印的色彩看起来和屏幕上显示的色彩完全一致，因此对屏幕上输入到打印稿间的色彩调整，需要花费一定的时间且只能做到接近。

2.3.1 色彩选择

Painter X中的色彩可以在4种Color Palettes（色彩面板）中选择，选择Window（窗口）→Color Palettes（色彩面板）命令，可以显示Colors（色彩）、Mixer（混色器）、Color Sets（色彩集）、Color Info（色彩信息）面板。

1. 色彩面板

色彩面板一般是默认显示的，如果打开Painter X时发现Colors（色彩）面板消失了，可以选择Window（窗口）→Color Palettes（色彩面板）→Show Colors（显示色彩）命令，将其调出，如图2-16所示。Painter X的色彩面板中的色相环是基于物理学上的红、绿、蓝等距分布的。

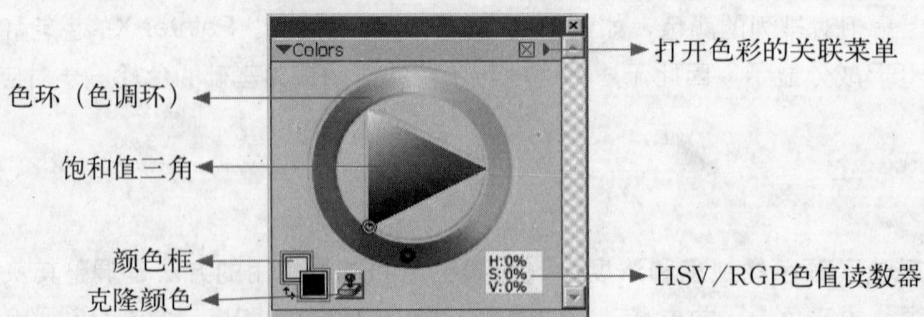

图2-16　色彩面板

Colors（色彩）面板是最简单明了的选色面板，它有两种不同的表现方式：Standard Colors（标准色彩）面板和Small Colors（精简色彩）面板。单击Colors（色彩）面板右上角的三角图标，在弹出的菜单中可以对使用的面板进行切换，如图2-17所示。

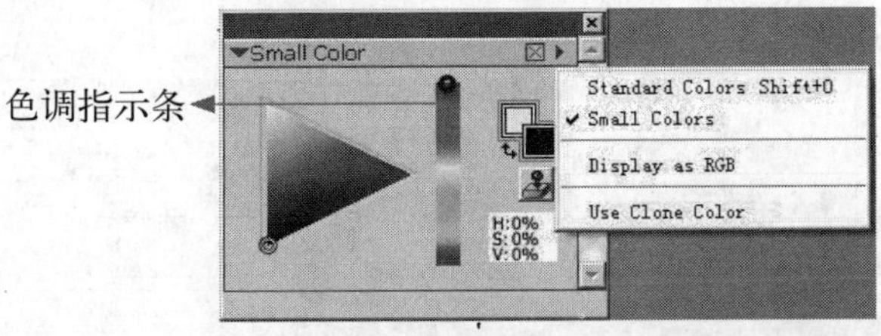

图2–17 标准色彩和精简色彩面板切换菜单

选择Display as RGB选项后可以切换至RGB颜色模式。选择Use Clone Color选项后可以使用克隆颜色模式。

单击Colors（色彩）面板中的色环和饱和值三角都可以选择颜色，颜色的选取模式参照图2-18。颜色框中的前面矩形颜色框是主要色，后面的矩形颜色框是次要色，单击颜色框可以在主要色和次要色之间切换。单击HSV/RGB色值读数器也可以在HSV和RGB颜色模式之间切换。

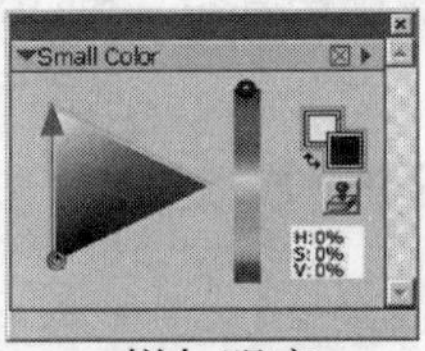

增加明度

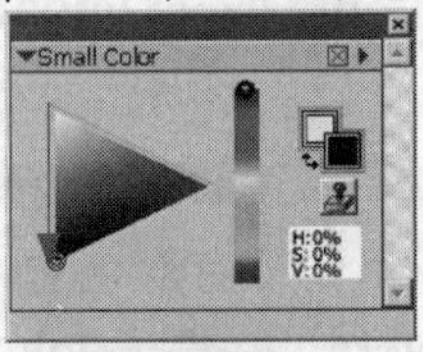

减少明度

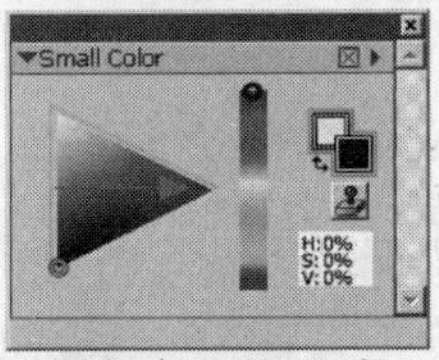

增加色彩饱和度

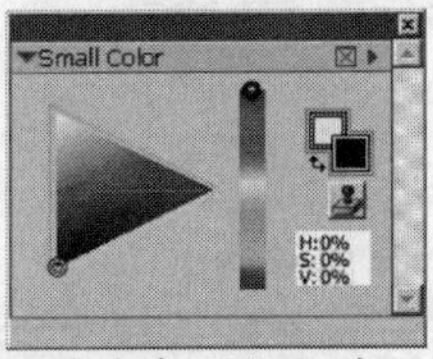

减少色彩饱和度

图2–18 选择颜色

2．混色器面板

Mixer（混色器）如同平时绘画用的调色板，可以对颜色进行任意调整，如图2-19所示。

● 面板工具

可以在Mixer（混色器）面板最上面的颜色盒中选择各种颜色作为调色的原始色，中间的空白方框为调色板，下面的8个按钮工具分别为：

脏画笔：脏画笔工具可以使画笔工具带有一部分以前选择的颜色，如同画笔没洗干净一样。

画笔：画笔工具的作用如同载入的颜料来源，可套用色彩到调色板。载入调色板的色彩也会与调色板已有的色彩混合。面板右下角的数值为画笔的粗细程度。

调色刀：调色刀工具可以混合调色板上的色彩，但不会新增色彩到调色板中。

吸管：吸管工具可以从调色板上选取色彩，以供在调色板上继续调色或绘画使用。

多重吸管：多重吸管工具可以同时选取临近的多个颜色，以供在调色板上继续调色。

放大镜：放大镜工具可以缩放调色板上的任意区域。

移动：移动工具可以移动调色板的位置。

清除：清除工具可以消除调色板上的内容，并且重置缩放比例为100%。

● 面板菜单

单击Mixer（混色器）面板右上角的三角图标，在弹出的菜单中可以对其各部分属性进行调整，如图2-20所示。

图2-19 Mixer（混色器）面板

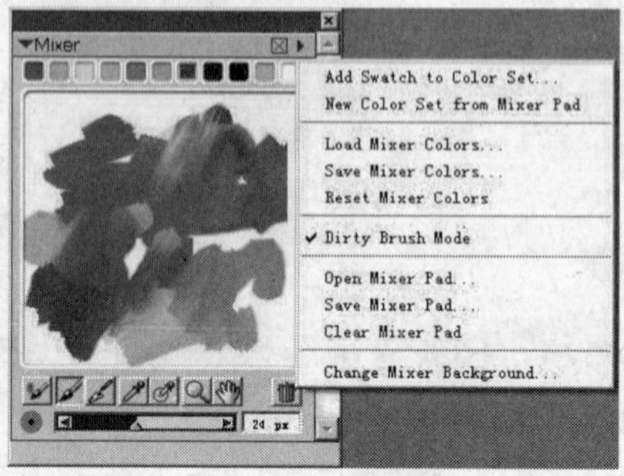

图2-20 混色器关联菜单

Add Swatch to Color Set：将颜料盒中选中的颜色加入到Color Sets（色彩集）面板中。

New Color Set from Mixer Pad：将调色板中所有的颜色全部提取到Color Sets（色彩集）面板中。

Load Mixer Colors：读取格式为MSW或TXT的颜色盒。

Save Mixer Colors：保存颜色盒。

Reset Mixer Colors：恢复为Painter X默认的颜色盒。

Open Mixer Pad：打开格式为MXS或TXT的调色板。

Save Mixer Pad：保存调色板。

Clear Mixer Pad：清除调色板。

⑨ Change Mixer Background：Painter X中默认的调色板背景接近于白色的淡黄色，选择该命令可以对其颜色进行调整。

3. 色彩集面板

Color Sets（色彩集）面板类似于传统绘画中的颜色盒，可以将所需要颜色以色样的形式组织起来，便于对颜色进行选取，如图2-21所示。

● 面板工具

Color Sets（色彩集）面板中间的彩色小方框为颜色选择框，其中可以选择需要的各种颜色。在面板的下端有4个按钮。

① 单击按钮出现如图2-22所示的菜单。

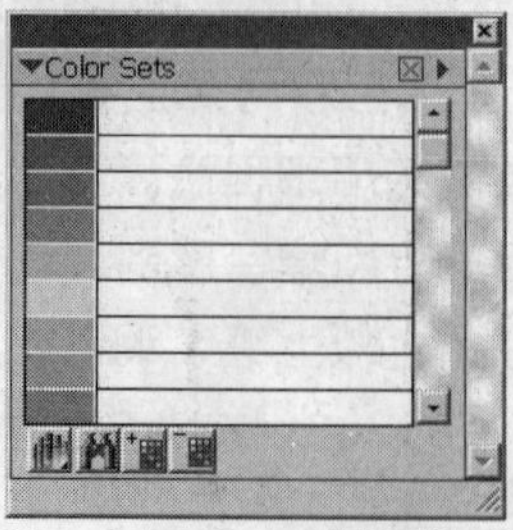

图2-21 Color Sets（色彩集）面板

图2-22 色彩集调色板菜单

New Empty Color Set：建立空的色彩选择框。

New Color Set from Image：从图像中提取颜色作为选择框中的色样。

New Color Set from Layer：从图层中提取颜色作为选择框中的色样。

New Color Set from Selection：从选区中提取颜色作为选择框中的色样。

New Color Set from Mixer：从调色板中提取颜色作为选择框中的色样。与Mixer面板中的New Color Set from Mixer Pad命令的作用相同。

Open Color Set：打开已有的颜色选择框设置，格式为PCS或TXT。在Painter X的安装目录下的Color Set文件夹中有Painter X自带的各种颜色分类，如图2-23所示。

Save Color Set：保存现有颜色框中的色样。

② 单击查找颜色按钮，弹出Find Color（查找颜色）面板，在该面板中可以查找所需要的颜色，并为其命名，如图2-24所示。

图2–23　打开色彩集

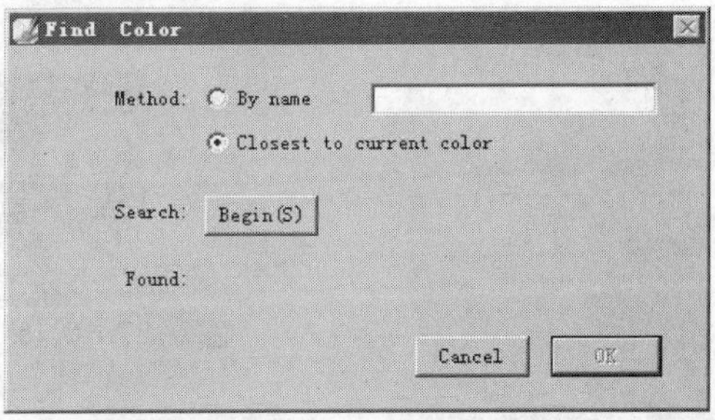

图2–24　查找颜色面板

③ 单击添加颜色按钮，可以将主要色加入颜色选择框。

④ 单击删除颜色按钮，可以删除颜色选择框中被选中的颜色。

● 面板菜单

单击Color Sets（色彩集）面板右侧的三角图标，在弹出的菜单中可以对Color Sets（色彩集）面板中各部分的属性进行调整，如图2-25所示。菜单中的前8个选项和单击按钮出现的命令相同。其他选项如下：

Show Grid：决定是否显示颜色选择框中色样与色样之间的边框。

Display Name：决定是否显示颜色选择框中的名称。

Find Swatch：与作用相同，用来查找面板中的颜色。

Sort Order：决定色样在颜色选择框中的排列次序。共有4种类型，如图2-25所示。

Saved：以保存的排列方式排列颜色。

HLS：以色相、亮度和饱和度排列颜色。

LHS：以亮度、色相和饱和度排列颜色。

SHL：以饱和度、色相和亮度排列颜色。

Swatch Size：决定色样在颜色选择框中所占单位面积的大小。共有4种大小，分别是8×8像素、8×16像素、16×16像素、24×24像素，如图2-26所示。也可以选择Customize命令，在弹出的面板中对色样的面积进行调整。

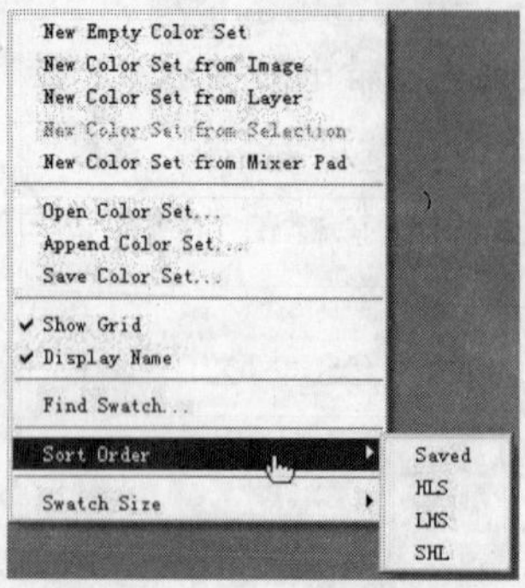

图2–25　色样排列顺序

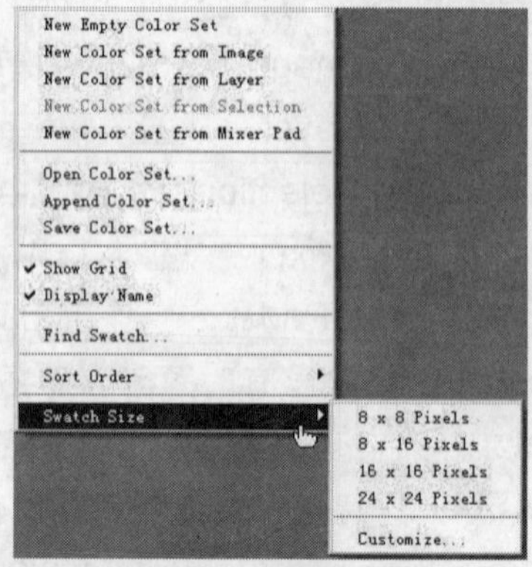

图2–26　颜色选择框的各种尺寸

4. 色彩信息

与其他颜色面板相比， Color Info（色彩信息）更适合选择有准确色值的颜色，如图2-27所示。单击面板右侧的三角图标，在弹出的菜单中，可以在RGB与HSV模式之间切换。

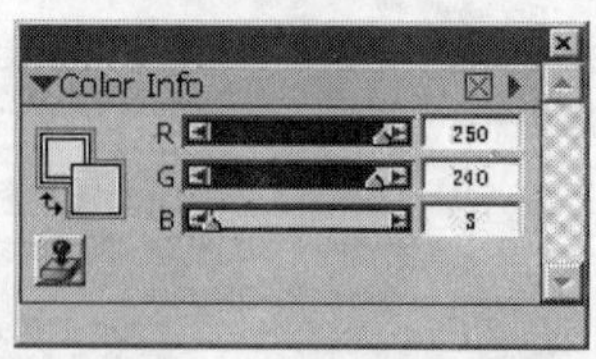

图2–27　Color Info（色彩信息）面板

2.3.2 色彩调整

Painter X拥有强大的颜色处理工具，可以对图像进行各种颜色校正并实现特殊效果。选择Effects（特效）→ Tonal Control（色彩控制）命令，在出现的菜单中有10个效果命令，如图2-28所示。这些命令都是为调整图像色彩而设计的。

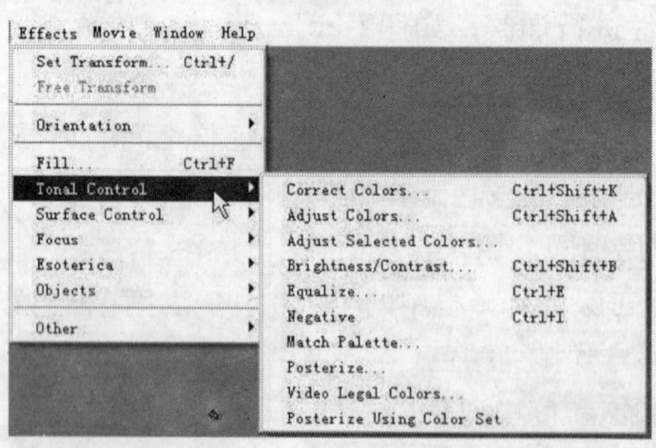

图2–28　Tonal Control（色彩控制）菜单

1. Correct Colors（校正色彩）

Correct Colors（校正色彩）是一个很全面的校正颜色工具，它可以使用4种不同的方法对图像的颜色进行调整。

选择Effects（特效）→ Tonal Control（色彩控制）→ Correct Colors（校正色彩）命令，弹出Colors Correction（色彩校正）对话框，如图2-29所示。对图像颜色的调整是通过调整对话框上方的Gamma（全色相平衡曲线）来实现的。Gamma曲线的曲率不同，对应的图像色彩呈现不同的变化。Correct Colors（校正色彩）对话框下方的色块决定是对图像中所有的色彩进行调整（默认情况下），还是对图像中的红色、绿色、蓝色分别进行调整。

色彩调整模式共有4种，如图2-30所示。下面逐一介绍这4种调整模式：

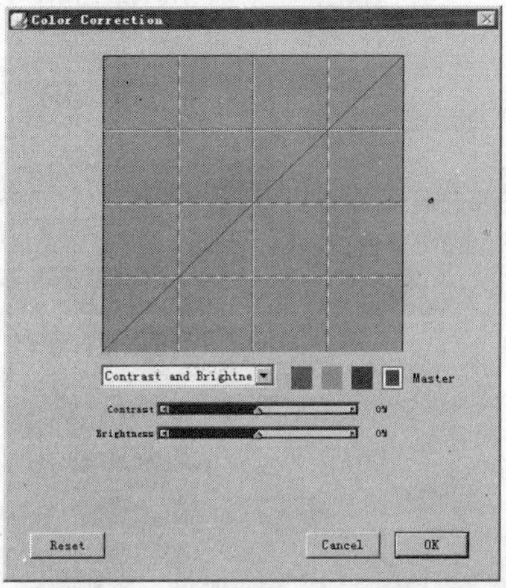

图2–29　Color Correction（色彩校正）对话框

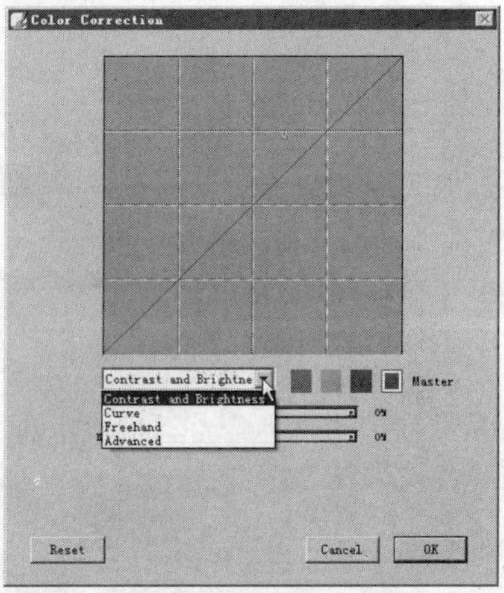

图2–30　选择校正色彩的调整模式

① Contrast and Brightness（对比度和亮度）：用于对图像的对比度和亮度进行调整。Contrast（对比度）滑条用来调节图像的对比度，百分比越大，对比越强烈。Brightness（亮度）滑条用于调整图像的亮度，百分比越大，图像颜色越亮，如图2-31所示。

图2–31　图像不同亮度效果对比

② Curve（曲线）：将鼠标指针放到曲线上时，指针呈现手指状态，这时可以拖动曲线来改变曲线的形状，如图2-32所示。Effect（效果）滑条用于控制鼠标拖曳时，曲线响应的范围。当滑条移到最右端时，曲线上所有点全部跟着鼠标移动。单击Auto Set（自动

设置）按钮，Painter X会自动设定图像中的黑点和白点，一般情况下会增加图像的对比度。单击Black Point（黑点）按钮，定义当前图像中最黑的一点。在使用黑点进行颜色校正前，首先使用“吸管工具”在图像颜色中点选颜色作为最暗的色彩，然后单击Black Point（黑点）按钮，全部的颜色将趋于较暗的色相，中间调的层次将会被拉开。单击White Point（白点）按钮，定义当前图像中最亮的一点，用法与Black Point（黑点）相同。

提示：如果整幅图像层次太淡，可以通过定义黑点、白点来拉开层次，使图像赋予变化。

③ Freehand（徒手）：可以直接使用“铅笔工具”绘制出曲线，用于制作多色分离或过度曝光的效果，如图2-33所示。

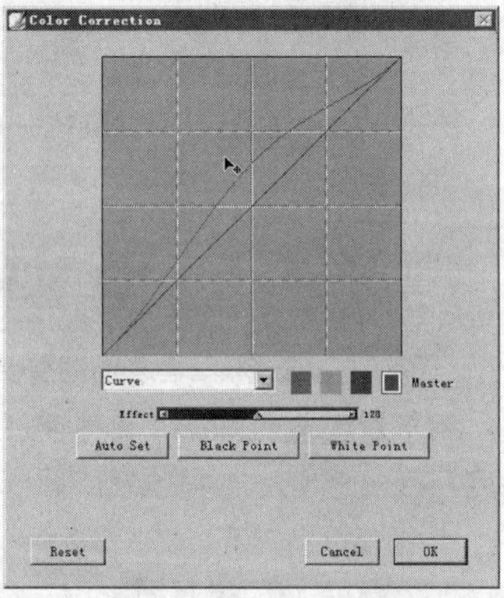

图2-32　曲线模式调整颜色

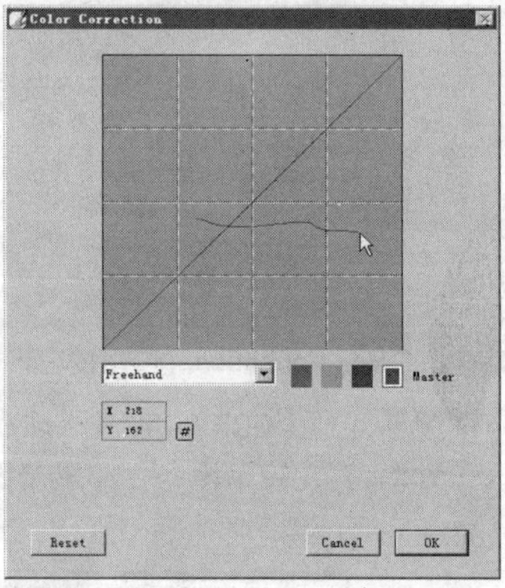

图2-33　徒手模式调整色彩

在Freehand（徒手）模式下，Correct Colors（校正颜色）对话框下方会出现一个信息框，旁边有一个方块，当方块中标明“%”时，信息框的内容为鼠标所在位置的坐标占整框坐标的百分比。当方块中标明“#”时，信息框内为当前鼠标所在位置的坐标。通过这个信息框，可以精确了解或以此来调整图像中的某些颜色。

提示：Freehand（徒手）模式下调整的曲线是不连续的，会导致图像中颜色层次增加，原来柔和渐变的色彩会变得不连续，很可能使原图像面目全非，所以在使用Freehand（徒手）模式时要格外注意。

④ Advanced（高级）：这个模式分别在5个特定点上给出制定色值，如图2-34所示。

Highlight（高调）：在其下面的3个输入框中（Red、Green、Blue），分别输入相应的色值，使画面的亮色部分色彩发生变化。

1/4 Tone（1/4色相）：在其下面的3个输入框中（Red、Green、Blue），分别输入相应的色值，使画面中亮度在整体颜色亮度1/4左右的色彩发生变化。

Midtone（中间色相）：在其下面的3个输入框中（Red、Green、Blue），分别输入相应的色值，使画面中亮度在整体颜色亮度1/2左右的色彩发生变化。

3/4 Tone（3/4色相）：在其下面的3个输入框中（Red、Green、Blue），分别输入相应的色值，使画面中亮度在整体颜色亮度3/4左右的色彩发生变化。

Shadow（阴影）：在其下面的3个输入框中（Red、Green、Blue），分别输入相应的色值，使画面的暗色部分色彩发生变化。

2. Adjust Colors（调整色彩）

Adjust Colors（调整色彩）命令可以直接调节颜色的色相、饱和度、亮度值，从而改变图像的颜色构成和画面效果。

选择要调整色彩的画布、图层或选区内的图像。选择Effects（特效）→ Tonal Control（色彩控制）→ Adjust Colors（调整色彩）命令，弹出Adjust Color（调整色彩）对话框。在Using（使用）列表中选择色彩调整方式，如图2-35所示。

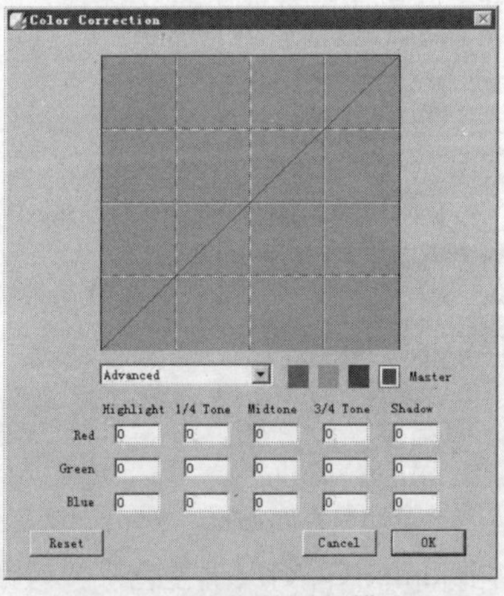

图2-34 高级的调整模式

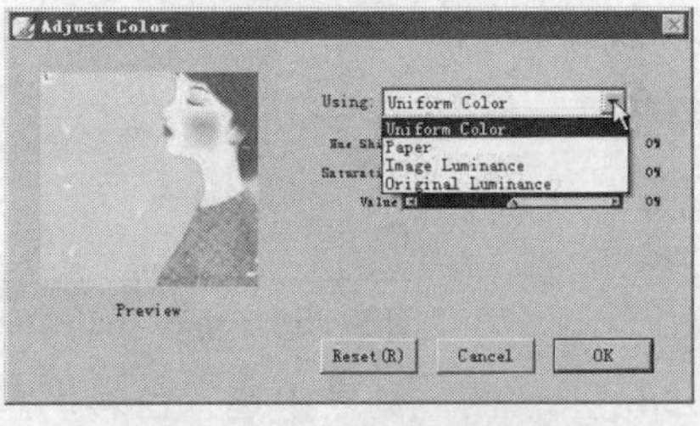

图2-35 选择色彩调整方式

Uniform Color（统一颜色）：选择该调整方式时对所有的像素发挥相同作用。

Paper（纸张）：选择该调整方式时可以使用Paper（纸张）的Grain（纹理）控制调整图像的颜色。

Image Luminance（图像亮度）：选择该调整方式时可以将图像的亮度作为色彩调整的控制模式，亮度较高的区域，色彩调节效果也比较明显。

Original Luminance（克隆源亮度）：选择该调整方式时可将克隆图像的亮度作为色彩调节的控制模式。如果没有设置克隆源，当前的Pattern（图案）面板中选择的图案将被作为色彩调整的依据。

移动滑标位置控制色相、饱和度和亮度值。在Preview（预览）区域中可以观察图像的颜色变化。

> 提示
>
> 移动Hue Shift（色相位移）滑条是通过改变颜色色相来调整像素的颜色的。从左向右移动滑标，颜色的色相会在色盘上逆时针旋转。移动Saturation（饱和度）滑条是通过改变颜色的饱和度来调整像素的颜色的，移动滑条，当饱和度值变大时，图像中的色彩会变得鲜亮；值变小时，图像将逐渐失去颜色，最后转换为灰度图。移动Value（亮度）滑条图像颜色的明暗会发生变化。

3. Adjust Selected Colors（调整选定颜色）

Adjust Selected Colors（调整选定颜色）可以对图像的指定颜色区域进行调整。

选择要调整的图像，选择Effects（特效）→ Tonal Control（色彩控制）→ Adjust Selected Colors（调整选定颜色）命令，弹出Adjust Selected Colors（调整选定颜色）对话框，如图2-36所示。

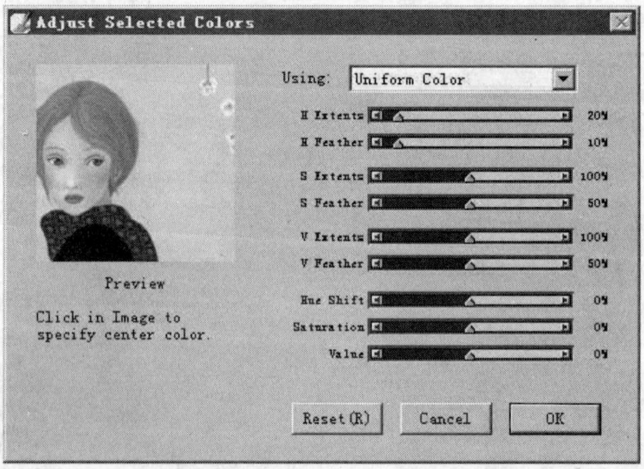

图2—36　Adjust Selected Colors（调整选定颜色）对话框

在Using（使用）列表中选择色彩调整方式。这与Adjust Color（调整色彩）对话框中的Using相同，这里就不再重复讲解。

调整Extents（范围）和Feathers（羽化）滑条。Extents（范围）包括H（色相）、S（饱和度）、V（亮度）的作用范围，即在颜色空间中，决定选定颜色附近的颜色区域大小，向右移动滑条，可以扩大影响颜色空间的范围。Feathers（羽化）滑条影响Adjust Selected Color（调整选定颜色）作用区域边缘的过渡程度。

对话框底端滑条分别控制色相、饱和度和亮度的数值。移动滑条在Preview（预览）窗口中可观察到图像的变化。

4. Brightness/Contrast（亮度/对比度）

Brightness/Contrast（亮度与对比度）可以对图像的亮度和对比度分别进行调整，将图像调整到最佳显示效果，如图2-37所示。

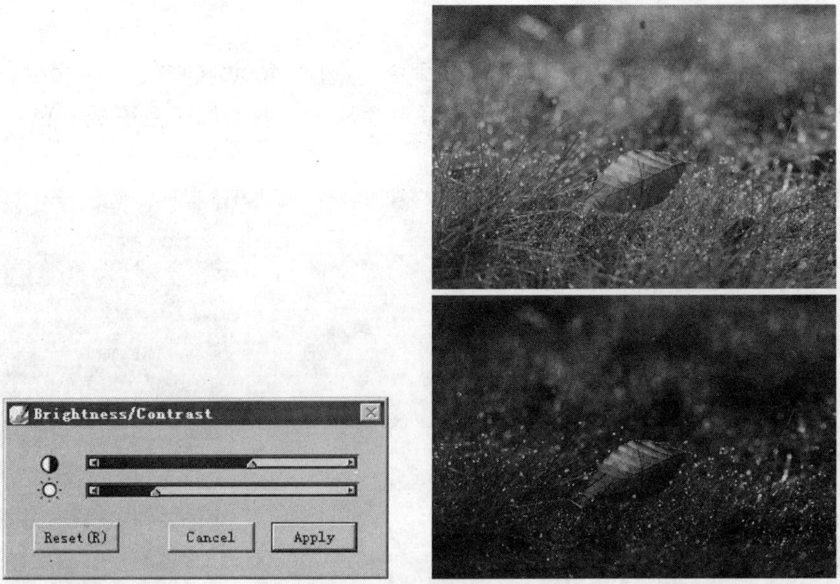

图2–37 调整亮度与对比度效果

选择Effects（特效）→ Tonal Control（色彩控制）→ Brightness/Contrast（亮度/对比度）命令，弹出Brightness/Contrast（亮度/对比度）对话框，如图2-38所示。◑选项的滑条用于调整图像的明暗对比度，☼选项的滑条用于调整图像的亮度对比度。

5．Equalize（均衡）

Equalize（均衡）命令用于调整图像的明暗反差，该命令比Brightness/Contrast（亮度/对比度）的调节更精确、细致。该命令既可以自动调整图像亮度也可以手动调整图像亮度，同时它还是一个图像亮度信息的统计工具，在Equalize（均衡）对话框中显示了图像的具体亮度信息。

选择要进行均衡处理的画布、图层或选区内的图像。选择Effects（特效）→ Tonal Control（色彩控制）→ Equalize（均衡）命令，弹出Equalize（均衡）对话框，Painter X会自动调整图像的亮度值。最亮的颜色设置为白点，最暗的颜色设置为黑点，如图2-39所示。

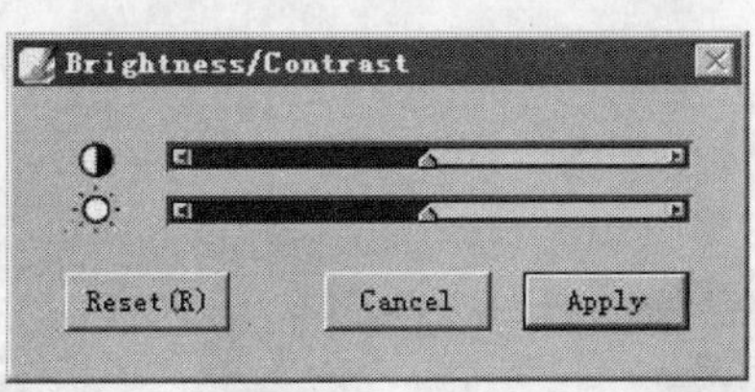

图2–38 Brightness/Contrast（调整亮度/对比度）对话框

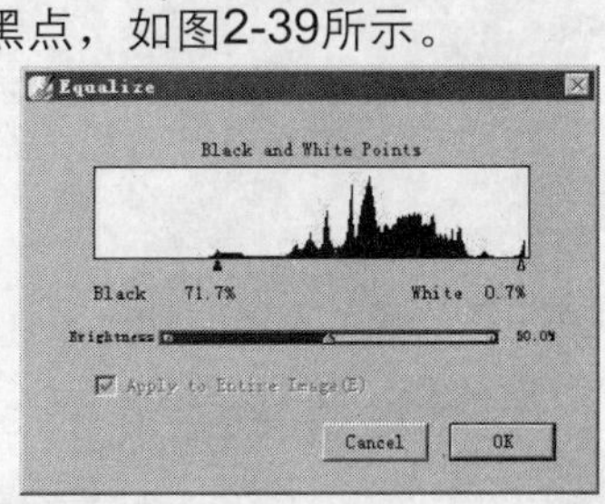

图2–39 Equalize（均衡）对话框

选择Apply to Entire Image（应用于全幅图像）选项，将均衡全幅图像的阶调。方形图的横向值代表亮度的级数，方形图的纵向值代表图像包含此亮度级的像素数。可通过拖动白色或黑色三角形滑标，来重新定义图像的黑点、白点。向右移动Brightness（亮度）滑标，图像对比度便会自动增加，图像变暗。反之，图像会变亮，效果如图2-40所示

6. Negative（负片）

Negative（负片）是一个直接运用效果的命令，选择Effects（特效）→ Tonal Control（色彩控制）→ Negative（负片）命令，图像的颜色会反转，变为原来色彩的补色，效果类似于照片的底片，如图2-41所示。

图2-40　调整均衡值效果对比

图2-41　负片效果

7. Match Palette（匹配颜色）

Match Palette（匹配颜色）可以使图像中的色彩和亮度发生变化，从而使画面产生独特的效果，如图2-42所示。

选择要进行匹配的颜色图像，选择Effects（特效）→ Tonal Control（色彩控制）→ Match Palette（匹配颜色）命令，弹出Match Palette（匹配颜色）对话框，在对话框中对匹配颜色进行调整，如图2-43所示。

图2-42　匹配颜色效果对比

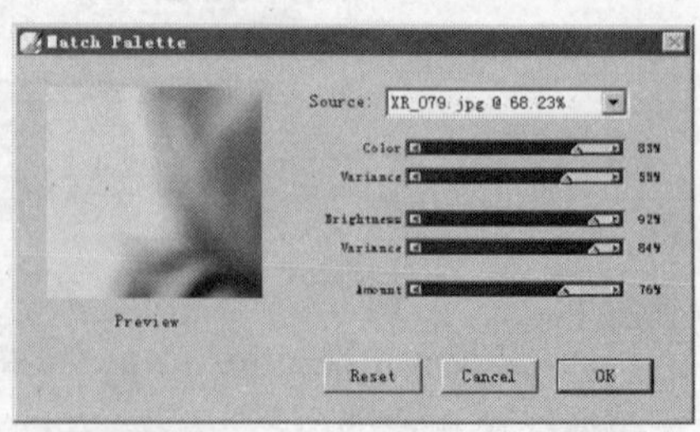

图2-43　Match Palette（匹配颜色）对话框

Color（颜色）滑条用于调整图像色彩的含量，数值越高，色彩含量越少。Brightness（亮度）滑条用于调整图像的亮度，数值越高，画面越亮。Color滑条下的Variance（变化）滑条用于调整颜色的纯度，数值越高，颜色的纯度就越高，颜色之间的色相对比就越强烈；Brightness滑条下的Variance（变化）滑条用于调整画面的亮度，数值越高，画面的对比度就越强烈，画面的颜色也会根据亮度的变化而变化。Amount（数量）滑条可以直接控制匹配颜色的整体效果。

8．Posterize（色相分离）

Posterize（色相分离）可以将图像中的色相分离，使图像的颜色单纯化，如图2-44所示。

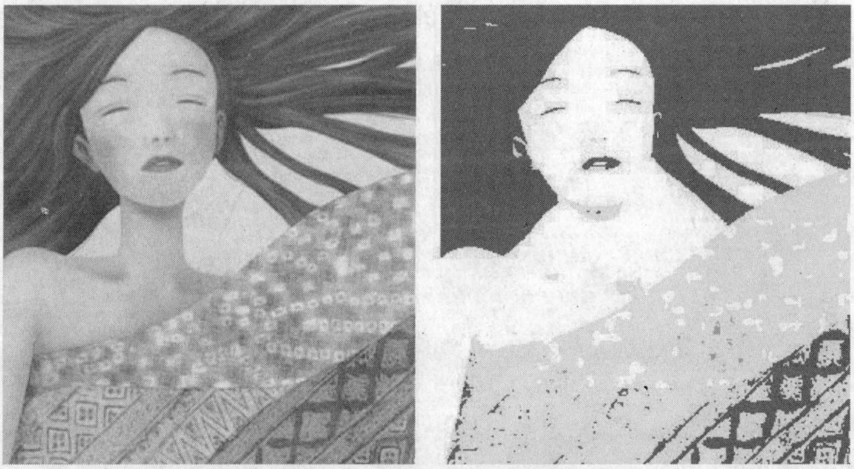

图2-44　色相分离效果对比

选择要进行匹配颜色处理的画布、图层或选区内的图像。选择Effects（特效）→ Tonal Control（色彩控制）→ Posterize（色相分离）命令，弹出Posterize（色相分离）对话框，在色相分离对话框中，输入Levels（色阶）数量。数值越大，图像色彩效果越丰富；反之图像将出现大块单色区域，如图2-45所示。

9．Video Legal Colors（视频标准色彩）

Video Legal Colors（视频标准色彩）可以使图像的颜色转变为适合视频播放的模式，支持NTSC（美国）和PAL（欧洲）视频系统。该命令用于制作动画及一些需要应用视频的图像。

选择Effects（特效）→ Tonal Control（色彩控制）→ Video Legal Colors（视频标准色彩）命令，弹出Video Legal Colors（视频标准色彩）对话框，在System（系统）列表中选择NTSC或PAL，如图2-46所示。

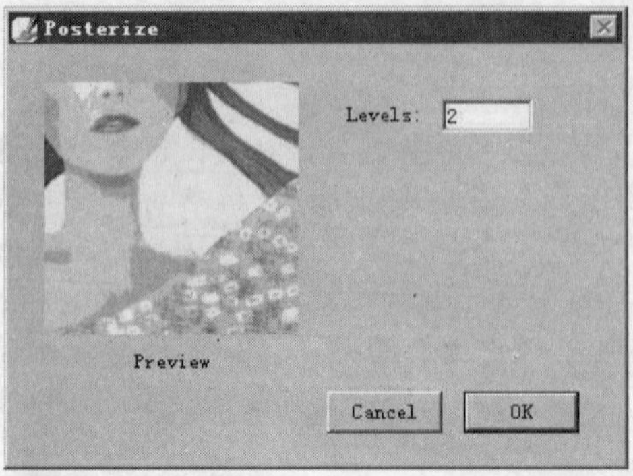

图2—45　Posterize（色相分离）对话框

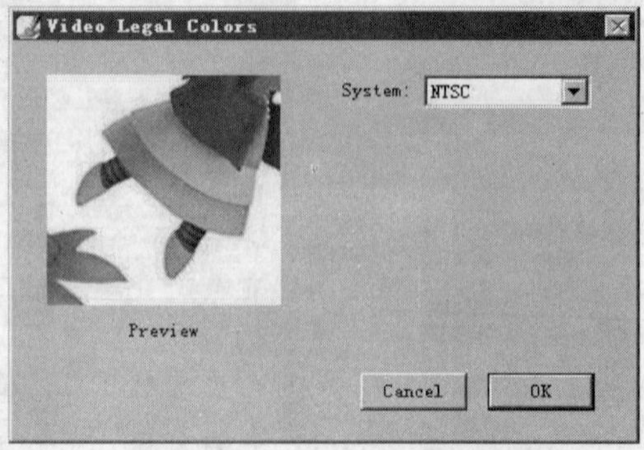

图2—46　Video Legal Colors（视频标准色彩）对话框

10．Posterize Using Color Set（使用色彩集中的颜色进行色相分离）

该命令以当前Color Set（色彩集）面板中的颜色作为色相分离的基础色进行直接分离。

选择要进行匹配颜色处理的画布、图层或选区内的图像。打开Color Set（色彩集）面板并选择要进行颜色分离的颜色。选择Effects（特效）→ Tonal Control（色彩控制）→ Posterize Using Color Set（使用色彩集中的颜色进行色相分离）命令，即可完成颜色的分离，如图2-47所示。

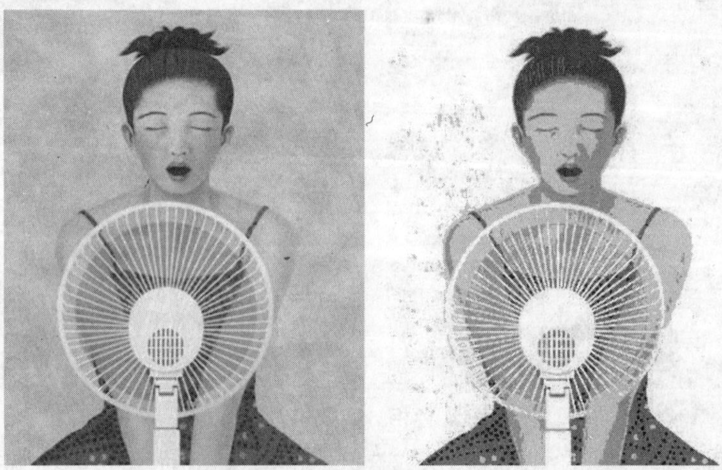

图2—47　使用色彩集中的颜色进行色相分离效果对比

2.3.3 色彩管理

每一种设备都有一定的色彩范围。例如，显示器显示的色彩范围与打印机打印出的色彩范围就有所不同，尤其是一些高饱和度的颜色可能与屏幕上显示的颜色差别更大。要解决这个问题，可以利用Painter X的色彩管理系统转换设备之间的色彩，以确保色彩的一致性与正确性。这项功能可改善输出品质，避免重新打印。

选择Canvas（画布）→Color Management（色彩管理）命令，在出现的对话框中对色彩进行管理，如图2-48所示。

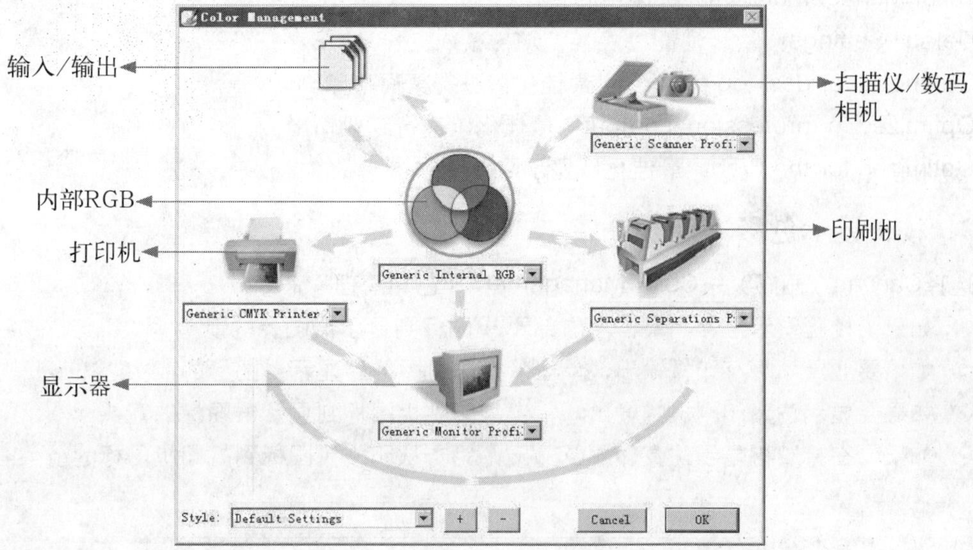

图2-48 Color Management（色彩管理）对话框

单击图标时，可以选择与该图标相关设备的设置，（扫描仪和数码相机图标除外）。例如，单击打印机图标，可以连接到任何连接在计算机上的色彩描述文件。此外，也可以单击箭头以启用或停用它。箭头启用时显示为橘色，停用时为灰色破碎状。可以使用箭头校正设备之间的色彩，并控制色彩显示的方式。

1．根据绘画目的选择色彩引擎

（1）选择Canvas（画布）→Color Management（色彩管理）命令。

（2）在弹出的Color Management（色彩管理）对话框中单击内部RGB图标。

（3）在弹出的Advanced Settings（高级设置）对话框中的Rendering Intent（绘图目的）选项菜单中选择任意项目，如图2-49所示。这样就完成了色彩引擎的选择。

Absolute Colorimetric（绝对色度）：适合用于特别色的图像中。

Automatic（自动）：Painter X的默认值。

Perceptual（知觉）：适用于各种图像，特别是照片。

Relative Colorimetric（相对色度）：适用于在激光打印机上打印小样。

Saturation（饱和度）：适用于矢量图形（线条、文字及有色的立体对象）。

2．选择色彩管理样式

（1）选择Canvas（画布）→Color Management（色彩管理）命令。

（2）从样式选项菜单中选择需要使用的色彩管理样式，如图2-50所示。这样就完成了管理样式的选择。

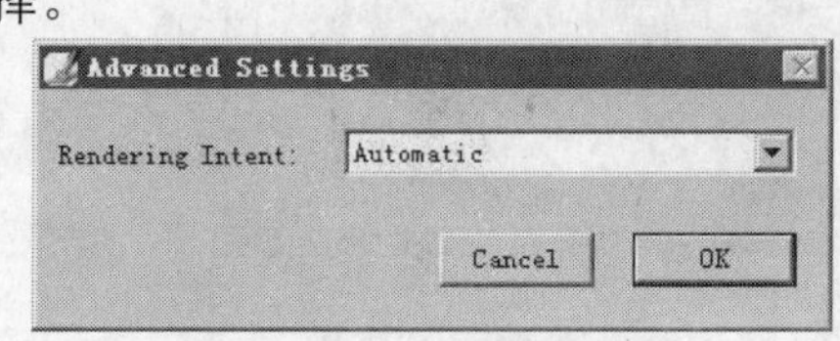

图2-49 选择色彩引擎

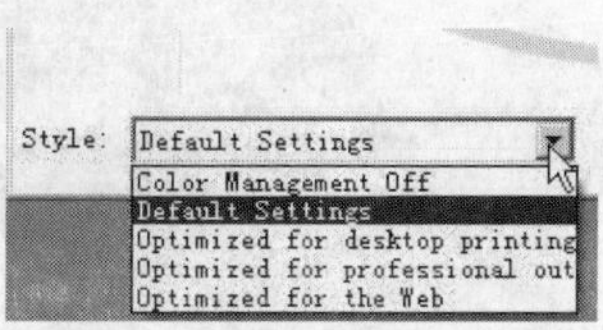

图2-50 选择色彩管理样式

Color Management Off：关闭色彩管理。

Default Settings：默认设置。

Optimized for desktop printing：最佳化以进行桌面打印。

Optimized for professional output：最佳化以进行专业输出。

Optimized for the Web：最佳化以显示网页。

3．校正显示色彩

选择Canvas（画布）→Color Management（色彩管理）命令。

① 如果要校正显示色彩，单击从内部RGB图标到显示器图标的箭头。

② 如果要显示仿真打印机输出，单击从打印机图标到显示器图标的箭头。

③ 如果要显示仿真印刷机的输出，单击从印刷机图标到显示器图标的箭头。

④ 如果要在打印机显示仿真印刷及输出，单击从印刷机图标到打印机图标的箭头。

2.4 基础应用

学完色彩的模式、属性、选择和调整等知识后，如何将这些色彩知识应用到作品中呢？下面我们从大师的作品中亲身感受色彩和形体的关系，以及色彩之间互相影响的结果。

2.4.1 色彩的明度变化

在绘画创作中明度的变化是经常使用的，包括明度变化的渐变效果经常出现在插画作品中。明度变化一般用于天空、海洋、皮肤、材质等由于光或其他外界因素而引起的色彩变化。通常使用这种色彩明度变化的手法来表现一副作品中结构的层次或深度。如果要检查一幅作品中明度的纰漏，将该作品转换为黑白效果，就容易观察出其中的错误或者视觉上不理想之处。

在插画师Strobox的作品中运用色彩的明度对比和水彩的透明效果，通过丰富的想象力和独特的视角展现出漂亮的天空色彩，如图2-51所示。

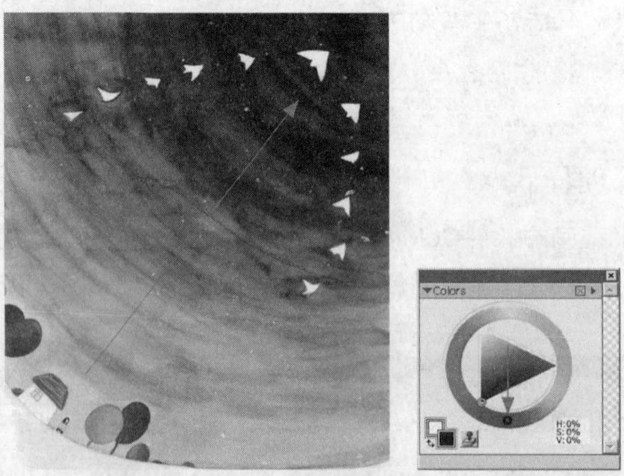

运用色彩明度变化

图2-51　插画师Strobox的作品

加拿大艺术家Bobby Chiu的插画作品中利用了简单的明度互换对比手法来勾勒出一个女士的曼妙身姿，如图2-52所示。虽然画面的主体颜色是红色，但并没有感觉整个画面缺乏层次感，反而前景和背景的对比被拉开了，由此可见颜色的明度在画面中的重要性。所以在利用色彩明度对比绘画时，除了要有大胆的构想外，还应该注意画面的主次关系，使画面看上去具有立体感。可以借鉴这个作品来尝试利用明度对比的绘画手法绘制一副插画作品。

图2–52　加拿大艺术家Bobby Chiu的作品

2.4.2 色彩的饱和度变化

色彩饱和度的变化通常应用于体现强烈现代感的作品中。波兰设计师Pawel Nolbert就善于利用高饱和度的色彩进行创作，在如图2-53所示的插画作品中，高饱和度和强烈对比的色彩被巧妙利用，这种色彩表现使画面显得更富有生气。

图2–53　波兰设计师Pawel Nolbert的作品

在表现写实风格的创作中并不提倡用饱和度较高的色彩，否则会使画面失真。在色彩中，饱和度越低画面越偏灰度。将饱和度设置为0时，图像色彩将成为由黑、白、灰组成的图像。在Painter X中常用这种方法将彩色图像变成黑白图，如图2-54所示。

图2–54　插画师Miles Donovan的作品

2.4.3 色彩的对比度变化

在如图2-55所示的插画作品中，插画师Anthony Hibbert采用高饱和度的色彩和强烈的明度对比来描绘一个神奇的海底世界。高饱和度、高明度的小鱼在低饱和度、低明度的海底世界中显得闪闪发亮，为整个插画作品增添了趣味性和跳动的视觉效果。我们可以借鉴这种绘画手法来制作海底世界或漫漫星空的场景，在明度和饱和度的强烈对比下可以凸现发光、发亮的物体。

有时强烈的对比度变化也可以映衬出一些放光的物体，如图2-56所示，以色彩的对比度这一变化来表现物体的发光感与受光感。

图2–55　插画师Anthony Hibbert作品

图2–56　插画师Monika的作品

2.5 案例表现——星球

下面根据所学内容为一幅线稿图着色，效果如图2-57所示。

（1）打开线稿。选择File（文件）→Open（打开）命令，或按快捷键Ctrl+O弹出Select Image（选取图像）对话框，选择准备好的的线稿图（打开光盘中素材\Sunny.jpg），如图2-58所示。

图2-57 星球效果

图2-58 打开线稿Sunny

（2）将线稿调整清晰。选择Effects（特效）→Tonal Control（色彩控制）→Brightness/Contrast（亮度/对比度）命令，在Brightness/Contrast（亮度/对比度）对话框中，将◑选项的滑条移到最右边，将☼选项的滑条向左移动到合适位置，单击OK按钮，如图2-59所示，此时线稿的清晰度会增加。

（3）建立线稿选区。选择Select（选择）→ Auto Select（自动选择）命令，在出现Auto Select（自动选择）对话框中选择Image Luminance（图像亮度）选项，如图1-60所示。此时线稿被建立为选区，如图2-61所示。

图2-59 调整线稿清晰度

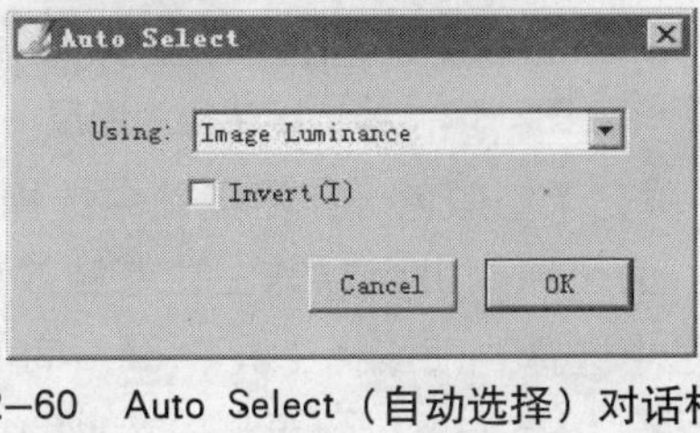

图2-60 Auto Select（自动选择）对话框

图2–61　建立线稿选区

（4）将选区转换为图层。选择Select（选择）→ Float（转换为层）命令，此时选区内的线稿被转换为单独线稿图层，如图2-62所示。

（5）将线稿图层正片叠底。在Layers（图层）面板顶端的Composite Method （合成方式）下拉菜单中选择Multiply（正片叠底）选项，然后借助缩放工具检查得到的效果，如图2-63所示。

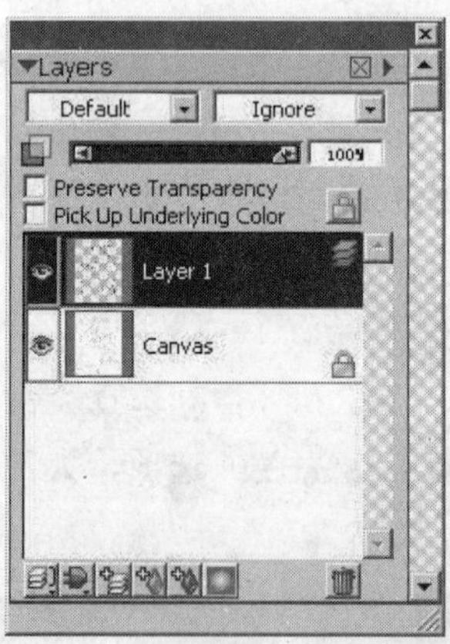

图2–62　将选区转换为图层

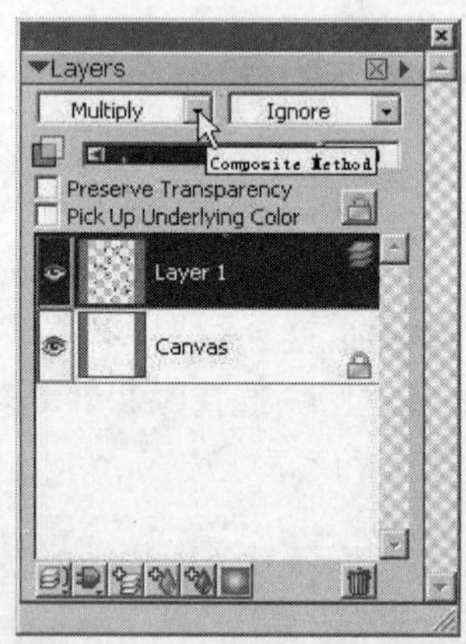

图2–63　将线稿图层正片叠底

（6）填充天空颜色。在工具箱中选择“魔棒工具”，使用“魔棒工具”在线稿图层上创建选区。为了绘制出天空的生动笔触效果，使用“魔棒工具”单独选取整个天空区域，然后在工具栏中选择“喷漆桶工具”，同时在工具属性栏中单击Fill Image（填充图像）按钮，并在Fill（填充）下拉列表框中选择Current Color（当前颜色）。从Color（色彩）拾色器中选择一种颜色值为R：78、G：78、B：250的颜色，在画布的天空选区区域单击，就可以为天空填充所选的颜色了，如图2-64所示。

（7）填充其他部分颜色。依照以上方法分别在其他空白处用“魔棒工具”建立选区，并使用“喷漆桶工具”填充前景色，将剩下空白的部分填充颜色（可以为图形填充自己喜欢的颜色，不一定受此处的影响），如图2-65所示。

提示

选择“魔棒工具”后，按住Shift键的同时单击选区可以选取多个选区。

图2-64 填充天空颜色

图2-65 填充其他部分颜色

（8）添加色彩效果。在工具箱中选择“画笔工具”，在笔刷选取栏中选择Airbrush（喷笔）→ Fine Detail Air（优质细节喷笔）命令，将画笔尺寸调节到合适大小并在Color（色彩）拾色器中选择浅粉色绘制太阳的笑脸，如图2-66所示。

（9）添加色彩效果。用“魔棒工具”按住Shift键将几个条状太阳光芒选取，在笔刷选取栏中选择Airbrush（喷笔）→ Graffiti（涂鸦喷笔）命令。在拾色器中选择一个相对较浅的淡黄色，用画笔沿着每个选区的一侧边缘绘制一笔，刻画太阳的光芒，如图2-67所示。

图2-66 添加色彩效果1

图2-67 添加色彩效果2

（10）绘制笔触色彩。使用同上的笔刷及方法，将画笔尺寸调大，使用当前的淡黄色将画面前面的“陆地”部分平铺一遍。在拾色器中选择RGB值为R：255、G：0、B：128的梅红色，将“陆地”部分用喷笔再次平铺一遍，如图2-68所示。

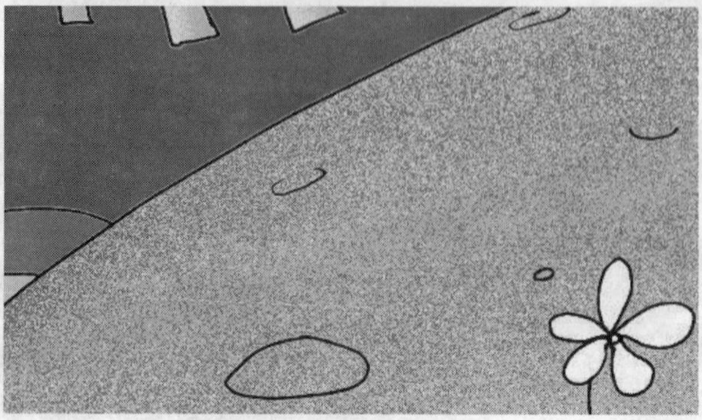

图2–68　绘制笔触色彩

（11）绘制细节色彩。将小蜗牛建立成选区，将画笔尺寸调小，绘制出小蜗牛身上的条状花纹，如图2-69所示。

（12）调整细节颜色。发挥自己的想象和创意绘制剩下的部分，将画面绘制完整，如图2-70所示。

图2–69　绘制细节色彩

图2–70　调整细节颜色

2.6 疑难及常见问题

1. 如何选取克隆图像为当前绘画颜色

方法很简单，单击色彩面板中的克隆颜色按钮，就可以使用克隆图像作为当前绘画颜色。选择File（文件）→Clone Source（克隆源）命令，在出现的菜单中选择想要使用的克隆源图像。

2．如何在主要色和次要色之间进行切换

Painter X采用两个相互重叠的矩形框显示当前的主要色和次要色。单击Color（色彩）拾色器上的切换按钮或按快捷键Shift+X就可以在主要色和次要色之间进行切换了。

3．怎样设置画笔笔触中的色彩

选择Painter X中菜单栏中的Window（窗口）→ Brush Controls（笔刷控制）→Show Color Variability（显示色彩变化）命令，在弹出的Color Variability（色彩变化）面板中可以设置画笔笔触的变化模式。

4．如何将在混色器中调出的颜色保存在色彩集面板中

单击Colors（色彩）面板右上角的三角图标，在出现的菜单中选择Add Swatch to Color Set（将选中的颜色加入到色彩集中）命令，即可将当前Mixer（混色器）面板中所有的颜色保存到Color Sets（色彩集）面板中。

5．使用Painter X制作的作品能否直接用于印刷

可以，不过并不建议这么做，因为在Painter X中印刷所使用的CMYK模式不能得到很好的支持，所以完稿后建议在Photoshop中将图像转换为CMYK模式，并对颜色进一步调整。

2.7 习题与上机练习

1．选择题

（1）在颜色模式中，RGB模式中的R、G、B分别代表__________。

A. 橙、蓝、紫　B. 红、绿、蓝　C. 红、蓝、绿　D. 红、黄、黑

（2）在颜色模式中，HSV模式中的H代表__________，S代表饱和度，V代表明度。

A. 色相　B. 对比度　C. 渐变　D. 补色

（3）在绘画过程中，在主要色和次要色之间进行切换的快捷键为__________。

A. Ctrl+Shift+C　B. Ctrl+Shift+X　C. Shift+X　D. Shift+C

（4）饱和度是指颜色的__________。

A. 混合度　B. 纯度　C. 亮度　D. 对比度

（5）选择__________命令可以使图像的颜色反转，出现类似于照片的底片效果。

A. Equalize（均衡）　B. Negative（负片）

C. Match Palette（匹配颜色）　D. Posterize（色相分离）

（6）Color Overlay（颜色覆盖）可以为图像同时添加颜色和__________。

A. 图案　B. 纹理　C. 渐变　D. 蒙版

（7）__________效果可以调整图像中较暗或较亮区域的相互转化，同时赋予这些区域较为平和的色彩。

A. Equalize（均衡）　　B. Correct Colors（校正色彩）

C. Brightness/Contrast（亮度/对比度）　　D. Posterize（色相分离）

（8）__________命令可以将使图像中的色相分离，使图像的颜色单纯化。

A. Equalize（均衡）　　B. Negative（负片）

C. Match Palette（匹配颜色）　　D. Posterize（色相分离）

2．问答题

（1）怎样将一幅彩色图像转换成黑白图像？

（2）怎样将图像中的色彩转变为3个色值？

（3）Painter X中的色彩模式有哪几种，分别说明其构成。

3．上机练习

（1）以红、黄、蓝为原色，用Mixer（混色器）调出一个12色的色环。

（2）选择周围的一个静物，尝试在Painter X中对其进行写生。

（3）为图2-71（打开光盘中素材\Picture002.jpg）所示的线稿上色。

图2—71　Picture002

第3章 绘制与编辑对象

本章导读

通过前面的学习，大家对Paitner X软件有了一个整体的认识。那么如何更好地应用这款软件来绘图呢？下面开始我们的绘图之旅，首先学习绘制和编辑对象。关于绘制和编辑对象的操作，主要通过工具箱中的工具实现的。Painter X的Toolbox（工具箱）如图3-1所示。

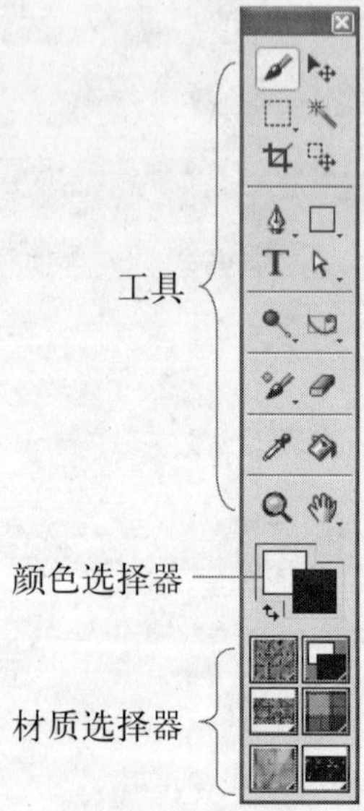

图3-1 Painter X的工具箱

凡是图标右下角带有小三角提示的工具，单击后会弹出隐藏工具。如果打开Painter X时看不到工具箱，可以选择Window（窗口）→Show Toolbox（显示工具箱）命令打开工具箱。表1是工具箱中的每个工具。

表1

Brush（画笔工具）	Layer Adjuster（图层调整工具）
Rectangular Selection（矩形选区工具）	Oval Selection（椭圆形选区工具）
Lasso（套索工具）	Magic Wand（魔棒工具）
Crop（裁剪工具）	Selection Adjuster（选区调整工具）
Pen（钢笔工具）	Quick Curve（快速曲线）
Rectangular Shape（矩形工具）	Oval Shape（椭圆形工具）
Text（文本工具）	Shape Selection（图形选择工具）
Scissors（剪刀工具）	Add Point（加点工具）
Remove Point（减点工具）	Conver Point（转换点工具）
Dodge（减淡工具）	Burn（加深工具）
Divine Proportion（黄金比例工具）	Layout Grid（设计网格工具）
Perspective Grid（透视网格工具）	Cloner（克隆工具）
Rubber Stamp（图章工具）	Eraser（橡皮擦工具）
Dropper（吸管工具）	Paint Bucket（喷漆桶工具）
Magnifier（缩放工具）	Grabber（手形工具）
Rotate Page（旋转画布工具）	

3.1 实例引入——创意小图

利用Painter X工具箱中的工具尝试画一幅创意小图，如图3-2所示。

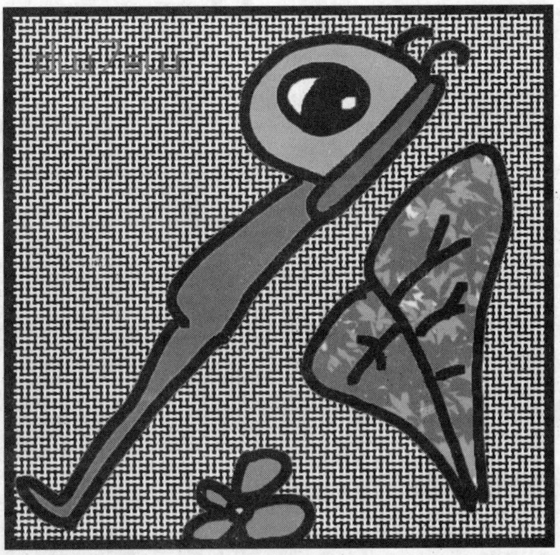

图3-2　创意小图

3.1.1 制作分析

使用工具箱中的魔棒工具、喷漆桶工具、画笔工具和文本工具等，为提供的线稿图填充颜色和材质。

首先运用“魔棒工具”将图像需要填充的部分创建一个“范围”，再运用“喷漆桶工具”在刚刚建立的“范围”内单击，填充颜色块。选择图案样式，用“画笔工具”绘制出带有图案样式的效果。在喷漆桶工具属性栏中将Fill（填充）设置成Weaves（织物），在织物样式中选择一个图案样式并填充背景。最后添加文字Logo，使画面看上去更丰富。为线稿上色的流程如图3-3所示。

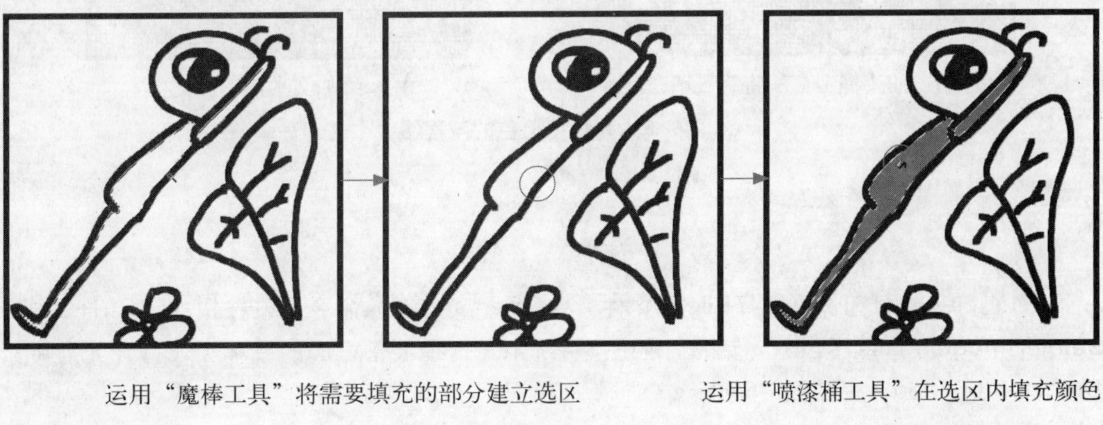

运用“魔棒工具”将需要填充的部分建立选区　　运用“喷漆桶工具”在选区内填充颜色

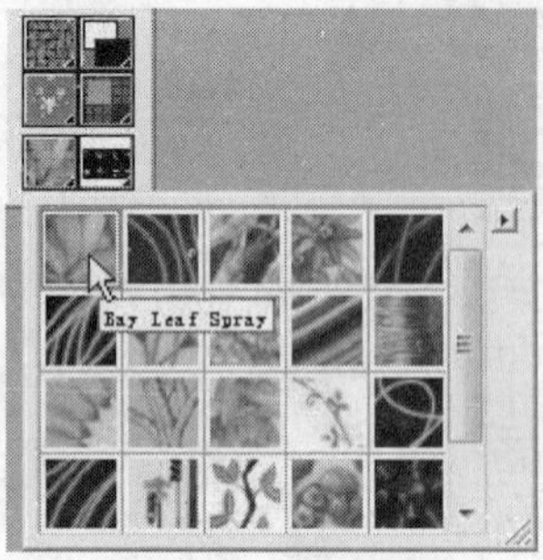

选择图案样式

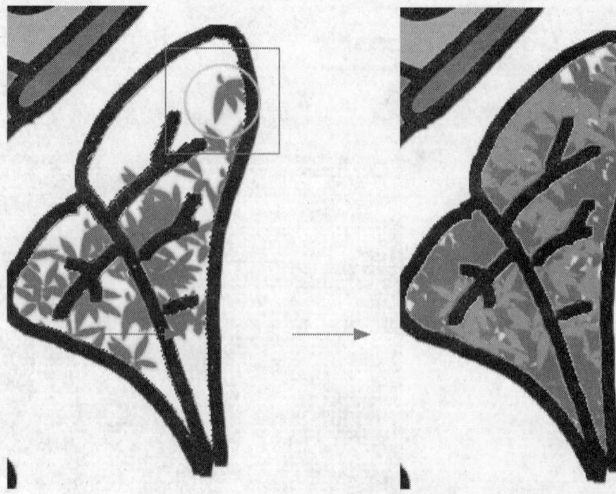

运用“画笔工具”绘制出带有图案样式的效果

运用“油漆桶工具”将Fill（填充）设置为Weaves（织物）

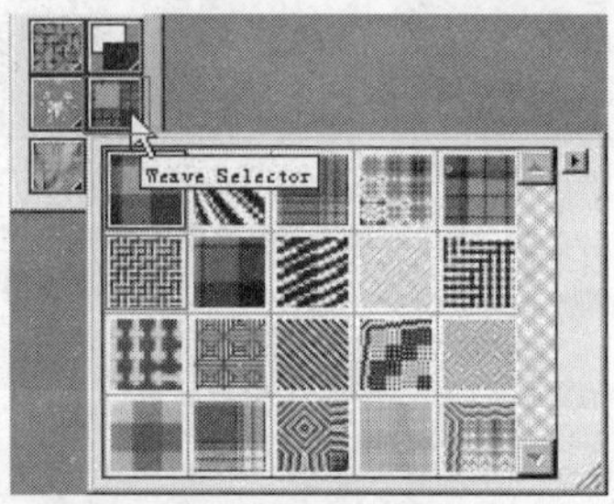

选择Weaves（织物）样式

运用“油漆桶工具”将背景填充

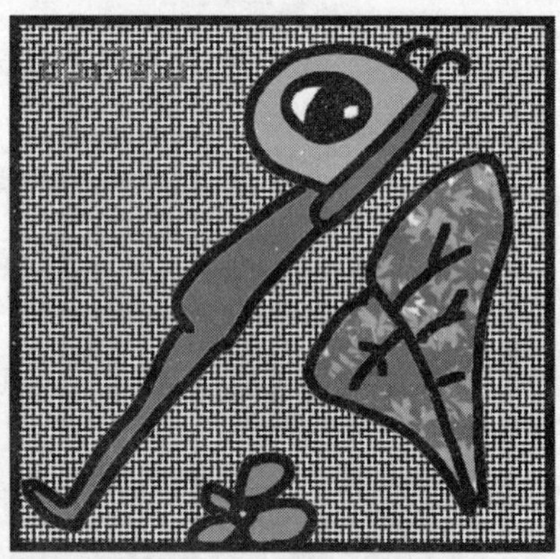

添加文本使画面更丰富

图3–3　为线稿上色的流程图

3.1.2 操作步骤

（1）打开素材图像。选择File（文件）→Open（打开）命令，或按快捷键Ctrl+O弹出Select Image（选取图像）对话框，如图3-4所示。选择准备好的的线稿图（打开光盘中素材\Picture001.jpg），如图3-5所示。

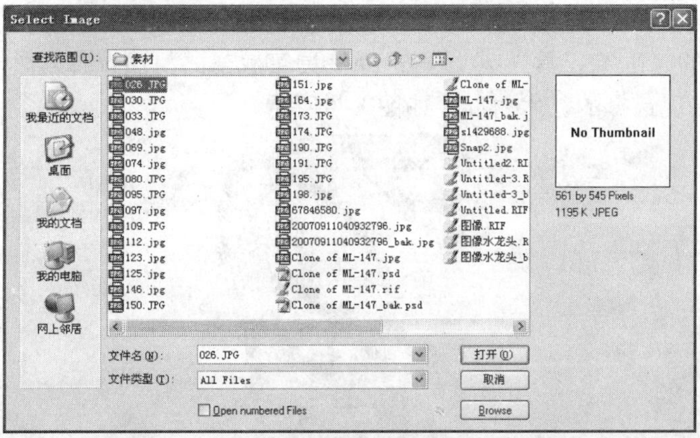

图3–4 Select Image（打开图像）对话框

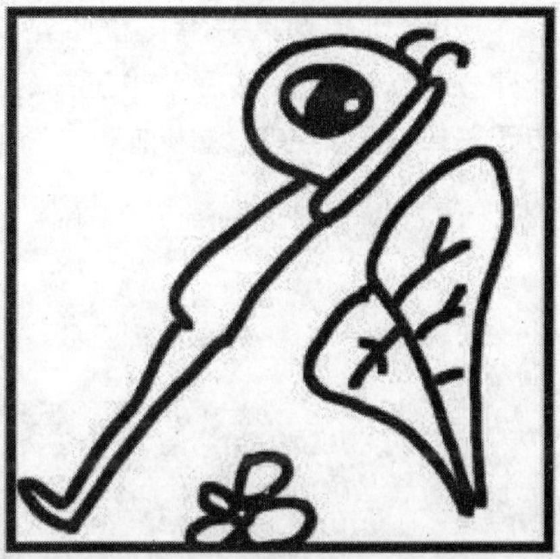

图3–5 创意小图线稿图

（2）创建选区。单击工具箱中的“魔棒工具”，将鼠标移到小ET身体部分，建立一个选区，由于小ET的身体和胳膊部分是被线稿分离开的，这就需要按住Shift键在胳膊部分单击添加选区，如图3-6所示。当按住Shift键时鼠标指针会变成形状。

（3）填充颜色。单击工具箱中的“喷漆桶工具”，在喷漆桶工具属性栏中选择前景色，在色彩面板中选择一个颜色值（R：0、G：135、B：35）为小ET身体部分填充颜色。然后将鼠标移到刚才建立好的选区上单击，如图3-7所示。

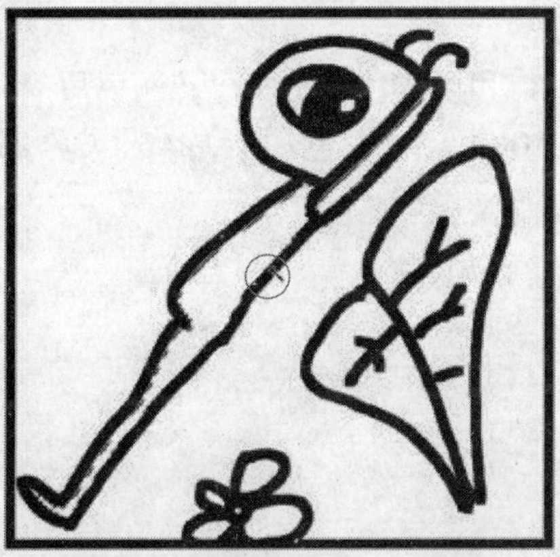

图3–6 建立创意小图选区

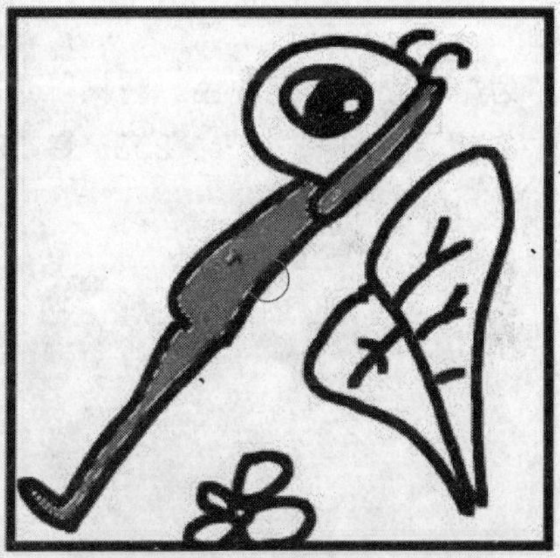

图3–7 填充选区1

（4）取消选区。单击工具箱中的“魔棒工具”，将光标移到画布中，右击鼠标，屏幕上出现一个列表，选择Deselect（取消）命令取消该选区，进行后面的绘画，如图3-8所示。

（5）创建选区并填充图形。用“魔棒工具”在小ET的头部位置建立一个选区。用比身体浅一些的绿色（R：154、G：190、B：76）填充小ET头部，如图3-9所示。

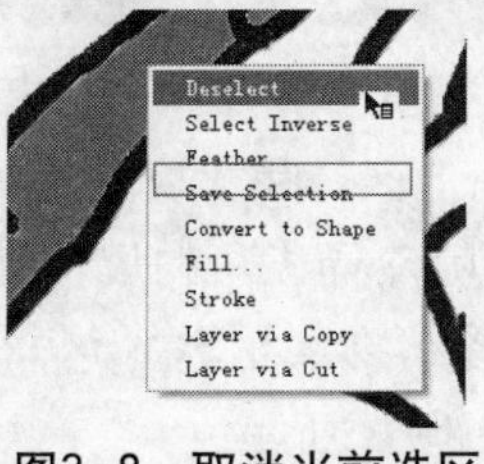

图3–8 取消当前选区

图3–9 填充选区2

（6）创建选区并填充材质。取消小ET头部的选区，用“魔棒工具”将小ET身旁的树叶建立一个选区，然后单击工具箱中的“画笔工具”，再选择工具箱底部的材质选择器，如图3-10所示。在选区内拖动鼠标会出现选择的艺术材质，如图3-11所示。

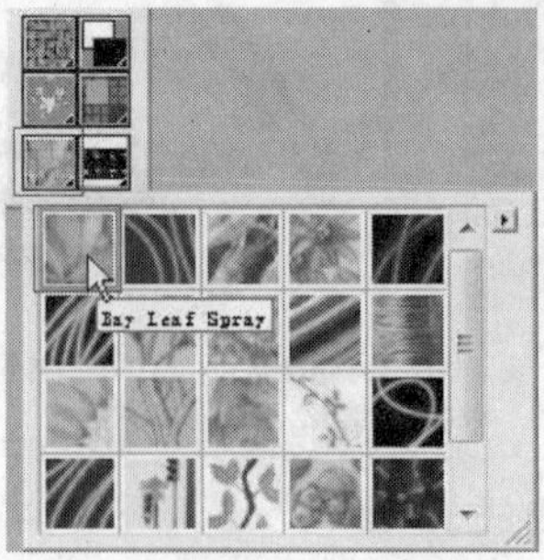

图3-10　材质选择器面板

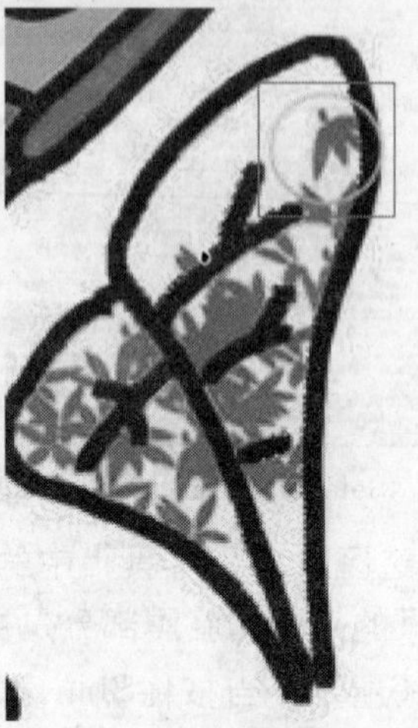

图3-11　填充选区3

（7）设置颜色。在色彩面板中选取叶子的颜色，这里选取两种颜色，棕红色（R：207、G：68、B：1）和橙色（R：253、G：150、B：51）。这样画面显得有质感，如图3-12所示。

（8）为小花图形填充颜色。将树叶选区取消后，用同样的方法将小花颜色用“喷漆桶工具”填充上粉色的花瓣（R：253、G：95、B：107）和淡黄色（R：245、G：233、B：80）的花心，如图3-13所示。

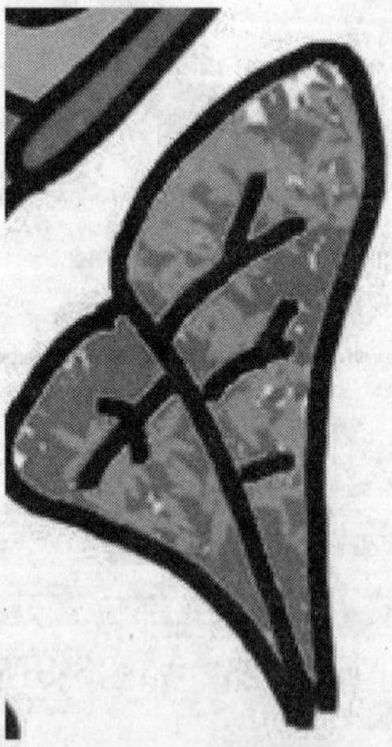

图3-12　填充选区4

图3-13　填充选区5

（9）填充背景。将小花的颜色填充完毕后，取消选区。用“魔棒工具”选取整个小图的背景。然后单击工具箱中的“喷漆桶工具”。在喷漆桶工具的属性栏中单击Fill（填充）下拉按钮。在下拉列表的Weaves（织物面板）中选择织物素材Star Maze（星形迷宫），如图3-14所示。将创意小图的背景填充成织物效果，如图3-15所示。

（10）输入文本。最后单击工具箱中的“文本工具”T，在画面中的适当位置输入文本，并在文本工具属性栏中选择字体，完成的创意小图效果如图3-16所示。

图3-14　喷漆桶工具属性栏

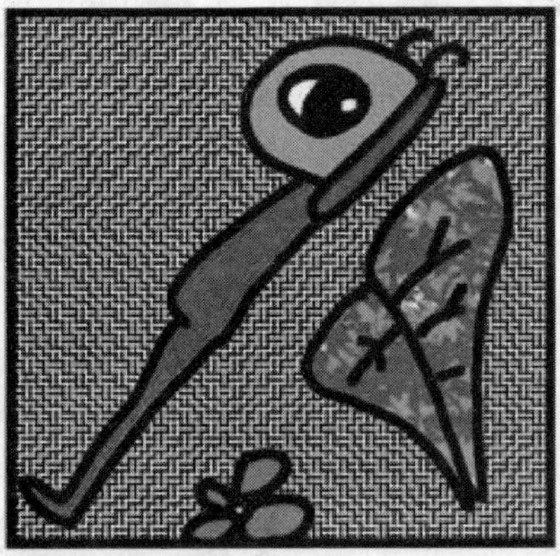

图3-15　填充选区6

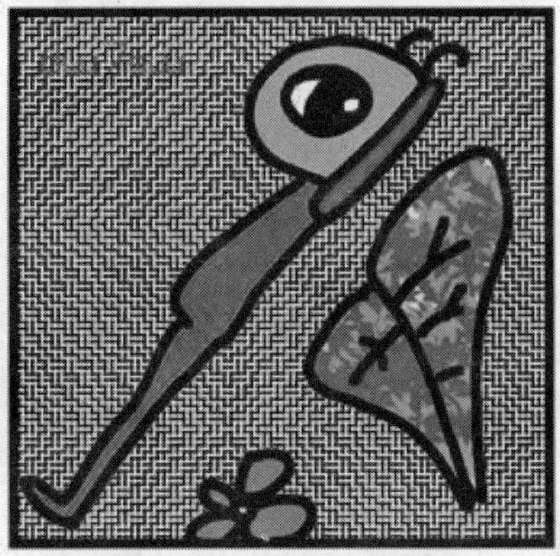

图3-16　创意小图效果

3.2 基础术语

只有了解基础术语的含义，才能更好地使用Painter X软件，下面介绍Painter X中的基础术语。

3.2.1 笔刷选取栏

笔刷选取栏中有多种绘画工具和画笔，是Painter X中最重要也是最有特色的部分，如图3-17所示。笔刷选取栏第一个图标表示当前选择的画笔类型，第二个图标表示当前选择的画笔类型的变体。例如，铅笔包括2B铅笔、锐利铅笔、扁平铅笔等变体。

单击画笔图标，在弹出的面板中可以选择不同的画笔，如图3-18所示。

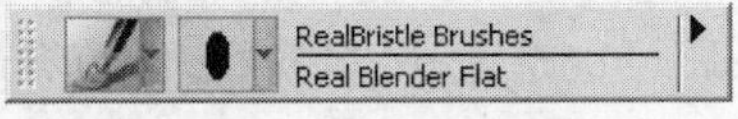

图3-17　笔刷选取栏

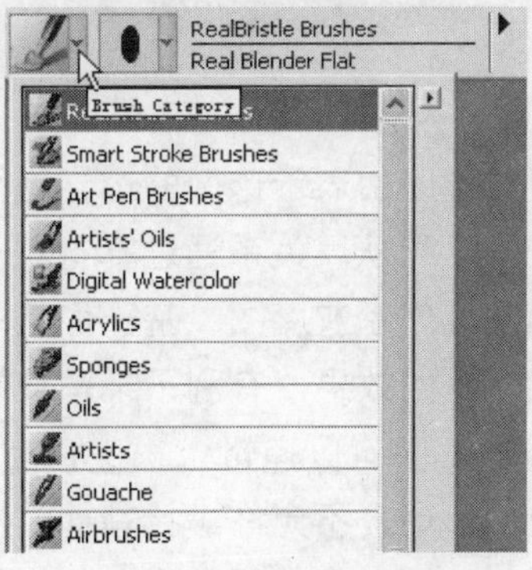

图3-18　选择画笔

单击弹出面板右上方的▸按钮，在弹出的菜单中可以对画笔类型或画笔变体的显示方式进行调整，如图3-19所示。

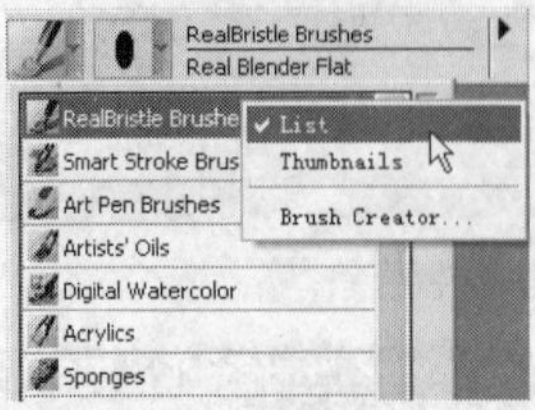

画笔的列表显示方式

画笔的缩略图显示方式

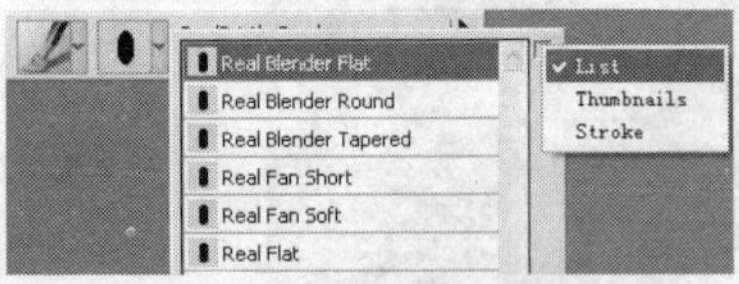

画笔变体的列表显示方式

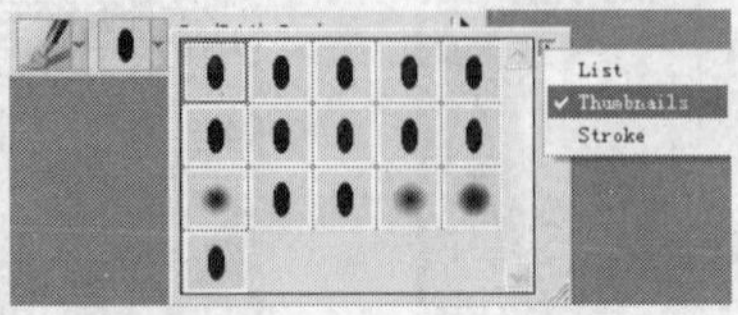

画笔变体的缩略图显示方式

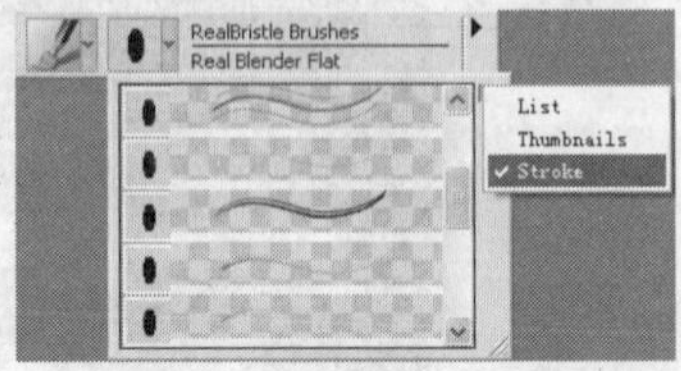

画笔变体的笔触显示方式

图3–19　画笔类型及画笔变体的显示方式

当选择一个类型的画笔后，画笔变体也会随之发生变化。每个画笔都有与其相应的笔刷变体。在选择一个笔刷变体前，要先选择画笔的类别。

3.2.2 选区

选区是从图像中分离出来的一个区域。Painter X支持两种类型的选区，基于路径的选区，如图3-20所示。基于像素的选区，如图3-21所示。

图3–20　基于路径的选区

图3–21　基于像素的选区

基于路径的选区由表示选区的边界路径构成，基于像素的选区由表示每个像素是否属于选区的信息构成，这种从属关系通过256级（0～255）的层次来表示。我们可以把基于像素的选区看作是表面从属关系灰度图。基于像素的选区比基于路径的选区提供更多的区分选择，可以提供过渡选定状态的效果，有利于某些特效区与非特效区的平滑过渡。

基于路径的选区可以通过“选区调整工具”进行移动、旋转、错切等变换，基于像素的选取则只允许移动，不允许进行其他变换。基于路径的选区还支持对选区边界进行绘制的功能。这两种选区之间可以相互转换，当把基于像素的选取转换成基于路径的选区后，就可以用相应的工具对其进行各种变换，但是选区的过渡效果将会丢失。

Painter X提供了一系列工具来创建这两种选区。对已有的选区也可以进行添加选区或者取消除选区等操作，得到新的符合要求的选区。

3.2.3 矢量图形

矢量图形结构类似于基于路径的选区，这个路径具有描边和填充的特性。矢量图形可以使用矩形、椭圆、文本、钢笔或快速曲线工具来创建。矢量图形一旦绘制完成，便会自动保存在Layers（图层）面板中，Layers（图层）面板可用来控制矢量图形使其成为图像中的独立元素，也可以将其转换成为选区后用于分离图像的区域。

3.2.4 黄金比例

黄金比例是Painter X中新增的一个绘画辅助工具。在古典绘画中常会用到构图比例，以前黄金比例曾被称为“神的比例”，这是按照软件中的名字Divine Proportion直译为“神的比例”，作为一个软件的专业术语还是称其为黄金比例更恰当。

3.3 知识讲解

在绘画创作中需要各种不同功能的工具来达到绘画效果，Painter X的工具箱提供了丰富的工具。

3.3.1 绘制几何图形

在第1章中介绍矢量图形的下拉列表时提到矢量图形这一概念，虽然在Painter X中矢量工具不是很重要，但在某些情况下它还是会起到辅助作用。在Painter X中矩形工具、椭圆形工具、钢笔工具和快速曲线工具都属于绘制矢量图形的工具，矩形工具属性栏如图3-22所示。

图3-22 矩形工具属性栏

1. 绘制矩形

选择工具箱中的Rectangular Shape（矩形工具）□，按住左键并拖动可绘出矩形形状的图形或路径。按住Shift键的同时，按住鼠标左键并拖动可以绘制正方形，如图3-23所示。

2. 绘制椭圆

选择工具箱中的Oval Shape（椭圆形工具）○，按住左键并拖动可以绘制出椭圆形状的图形或路径。按住Shift键的同时，按住鼠标左键并拖动可以绘制出圆形，如图3-24所示。

图3-23 绘制矩形及正方形

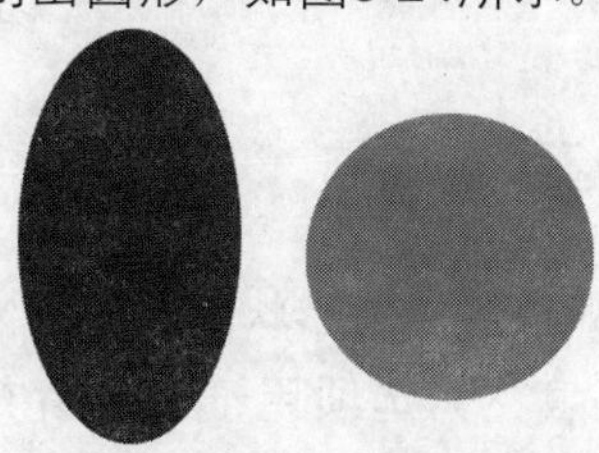

图3-24 绘制椭圆形及圆形

3. Layer Adjuster（图层调整工具）

“图层调整工具”用于选择图层并调整图层之间的层次关系。此外，还可以用来剪切、复制和粘贴图层。图层调整工具属性栏如图3-25所示，调整效果如图3-26所示。关于图层调整工具的使用在第5章中具体介绍。

图3–25　图层调整工具属性栏

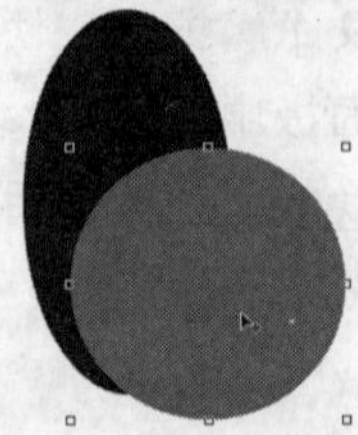

图3–26　图层调整效果

如何设置矢量图形属性可以参照第1章1.1.6小节相关内容， Set Default Shape Attributes（设置矢量图形属性）对话框如图3-27所示。

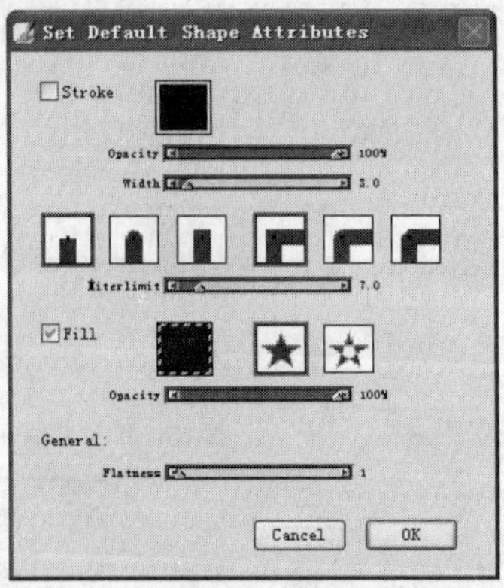

图3–27　Set Default Shape Attributes（设置矢量图形属性）对话框

3.3.2 绘制并编辑曲线

下面介绍如何绘制曲线图形，这里的曲线也属于矢量图形。

1. 使用Pen（钢笔工具）绘制曲线

“钢笔工具”用于绘制由Bézier curve（贝塞尔曲线）表达的矢量图形，它是由一系列控制顶点来描述直线或者曲线的工具。

① 设置属性栏。

使用“钢笔工具”绘图时，首先要在钢笔工具属性栏中进行设置，如图3-28所示。

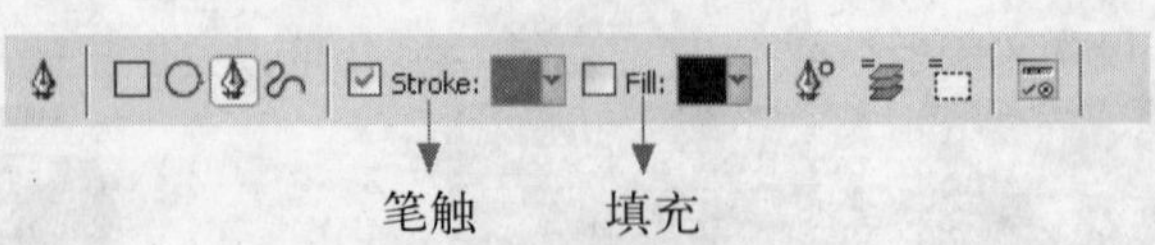

图3–28　钢笔工具属性栏

钢笔绘制的形状由边界和内部组成，这里的Stroke（笔触）选项用于指定如何绘制边界，Fill（填充）选项用于设置填充绘制的形状内部。笔触和填充复选框表示是否绘制笔触和填充。如果只需要画轮廓线，那么填充的复选框将禁用。

② 绘制具有曲线顶点和折线顶点的曲线。

> 提示
>
> 为了方便表达曲线和直线段，钢笔的控制顶点分为曲线顶点和折线顶点。路径通过曲线顶点时，总是平滑地经过，曲线顶点位置有确定的切线方向，调整曲线方向可以改变曲线的曲折；折线顶点与两端的顶点连接时，两侧没有共同的切线方向，因此该顶点处是不光滑的。

首先，光标停留在画布上适当位置，按下左键，设定第一个顶点，如图3-29所示。

> 提示
>
> 如果待添加的顶点是曲线顶点，那么沿切线方向拖动后再释放左键；如果添加的是折线顶点，直接释放鼠标即可。

添加折线顶点时，在添加的位置直接单击即可，如图3-30所示。

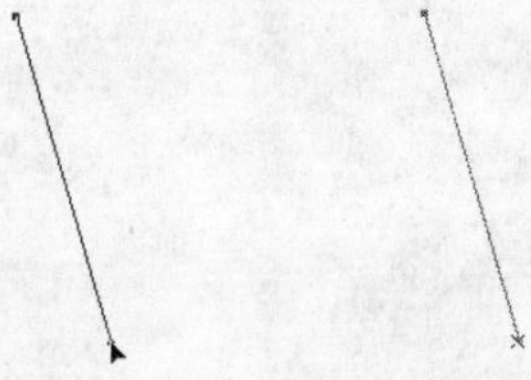

图3–29　添加曲线顶点

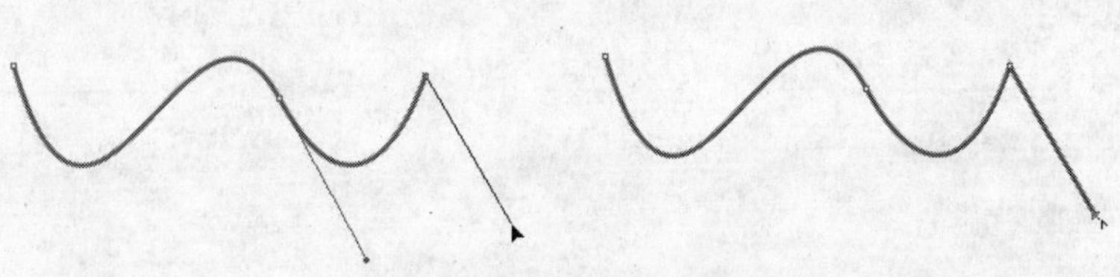

图3–30　添加折线顶点

添加曲线顶点时，在控制顶点的位置按下鼠标左键，并拖动调整切线的方向，直到对效果满意为止，如图3-31所示。

③ 绘制闭合曲线。

如果绘制闭合曲线，可以采用将最后一个控制顶点和初始控制顶点重合的方法来绘制，也可以单击属性栏上的Close Shape（闭合形状）按钮，但用这种方法绘制时，闭合路线总是用直线连接终点和初始控制点，如图3-32所示。

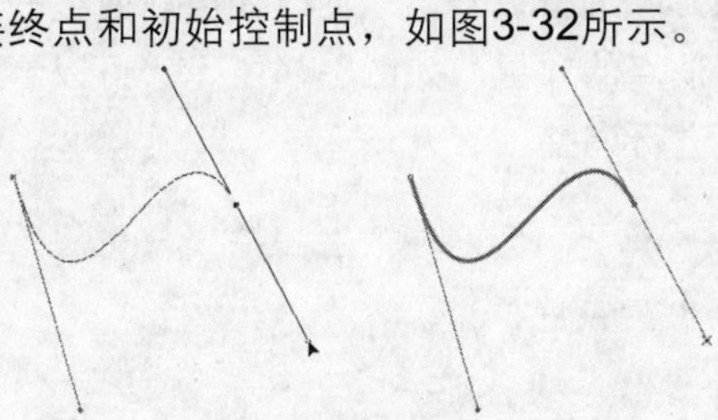

图3–31　添加曲线顶点

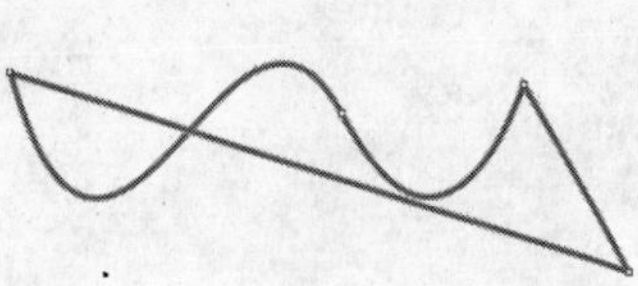

图3–32　闭合形状后的效果

绘制的曲线还可以转换为图层和选区。具体方法是单击属性栏上的Convert to Layer（转换为图层）按钮，将当前图层从形状图层转换为普通的像素图层，这样可以在该图层上使用笔刷等工具继续绘画，但是不能使用曲线和形状调整工具修改。单击属性栏中的Convert to Selection（转换为选区）按钮，可以将路径形式的图层转换为选区。

2．使用Quick Curve（快速曲线工具）绘制曲线

“快速曲线工具”又叫“自由曲线工具”。选中快速曲线工具后，可以来用按住鼠标左键不放并对某一条曲线拖动的方式，得到矢量曲线，这种绘制方式和笔刷的用法相似，只是所绘制的目标是矢量曲线（路径）而已。快速曲线工具的属性栏和钢笔工具属性栏相同。绘制快速曲线如图3-33所示。

快速曲线绘制完成后得到的曲线仍然是由控制顶点决定的Bézier curve（贝塞尔）曲线，因此能用相同的修改工具进行编辑。

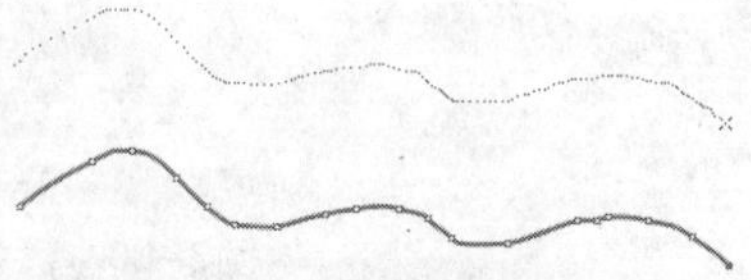

图3-33　绘制快速曲线

3．Shape Selection（形状选择工具）

“形状选择工具”用于选择已有的矢量路径，便于对其进一步修改。选中的路径会出现每个控制顶点，可以进一步单击某个控制顶点，这时与这个控制顶点相邻的曲线段上会出现切线操作柄，可以对控制顶点的坐标或者切线方向进行调整，从而改变当前曲线的形状。使用形状选择工具选中一条路径，并选中某个控制顶点的效果，如图3-34所示。可以看到出现了一些相关的切线操作柄，利用它们可对曲线形状进行调整。

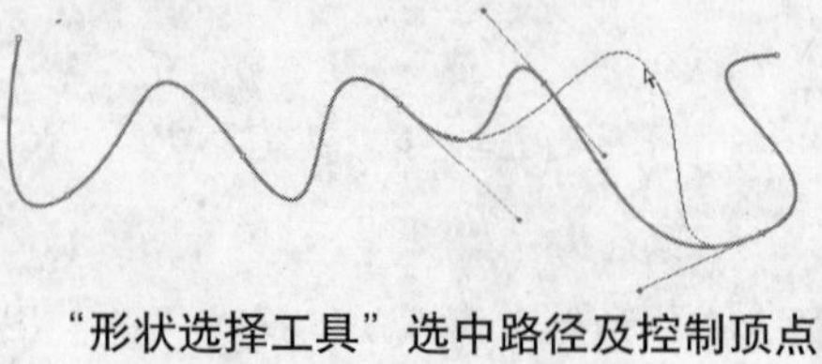

图3-34　“形状选择工具”选中路径及控制顶点的效果

4. Scissors（剪刀工具）

“剪刀工具”用于剪开一个打开或者闭合的路径。执行剪刀操作后，闭合曲线会变成打开曲线，打开曲线则被剪成两条曲线段。使用剪刀工具时光标的形状会变成剪刀的形状，如图3-35所示。

图3-35 剪刀工具效果

5. Add Point（加点工具）和Remove Point（减点工具）

选“择加点工具”，在路径上任意位置单击后即可增加一个控制顶点。新增加的控制顶点是曲线顶点。增加控制顶点的主要目的在于增加调整曲线的自由度。选择减点工具，并且单击路径上的任意控制顶点，可以删除该控制顶点，原来位于这个控制顶点两侧的曲线自动连接，如图3-36所示。

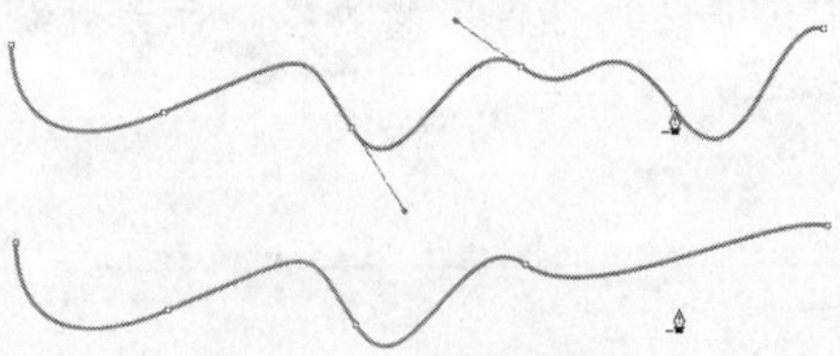

图3-36 减点工具效果

6. Conver Point（转换点工具）

“转换点工具”可以使控制顶点在曲线顶点和折线顶点之间转换。使用该工具可以把光滑的曲线顶点转换为不光滑的折线顶点，或者把不光滑的折线顶点转换为光滑的曲线顶点。使用转换点工具时，首先用形状选择工具选中一个控制顶点，然后使用转换点工具单击其中一个切线操作柄即可，如图3-37所示。

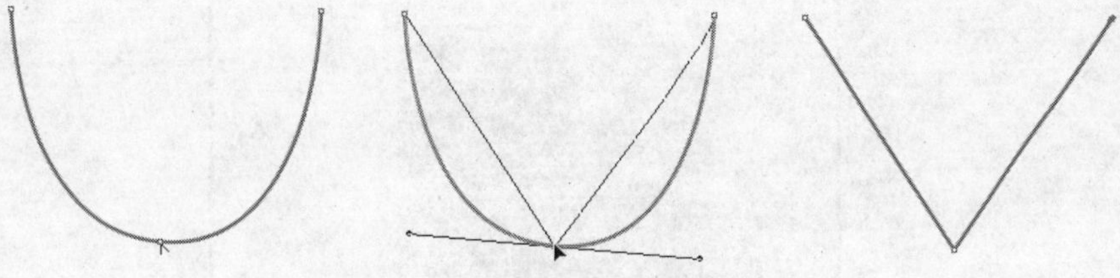

图3-37 转换点工具效果

> **提示**
>
> 完成转换点操作后，如果需要进一步调整切向操作柄，应转换到形状选择工具，否则转换点的操作会再次执行。

3.3.3 创建并编辑选区

选区是大多数绘图软件中都具有的功能，是用一定方式指定画布的某个部分对其进行特殊处理或者赋予其某种特性的区域。Painter X允许对创建的选区进一步修改和存储。

创建选区的工具用于构造当前的选定区域，控制某些操作（例如喷漆桶填充）的进行，或者进行剪切板操作。创建选区的工具有Rectangular Selection（矩形选区工具）和Oval Selection（椭圆形选区工具）、Lasso（套索工具）和Magic Wand（魔棒工具）。

提示

Rectangular Selection（矩形选区工具）、Oval Selection（椭圆形选区工具）和Lasso（套索工具）的生成基于路径的选择区域，而Magic Wand（魔棒工具）的生成基于像素的选择区域。这是两种性质不同的选区，前者描述选择区域的边界，后者则描述每个像素点对于选区的归属情况。

1．选区的功能

① 限制笔刷和其他绘图工具的范围。

可以通过选区选择笔刷、喷漆等绘图工具，方便用笔刷绘制特殊效果的绘图，完全不用担心笔刷可能画到指定区域之外，效果如图3-38所示。

图3-38　选区限制绘图工具范围

② 设定图像特效的作用范围。

图像处理特效的作用范围一般由当前选定区域来设定。

③ 设定用于剪切、复制或者移动的部分绘图，以进行相应的操作。

可以用选区来指定需要剪切或复制到剪贴板中的部分绘图，此外还可以通过浮动对象层来移动选区的内容。

2．创建选区

① Rectangular Selection（矩形选区工具）和Oval Selection（椭圆形选区工具）。

选中“矩形选区工具”或者“椭圆形选区工具”在画布中拖出一个区域即可选中一个矩形或者椭圆。

“矩形选区工具”、“椭圆形选区工具”及“套索工具”共享相同的属性栏，如图3-39所示。图中第2组的3个按钮分别表示“矩形选择工具”、“椭圆形选择工具”、“套索选择工具”。第3组的3个按钮用于将新选择的区域与本身有的选区进行合并。

图3–39 矩形、椭圆、套索选区工具属性栏

“替换选区”：取消已有的选区，替换成最后一步执行的选区。

“添加选区”：在原有选区基础上添加新选中的区域，从而得到操作后的选区，也可以在选择时按住Shift键得到同样的效果。

“去除选区”：在原有选区基础上去除新选中的区域，从而得到操作后的选区，也可以选择时按住Alt键得到同样的效果。

每一步选择时到底采用哪种合并方式，可以通过画布上鼠标的形状来区分，替换选区、添加选区和去除选取的鼠标光标分别为$+$、$+^{+}$、$+^{-}$。

矩形选区工具和椭圆选区工具一次只能选定一个简单的形状。但在Painter X中允许通过组合的方式得到复杂的选定区域。

② Lasso（套索工具）。

“套索工具”可以快速产生任意形状的选区。使用“套索工具”时，在画布中移动鼠标光标到开始选定的位置，按下鼠标左键并在保持按下的情况下，沿着希望选定的区域边界移动，框选整个边界后释放鼠标，如图3-40所示。如果释放鼠标的位置与起始位置不同，Painter X会自动用直线段连接结束位置和起始位置，得到的封闭区域就是新选择的区域。也可以使用压感笔直接在数位板上以绘制选区边界的方式来得到选区。“套索工具”也支持3种选区合并模式，与“矩形选区工具”及“椭圆形选区工具”相同。

图3–40 套索工具选区

③ Magic Wand（魔棒工具）。

“魔棒工具”用来生成基于像素的选区。它根据像素颜色的相似性来决定选定区域。使用“魔棒工具”时，通常需要设置一些控制选择区域的参数，这些参数位于魔棒工具属性栏中，如图3-41所示。“魔棒工具”也支持选择区域的3种合并方式，即 替换、 添加、 去除，其含义和前面3种工具的使用方法相同。

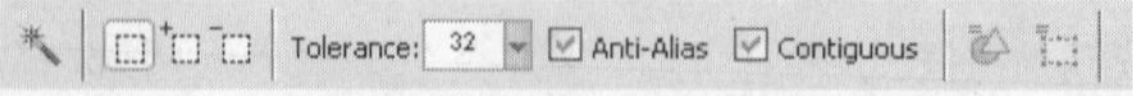

图3-41　魔棒工具属性栏

控制魔棒选择区域的重要参数如下：

Tolerance（容忍度）：决定允许选择的像素与参考像素之间差异的程度。容忍度越大，选择的区域也越大。

Anti-Alias（反走样）：如果勾选此复选框，在选定区域的边界会形成过渡性的选择（即部分属于选区的像素），从而得到平滑的选择边界。

Contiguous（相邻）：如果勾选此复选框，则要求选中的区域构成一个连通的区域，否则允许得到的区域彼此不连通，只要求像素颜色之间足够接近。

完成参数设置后，只要在待选取区域内单击即可完成选择。如果对效果不满意，可以进一步修改或者取消操作并调整参数后重新尝试。使用“魔棒工具”选择效果如图3-42所示。

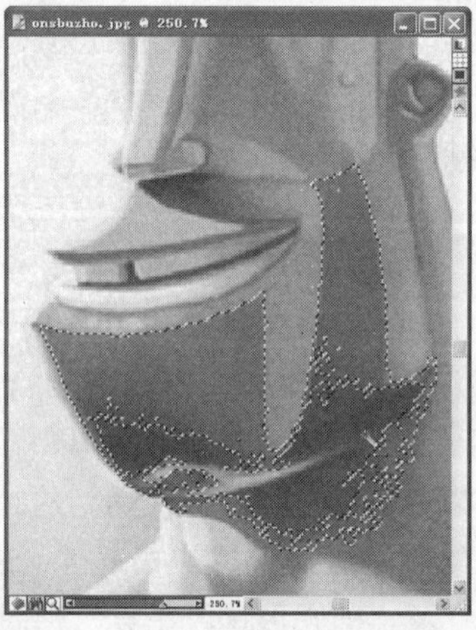

图3-42　“魔棒工具”选择效果

3. 编辑选区

使用Selection Adjuster（选区调整工具）可对基于路径的选区进行选取、移动、旋转等变换操作。

使用“选区调整工具”对当前选区进行调整。其中，除了移动操作外，只能对基于路径的选区进行选取、旋转操作。如果已有的选区是基于像素的选区，必须使用选区类别转换的方法将其转换为基于路径的选区。

- 移动选区

只要在画布中直接拖动选区即可。该操作同时适用于基于路径的选区和基于像素的选区。但是把基于像素的选区一部分拖动到画布之外时，这部分选区会被自动取消。

● 缩放选区

首先单击选区，这时周围出现8个控制点，直接拖动边控制点可以在一个方向上进行缩放，拖动角的控制点可以同时在两个方向上缩放，如图3-43所示。如果按住Shift键的同时进行拖动，可以在缩放的同时保持原选区的宽高比。

● 旋转选区

首先单击选区，此时显示8个控制点，再按下Ctrl键的同时拖动角点，在得到满意效果后释放鼠标即可达到旋转的目的，效果如图3-44所示。

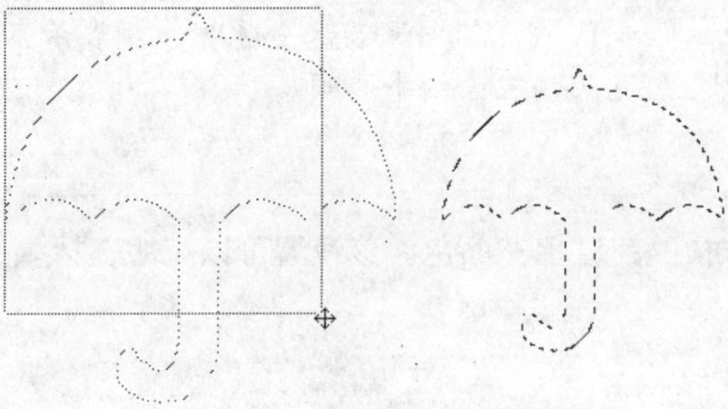

图3-43　选区缩放效果

图3-44　旋转选区效果

● 对选区进行错切变换

首先单击选区，此时显示8个控制点，在按下Ctrl键的同时拖动选区上的控制点，在得到满意效果后释放鼠标即可完成错切变换，效果如图3-45所示。

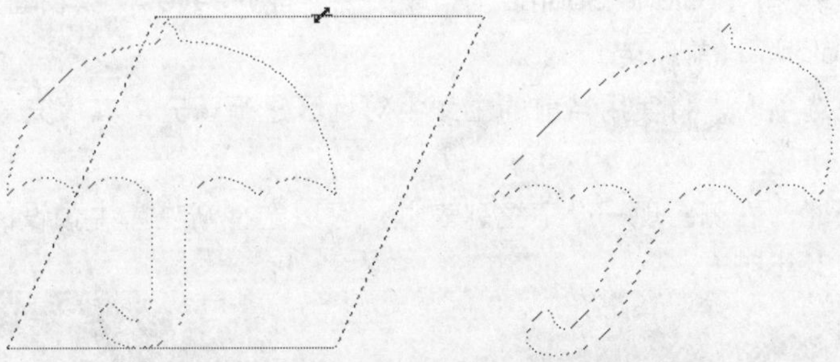

图3-45　对选区进行错切变换的效果

4、保存选区

Painter X允许保存选区，选区采用Alpha通道的形式进行保存，保存的结果总是作为基于像素的选区看待。因为对于一张图像而言，同一时刻只能有一个活动的选区，选区本身并不适合长期保存，但是一旦保存为Alpha通道就可以在下次打开时恢复。在加载保存的选区时，可以进一步选择替换选区、添加选区或者去除选区等操作。

3.3.4 填充颜色

1. Paint Bucket（喷漆桶工具）

“喷漆桶工具”可以用来快速填充一个指定的区域。这个选区的填充可以根据当前的选区，或图像颜色的相似性来进行设定。如果当前选定一个区域，那么根据单击的位置是否落在选区内，来对包含鼠标位置的部分进行填充。如果未选定区域，单击后将根据当前图层自动选出与当前像素颜色值相近的像素进行填充。也可以通过拖动鼠标得到一个矩形区域，这时填充仅针对该矩形区域进行。

> 提示
>
> Alpha通道是一个8位的灰度通道，该通道用256级灰度来记录图像中的透明度信息，定义透明、不透明和半透明区域，其中黑表示全透明，白表示不透明，灰表示半透明。

喷漆桶工具属性栏如图3-46所示。左边是两个按钮组成的填充模式选择，分别为Fill Image（填充图像）和Fill Cell（填充单元）。当选中填充图像时，表示填充颜色以图像的相同颜色为准；选择填充单元时，则产生像卡通画一样的完整填充颜色。该设置可以克服选择填充图像选项时产生的毛边。

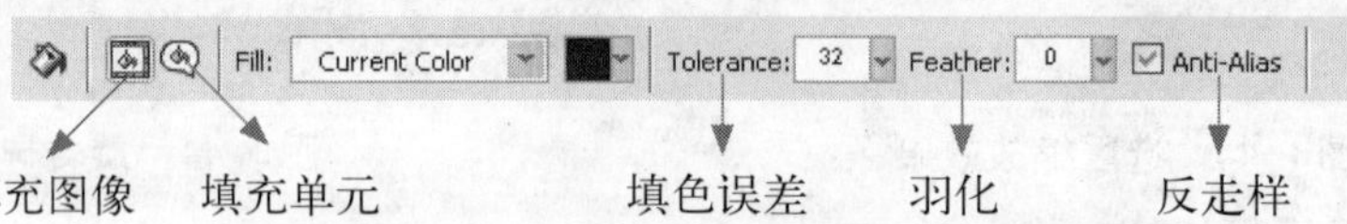

图3-46　喷漆桶工具属性栏

属性栏中间部分用于设置填充内容，在下拉列表框中可以选择Current Color（当前颜色）、Gradient（渐变）、Clone Source（克隆来源）或Weaves（织物面板）。

- Current Color（当前颜色）

选择当前颜色选项时，将使用当前的主颜色对选区进行填充，其填充效果如图3-47所示。

- Gradient（渐变）

选择渐变选项时，右侧出现一个下拉列表框，可以选择渐变库中预设的渐变模式，使用渐变填充的效果如图3-48所示。

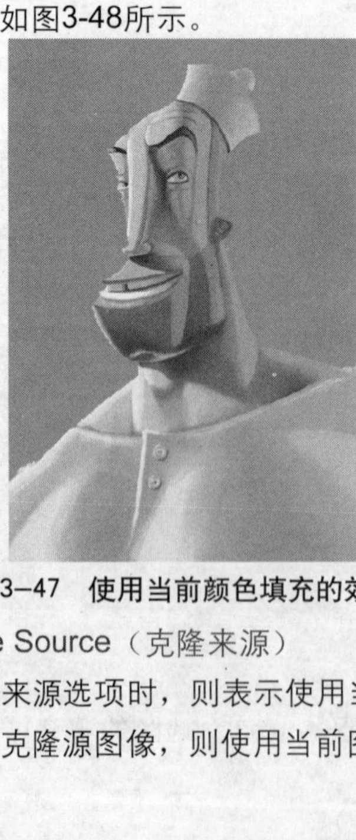

图3-47　使用当前颜色填充的效果

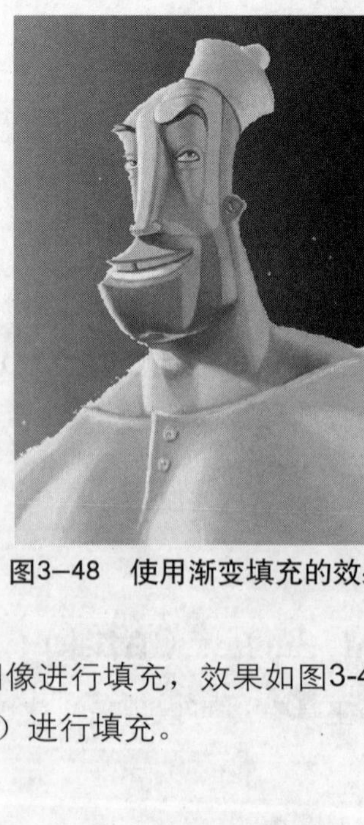

图3-48　使用渐变填充的效果

- Clone Source（克隆来源）

选择克隆来源选项时，则表示使用当前的克隆源图像进行填充，效果如图3-49所示。如果当前没有设定克隆源图像，则使用当前图案（Patterns）进行填充。

- Weaves（织物面板）

选择织物面板选项时，则使用当前选定的织物进行填充。同样会在右侧显示织物库中的织物列表，可以从中进行选择。使用织物填充的效果如图3-50所示。

图3–49 使用克隆来源图像填充的效果

图3–50 使用织物填充的效果

最后可以在属性栏右侧设置与填充有关的参数选项。

Tolerance（容忍度）：设定填充时相似像素允许的差异。其取值范围为0～255，容忍度为0时，仅允许填充相同颜色的像素。容忍度越低，相似性要求越高。

Feather（羽化）：指定填充区域边界虚化程度。该数值越大，虚化的作用越明显。

Anti-Alias（反走样）：勾选该复选框时，边缘部分会利用过渡色实现视觉上更平滑的填充边界。当羽化选项设置为0时，建议勾选该复选框以改善边界平滑性。

“喷漆桶工具”还允许设置Lock-Out Color（锁定颜色）。但不允许以锁定颜色为中心进行填充操作。设定锁定颜色的方法为：首先在Color（色彩）面板中设定拟锁定颜色，在工具箱中双击“喷漆桶工具”图标，即可打开设置Lock-Out Color（锁定颜色）对话框，如图3-51所示。

单击左侧的Set（设置）按钮，会把当前的主颜色作为锁定颜色，Set（设置）按钮上方的颜色显示框变为设定的锁定颜色，同时Lock-Out Color（锁定颜色）复选框被选中，表示启用了锁定颜色功能。Mask Threshold（屏蔽域值）表示锁定颜色与指定样本允许的偏差。域值越大，允许的差异越大。

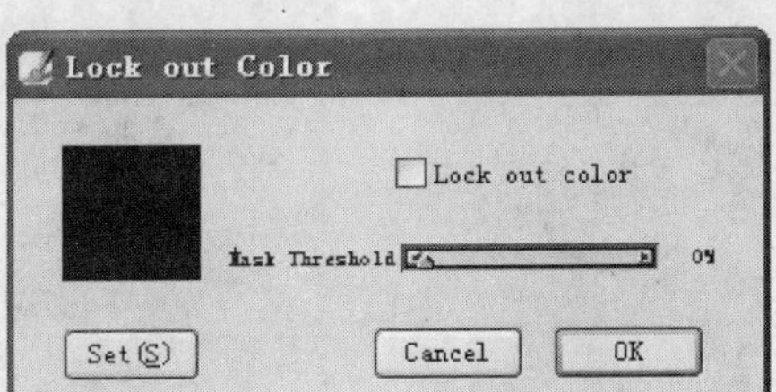

图3–51 Lock Out Color（锁定颜色）对话框

2. Dropper（吸管工具）

“吸管工具”用于选取画布中指定位置的颜色并将其作为当前的主颜色。可以通过Alt键临时切换到吸管工作模式。吸管工具属性栏上并没有任何功能，不过选中的主颜色会立即在工具箱的颜色选择器及颜色面板上体现出来。

3.3.5 修饰图像

1. Dodge（减淡工具）

“减淡工具”可以淡化画面颜色，这是Painter X新增加的一个工具，减淡工具属性栏如图3-52所示。

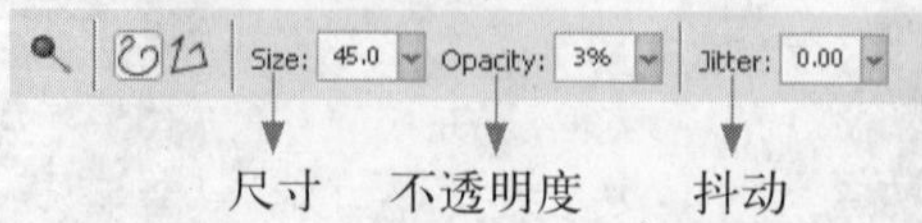

图3–52 “减淡工具”属性栏

前面部分的两个图标是“自由方式”或“直线方式”。利用自由方式可以在画布上按住鼠标左键沿鼠标的运动路径自由地进行减淡，随着鼠标的单击或经过次数的递增，减淡的强度越大，如图3-53所示。利用直线方式可以将图像中任意两点用直线连接起来，如图3-54所示。

图3–53 自由减淡工具的效果

图3–54 直线减淡工具的效果

2. Burn（加深工具）

单击工具箱中的“加深工具”，会发现加深工具的属性栏与减淡工具的属性栏相同，如图3-55所示。减淡工具用来提亮画面颜色，而“加深工具”用来加深画面颜色。

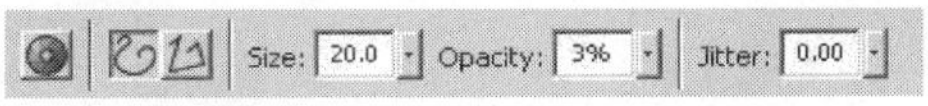

图3–55 “加深工具”属性栏

3．Eraser（橡皮擦工具）

“橡皮擦工具”用来修改绘画过程中的错误。其实在Painter X的笔刷中有一个橡皮擦笔刷，其针对性更强。“橡皮擦工具”只是提供了几种常见的橡皮擦功能。“橡皮擦工具”属性栏如图3-56所示。调整橡皮擦工具属性栏中的参数，对图像擦除的效果如图3- 57所示。

图3–56 “橡皮擦工具”属性栏

图3–57 “橡皮擦工具”擦除图像效果

4．Crop（裁剪工具）

“裁剪工具”可以把图像中不需要的部分裁剪掉。首先选中“裁剪工具”，然后在画布中拖动出矩形以指定需要保留的区域。可以在拖动的同时按下Shift键，以获得正方形的裁剪区域。在裁减工具属性栏中勾选Aspect Ratio（比例）复选框，最终剪裁区域的长宽比就被确定为其后面两个数之比了。在绘制了基本的裁剪区域后，可以通过拖动选区的边缘和角点来对裁剪区域进行调整。裁剪工具对图像裁剪效果如图3-58所示。

> **提示**
>
> 如果勾选了比例复选框，那么拖动过程中长宽比会保持不变。可以通过单击裁剪区域内的任意位置来确定裁剪操作，或者单击裁剪区域外的任一位置来取消裁剪。这两个操作命令也可以在裁减工具的菜单中找到。

图3–58 使用“裁剪工具”裁剪的前后效果

3.3.6 辅助绘画

1. Rulers（标尺）

- 标尺的显示或隐藏

选择Canvas（画布）→Rulers（标尺）→Show(Hide) Rulers（显示或隐藏标尺）命令，可以在图像边缘显示出标尺或者将标尺隐藏，如图3-59所示。

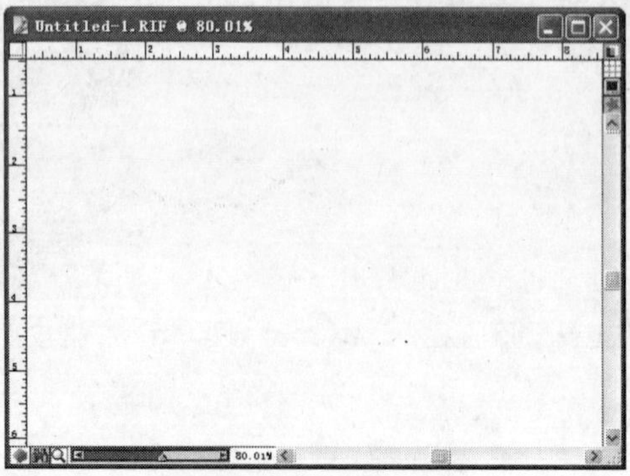

图3–59　显示标尺

- 对齐标尺的刻度

选择Canvas（画布）→Rulers（标尺）→Snap to Ruler Ticke（对其标尺刻度）命令，可以将参考线对齐标尺上的刻度。

- 标尺的刻度单位

选择Canvas（画布）→Rulers（标尺）→Ruler Options（对齐标尺刻度）命令，在弹出对话框中的Ruler Units（标尺单位）选项菜单中可以对标尺的刻度单位进行选择，如图3-60所示。

- 参考线的建立、修改和删除

首先在图像上显示标尺，然后在标尺上按住鼠标并拖曳就可以完成参考线的建立了，如图3-61所示。

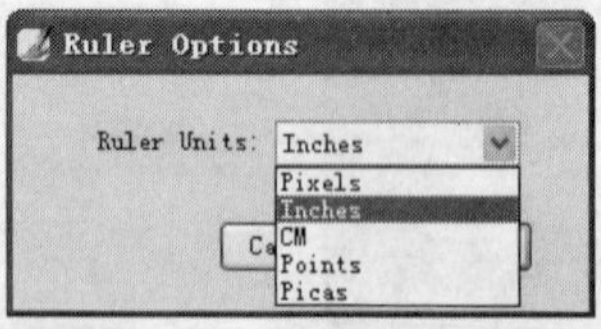

图3–60　标尺的刻度单位面板

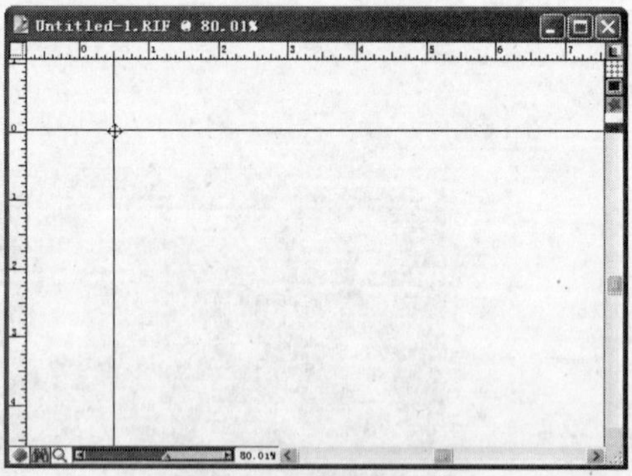

图3–61　建立参考线

参考线建好后单击标尺上的参考线控制点，可以对参考线的位置进行调整。如果把参考线移动到图像的边缘处就可以将其删除。

- 对齐参考线

选择Canvas（画布）→Rulers（标尺）→Snap Guides（对齐参考线）命令，可以使参考线具有吸附能力，当时使用的工具接近参考线时会自动贴在上面。

● 参考线的显示或隐藏

选择Canvas（画布）→Rulers（标尺）→Snap Guides（对齐参考线）命令，可以在图像上显示出参考线，再次选择Canvas（画布）→Guides（参考线）→Show(Hide) Guides（显示或隐藏参考线）命令就可以控制参考线的显示或隐藏。

2．Layout Grid（设计网格工具）

设计网格与普通的网格并没有太大区别，只是设计网格要比普通网格更好调整。首先，设计网格位置可以使用设计网格工具进行调整；其次，水平方向与垂直方向的网格颜色还可以分别进行设置，以方便观察；最后，它可以是旋转角度的网格，如图3-62所示。

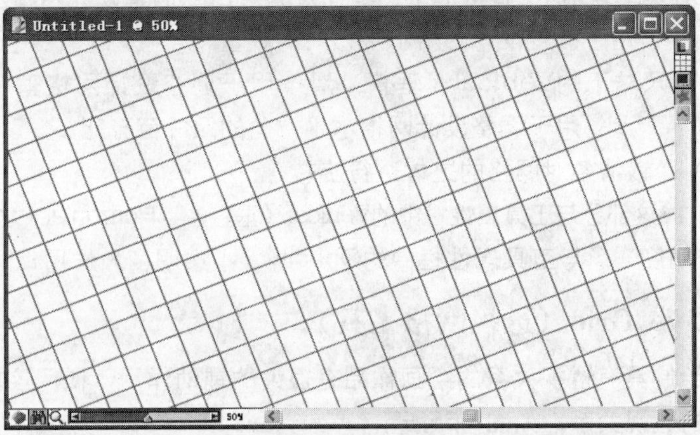

图3–62　设计网格

● 设计网格的显示与隐藏

选择Canvas（画布）→Composition（合成）→Show Layout Grid（显示设计网格）命令，可以显示出设计网格。选择Canvas（画布）→Composition（合成）→Hide Layout Grid（隐藏设计网格）命令，可以将设计网格隐藏。

另外还可以选择工具箱中的Layout Grid（设计网格）工具，并在其工具属性栏上通过单击图标，切换设计网格的显示或隐藏。

● 设计网格的调整

选择工具箱中的Layout Grid（设计网格）工具，并在图像窗口中拖曳鼠标可以对图像中设计网格的整体位置进行调整。

在Layout Grid（设计网格）工具属性栏中可以对设计网格的其他属性进行调整，如图3-63所示。

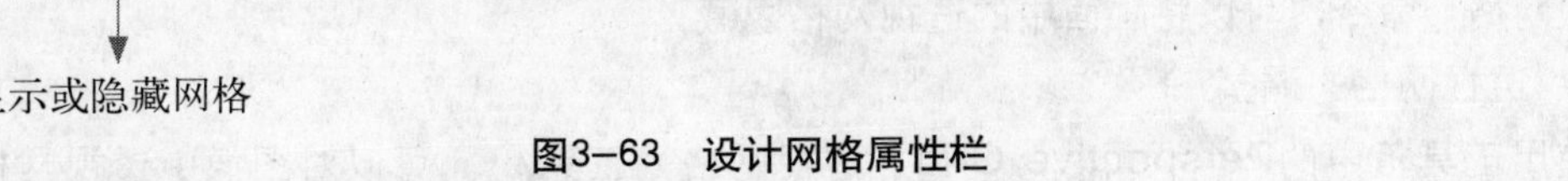

图3–63　设计网格属性栏

属性栏最前面的选项菜单中保存着Paiter X自带的3个设计网格，可以单击后面的图标，将调整后的设计网格保存在这一选项菜单中以方便将来的反复使用。不再需要的设计网格可以通过单击后面的图标将其删除。

Horizontal（水平）：勾选Horizontal复选框将在水平方向显示设计网格。在其后面的颜色选项菜单中可以选择水平设计网格的颜色。

Vertical（垂直）：勾选Vertical复选框将在垂直方向显示设计网格。在其后面的颜色选项菜单中可以选择垂直设计网格的颜色。

Opacity（不透明度）：该数值决定设计网格的整体透明度，数值越低，线的透明度越高。

选择Window（窗口）→Show Layout Grid（显示设计网格面板）命令，弹出Layout Grid（设计网格）面板，在该面板中可以对设计网格进行更详细的调整，如图3-64所示。

Enable Layout Grid（使用设计网格）：该选项的作用等同于图标。

Type（类型）：该选项菜单与工具属性栏中的选项菜单作用相同。

Divisions（分割）：分割下的Vertical（垂直）滑条用于调整设计网格垂直方向的数量。Horizontal（水平）滑条用于调整设计网格水平方向的数量。

Size（尺寸）：尺寸下的Vertical（垂直）滑条用于调整设计网格垂直方向的尺寸百分比。Horizontal（水平）滑条用于调整设计网格水平方向的尺寸百分比。

Rotate（旋转）：该滑条对网格的整体进行旋转。

Display（显示）：这部分与工具属性栏中的Vertical（垂直）、Horizontal（水平）作用相同。

Opacity（不透明度）：与工具属性栏中的Opacity（不透明度）作用相同。

3. Perspective Grid（透视网格工具）

透视网格对于绘制具有透视关系的绘画作品有很大的辅助作用，使用该功能能够尽量避免在绘画中出现错误的透视关系，如图3-65所示。

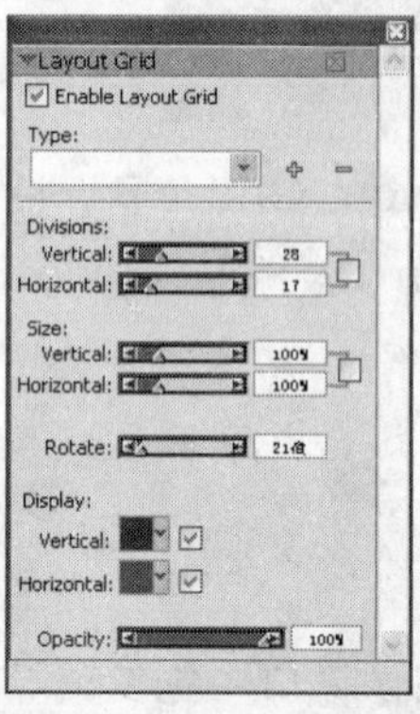

图3–64 Layout Grid（设计网格）面板

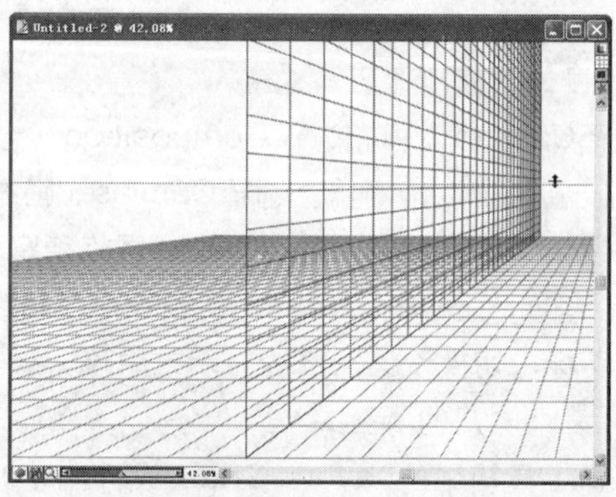

图3–65 透视网格效果

● 透视网格的显示或隐藏

选择Canvas（画布）→Perspective Grid（透视网格）→Show Grid（显示网格）命令，可以在图像上显示出网格。选择Canvas（画布）→Perspective Grid（透视网格）→Hide Grid（隐藏网格）命令，可以将画面中的透视网格隐藏。

● 透视网格的调整

使用工具箱中的Perspective Grid（透视网格）工具，可以对图像中透视网格的地平线、透视点、水平与垂直网格的位置进行调整。方法如下：

（1）显示透视网格。

（2）选择Perspective Grid（透视网格）工具，在透视网格的边缘处按住左键并拖动就可以对透视网格的位置进行调整了。

在Perspective Grid（透视网格）工具的属性栏中可以对透视网格的其他属性进行调整，如图3-66所示。

图3–66 透视网格属性栏

属性栏最前面的选项菜单中保存着Painter X自带的3个透视网格，可以单击后面的图标，将调整后的透视网格保存在这一选项菜单栏中以方便将来的反复使用。同样，不再需要的透视网格可以通过单击后面的图标将其删除。

Horizontal（水平）：勾选Horizontal复选框将在水平方向显示透视网格。在其后面的颜色选项菜单中可以选择水平透视网格的颜色。

Vertical（垂直）：勾选Vertical复选框将在垂直方向显示透视网格。在其后面的颜色选项菜单中可以选择垂直透视网格的颜色。

Spacing（间距）：在该输入框中可以输入透视网格之间的间距。

3．Divine Proportion（黄金比例工具）

Painter X中新加入的“黄金比例工具”可以方便度量出画面的视觉中心及黄金分割线，这有助于绘画时的构图，如图3-67所示。

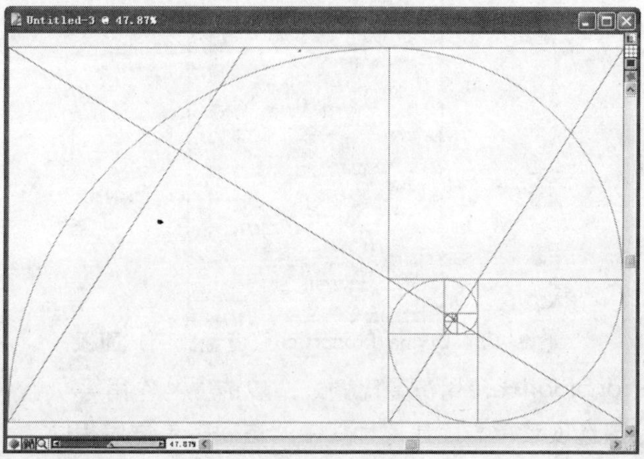

图3–67 黄金比例

- 黄金比例线的显示或隐藏

选择Canvas（画布）→Composition（合成）→Show Divine Proportion（显示黄金比例）命令，可以显示出黄金比例分割线。选择Canvas（画布）→Composition（合成）→Hide Divine Proportion（隐藏黄金比例）命令，可以将黄金比例分割线隐藏。

另外还可以选择工具箱中的Divine Proportion（黄金比例）工具，并在其工具属性栏上通过单击图标来控制黄金比例线的显示或隐藏，如图3-68所示。

图3–68 黄金比例工具属性栏

● 黄金比例线的调整

选择工具箱中的Divine Proportion（黄金比例）工具，并在图像窗口中拖曳鼠标可以对图像中黄金比例线的整体位置进行调整。

在Divine Proportion（黄金比例）工具属性栏中可以对黄金比例的其他属性进行调整。

属性栏最前面的菜单中保存着Painter X自带的两个黄金比例，可以单击后面的图标，将调整后的黄金比例线保存到这一选项菜单中以方便将来的反复使用。同样，那些不再需要的黄金比例线也可以通过单击后面的图标将其删除。

Grid（网格）：勾选Grid复选框将显示网格。在其后面的颜色选项菜单中可以选择网格的颜色。

Spiral（螺旋线）：勾线Sprial复选框将显示螺旋线。在其后面的颜色选项菜单中可以选择螺旋线的颜色。

Opacity（不透明度）：该数值决定黄金比例分割线的整体透明度，数值越低，线的透明度越高。

选择Window（窗口）→Show Divine Proportion（显示黄金比例）命令，弹出Divine Proportion（黄金比例）面板，在该面板中可以对黄金比例进行详细调整，如图3-69所示。

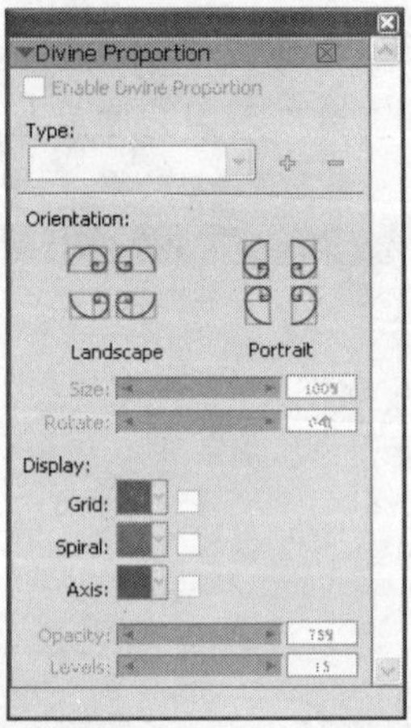

图3-69 Divine Proportion（黄金比例）面板

Enable Divine Proportion（使用黄金比例）：该选项的作用等同于图标。

Type（类型）：该选项菜单与工具属性栏中的选项菜单作用相同。

Orientation（方向）：该选项决定分割的方向，水平方向有4种、垂直方向有4种。

Size（尺寸）：该滑条用于调整黄金比例线的整体大小，数值越大，尺寸越大。

Rotate（旋转）：该滑条用于对黄金比例线进行旋转。

Display（显示）：该部分与工具属性栏中Grid（网格）、Spiral（螺旋线）、Axis（轴）的作用相同。

Opacity（不透明度）：与工具属性栏中的Opacity（不透明度）作用相同。

Levels（级别）：该滑条用于控制分割的次数，数值越高，分割的次数越多。

3.3.7 输入文本

Painter X中的文本是可以直接在Painter X中编辑的，也就是说可以直接改变字体的大小、颜色、字体和文本内容。如果将文本图层转换为图像图层，就可以在文本上绘画或者为文本创建特效。将文本转换为矢量图形后，还可以对文本的轮廓进行编辑及手动调节每个文本的间距。每个文本图层只能显示一种字体。

Text（文本工具）**T** 用于在绘图中添加或修改文本。每一个添加的文本块都自动作为一个文本图层。选择Window（窗口）→Show Text（显示文本）命令，可以通过专门的Text（文本）面板对文本进行调整，如图3-70所示。

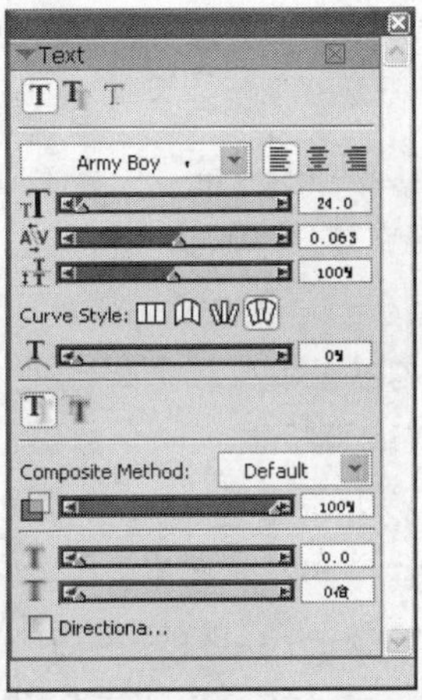

图3–70 Text（文本）面板

当选中工具箱中的“文本工具”时，同样可以在属性栏中指定字体的大小和对齐方式、颜色、不透明度、阴影及组合方法，如图3-71所示。

图3–71 “文本工具”属性栏

1. 在图像中输入文本

① 在工具箱中选择“文本工具”。此时工具属性栏中显示文本工具的属性，在其中可以指定字体、大小、排列、间距和阴影等属性。

② 在图像上的任何位置单击，并输入文本，文本都会显示在图像内的专门文本图层中，如图3-72所示。

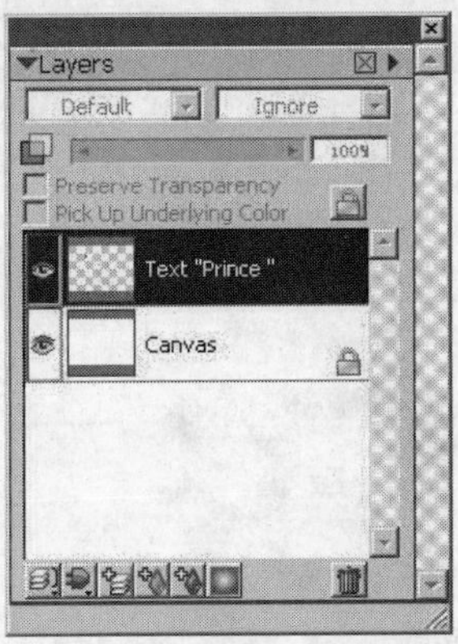

图3–72 文本图层

③ 选择Window（窗口）→Show Text（显示文本）命令，在弹出的Text（文本）面板中可以在文本的基线处添加阴影或应用曲线文本样式。

④ 在属性栏或Text（文本）面板中调整Point Size（磅值）滑块，或单击滑块右端的数字框输入一个数值，指定文本大小。

⑤ 在Text（文本）面板中调整Tracking（笔迹）滑块，可以整体改变文本之间的间距。单击Align Left（居左），Align Center（居中）和Align Right（居右）图标可以指定文本的对齐状态。

> 提示：如果输入的文本长度超过一行，按Enter键，Painter X会从新的一行开始输入文本。如果要删除输入的文本，只需要将光标放置到文本处，然后按Backspace键即可完成文本的删除。

⑥ 调整Leading（基线）滑块或直接输入一个数值，可以调整多条基线之间的距离。

⑦ 在输入文本时，Colors（色彩）拾色器中当前设置的颜色会自动应用到文本中。如果要调整文本的颜色，必须先选择Text（文本）面板中的Text属性按钮，然后在Colors（色彩）面板中选择一种新的颜色，这样文本的颜色才会显示新选择的颜色。

⑧ 单击属性栏左端或Text（文本）面板中的Outside Shadow（外阴影）或Inside Shadow（内阴影）图标，可以为文本增加向外或向内的阴影。默认情况下的文本会自动生成黑色的阴影，并且Shadow（阴形）属性按钮处于默认的选择状态。使用Opacity（不透明度）和Blur（模糊）滑块可以调整阴影的不透明度和模糊度。

⑨ 选择Directional Blur（定向模糊）选项，可以创建阴影逐渐模糊的效果。如果要生成彩色的阴影效果，可以在Colors（色彩）面板中选择一种新的颜色。

> 提示：为文本创建阴影后，如果要移动阴影，只要在工具箱中选择“图层调整工具”，单击阴影部分直接在图像中拖动即可，如图3—73所示。

2. 在曲线上设计文本

在Painter X中可以创建以贝塞尔曲线为基线的文本，使用“曲线选择工具”调整曲线的形状，如图3-74所示。

图3—73　调整阴影位置

图3—74　曲线文本

在图像上输入文本，单击非直线性的Curve Style（曲线类型）图标，将文本放置于曲线上，如图3-75所示。

图3-75 曲线类型

Curve Flat（平坦曲线）：该曲线样式不能创建曲线，如图3-76所示。

Curve Ribbon（缎带曲线）：该曲线样式使原来垂直的笔触依旧保持原来的状态，如图3-77所示。

> 
>
>
> 第一个图标是Curve Flat（平坦曲线），不能创建曲线。其他3个图标都能创建曲线基线，并允许使用贝赛尔曲线编辑基线。

图3-76 平坦曲线样式

图3-77 缎带曲线样式

Curve Perpendicular（垂直曲线）：该曲线样式使文本垂直正交曲线，而不会扭曲文本，如图3-78所示。

Curve Sketch（轮廓曲线）：该曲线样式会扭曲每一个文本，使其适合曲线弯曲程度，如图3-79所示。

图3-78 垂直曲线样式

图3-79 轮廓曲线样式

Centering（置于中心）：后面的滑块可以沿着基线移动文本，如图3-80所示。

图3-80 沿基线移动文本

3．将文本转换为图像图层

如果要在文本上绘画，或为文本创建特效，或创建一个可见的图层蒙版除去文本的边界时，需要把文本图层转换为图像图层。单击Layers（图层）面板右侧的级联菜单图标，在弹出菜单中选择Convert Text to Default Layer（将文本转换为默认图层）命令，可以将文本图层转换为图像图层。

如果要在没有转换的文本图层上绘画时，会弹出Commit（提示）对话框，提示用户是否把文本图层转换为图像图层，如图3-81所示。单击Commit按钮完成图层的转换。

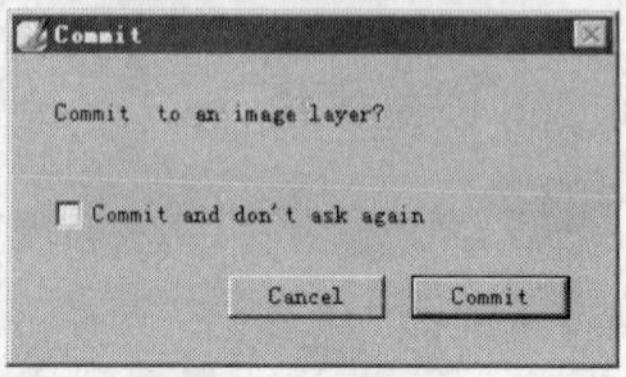

图3–81　提示转换图像图层对话框

4．将文本转换为矢量图形

将文本转换为矢量图形具有更多的优越性，矢量图形具有可编辑的贝赛尔性质的边框线和独特的透明效果。可以对文本图形的外形进行编辑；也可以改变颜色和笔触；还可以对每个图形进行不降低品质的旋转。因为每一个文本图形都是一个独立的元素，所以可以随意地对任何文本进行字距调整，而文本却无法实现这一点。

在使用Painter X的文本工具设置文本后，单击Layers（图层）面板右侧的级联菜单图标，在弹出菜单中选择Convert Text to Shapes（将文本转换为矢量图形）命令，可以将每个文本单独转换为一个矢量图形图层，如图3-82所示。

矢量图形文本

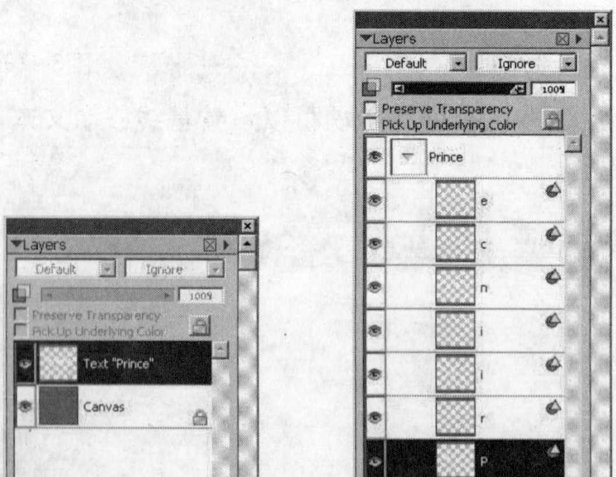

文本图层转换为矢量图形图层

图3–82　矢量图形文本及将文本转换为矢量图形

提 示

在Painter X中可以轻而易举地倾斜和旋转文本。完成文本的输入后，在工具箱中选择图层调整工具。如果想要旋转文本，按住Ctrl键拖动相应的角手柄，就可以旋转文本；如果想要倾斜文本，按住Ctrl键拖动顶部或底部的边控制手柄，就可以将文本倾斜。

3.3.8 浏览定位

1. Magnifier（缩放工具）

单击工具箱中的“缩放工具”，将鼠标移到图像窗口中，鼠标指针变成放大镜形状。单击鼠标，图像会以在原有的百分比上+25%的比例放大（在默认情况下）；如果按住键盘上的Alt键同时单击，图像会以在原有百分比上每次-25%的比例缩小。

选择Window（窗口）→Zoom In（放大）和Zoom out（缩小）命令，或按快捷键Ctrl++或Ctrl+-来实现相同的功能。

在工具属性栏的左边有一些默认的缩放比例（4.2%～160%），可以直接单击该选项菜单栏进行选择。在其右边还有3个按钮，如图3-83所示。

图3–83 “缩放工具”属性栏

Actual Pixels（实际像素）：不受图像窗口大小的限制，显示图像实际大小。

Fit on Screen（合适比例）：使图像自适应图像窗口大小，使用Window（窗口）下拉菜单中的Zoom To Fit（最佳比例）命令可以实现相同的功能。

Center Image（图像中心）：在图像窗口中显示图像的中心部分。

使用“缩放工具”时，也可在图像窗口右击，在弹出的菜单中选择相应命令对图像进行缩放操作，如图3-84所示。

2. Grabber（手形工具）

我们绘制一幅图时，经常遇到实际图像远远大于图像窗口的大小，也就是说，图像窗口只能显示图像的一部分，其他部分在窗口外。这时可以通过等比例缩小的方式使整个图像显示在图像窗口内，但是这样不便于对图像进行调节。若用鼠标拉伸窗口大小，又太占屏幕空间且整个屏幕也不一定能放下，这给绘画工作带来不便。因此有必要在比例不变的情况下，使图像窗口显示出需要的那一部分图像，手形工具的作用就在于此。

单击工具箱内的“手形工具”图标。将鼠标移至图像上，这时鼠标指针变成一个手形。按住鼠标左键来回拖曳鼠标，就可以使图像随鼠标拖动在窗口内移动，好像用一只手抓住了图像，当放开鼠标时图像停止移动。

3. Rotate Page（旋转画布工具）

“旋转画布工具”可以将整个图像旋转一定的角度，便于编辑、查看。

单击“旋转工具”图标，将鼠标移至图像上，鼠标指针变成一个食指向上的手形。拖曳鼠标可旋转图像，转动至满意的角度后松开鼠标，整个画面就转动到了该角度。

此时属性栏中的Rotation Angle（旋转角度）输入框中会显示出图像所旋转的角度，如图3-85所示。在使用“旋转画布工具”旋转图像过程中，输入框中数值会随角度的改变而改变，也可以直接在输入框中输入想要旋转的数值，来达到旋转图像的目的。

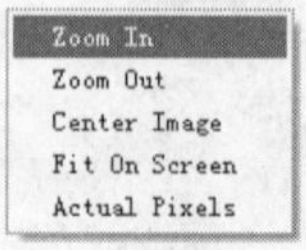

图3–84 “缩放工具”菜单

图3–85 “旋转画布工具”属性栏

3.4 基础应用

在了解了Painter X强大的工具后，接下来进行实际操作，巩固前面学习的内容。

3.4.1 绘制图形并赋予图形色彩和立体感

德国插画师Martina Ströbel的插画作品是一幅矢量图作品，应用Painter X提供的矢量图形工具绘制图形，然后为图形添加色彩和立体效果，如图3-86所示。用户可以借鉴这一效果配合自己的想象力创作丰富多彩的插画作品。在Painter X中也可以将自然画笔和矢量图形相结合来创作特殊效果的插画作品。

图3–86 德国插画师Martina Ströbel的作品

3.4.2 随意变换的图形组合

在Painter X中调整各图形的位置时，可以使用工具箱中的Layer Adjuster（图层调整工具），单击Layers（图层）面板中矢量图形的名称，使用“图层调整工具”拖动矢量图形即可。下面以三角形、圆形、矩形为例，通过图层调整工具重新组合图形，如图3-87所示。

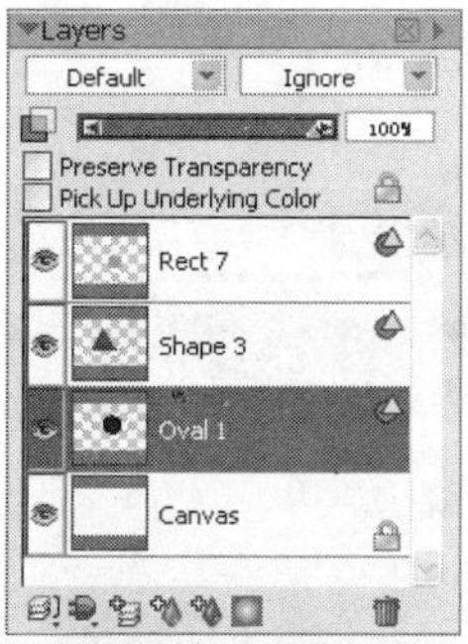

“图层调整工具”面板

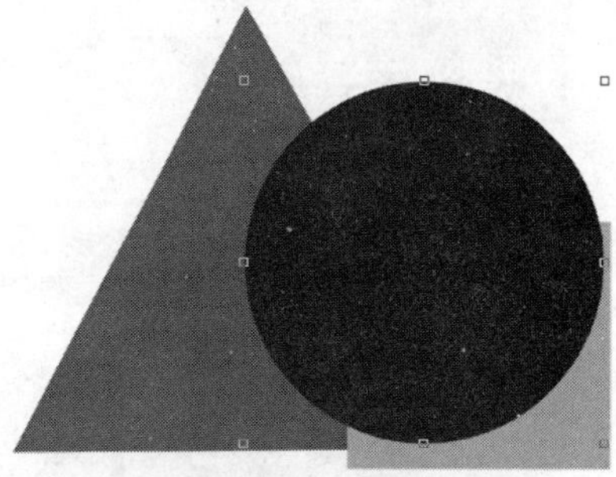
调整圆形图层位于顶层

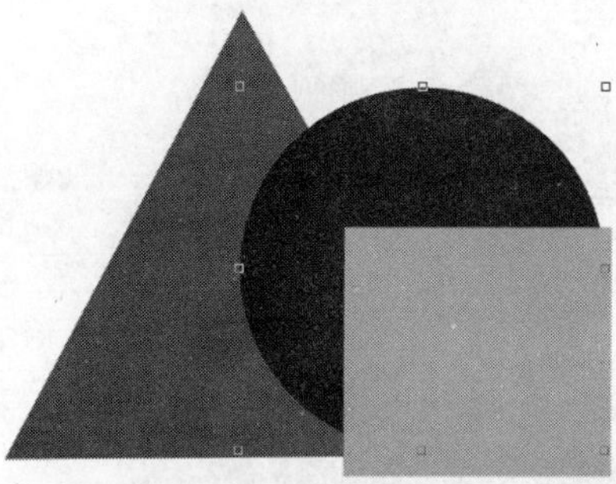
调整圆形图层为中间

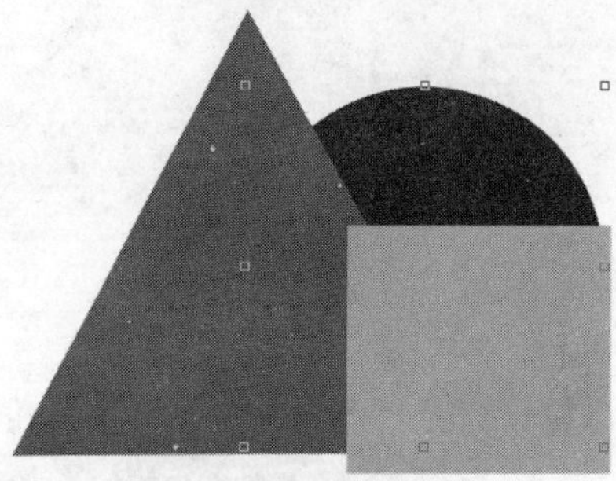
调整圆形图层为最底层

图3–87　变换图形组合

当需要轻微移动图形时，在工具箱中选择“图形调整工具”，然后每次按下键盘上的方向键可以移动一个屏幕像素。使用方向键尤其适合调整那些转换为矢量图形的文本间字距。并且这一方法在调整选区时也适用，只是在调整选区前需要在工具箱中先选择“选区调整工具”。

3.4.3 个性艺术字

在Painter X中，可以很轻松地通过文本工具和文本面板来制作理想的个性艺术文本。用Painter X除了可以输入文本，将图像放置在文本中，为文本创建特效，拉伸文本及在其上面绘画外，还可以填充文本、增加阴影效果和霓虹效果等。

如图3-88所示为韩国cheestory的作品，该作品中添加了个性艺术文本，从而使图像具有特殊效果。

图3–88　韩国cheestory的作品

3.5 案例表现——飞吧

以制作案例“飞吧”为例巩固本章所学的矢量图形、选区及文本工具，效果如图3-89所示。

图3–89 飞吧

（1）打开素材图像。选择File（文件）→Open（打开）命令，弹出Select Image（选取图像）对话框，打开（光盘中素材\Airplane.jpg）文件，如图3-90所示。

图3–90 打开素材图像

（2）添加控制顶点并绘制曲线。将光标停留在图像中飞机的尾部单击，设定一个顶点，这里添加的是折线顶点，所以直接释放鼠标。然后添加曲线顶点，在控制顶点的位置单击，并拖动鼠标调整切线的方向，直到满意为止，如图3-91所示。

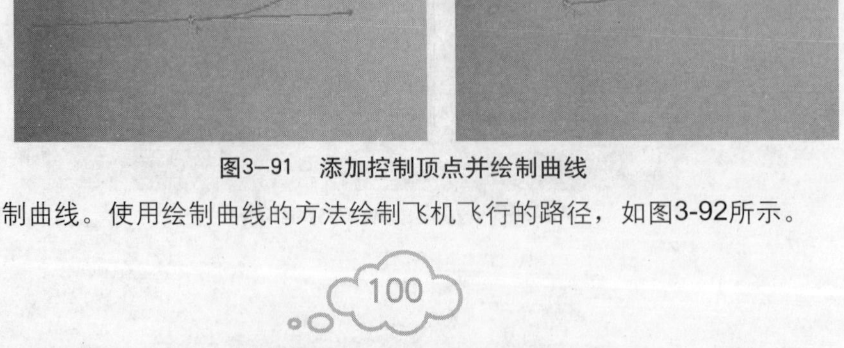

图3–91 添加控制顶点并绘制曲线

（3）绘制曲线。使用绘制曲线的方法绘制飞机飞行的路径，如图3-92所示。

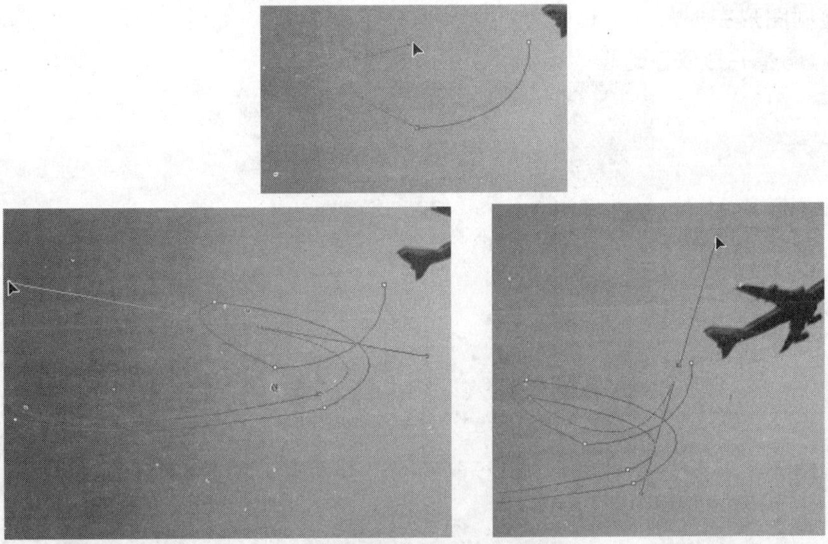

图3-92 绘制曲线

(4) 闭合曲线完成对象的绘制。绘制到最后一个控制顶点时，在初始控制顶点上单击，使最后一个控制顶点和初始控制顶点重合。或单击属性栏上的Close Shape（闭合形状）按钮使其闭合，如图3-93所示。

(5) 填充路径并在路径上添加节点。完成闭合形状后选择工具栏中的Fill（填充）选项，选择白色填充形状。在工具箱中选择“加点工具”，在形状路径上单击添加一个节点，这样可以更好地控制图形形状，如图3-94所示。

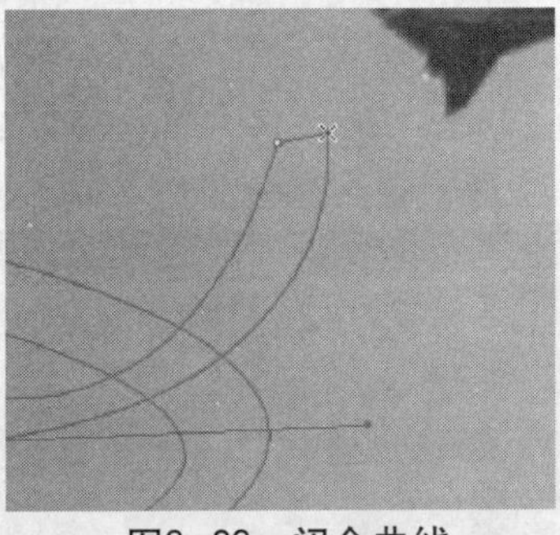

图3-93 闭合曲线

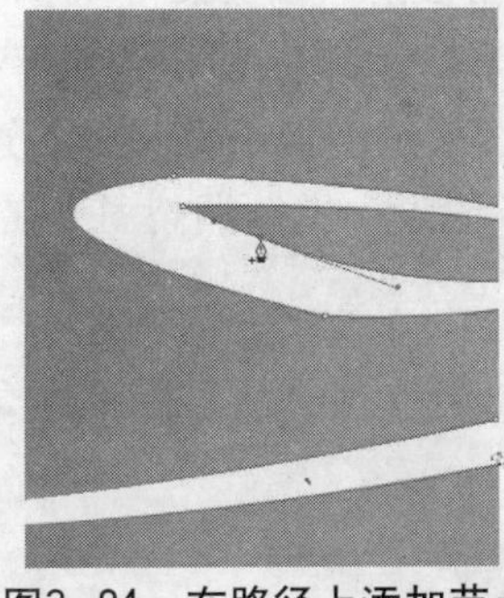

图3-94 在路径上添加节点

(6) 调整图形形状。在工具箱中选择“图形选择工具”，根据视觉效果调整图形的形状，如图3-95所示。还可以用拖动控制手柄的方法来更改路径形状，如图3-96所示。

图3-95 调整图形形状

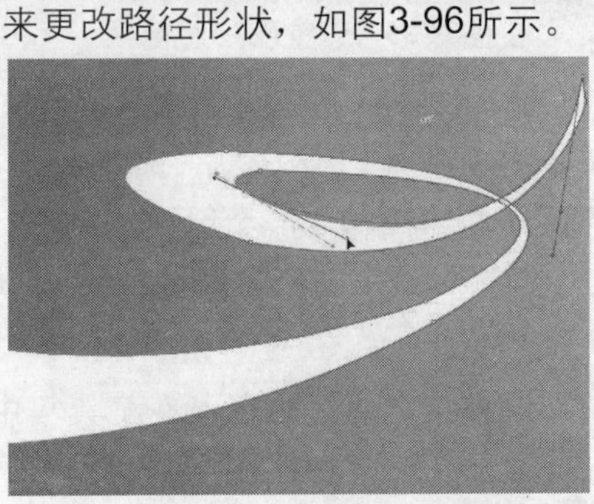

图3-96 拖动控制手柄更改路径形状

（7）绘制图形完成。在工具箱中选择“缩放工具”，将画布缩小比例以查看图形在图像中的位置，调整并修改以达理想效果，如图3-97所示。

图3–97　绘制图形完成

（8）绘制云朵图形。使用以上方法绘制两个云朵图形，如图3-98所示。

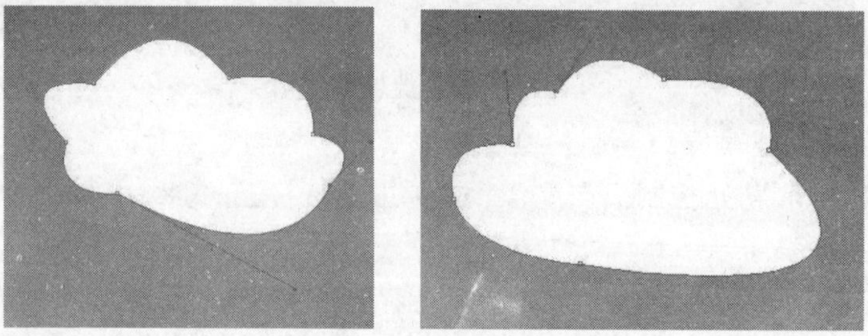

图3–98　绘制云朵图形

（9）调整图形位置。在工具箱中选择“图层调整工具”，在其属性栏中选择Auto Select Layer（自动选择图层）选项，可以在画布中单击云朵图形调整其位置，如图3-99所示。

（10）查看图形在图像中的位置。选择“缩放工具”，将画布缩小以查看图形在图像中的位置，如果不满意，继续调整图形在图像中的位置，直到满意为止，如图3-100所示。

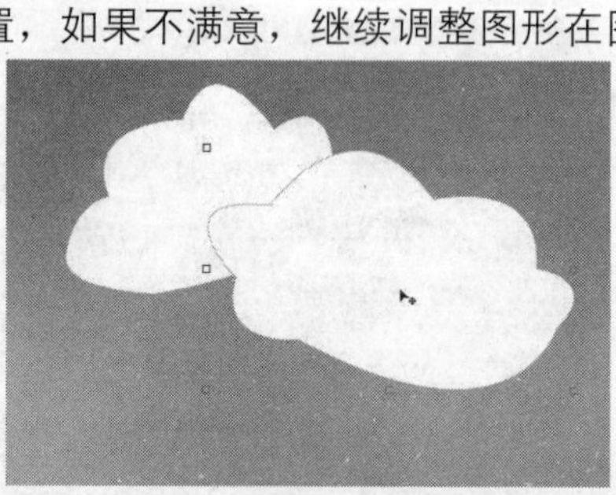

图3–99　调整图形位置

图3–100　查看图形在图像中的位置

（11）输入文本。在工具箱中选择“文本工具”，选择Window（窗口）→Show Text（显示文本）命令，打开Text（文本）面板，在面板中调整文本的字体和大小。这里选择“方正粗黑繁体”字体，字号为50，在Colors（色彩）面板中选择白色，在图像适当位置输入“飞吧！”字样。单击Curve Style（曲线类型）中的Curve Ribbon（缎带曲线）图标，将文本放置于曲线上，如图3-101所示。

（12）调整文本曲线路径。在工具箱中选择“图形选择工具”，打开Layers（图层）面板，并在面板中选中文本图层。然后单击文本基线末端的节点，拖动末端的节点拉伸路径。选择工具箱中的“加点工具”，分别在文本基线上单击添加两个节点，使曲线的形状发生变化，如图3-102所示。

图3-101　输入文本

图3-102　调整文本曲线路径

（13）调整文本曲线路径。选择工具箱中的“图形选择工具”，单击节点调整曲线转折位置，拖动控制手柄调整曲线变化的方向，如图3-103所示。

（14）输入新的文本。在工具箱中选择“文本工具”T，选择“方正粗黑繁体”字体，字号为30，在图像中输入“in the blue sky”。如图3-104所示。

图3-103　调整文本曲线路径

图3-104　输入新的文本

（15）将文本用到曲线上。单击Curve Style（曲线类型）中的Curve Ribbon（缎带曲线）图标，将文本放置于曲线上，同上一个文本曲线路径调整的方式相同，调整该文本，如图3-105所示。

（16）将文字转换为选区。选择Layers（图层）面板中的“in the blue sky”文本图层，单击Layers（图层）面板右上角的三角形按钮，在弹出的级联菜单中选择Convert to Default Layer（转换为普通图层）命令，将文字图层转换为图像图层。然后在Layers（图层）面板中调整Opacity（不透明度）滑块，将该图层的不透明度设置为0%。在Layers（图层）面板的级联菜单中选择Drop and Selection（选择并合并）命令，将图层转换为选区。此时图层将从Layers（图层）面板中消失，同时图形上将会出现选区，如图3-106所示。

图3-105　将文本用到曲线上

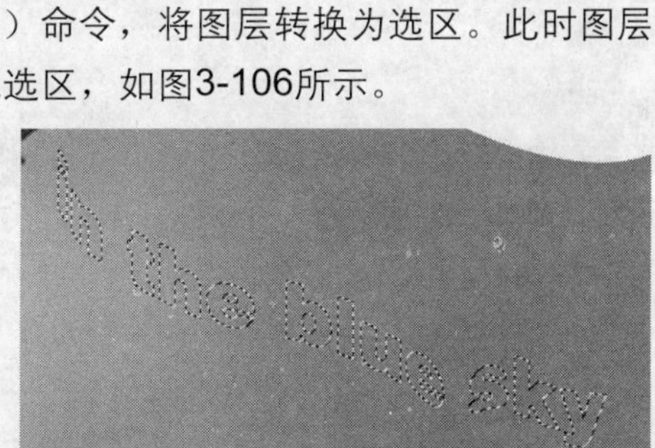

图3-106　将文字转换为选区

（17）选择绘制方式修饰文本。选择Select（选择）→ Transform Selection（改变选区）命令，为在选区中绘制笔触做好准备。单击图像窗口左下方的Drawing Modes（绘制方式）图标，选择Drawing Outside（绘制外部）图标方式，如图3-107所示。

（18）在选区外绘制笔触。在工具箱中选择“画笔工具”，在笔刷选区栏中选择Airbrushes（喷笔）中的Pixel Spray（像素喷笔）笔刷变体，如图3-108所示。在属性栏中将Size（尺寸）调节到70，在Colors（色彩）面板中将颜色调整为白色。选择Select（选择）→ Stroke Selection（勾画边线）命令，此时Painter X会自动在选区轮廓上创建喷射的笔触效果，如图3-109所示。

（19）绘制笔触效果。在轮廓边缘喷射的笔触周围用“画笔工具”绘制一点效果，在字末轻轻喷洒一点笔触效果，使其有飞起来的感觉，如图3-110所示。

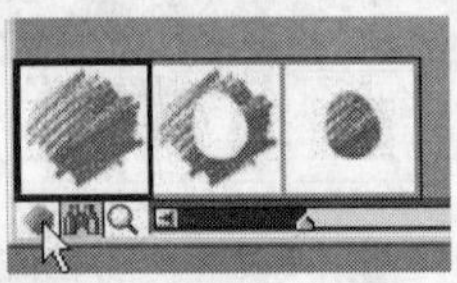

图3–107　选择绘制方式

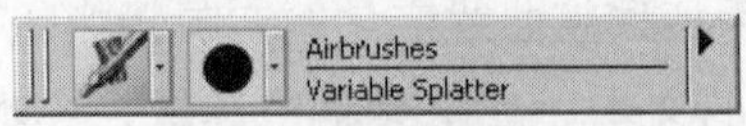

图3–108　选择笔刷变体

图3–109　勾画边线效果

图3–110　绘制笔触效果

（20）添加边框。选择Canvas（画布）→Canvas Size（画布尺寸）命令，在弹出的Canvas Size（画布尺寸）对话框中，将画布向四周各增加50像素，如图3-111所示。

（21）调整图形位置和不透明度。将画面缩小，发现云朵的位置不是很协调。在工具箱中选择“图层调整工具”，将“云朵”自由变换位置到刚刚添加的边框上。在Layers（图层）面板中选择后面的那个“云朵”，将其不透明度设置为80%，如图3-112所示。

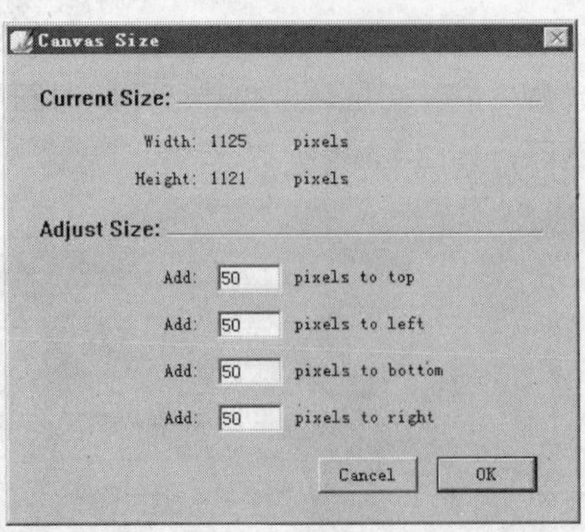

图3–111　调整画布尺寸

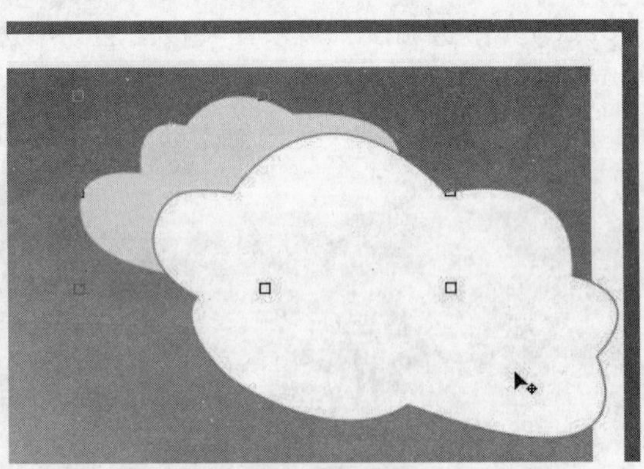

图3–112　调整图形位置和不透明度

（22）添加并调整矩形图形。在工具箱中选择“矩形工具”，在图像中绘制3个矩形图形，在工具箱中选择“图形调整工具”对图形进行调整，并移动到相应位置，如图3-113所示。

图3–113 添加并调整矩形图形

3.6 疑难及常见问题

1. 在Painter X中如何建立边缘羽化的选区

在Painter X中不能直接创建边缘羽化的选区，但可以选择Select（选择）下拉菜单中的Feather（羽化）命令将已有的选区羽化。

2. 怎样调整Painter X的网格大小

选择Canvas（画布）→Grid（网格）→Grid Options（网格选项）命令，在出现的对话框中可以对网格的属性进行调整。其中Horizon Spacing输入框中的数字为当前水平方向的网格尺寸，Vertical Spacing输入框中的数字为当前垂直方向的网格尺寸。

3. 如何将选区转换为图形

选择Select（选择）→Convert to Shape（转换为矢量图形）命令可将选区转换为图形。

3.7 习题与上机练习

1. 选择题

（1）要扩大当前画布但保留原有内容不变，可以使用__________。

A. 画布→调整大小命令　　　B. 裁剪工具

C. 画布→画布尺寸命令　　　D. 抓取工具

（2）在Painter X中新添加了一个辅助绘画工具——黄金比例，用来方便度量出画面的

__________及黄金分割线。

A. 透视角度　　B. 比例位置　　C. 视觉中心　　D. 距离变化

（3）下列选项中不属于矢量绘图工具的是__________。

A. 矩形工具　　B. 钢笔工具　　C. 椭圆形选区工具 D. 自由曲线工具

（4）使用喷漆桶工具时，如果选择填充内容是克隆源但是没有关联的克隆源时，将使用__________作为填充内容。

A. 渐变　　B. 图案　　C. 当前颜色　　D. 织物

（5）下列选取修改操作中，不允许设置参数的是__________。

A. 扩展　　B. 平滑度　　C. 边框　　D. 收缩

（6）选区工具允许对选区进行多种复合操作，不属于Painter X支持的复合操作是__________。

A. 添加　　B. 替换　　C. 交错　　D. 去除

（7）如果双击抓取工具会导致__________。

A. 图像呈实际像素　　B. 图像位置居中

C. 图像满画布显示　　D. 图像左上角与窗口对齐

（8）下面度量单位中，在改变分辨率时不会改变画布大小的是__________。

A. 英寸　　B. 厘米　　C. 像素　　D. 点数

2. 问答题

（1）矩形工具、椭圆形工具、矩形选区工具和椭圆形选区工具的主要区别是什么？

（2）工具箱中哪些是可以修改矢量路径的？

（3）简述Canvas（画布）→Resize（调整大小）命令和Canvas（画布）→Canvas Size（画布尺寸）命令的区别。

3. 上机练习

（1）使用压感笔在数位板上感觉一下与纸上的笔触有何不同，找出最佳使用方法。

（2）试着排列一个常用的工作界面，并将其存储下来。

（3）用钢笔工具绘制一个简单的Logo（商标）。

第4章

Painter X的图层

本章导读

图层是Painter X绘图中常用的功能，我们可以把图层理解为一层透明的纸。一般而言，最终的绘画作品是由一系列若干图层组成的，其中每个图层都是独立的，所做的绘制和修改仅对本图层有效，也就是说当对某一图层进行编辑时，其他图层不受任何影响。

Painter X支持的图层分成许多不同的类型，其中一些特殊类型的图层只适用于Painter X的特殊绘画。下面利用Painter X的图层进行创作。

4.1 实例引入——快乐的小男孩

用画笔绘制一个快乐的小男孩，效果如图4-1所示，

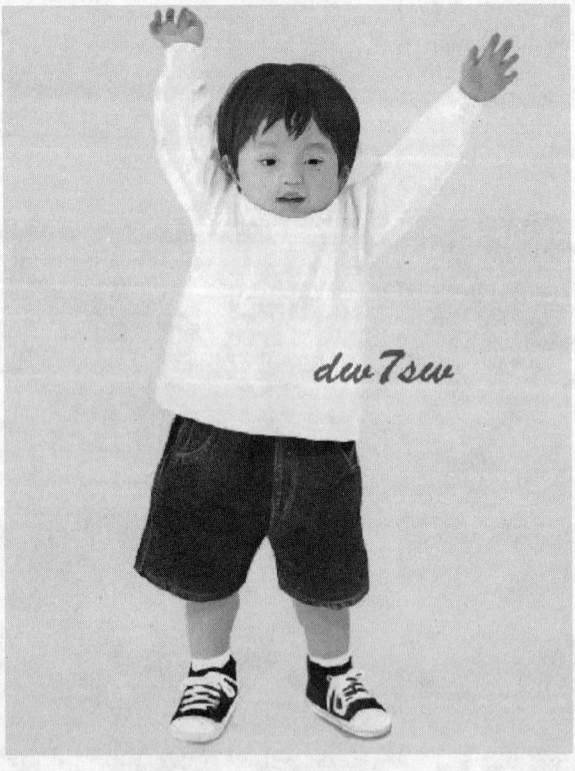

图4–1　快乐的小男孩

4.1.1 制作分析

通过图层面板创建多个图层，在对应的图层中，使用“画笔工具”绘制人物的轮廓，为人物上色，添加背景等。“快乐的小男孩”图层分布情况如图4-2所示。

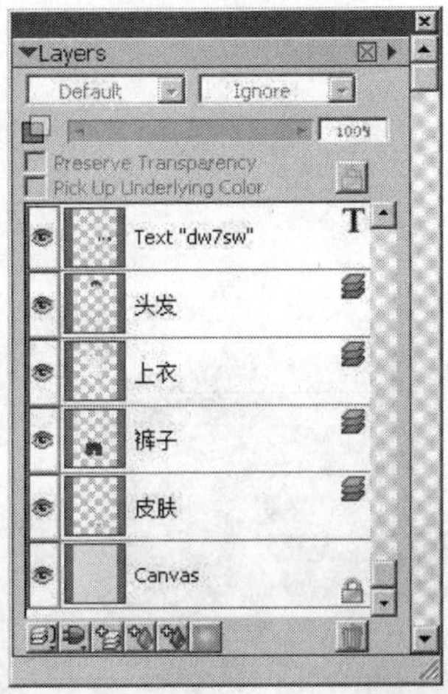

图4-2 “快乐的小男孩”图层面板

新建一个文件后单击Layer（图层）面板中的新建图层按钮，选择“画笔工具”在图层上绘画起稿。然后新建一个图层为画面添加色彩和阴影。用同样的方法新建一个图层，选择一种纸张纹理，为小男孩的牛仔裤添加一个牛仔布的纹理效果。选择画布图层并在Fill（填充）对话框中选择填充前景色。选择“文本工具”在画面的适当位置输入一个文本并完成作品。绘制人物的流程图如图4-3所示。

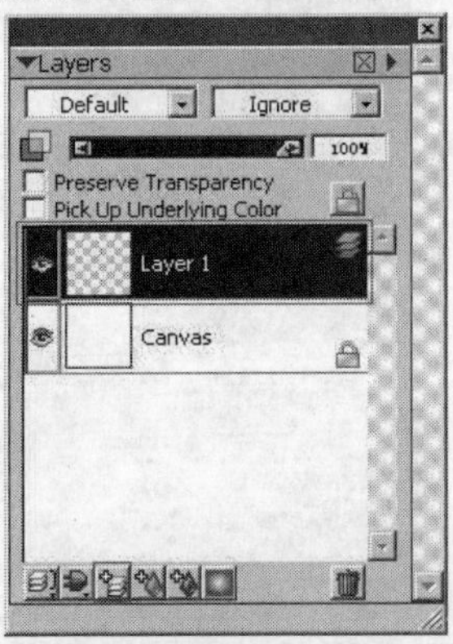

单击新建图层按钮

选择2B铅笔笔刷

在新图层上起稿

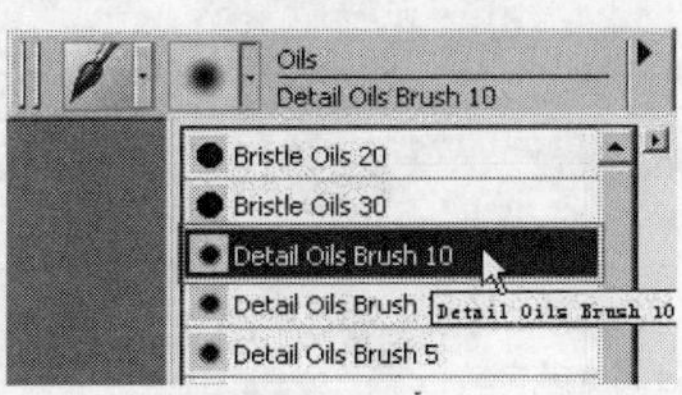

选择油画笔刷

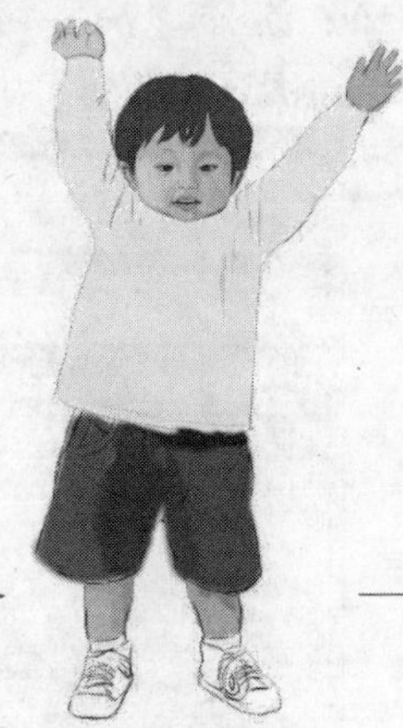

运用油画笔刷进行整体铺色

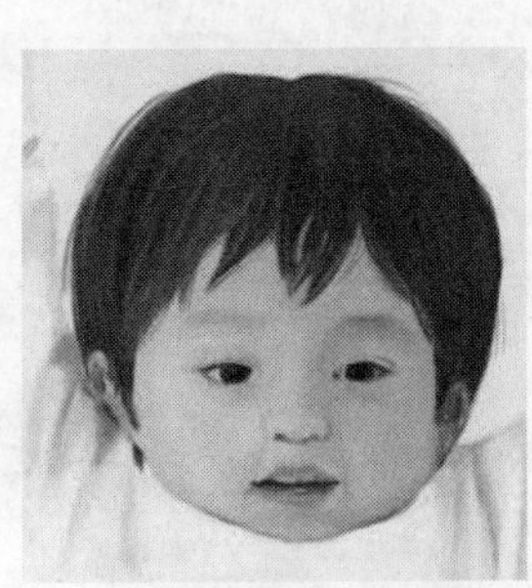

对细节部分逐步上色

运用纸张纹理和粉笔的笔触感营造牛仔效果

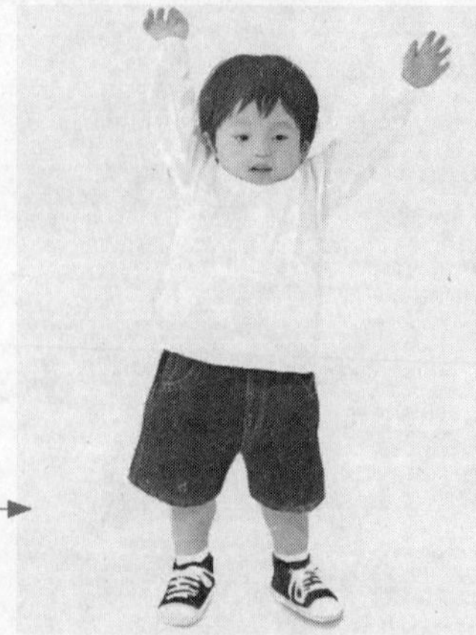

补充画面中的细节

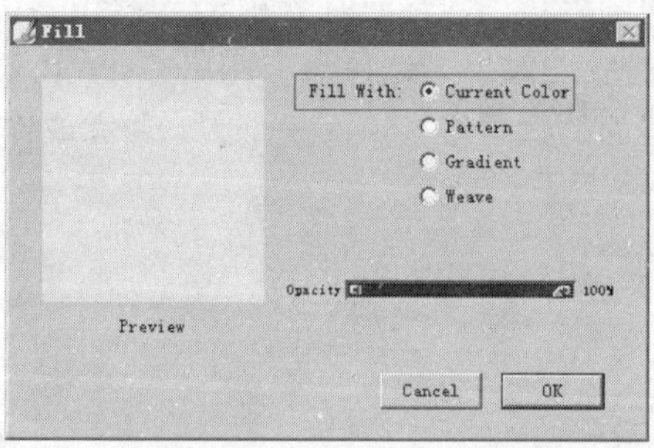

运用填充前景色的方式为画布图层上色

添加文本并完成作品

图4-3　绘制人物的流程图

4.1.2 制作步骤

（1）新建画布及图层。按快捷键Ctrl+N新建一个画布。接下来新建一个图层，有3种方法新建图层：通过快捷键Ctrl+Shift+N；选择Layers（图层）→New Layer（新建图层）命令；单击Layer（图层）面板右下角的新建图层按钮，如图4-4所示。

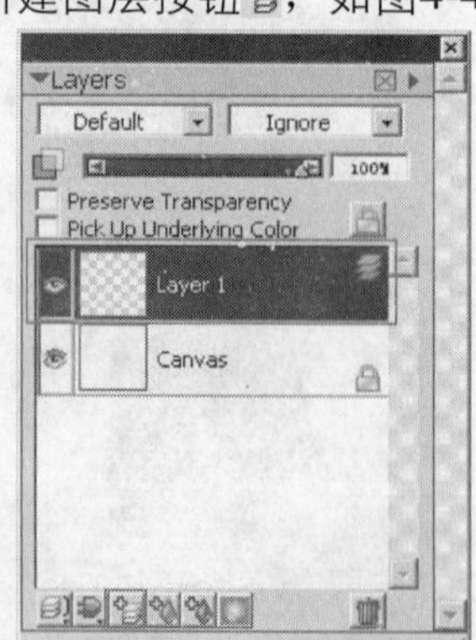

图4-4　新建图层

（2）绘制轮廓草图。在工具箱中选择Brush（笔刷工具），在Brush Selector Bar（笔刷选取栏）中选择Pencil（铅笔）中的2B Pencil（2B铅笔）笔刷变体，在图层上绘制小男孩的草图，如图4-5所示。

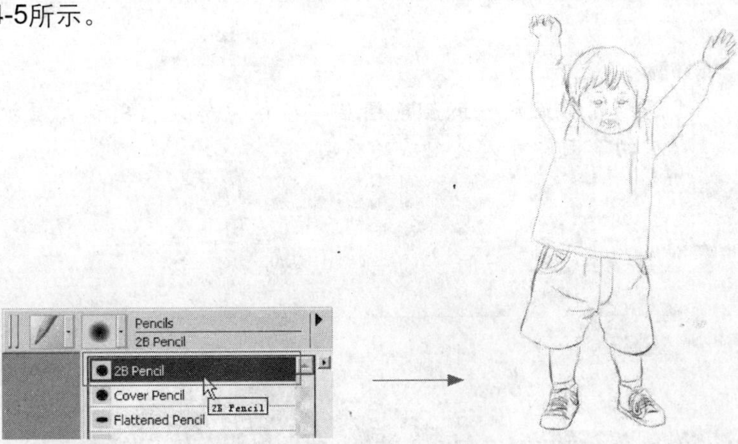

图4–5 绘制轮廓草图

（3）添加色彩和阴影。单击Layer（图层）面板右下角的新建图层按钮，作为色彩层。在笔刷选取栏中选择Oils（油画笔）中的Detail Oils Brush 10（细节油画笔10号）为小男孩头发、面部和衣物褶皱的暗部铺色，如图4-6所示。

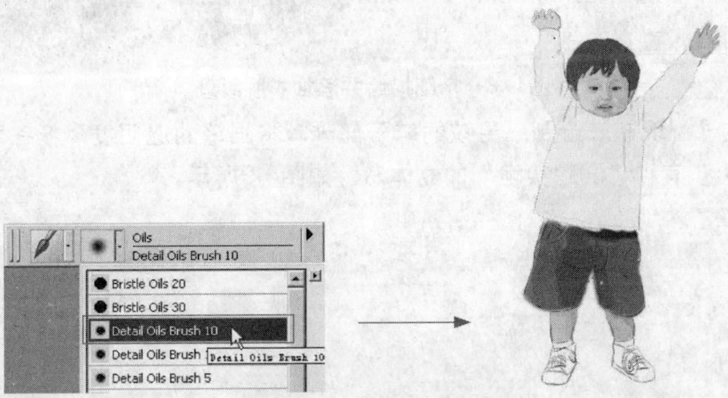

图4–6 添加色彩和阴影

（4）绘制小男孩五官。将画笔尺寸调整到适当大小绘制小男孩的面部细节，如图4-7所示。

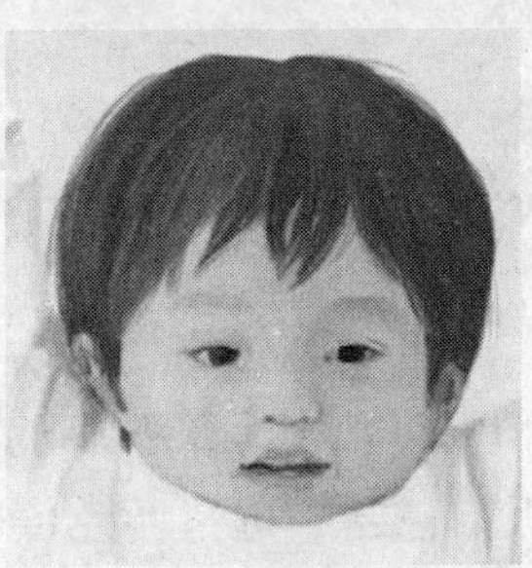

图4–7 绘制小男孩五官

（5）精细描绘并添加衣服纹理。在Layers（图层）面板中将色彩层移到轮廓层的下面，继续对小男孩进行刻画。新建一个图层绘制小男孩的牛仔裤，在Papers（纸张）面板中级联菜单中选择粗颗粒碳画纸，在笔刷选取栏中选择Chalk（粉笔）中的Blunt Chalk 20（钝头颗粒粉笔）描绘出牛仔裤的纹理，如图4-8所示。

> 提示
>
> 选择图层面板中的颜色图层，按住鼠标左键将该图层拖曳到轮廓图层的下面即可完成图层的移动。

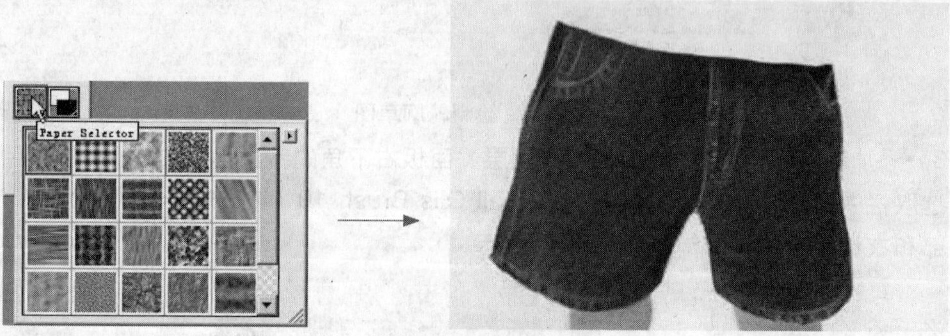

图4–8　精细描绘并添加衣服纹理

（6）绘制鞋子。现在来绘制小男孩的鞋子部分，将画笔的透明度降低在鞋底部分绘制鞋子的阴影，使小男孩有种“脚踏实地”的立体感，如图4-9所示。

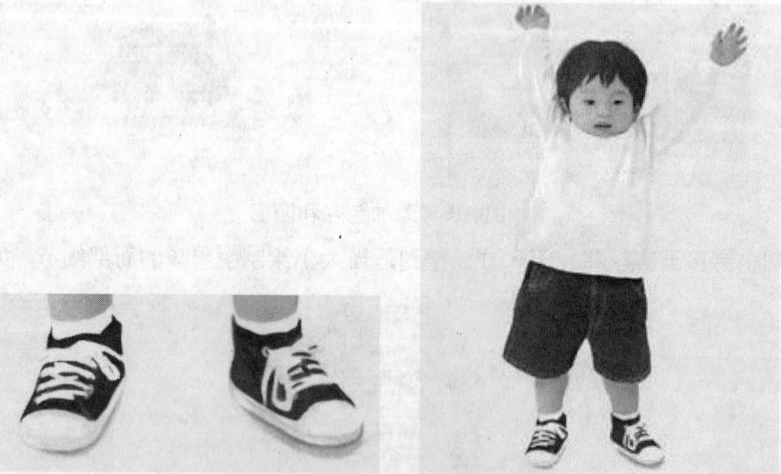

图4–9　整体调整添加细节

（7）填充背景色。在色彩面板拾色器中选择颜色值R：250、G：240、B：100的淡黄色。选择Effects（特效）→Fill（填充）命令，打开Fill（填充）对话框，在Fill With（填充为）中选择Current Color（前景色）选项，如图4-10所示。

（8）添加文本层完成绘画。在工具箱中选择“文本工具” T，在画面适当位置输入文字，最终效果如图4-11所示。

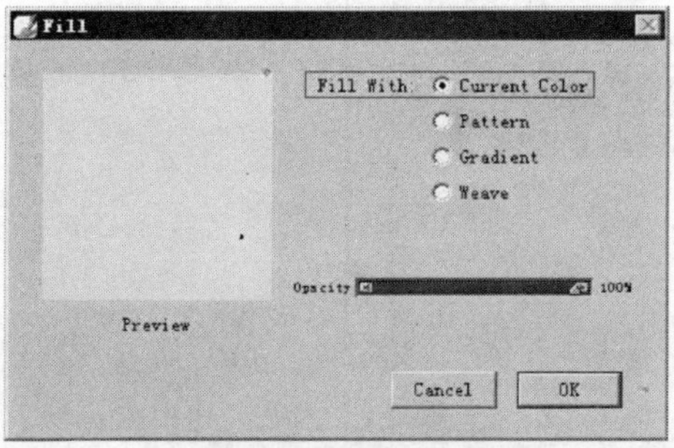

图4-10 填充背景

图4-11 快乐的小男孩效果图

4.2 基本术语

通过Painter X中的图层特点及分类来认识Painter X中的图层。

4.2.1 图层

图层是一般图像处理软件中常用的概念，它把最终的图像作品看做是由一系列叠在一起的图像共同构成的，最顶层的图像覆盖下层的内容，透过最顶端图层透明的部分可以看到下层的内容。Painter X允许设置图层的透明度及选择混合模式，以便达到更丰富的效果。

图层最大的作用是使不同的绘画部分能进行独立修改，而不影响其他图层，这样可以为绘画提供更大的灵活性。为了有效管理Painter X中各种类型的绘图，Painter X提供了多种不同类型的图层，如Watercolor（水彩）图层、Liquid Ink（液态墨水）图层。在Painter X中提供了此类特殊图层，主要是由于这类绘画介质具有通常画笔难以实现的交互作用。

4.2.2 画布

在Painter X中创建新的绘图文档时，会自动生成一个Canvas（画布）的图层，我们将其称为画布，这是一个特殊的图层，它总是位于创建的各种图层的最底端，实际上起到了各种图层公共背景的作用。画布相对其他图层有很多特殊性，它始终处于锁定状态，不允许用户设定名称，也不能像其他图层那样随意移动位置，如图4-12所示。

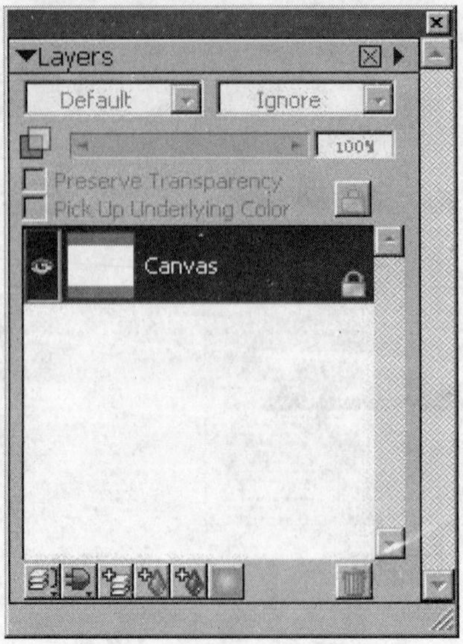

图4–12　画布图层状态

4.2.3 层蒙版

在Painter X中，每个图层除了可以保留RGB 8位深度的色彩信息外，还允许保留一个8位（256级灰度）的Layer Masks（层蒙版）。在这个蒙版中可以控制图层中图像的显示和隐藏，蒙版中的白色部分为图像层的显示部分，黑色部分被隐藏，灰色部分为半透明。所有蒙版命令同样适用于层蒙版。

4.3 知识讲解

上面的内容使我们初步领略了图层的基本面貌，下面具体介绍有关图层的知识。

4.3.1 图层的分类

Painter X支持类型丰富的图层，除了图像图层（或基于像素的图层）外，Painter X还包含几种其他类型的图层元素：Shape Layer（形状图层）、Text Layer（文本图层）、Dynamic Layer（动态图层）、Reference Layer（参考图层）、Floating Object Layer（浮动对象层）和两种介质图层Watercolor Layer（水彩图层）和Liquid Ink Layer（液态墨水图层），如图4-13所示。

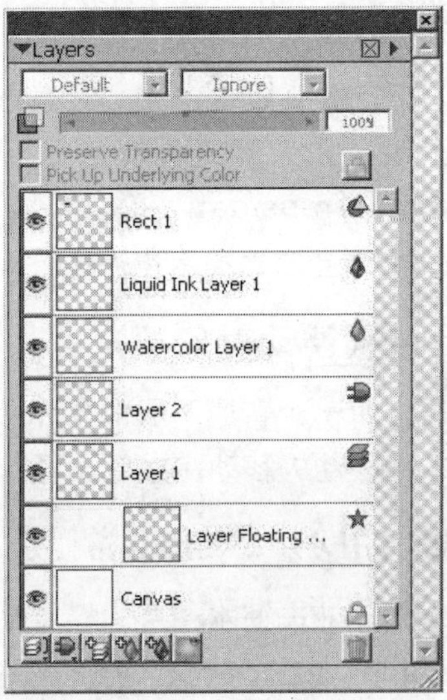

图4–13 图层面板

1. Default Layer（普通图层/默认图层）

普通图层是Painter X中最常用的图层，也是使用范围最广的图层。在普通图层中保存的是图像（位图）信息，不允许包含形状等矢量信息，因此又被称为图像层。用户可以使用绝大多数画笔在普通图层上绘画。但水彩类和液态墨水类的笔刷不能在普通图层上进行绘画。

其他图层可以转换为普通图层，但转换为普通图层后，其他图层的特殊功能（如形状图层的路径编辑工具）将不能使用。

2. Shape Layer（形状图层）

在使用矢量绘图工具（如钢笔工具和自由曲线工具）创建矢量形状或将选区转换成形状时，都会生成形状图层。形状图层中的曲线路径保留了形状的各种描述信息，所以可以使用各种路径编辑工具对其进行修改。但在形状图层上不允许使用“画笔工具”，如果需要使用“画笔工具”的话，必须将形状图层转换为普通图层。

3. Text Layer（文本图层）T

使用“文本工具”创建文字时会自动在图层面板上建立一个图标为T的文本图层。可以在任何时候修改文字层中的文字内容、尺寸、字体等属性。

4. Dynamic Layer（动态图层）

该图层实际上起到类似于图像特效滤镜的作用。动态图层有着很高的可控性，在绘画的任何阶段都可以对其进行反复调整，而且不会对画布和浮动层中的图像产生任何影响。由于是作为图层存在的，它可以和其他图层有一定的相互作用，同时在创建动态图层之后还可以方便地调整其参数，这是一般图像滤镜不能达到的效果。

5．Reference Layer（参考图层）

参考图层是原始图层的一个低分辨率版本，其作用在于允许更快速地对图层进行各种变换操作。在参考层上不允许绘图，如果需要在其上面绘图，必须通过选择Effects（效果)→Orientation（方向）→Commit Transform（确认转换）命令完成参考层到图像层的转换。实际上，在尝试绘画时，Painter X会自动提示是否进行确认转换。

6．Floating Object Layer（浮动对象层）★

浮动对象层并不是真正的图层，每一个普通图层都允许最多包含一个浮动对象层，其主要作用是允许该图层的一部分在画布中移动。移动完成后，可以将浮动对象层合并到原图层中。

7．Watercolor Layer（水彩图层）和Liquid Ink Layer（液态墨水图层）

水彩图层的标志是蓝色液滴状的，液态墨水图层的标志是灰色液滴状的。它们分别对应画笔中的Watercolor（水彩）和Liquid Ink（液态墨水）两种画笔。这两种图层只有在相应的介质图层中才能使用。当我们在画布层或普通层上使用水彩或液态墨水笔刷绘画时，Painter X会自动创建新的水彩图层或液态墨水图层。

4.3.2 图层的管理

选择Window（窗口）→Show Layers（显示图层）命令，打开Lagers（图层）面板，如图4-14所示。在图层面板中大部分基于图层的操作都是可以进行的，包括创建图层、为图层命名、查看图层、图层的显示和隐藏、图层的移动和排序等。

图4-14 Layers（图层）面板

1．创建新图层

可以通过以下4种方法创建新图层。

① 使用Layers（图层）面板。

在图层面板的下端是一系列常用的图层操作按钮。其中按钮用于创建一个新的普通图层，按钮用于创建新的水彩图层，按钮用于创建新的液态墨水图层。

② 使用Layers（图层）面板菜单。

单击图层面板右上角的三角图标，在弹出的菜单中选择New Layer（新建图层）命令可以新建一个普通图层；选择New Watercolor Layer（新建水彩层）命令可以新建一个水彩层；选择New Liquid Ink Layer（新建液态墨水层）命令可以新建一个液态墨水层。

> 提示
>
> 如果当前选中的图层是画布图层，那么新创建的图层作为最顶端的图层。否则新创建的图层将紧邻当前选中的图层且在当前图层上方。

③ 使用Layers（图层）菜单。

选择Layers（图层）→ New Layer（新建图层）命令可以新建一个普通图层；选择New Watercolor Layer（新建水彩层）命令可以新建一个水彩层；选择New Liquid Ink Layer（新建液态墨水层）命令可以新建一个液态墨水层。

④ 使用快捷键。

使用快捷键Ctrl+Shift+N可以新建一个普通图层。

2. 图层的命名

图层在创建时一般显示默认的名字，如果这样的名字难以记忆，也不能反映图层包含的内容时，可以在创建图层后，为图层重新命名。

① 使用Layers（图层）菜单。

在Layers（图层）面板上单击，选中一个要命名的图层或群组，选择Window（窗口）→Layer Attributes（图层属性）命令，在打开的Layer Attributes（图层属性）对话框中的Name（名称）输入框中输入新的图层名称，如图4-15所示。

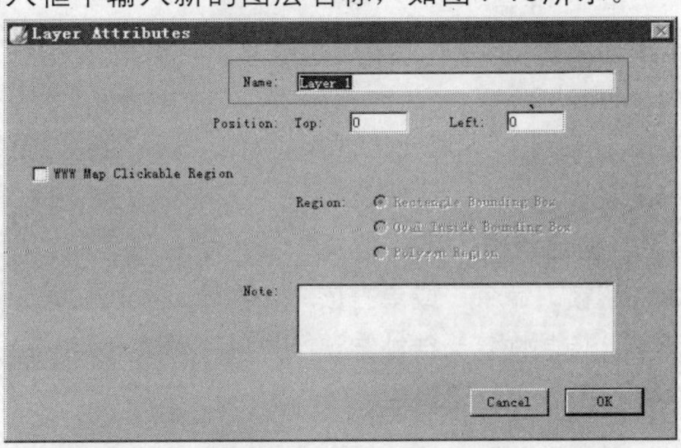

图4–15 Layer Attributes（图层属性）面板

② 使用Layers（图层）面板菜单。

在Layers（图层）面板上单击，选中一个要命名的图层或群组，然后单击图层面板右上角的三角图标，打开Layers（图层）面板快捷菜单，选择Layer Attributes（图层属性）命令，在打开的Layer Attributes（图层属性）对话框中的Name（名称）输入框中输入新的图层名称。

③ 使用快捷方式。

在Layers（图层）面板上双击要命名的图层或群组，在打开的Layer Attributes（图层属性）对话框中的Name（名称）输入框中输入新的图层名称。

3. 查看图层

Painter X提供了一列工具，方便显示和查看图层的操作。

① 图层缩略图。

在Layers（图层）面板上，从上至下显示当前的所有图层。每个图层中包括一个用于指示图层是否显示状态的眼睛图标、图层缩略图、图层名称和图层类型图标。当前选中的图层以蓝底表示。

可以指定图层缩略图的显示方式。在图层的级联菜单中选择No Thumbnail（无缩略图），Small Thumbnail（小缩略图）、Medium Thumbnail（中等缩略图）或者Large Thumbnail（大缩略图）命令之一就可以完成。

② 图层调整工具。

选择工具箱中的Layer Adjuster（图层调整工具），并在属性栏中选择Auto Select Layer（自动选择图层）选项，然后在图像中单击需要选择的图层即可对图层进行调整。

4. 图层的显示与隐藏

Layers（图层）面板中每个图层名称前面都有一个眼睛图标，可以通过该图标来控制图层的显示和隐藏。单击该图标可以在图层的显示和隐藏之间切换。当图标为时，图层在图像窗口中处于显示状态。当图标为时，图层为隐藏状态。该操作同样适用于群组。

5. 图层的锁定与解锁

在绘画过程中有些图层需要保护，为了避免这些图层被移动、删除或进行其他变换图层的操作，可以通过以下操作方法来锁定图层。

① 选择需要被锁定的图层。

② 在图层面板的菜单中选择的Lock（锁定）命令，或者单击Layers（图层)面板中图层列表上方的图标。

③ 锁定图层后，在图层条目右下角会出现加锁标记，同时图层面板上的锁定图标变成已锁定的状态。

要解除当前选中图层的锁定状态，可以选择图层面板菜单中的Unlock（解锁）命令，或单击该图层列表上方的锁定图标，使其恢复为待锁定状态。取消锁定后，图层条目上的锁定标记消失。

> 提示
>
> 画布图层默认总是锁定的，这意味着它不能被移动、删除或对其进行其他变换。

6. 图层的移动

在Layers（图层）面板中选择需要移动的图层，然后选择工具箱中的Layer Adjuster（图层调整工具），这时在图像窗口中按住鼠标并拖动就可以对图层进行移动了。

7. 图层的排列顺序

图层的排列顺序与图层的整体效果有着很大的联系，因为上面图层会遮住下面的图层，或对下面的图层产生影响。

在Layers（图层）下拉菜单中可以对当前选择图层的排列位置进行调整，如图4-16所示。

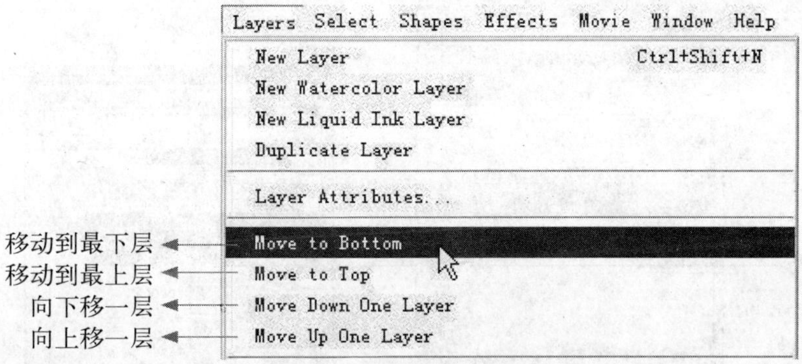

图4–16 调整排列位置

也可以在图层面板中直接按住鼠标拖动图层来改变图层位置，或在Layer Adjuster（图层调整工具）的属性栏中调整图层的排列位置，如图4-17所示。

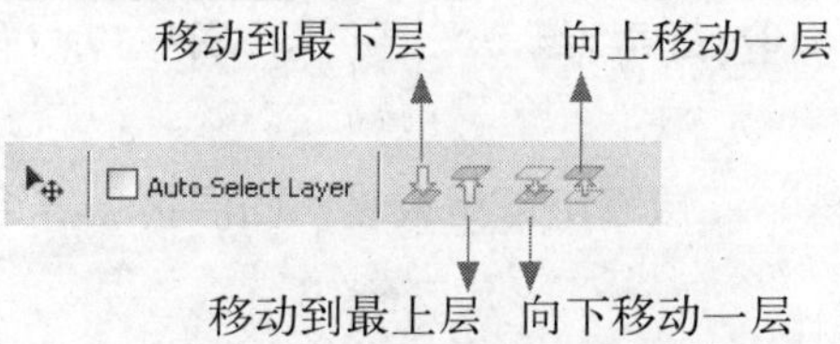

图4–17 图层调整属性栏

8. 图层的群组

当图像中的图层过多时，为了便于对图层的控制，节省图层在Layers（图层）面板中占用的空间，可以将某些图层结合成群组，方便对图层的选择和管理。在群组内，如果对单独图层进行控制也不会受限制，依然可以对其移动、重命名或决定它的显示状态。

按住Shift键的同时在图层面板中单击需要选中的图层，即可选中两个或两个以上的图层。

① 创建群组。

首先选中若干图层，单击Layers（图层）面板上的按钮，在弹出的Layer Commands（图层命令）菜单中选择Group（群组）命令，如图4-18所示。也可以使用快捷键Ctrl+Alt+G将图层进行群组。

②展开和收缩群组。

可以用两种方式查看群组。群组前的标记是▸时，表示群组处于收缩状态；群组前的标记是▾时，表示群组处于展看状态。群组包含的图层排列在群组下面，如图4-19所示。

单击群组前的▸或▾图标，可以在展开方式和收缩方式之间切换。

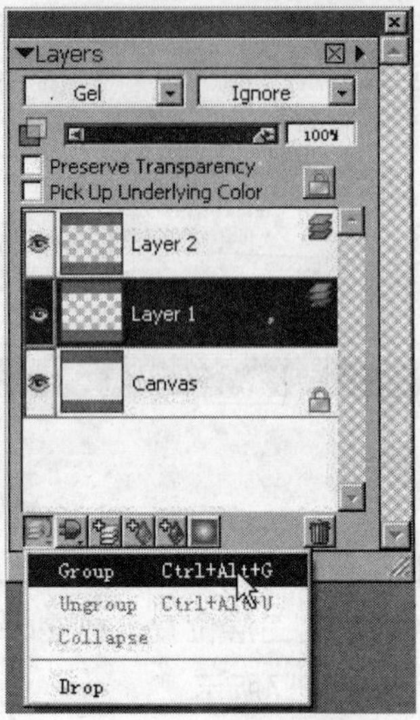

图4-18 图层群组

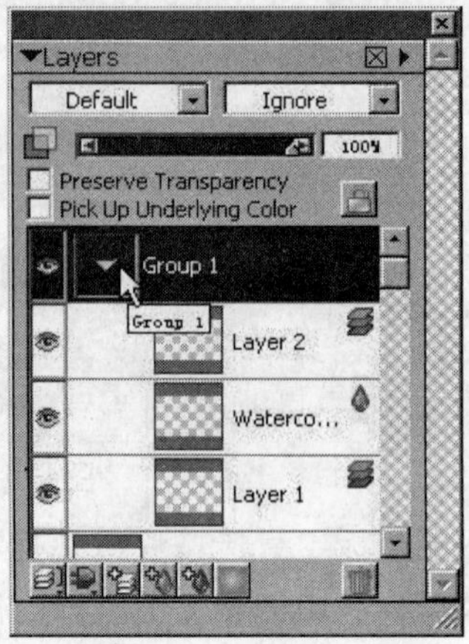

图4-19 群组中的图层

③ 群组的移入和移出。

可以通过拖曳图层的方法将图层移出群组或者把图层拖至群组内，来完成图层从群组内移出或移入操作。

④ 解散群组。

选中要解散的群组，单击Layers（图层）面板上的按钮，在弹出的Layer Commands（图层命令）菜单中选择Ungroup（解组）命令可以解散该群组。取消群组后群组本身消失，该位置上将出现构成群组的各个图层。

⑤ 合并群组。

把整个群组内的各个图层内容合并到一个图层中，也就相当于把群组内的图层平面化了。单击Layers（图层）面板上的按钮，在弹出的Layer Commands（图层命令）菜单中选择Collapse（塌陷）命令，即可合并当前群组中的图层。

这里的Collapse（塌陷）命令同样适用于群组外的图层。

9. 图层与画布的合并

有3种途径可以将图层与画布合并。

① 选择要合并到画布上的图层，单击Layers（图层）面板上的按钮，在弹出的Layer Commands（图层命令）菜单中选择Drop（合并）命令。

② 选择要合并到画布上的图层，选择Layers（图层）→Drop（合并）命令。如选择Layers（图层）→ Drop All（合并所有图层）命令，可以将所有的图层与画布合并。

③ 选择要合并到画布上的图层，单击Layers（图层）面板上的级联菜单，在弹出的菜单中选择Drop（合并）命令。

10．图层透明度的控制

在Layers（图层）面板中的滑条可以对图层的不透明度进行调整，默认不透明度为100%，只要将滑条中的滑标向左移动就可以看到图层的透明效果了。

在滑条的下面有一个Preserve Transparency（保持透明度）选项，选择该选项可以保留图层中的透明区域不被修改，这时只能在图层上已经包含有图像信息的位置进行绘画了，如图4-20所示。

图4–20　图层透明度的控制效果

4.3.3 图层的混合模式

Painter X中的图层混合模式功能和Photoshop的图层混合模式类似，这些图层混合模式将会使当前图层的外观效果发生变化，有时也会影响到下层的像素。

提示

绘制的图像最终效果是由图层之间图像互相覆盖构成的，图层之间默认的覆盖关系是上面的图层内容覆盖下层内容，只有上层内容透明（或者上层图层有一定透明度）时才全部或部分显示下面图层的内容。

1．图层的混合模式

除了默认设置外，Painter X还提供了一系列的选项来设置混合效果。图层的混合模式是Painter X中图像合并的主要手段，不同的图层可以设定不同的混合模式。在混合过程中可以把它想象成为从下到上一层层叠加，对于每一个图层来说，用相应图层的混合模式是对于该图层和其下各图层整体效果进行合并的结果。

Painter X共提供了22种不同的混合模式，在Layers（图层）面板左上角的下拉菜单中可以选择不同的图层混合模式，如图4-21所示。

- Default（默认）

默认混合模式是Painter X默认的图层混合模式，上面的图层覆盖下面的图层。

- Gel（胶化）

采用胶化方式时，Painter X使用上层的颜色为下层染色，实际的显示颜色受两层颜色共同作用。如果上层为红色，那么最终的颜色叠加区域也会偏向红色，如图4-22所示。

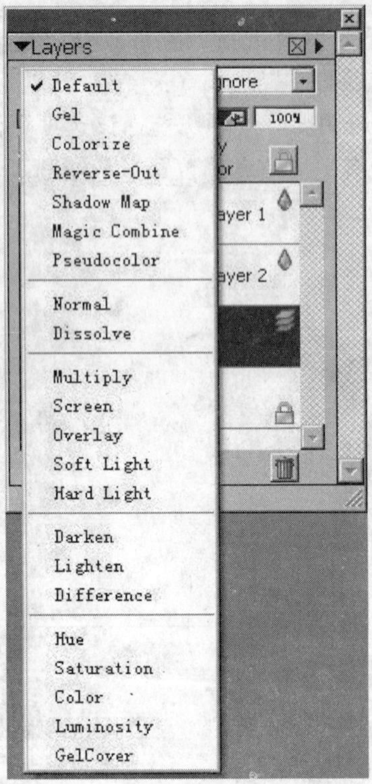

图4-21 图层混合模式菜单

图4-22 胶化混合模式效果

- Colorize（上色）

使用上色方式时，Painter X使用某个图层中的颜色色相和饱和度来替换其下方绘图颜色的色相和饱和度。由于色相和饱和度决定了使用哪种颜色，这就相当于取这个图层的颜色信息来为下面图层上色，但是会保留其下方图层的灰度信息。我们可以使用这个方式将灰度图转换为彩色图，或者把彩色图转换为灰度图。只要在原图像上新加一个新图层，在这个图层中添加希望的颜色信息（对于转换为灰度图使用纯黑即可），然后把这个图层设置为上色的合并方式即可，如图4-23所示。

- Reverse-Out（反向透出）

使用反向透出方式时，对于当前图层非透明（有像素）部分，其下方图层的效果被反转，就相当于用补色替代。对于透明部分则不作任何变化。这个混合模式会忽略当前图层中的像素，如图4-24所示。

图4-23 上色混合模式效果

图4-24 反向透出混合模式效果

● Shadow Map（阴影）

使用阴影混合模式可以在不改变图层内容的情况下，为图层创建投影效果，这个混合模式不能体现当前层的色彩，它是通过挡光的方式达到折光与投影的效果的，如图4-25所示。

● Magic Combine（魔术组合）

使用魔术组合时，Painter X根据当前图层与下面图层对应像素点的亮度，决定最终构图的像素。如果当前图层亮度较大，则使用当前图层相应像素值；如果下面图层像素亮度较大，则使用下面图层的像素值。很好地使用魔术组合的混合模式可以达到上层图像从下层图像浮出的特殊效果，如图4-26所示。

图4–25 阴影混合模式效果

图4–26 魔术组合混合模式效果

● Pseudocolor（伪色）

伪色混合模式可以使非彩色的图像模拟色彩，其原理是将非当前层图像的亮度值作为当前层图像的色相值，从而将灰色转化成彩色的层，如图4-27所示。

● Normal（正常）

正常混合模式效果和默认混合模式相同，使用Photoshop格式时采用默认的混合模式，当转换为Photoshop文件时需要使用正常混合模式，如图4-28所示。

图4–27 伪色混合模式效果

图4–28 正常混合模式效果

● Dissolve（溶解）

使用溶解混合模式时，当前图层内容的一部分像被溶解了一样替换成下层的内容。溶解的程度由其不透明度决定。不透明度为100%时没有溶解效果，不透明度越小溶解部分就越多，如图4-29所示。

● Multiply（正片叠底）

使用正片叠底混合模式可以使图层之间的像素叠加。通常执行该混合模式后颜色会变深。任何颜色与黑色执行该混合模式后得到的仍然是黑色，任何颜色与白色执行该混合模式得到的仍然是混合前的另一个颜色，如图4-30所示。

图4-29　溶解混合模式效果

图4-30　正片叠底混合模式效果

- Screen（屏幕）

使用屏幕混合模式时，显示效果会向亮的方向叠加。如果下面图层内容为纯黑色，则保留原图层的显示效果，如图4-31所示。

- Overlay（叠加）

使用叠加混合模式可将图像的中间色调颜色进行混合，而高光部分和阴影部分仍保持不变，结果使层的亮部与暗部颜色增强，如图4-32所示。

图4-31　屏幕混合模式效果

图4-32　叠加混合模式效果

- Soft Light（柔光）

使用柔光混合模式时，如果当前图层亮度达到中等灰（50%亮度）以上，则使其变亮，否则使其变暗。使用柔光混合模式后，当前图层与下面图层内容有一定程度的混合，可以使画面变得更柔和，如图4-33所示。

- Hard Light（强光）

强光混合模式与柔光混合模式恰好相反，可以根据层混合后的颜色，加亮或调暗图像颜色，使图像产生被强光照射的效果，如图4-34所示。

图4-33　柔光混合模式效果

图4-34　强光混合模式效果

● Darken（更暗）

使用更暗混合模式时，对于当前图层将使用当前图层及下面图层对应像素中更暗的亮度值作为混合后的亮度值。当前图层比下面图层亮的部分会变暗，暗的部分则没有变化，如图4-35所示。

● Lighten（更亮）

更亮混合模式与更暗混合模式相反，将当前图层颜色与底层的颜色进行比较，选取其中较亮的颜色，当前图层中的颜色比底层图像的颜色暗则会被底层图像的颜色所取代，比底层图像的颜色亮的部分没有变化，如图4-36所示。

图4－35　更暗混合模式效果

图4－36　更亮混合模式效果

● Difference（差值）

差值混合模式将使用当前图层和下面图层对应像素点的差值（总是用亮的减去暗的）作为混合后的像素值，如图4-37所示。

● Hue（色相）

使用色相混合模式可提取当前图层的色相信息及下面图层的亮度和饱和度来构成图像效果，如图4-38所示。

图4－37　差值混合模式效果

图4－38　色相混合模式效果

● Saturation（饱和度）

饱和度混合模式可以提取当前图层的饱和度信息及下面图层的亮度和色相来构成混合模式的图像效果，如图4-39所示。

● Color（色彩）

使用色彩混合模式会结合图像色彩的亮度与图层色彩的饱和度创造一种新色彩，如图4-40所示。

图4-39　饱和度混合模式效果

图4-40　色彩混合模式效果

● Luminosity（亮度）

使用亮度混合模式时，当前图层的亮度信息保持不变，仅使用下面图层颜色信息（色相饱和度）来构成混合的图像效果，如图4-41所示。

● GelCover（胶覆盖）

使用胶覆盖混合模式时，对当前图层的边缘使用胶化方式与下面图层混合，其余部分使用默认方式进行合并。它与默认混合模式相比，只在边缘处有差别，如图4-42所示。

图4-41　亮度混合模式效果

图4-42　胶覆盖合成方式效果

2. 图层的混合深度

不同的混合深度类型会产生不同的深度效果。在Layers（图层）面板右上角的下拉菜单中可以选择图层混合深度类型，如图4-43所示。

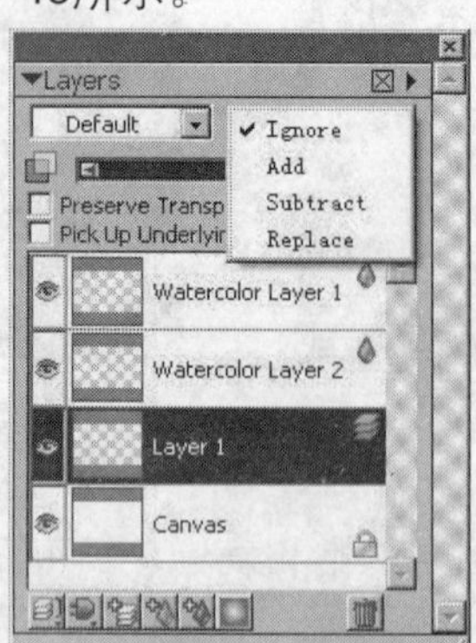

图4-43　图层混合深度菜单

● Ignore（忽略）

忽视当前图层的深度效果。

● Add（加入）

使当前图层的深度效果与下面的图层或画布相加。

- Subtract（减去）

使当前图层的深度效果与下面的图层或画布相减。

- Replace（取代）

用当前图层的深度效果取代下面图层或画布上的深度效果。

4.3.4 层蒙版的管理和使用

层蒙版可以看做作是与特定的图层关联的Alpha通道。事实上，管理和使用时层蒙版与通道相似。但层蒙版只针对某一个特定的图层创建和使用，层蒙版除了能使用“通道”面板中的各种操作外，还可以使用一些特定的只针对层蒙版的操作。下面学习层蒙版的基本操作。

1. 创建层蒙版

在Layers（图层）面板中选中一个图层，单击面板中的Create Layer Masks（创建层蒙版）按钮，为当前图层创建一个新的空白层蒙版（即完全为白色，相当于全部不透明）。创建层蒙版后可以在Layers（图层）面板上看到新建层蒙版的缩略图，如图4-44所示。

2. 修改层蒙版

① 在蒙版区域绘画。

选择Window（窗口）→Show Channels（显示通道）命令，打开Channels（通道）面板。在Layers（图层）面板中选中包含层蒙版的图层，此时在通道面板中出现相应的层蒙版，名称为面色超人Layer Mask，如图4-45所示。选中该蒙版后，可以使用笔刷工具对图像窗口中显示的灰度图进行绘画。

图4-44 创建层蒙版

图4-45 通道面板中的层蒙版

② 蒙版和通道的相互转换。

可以把通道复制到蒙版，或者把蒙版复制成通道。其实Painter X在执行这些操作时将层蒙版和通道等同看待。以通道复制到层蒙版为例，选中待复制的通道，选择Channels（通道）面板的快捷菜单中的Duplicate（复制）命令，打开Duplicate Channel（复制通道）对话框，如图4-46所示。在Destination（目标）下拉菜单中选择一个通道或层蒙版即可。

图4-46　Duplicate Channel（复制通道）对话框

③ 蒙版和选区的相互转换。

可以和使用通道相同的方法来完成层蒙版和选区的相互转换，选择Select（选择）→ Save Selection（保存选区）命令，或选择Select（选择）→ Load Selection（载入选区）命令完成蒙版和选区的相互转换。

3．启用与禁用层蒙版

在Layers（图层）面板中层蒙版的缩略图上右击，打开与层蒙版相应的关联菜单，选择菜单中的Disable Layer Mask（使用层蒙版无效）命令，可以禁用层蒙版，如图4-47所示。

在禁用状态下，层蒙版缩略图上会显示红叉，通过选择菜单中的Enable Layer Mask（使用图层蒙版）命令，可以启用层蒙版，如图4-48所示。

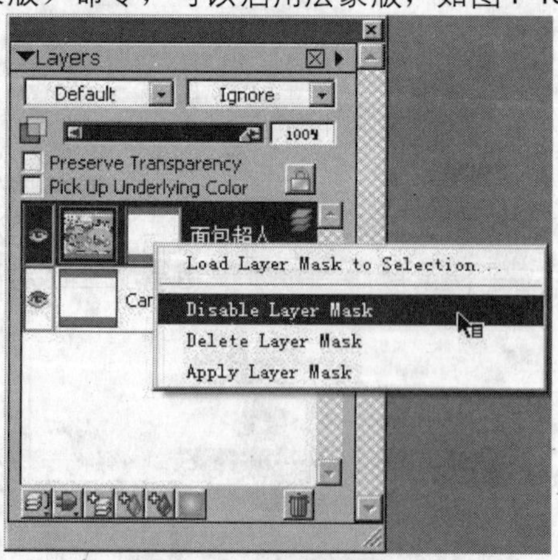

图4-47　禁用层蒙版

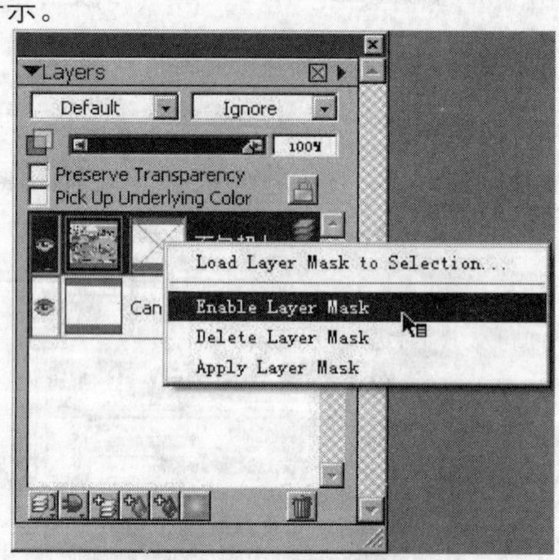

图4-48　启用层蒙版

在使用层蒙版后，如果禁用层蒙版，其显示效果是原始图像。启用层蒙版后，只有白色部分显示了图层的内容，其余部分因为透明而只显示背景画布的内容。通过选择Channels（通道）面板快捷菜单中的Invert（反选）命令，可以实现选中通道或层蒙版的反转效果，也就是黑色部分和白色部分进行对换，如图4-49所示。

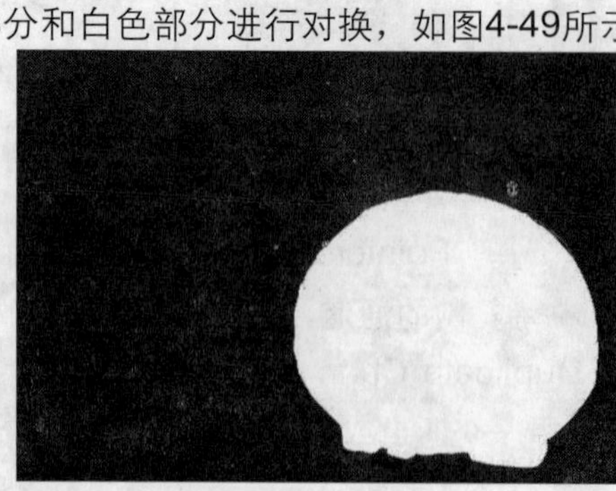

使用的层蒙版

禁用层蒙版效果

启用层蒙版效果

反转层蒙版效果

图4-49 图层蒙版的使用情况

4. 删除和应用层蒙版

在Layers(图层) 面板中的层蒙版缩略图上右击，在打开与层蒙版相应的级联菜单中选择Delete Layer Mask（删除层蒙版）命令，可以删除层蒙版。在调整层蒙版到满意后，也可以选择Apply Layer Mask（应用图层蒙版）命令，把层蒙版的效果永久作用到图层上，删除层蒙版。

4.3.5 动态图层

Painter X中的动态图层提供了丰富的效果，这些效果大部分不会直接作用在图像上，而是自动生成一个动态图层，其优点在于使效果和画布或图层分离，从而达到保护图像不被修改的目的。

单击Layers（图层）面板中的Dynamic Plugins（动态外挂滤镜）按钮，在弹出的菜单中可以选择不同的动态效果，如图4-50所示。

1. Bevel World（修饰斜边）

修饰斜边动态图层可以使图像层产生修饰斜边效果，修饰斜边效果不能对画布使用，只能对图像层产生效果，如图4-51所示。

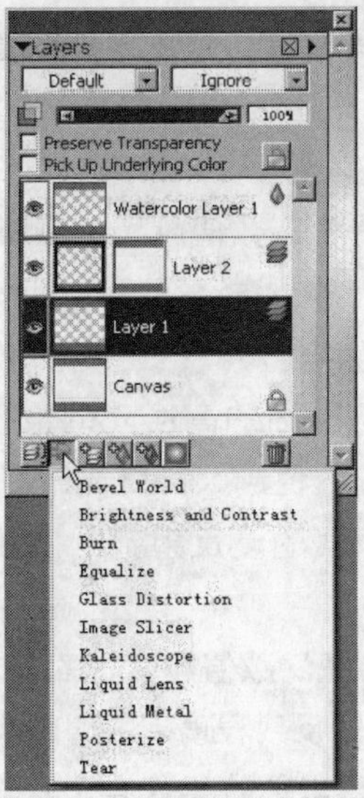

图4-50 动态图层菜单

图4-51 修饰斜边效果

单击Layers（图层）面板中的Dynamic Plugins（动态外挂滤镜）按钮，在弹出的菜单中选择Bevel World（修饰斜边）命令。在弹出的对话框中调整修饰斜边的属性，如图4-52所示。

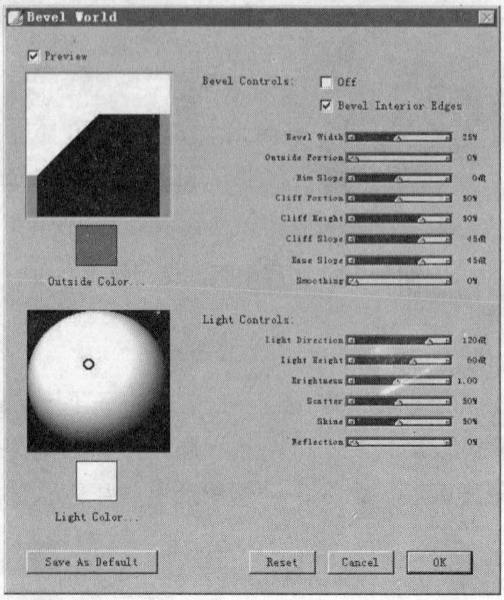

图4-52 Bevel World（修饰斜边）对话框

Bevel Width（修饰斜边宽度）：该滑条决定修饰斜边的倾斜宽度，数值越大，倾斜部分越宽。

Outside Portion（外部比例）：该滑条控制倾斜角度边框的宽度，数值越大，外边框越宽。

Rim Slope（边缘斜面）：该滑条控制斜坡内倾斜的角度。

Cliff Portion（陡峭比例）：该滑条用来调整斜角内外基础面之间的水平距离。

Cliff Height（陡峭高度）：该滑条可调节斜坡的高度。将其数值设为负数时，斜面向下凹陷；将数值设为正数时，斜面向上凸起。

Cliff Slope（陡峭斜面）：该滑条用于调整斜坡中间部分的角度，将数值设为负数时，中间部分外凸；将数值设为正数时，中间部分内凹。

Base Slope（基本斜面）：该滑条用于调整边框的倾斜角度。

Smoothing（平滑）：该滑条用于调整倾斜面的平滑度，数值越大，倾斜越平滑。

Light Direction（灯光方向）：该滑条用于调整灯光的方向，调整时可以移动控制条上的滑标，也可以直接在灯光预览窗口中拖动灯光改变方向。

Light Height（灯光高度）：该滑条用于调整灯光与画面的高度，调整范围为0～90度。

Brightness（亮度）：该滑条用于调整灯光的亮度，数值越大，灯光越亮。

Scatter（光线散乱）：该滑条用于调整光在图像表面的漫反射范围，数值越大，反射越强烈。

Shine（高光）：该滑条用于调整灯光高光部分的强度，数值越大，高光越强。

Reflection（反射）：该滑条用于调整灯光在图像表面的反射程度，数值越大，反射越强烈。

Save As Default（保存默认值）：单击该按钮可以将当前效果保存为默认值。

2. Brightness and Contrast（亮度与对比度）

亮度与对比度动态图层可用于调整图像层或画布本身的亮度和对比度，如图4-53所示。其操作步骤如下：

图4-53 亮度与对比度效果

（1）选择要调整亮度与对比度的区域。

（2）单击Layers（图层）面板中的Dynamic Plugins（动态外挂滤镜）按钮，在弹出的菜单中选择Brightness and Contrast（亮度与对比度）命令。

（3）在弹出的对话框中对亮度与对比度进行调整，如图4-54所示。

（4）得到满意效果后，单击OK按钮完成亮度与对比度的调整。

3. Burn（燃烧）

燃烧动态图层可以使图层产生被烧焦的效果，燃烧效果不能对画布使用，只能对图像层产生效果，如图4-55所示。

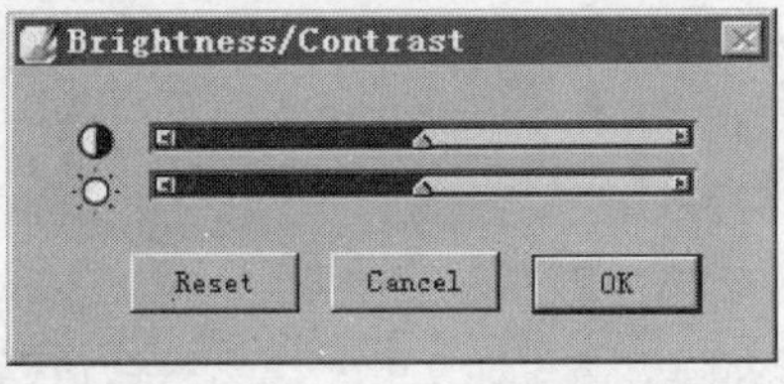

图4-54 Brightness/Contrast（亮度/对比度）对话框

图4-55 燃烧效果

单击Layers（图层）面板中的Dynamic Plugins（动态外挂滤镜）按钮，在菜单中选择Burn（燃烧）命令，在弹出的对话框中对Burn（燃烧）属性进行调整，如图4-56所示。

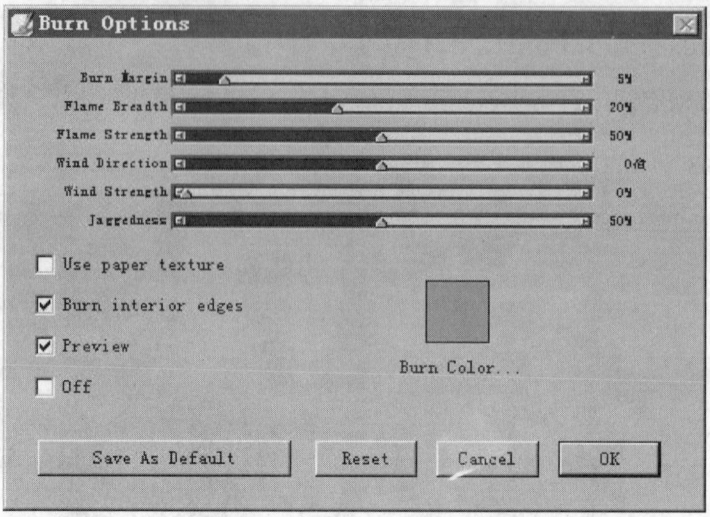

图4—56 Burn Options（燃烧属性）对话框

Burn Margin（燃烧边界）：该滑条用于调整浮动层边缘被烧掉部分的相对宽度，数值越大，被烧掉的部分越多。

Flame Breadth（火焰幅度）：该滑条用于调整火焰的幅度，数值越大，被烧焦的部分越多。

Flame Strength（火焰强度）：该滑条用于调整火焰的强度，数值越高，火焰对图层边缘的影响越大。

Wind Direction（风向）：该滑条用于调整火焰燃烧的方向，以度为单位。

Wind Strength（风速）：风对火焰燃烧起着决定性的作用，该滑条用于调整风的强度，风越强，火焰燃烧的方向性越明显。

Jaggedness（锯齿状）：该滑条用于调整燃烧边缘的锯齿数量，数值越大，锯齿感越强烈，边缘变化越明显。

Use paper texture（使用纸张材质）：勾选该复选框可以使被烧焦部分受纸张纹理的影响而发生变化。

Burn interior edges（燃烧内部边缘）：勾选该复选框可以使浮动层产生内外烧焦的效果。

Preview（预览）：该选项默认为选择状态，可以在调整燃烧变化的同时在图像窗口中看到相应的效果。

Off（关闭）：勾选该复选框可以关闭燃烧效果对浮动层的影响。

Burn Color…（燃烧颜色）：决定被烧焦部分的颜色，默认为土黄色。

Save As Default（保存为默认值）：单击该按钮可以将当前效果保存为默认值。

Reset（重置）：单击该按钮可以将效果恢复为默认设置。

4. Equalize（均衡）

均衡动态图层用于调整图像层或画布本身的明暗。透过调整黑点、白点与亮度来强化对比效果，如图4-57所示。

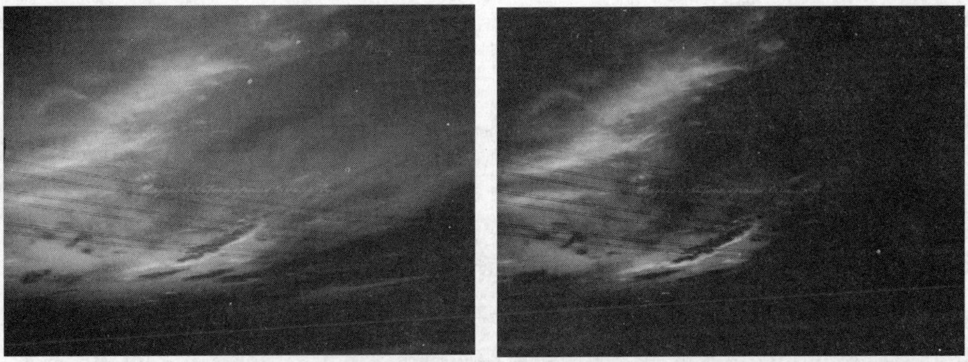

图4-57　均衡变化前后效果

单击Layers（图层）面板中的Dynamic Plugins（动态外挂滤镜）按钮，在菜单中选择Equalize（均衡）命令，在弹出的对话框中对色彩的均衡值进行调整，如图4-58所示。得到满意效果后，单击OK按钮完成色彩均衡的调整。

5．Glass Distortion（玻璃折射变形）

玻璃折射变形就是俗称的毛玻璃，这个动态图层可以使图像层或画布本身产生类似毛玻璃的效果，如图4-59所示。

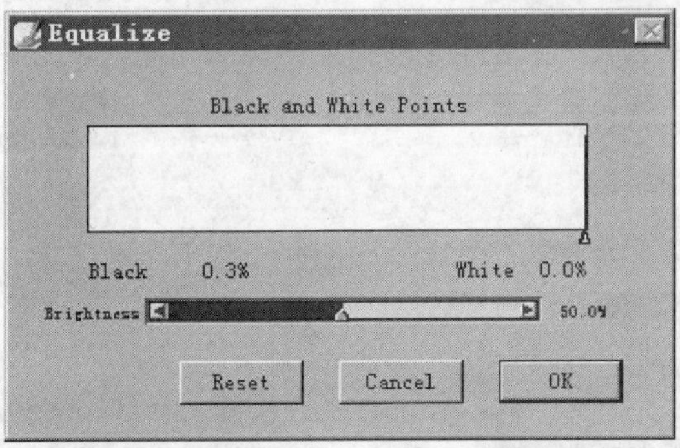

图4-58　Equalize（均衡）对话框

图4-59　毛玻璃效果

单击Layers（图层）面板中的Dynamic Plugins（动态外挂滤镜）按钮，在菜单中选择Glass Distortion Options（玻璃折射变形）命令。在弹出的对话框中对玻璃折射变形的属性进行调整，如图4-60所示。

Using（使用）：在此下拉菜单中提供了4种产生纹理的方式，如图4-61所示。

① Paper（纸张）：选择该选项可以使毛玻璃效果带有当前选择纸张的特点。

② Current Selection（目前选区）：选择该选项可以使毛玻璃效果根据选区的范围发生变化。

③ Image Luminance（图像亮度）：选择该选项可以使毛玻璃上的花纹随着图像的亮度产生变化。

④ Original Luminance（原始亮度）：选择该选项可以使毛玻璃上的花纹随着克隆源图像的亮度产生变化，前提是要存在克隆源图像。

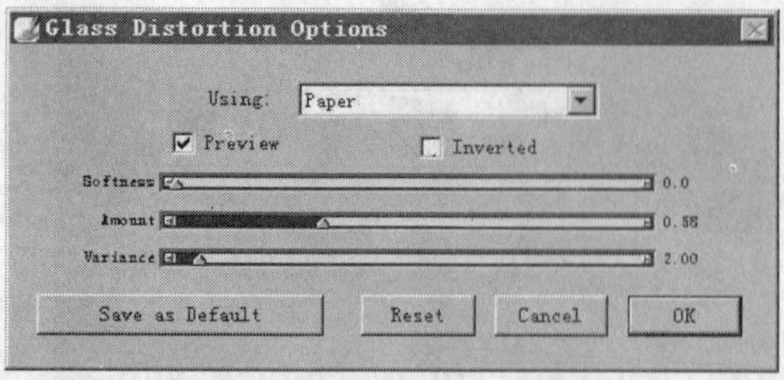

图4–60　Glass Distortion Options（玻璃折射变形）对话框

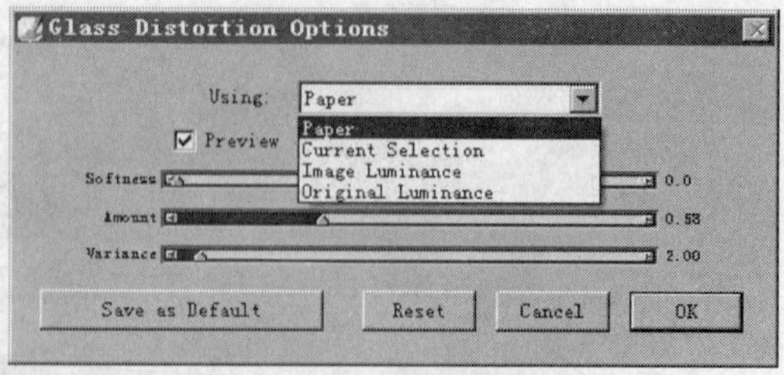

图4–61　选择纹理方式

Softness（柔软度）：该滑条用于调整毛玻璃的光滑程度，数值越大，毛玻璃越光滑。

Amount（数量）：该滑条用于调整毛玻璃的扭曲效果，数值越大，毛玻璃的扭曲效果越明显。

Variance（变化）：该滑条用于调整图像在相邻近位置上的变化，数值越大，毛玻璃的变化越明显。

Preview（预览）：该选项默认为选择状态，选择它可以在调整毛玻璃变化的同时在图像窗口中看到相应效果。

Inverted（反向）：选择该选项可以将毛玻璃的凹凸效果进行反转。

6. Image Slicer（图像切片）

图像切片外挂可以将一副图像裁切成数张图像，主要用于网页上图像的处理，如图4-62所示。但这些网页功能并不是Painter X的强项，所以这里不再叙述。

7. Kaleidoscope（万花筒）

万花筒动态图层可以使图像层或画布本身产生万花筒效果，如图4-63所示。

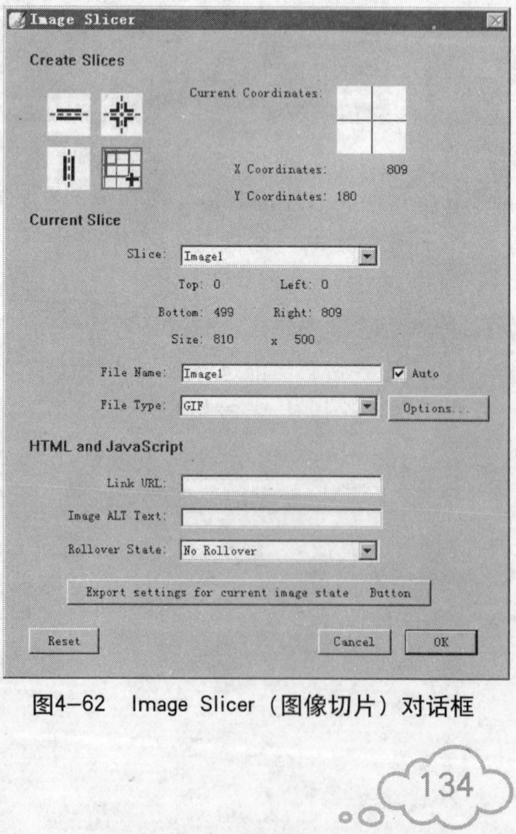

图4–62　Image Slicer（图像切片）对话框

图4–63　万花筒效果

单击Layers（图层）面板中的Dynamic Plugins（动态外挂滤镜）按钮，在菜单中选择Kaleidoscope（万花筒）命令。在弹出的对话框中对万花筒效果大小进行调整，如图4-64所示。数值越大，万花筒的尺寸就越大。调整完成后单击OK按钮，在图像上就可以看到建立的万花筒效果了。

> 提示
>
> 使用工具箱中的Layer Adjuster（图层调整工具）可以移动万花筒的位置。

8．Liquid Lens（液态镜头）

液态镜头动态图层可以在图层或画布上绘制出透明液体流过图像后的反射与折射效果。

单击Layers（图层）面板中的Dynamic Plugins（动态外挂滤镜）按钮，在菜单中选择Liquid Lens（液态镜头）命令，在弹出的对话框中对液态镜头的属性进行调整，如图4-65所示。

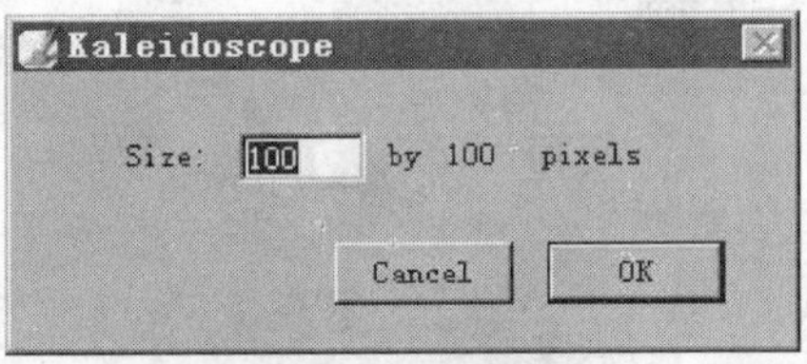

图4-64 Kaleidoscope（万花筒）对话框

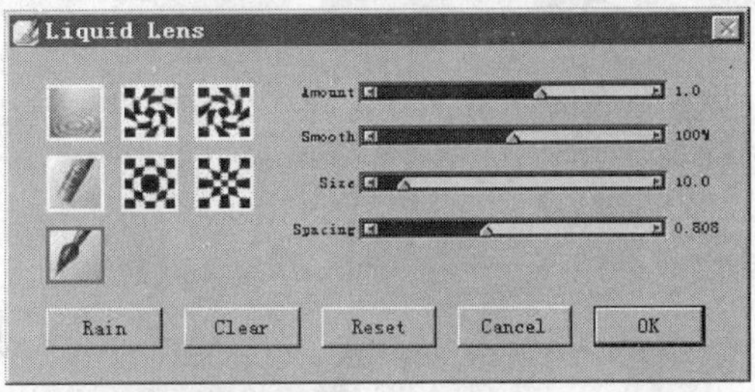

图4-65 Liquid Lens（液态镜头）对话框

使用不同工具产生不同的效果。

① 选择工具，在图像窗口中拖曳可生成液体扩散的效果，如图4-66所示。

② 选择工具，直接在图像窗口中绘制，可以使图像产生逆时针旋转的液体效果，如图4-67所示。

图4-66 液体扩散效果

图4-67 逆时针旋转液体效果

③ 选择工具，直接在图像窗口中绘制，可以使图像产生顺时针旋转的液体效果，如图4-68所示。

④ 选择工具，直接在图像窗口中绘制可以清除液体效果。

⑤ 选择工具，直接在图像窗口中绘制，可以使图像液体产生向上突起的效果，如图4-69所示。

图4-68 顺时针旋转液体效果

图4-69 液体向上突起效果

⑥ 选择▩工具，直接在图像窗口中绘制，可以使图像液体产生向下凹陷的效果，如图4-70所示。

⑦ 选择◩工具，直接在图像窗口中绘制出液体流动的画面效果，如图4-71所示。

图4-70 液体向下凹陷效果

图4-71 液体流动效果

Amount（数量）：该滑条用于调整液体的多少，数值越大，液体越多。

Smooth（光滑）：该滑条用于调整液体的光滑程度，数值越大，液体越光滑，从而产生的反射与折射现象越柔和。

Size（尺寸）：该滑条用于调整用画笔进行液体绘制时的画笔尺寸，数值越大，画笔的尺寸越大。

Spacing（间距）：该滑条用于调整液体使画面发生扭曲的距离，数值越大，扭曲的范围越大。

Rain（水化）：该按钮可以在图像上自动生成液体效果。单击该按钮开始自动生成水化，当对效果满意后在图像窗口中单击可停止水化。

Clear（清除）：单击该按钮可以清除当前图像中所有的液体镜头效果。

Reset（重置）：单击该按钮可以将效果恢复为默认设置。

9．Liquid Metal（液态金属）

液态金属动态图层可以使图像层或画布本身产生类似于液体金属流过图像后的扭曲效果。

单击Layers（图层）面板中的Dynamic Plugins（动态外挂滤镜）按钮，在菜单中选择Liquid Metal（液态金属）命令，在弹出的对话框中调整液态金属的属性，如图4-72所示。

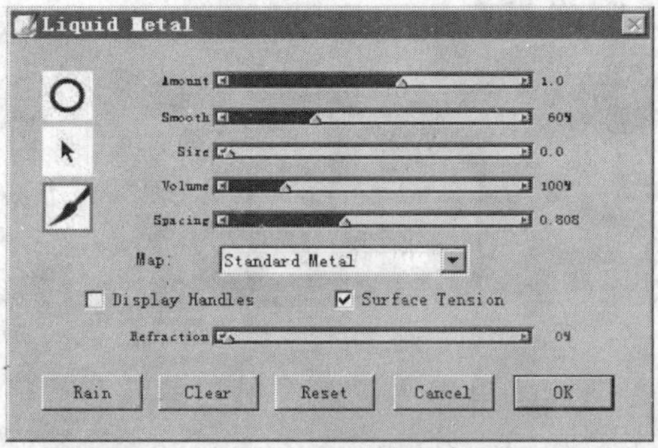

图4-72　Liquid Metal（液态金属）对话框

选择不同的工具产生不同的效果。

① 选择工具，在图像上直接拖曳可以创建出大小不等的金属球效果，如图4-73所示。

② 选择工具，在图像上有金属球的部分拖曳可以改变金属球的位置。

③ 选择工具，可以在图像上绘制出连续的、具有一定动态的液态金属效果，如图4-74所示。

图4-73　创建金属球效果

图4-74　绘制液态金属效果

Amount（数量）：该滑条用于调整液态金属的反光强度和光源位置。

Smooth（光滑）：该滑条用于调整液态金属表面的光滑程度，数值越高，液态金属表面越光滑，如图4-75所示。

Size（尺寸）：该滑条用于调整液态金属水滴的大小，数值越高，水滴的范围越大。

Volume（容量）：该滑条用于调整液态水滴的体积，数值越大，液态金属的可见区域越大，如图4-76所示。

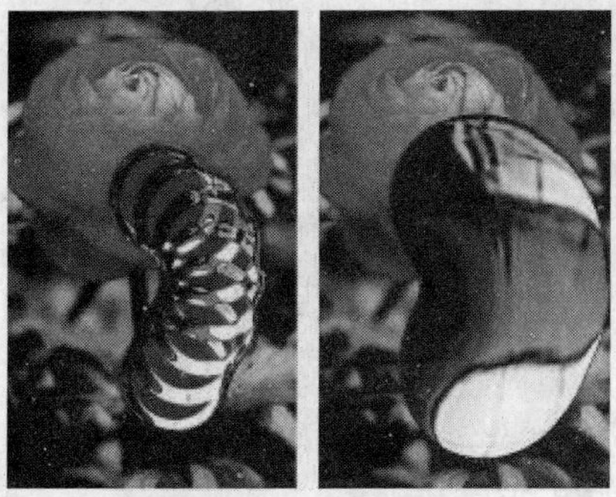

图4-75　光滑变化效果

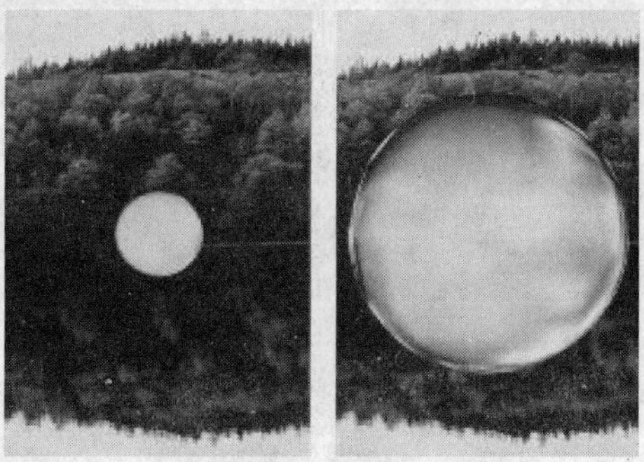

图4-76　容量变化效果

Spacing（间距）：该滑条用于调整金属水滴之间的距离，数值越大时毛笔绘制出的液态金属水滴连贯性越差，反之则越流畅，如图4-77所示。

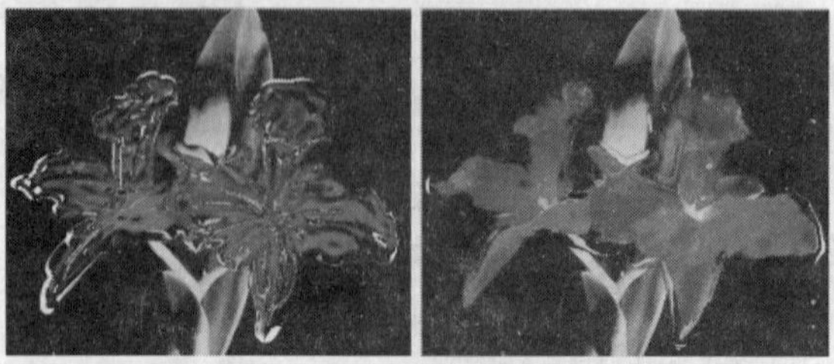

图4—77　间距变化效果

Map（贴图）：在贴图下拉菜单中可以选择不同的液态金属贴图，如图4-78所示。Standard Metal代表一般金属光泽，Chrome1和Chrome2是两种相似的铬合金光泽，Interior代表内聚金属光泽，Clone Source可以使液态金属表面反射出克隆源图像中的图像。

Display Handles（显示控制点）：勾选择该复选框可以显示出液态金属的轮廓线，便于选择和编辑，如图4-79所示。

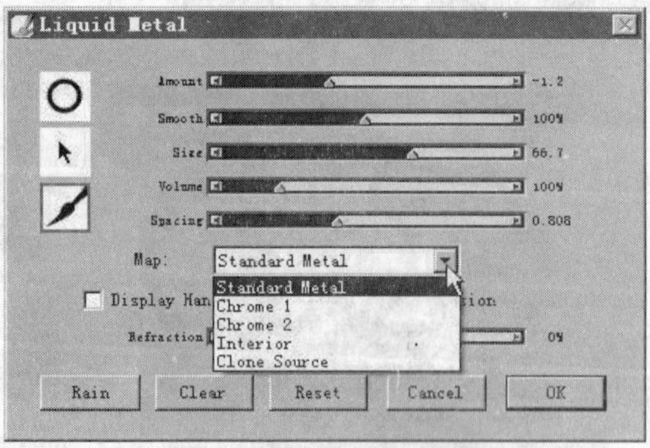

图4—78　选择液态金属贴图

图4—79　显示控制点

Surface Tension（表面张力）：勾选该复选框可以使液态金属具有表面张力，使水滴显得更加圆润。

Refraction（折射）：该滑条用于调整液态金属的折射程度，数值越大，金属变得越透明，看起来像油或水的液体，如图4-80所示。

Rain（水化）：该按钮可以在图像上自动生成液态金属效果。单击该按钮开始自动生成水化，当对效果满意后在图像窗口中单击即可停止水化，如图4-81所示。

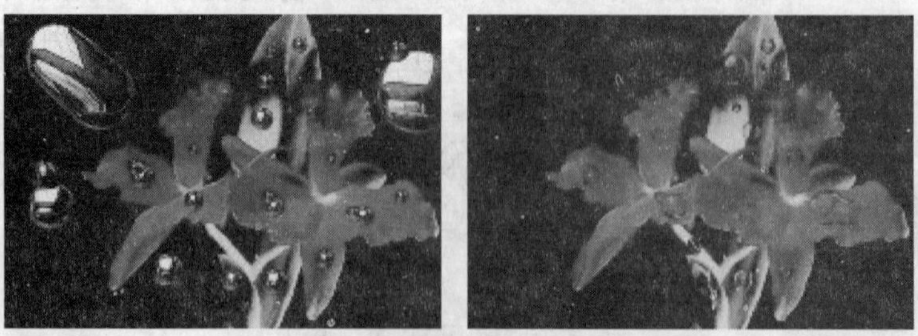

图4—80　折射变化效果对比

图4—81　水化效果

Clear（清除）：单击该按钮可以清除当前图像中所有的液体镜头效果。

Reset（重置）：单击该按钮可以将效果恢复为默认的设置。

10．Posterize（色调分离）

单击Layers（图层）面板中的Dynamic Plugins（动态外挂滤镜）按钮，在菜单中选择Posterize（色调分离）命令，在弹出的对话框中输入Levels（色阶）数量（该数值是进行色调分离后图像中颜色的数量），如图4-82所示。色调分离动态图层可以使图像层或画布本身的颜色单纯化，如图4-83所示。

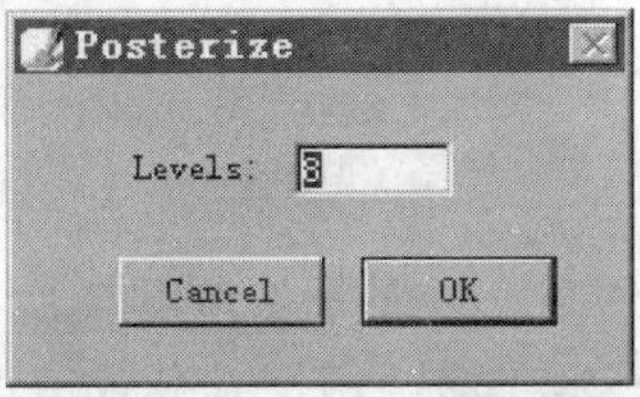

图4–82 Posterize（色调分离）对话框

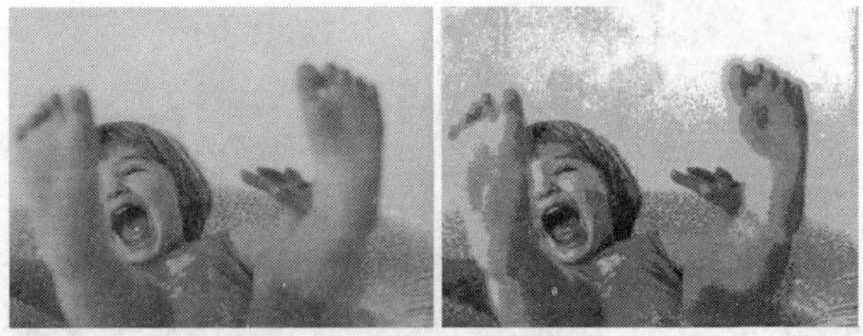

图4–83 色调分离效果

11．Tear（撕裂）

撕裂动态图层可使图像层产生被撕裂的效果，与燃烧效果相似，如图4-84所示。

单击Layers（图层）面板中的Dynamic Plugins（动态外挂滤镜）按钮，在菜单中选择Tear（撕裂）命令。在弹出的对话框中对撕裂的属性进行调整，如图4-85所示。

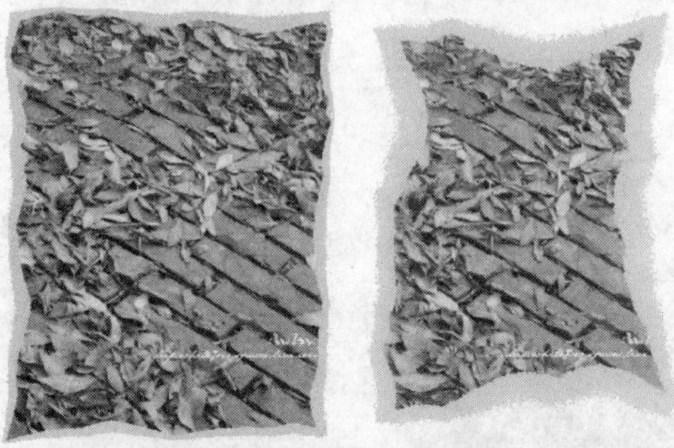

图4–84 撕裂效果

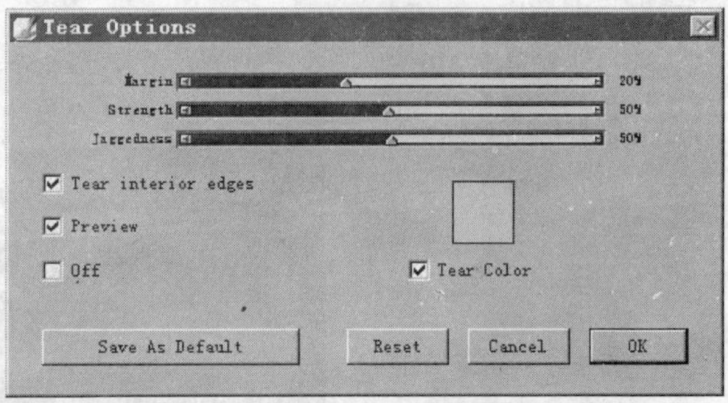

图4–85 Tear Options（撕裂属性）对话框

Margin（界限）：该滑条用于调整浮动层被撕掉部分的大小，数值越高，被撕掉部分越多。

Strength（强度）：该滑条决定撕裂图层时用力的大小，数值越大，力量就越大，被撕掉部分与保留部分的边缘就越明显。

Jaggedness（锯齿状）：该滑条用于调整被撕裂图层边缘的锯齿数量，数值越大，锯齿感越强烈。

Tear interior edges（撕裂内部边缘）：勾选该复选框可以产生内外撕裂的效果，如果不选择该选项则可以保护内部边缘不受损失。

Preview（预览）：该选项默认为选择状态，可以在调整撕裂变化的同时，在图像窗口中看到相应的效果。

Off（关闭）：勾选该复选框可以关闭撕裂效果对浮动层的影响。

Tear Color（撕裂颜色）：勾选该复选框可以关闭撕裂效果对浮动层边缘颜色的影响。

Save As Default（保存为默认值）：单击该按钮可以将当前的效果保存为默认值。

Reset（重置）：单击该按钮可以将效果恢复为默认设置。

4.4 基础应用

Painter X中的图层为艺术作品的组合提供了极大的灵活性。用户可以在不影响其他图层以及背景画布的情况下，移动或绘制某一特定的图层及应用特效。所以在创建图像时，会运用到图层这一元素。

4.4.1 制作具有个性的图像

下面通过制作一个如图4-86所示的CD封面来学习图层的应用。图像的图层自下向上排列分为背景图层、人物图层、前景图层（植物）、笔触点图层和文本图层。在这个作品中运用图层混合模式中的Shadow Map（阴影）混合模式使前景图层通过挡光的方式来体现投影的效果；运用Darken（更暗）混合模式将背景图层及人物图层对应像素中更暗的部分混合。将各个图层运用Layers（图层）面板中的Dynamic Plugins（动态外挂滤镜），首先选择Brightness and Contrast（亮度与对比度）命令将图像的亮度调暗，对比度降低；其次运用Equalize（均衡）命令将人物图层本身的明暗透过黑点、白点和亮度达到对比的作用，最后，添加文本图层和笔触点图层。

通过了解图层在本幅作品中的应用，使用户理解色彩运用、画面和文本的构图是构成一幅成功作品的关键。

图4–86　CD封面

4.4.2 使用图层绘画

在绘画过程中认为有必要区分开个体时，可以将图像进行分层，如图4-87所示荷兰艺术家Arne van der Ree的插画作品，从插画中可以看到前景的兔子、中景的草地、绿树及沟壑和远景的房子这3个图层。在分图层的绘画过程中，可以对各图层的位置、颜色或特效分别进行处理，这样大大提高绘画效率，也方便掌握每个图层中的图像变化。在使用图层进行绘画时，还可以根据绘画步骤进行分层，如线稿层、色彩层、阴影层等。

图4–87 荷兰艺术家Arne van der Ree的作品

4.5 案例表现——梦想家

插画作品“梦想家”如图4-88所示。操作步骤如下：

图4–88 梦想家

（1）打开素材图像。选择图像Blue Sky（蓝天）作为“梦想家”的背景（打开光盘中素材\Blue Sky.jpg），如图4-89所示。

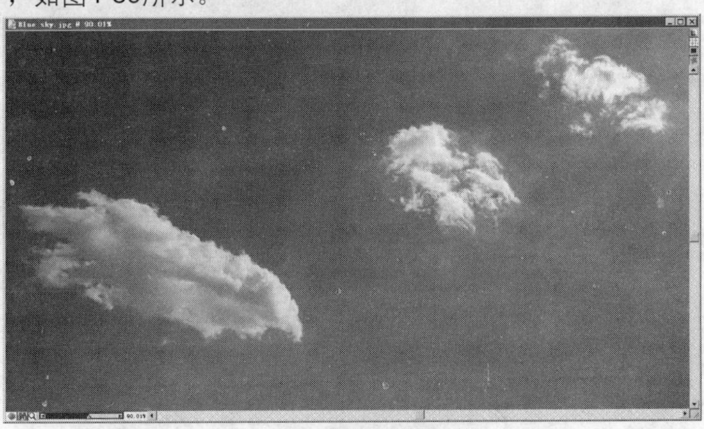

图4–89 打开素材图像

（2）置入新图像“Girl”（女孩）。选择File（文件）→ Place（置入）命令，弹出Select Image（选取图像）对话框（打开光盘中素材\Girl.jpg），如图4-90所示。将这幅新的图像文件“Girl”作为前景的图像素材置入到当前正在编辑的文件中。在弹出的图像属性对话框中单击OK按钮完成新图像的置入，如图4-91所示。

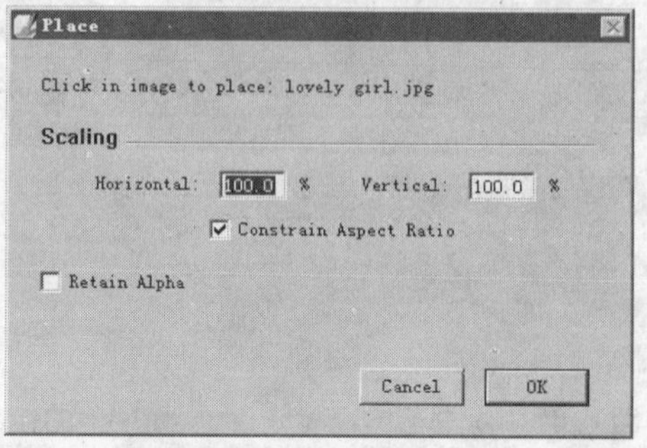

图4–90　置入新图像

图4–91　置入新图像后的效果

（3）调整置入新图像“Girl”的位置和大小。选中置入的新图像并拖动调整其位置和大小到背景图像的合适位置，使小女孩看上去像在云端的感觉，如图4-92所示。

提示

可以按住Shift键的同时拖曳图像，调整其大小，保证不改变图像的原始比例，从而避免图像扭曲变形。

图4–92　调整图像的位置和大小

（4）转换为普通图层。调整完毕后，在图像上右击，在弹出的快捷菜单中选择Commit Transform（确认转换）命令，将参考图层转换为普通图层，如图4-93所示。

图4–93　确认转换为普通图层

（5）置入新图像“Giraffe”（长颈鹿）。选择File（文件）→ Place（置入）命令，在打开的对话框中选择的“Giraffe”（打开光盘中素材\Giraffe01.jpg），并单击OK确定按钮将其添加到当前文件中。

（6）调整置入新图像“Giraffe”的位置和大小。调整完毕后，同样在图像上右击，在弹出的快捷菜单中选择Commit Transform（确认转换）命令，如图4-94所示。

图4–94　置入新图像后的效果

（7）为图层命名。在图层面板分别双击两个图像对应的图层，并在打开的Layer Attributes（图层属性）对话框中，将对应图层命名为“Girl”（女孩）和“Giraffe”（长颈鹿）。

（8）创建选区。在工具箱中选择Lasso（套索工具），将前景中的“Giraffe”（长颈鹿）建立选区，如图4-95所示。

图4–95　使用“套索工具”创建选区

（9）将选区反选。选择Select（选择）→ Invert（反选）命令，将选区反选。

（10）创建层蒙版。在Layers（图层）面板中，选中“Giraffe”（长颈鹿）图层，单击Create Layer Masks（创建层蒙版）按钮，为其添加新的空白层蒙版。

（11）将选区保存到层蒙版中。选择Select（选择）→ Save Selection（保存选区）命令，在弹出的Save Selection（保存选区）对话框中单击Save to（保存到）下拉菜单按钮，从中选择“Giraffe Layer Mask”（长颈鹿层蒙版）选项，如图4-96所示。单击OK按钮，得到启用层蒙版的效果，如图4-97所示。

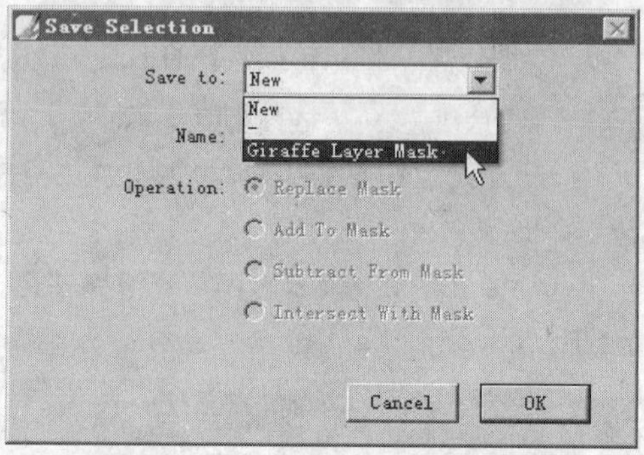

图4–96　存储选区到长颈鹿层蒙版

（12）用以上方法创建并获得“Girl”（女孩）图层的层蒙版，如图4-98所示。

图4–97　添加长颈鹿层蒙版后的效果

图4–98　添加女孩层蒙版后的效果

（13）打开通道面板。可以通过对层蒙版进行羽化操作来改善融合效果。选择Window（窗口）→ Show Channels（显示通道）命令，打开Channels（通道）面板。

（14）羽化层蒙版。在Layers（图层）面板中选中“Girl”（女孩）或“Giraffe”（长颈鹿）图层的情况下，Channels（通道）面板会出现相应的层蒙版，在Channels（通道）面板中选择相应的层蒙版后右击，在弹出的快捷菜单中选择Feather（羽化）命令，如图4-99所示。

（15）设置羽化参数。在打开的Feather（羽化）对话框中，设置羽化值。将“Girl”（女孩）图层的羽化值设置为“3”，将“Giraffe”（长颈鹿）图层的羽化值设置为“7”，如图4-100所示。单击OK按钮确认效果，如图4-101。

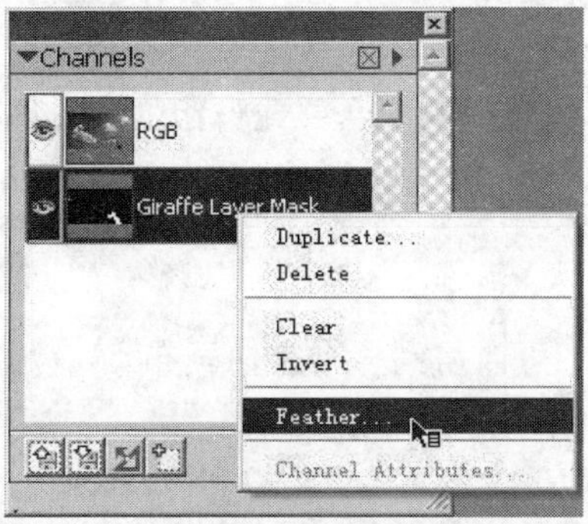

图4—99 将层蒙版羽化

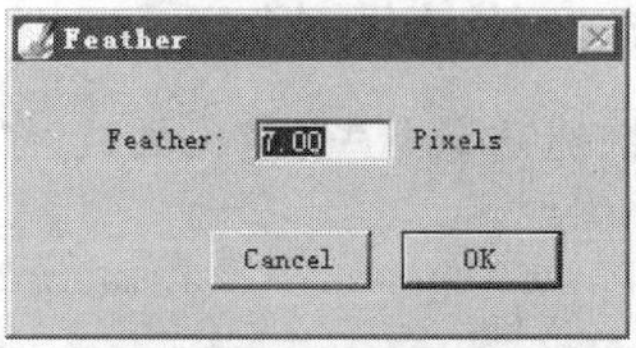

图4—100 设置羽化值

（16）绘制趣味创意。最后新建一个图层，在笔刷选取栏中选择Pastels（色粉笔）→Artist Pastels Chalk（艺术家色粉笔）笔刷变体，在颜色选区器中选择不同的颜色在图像上点缀些“小花样”。这样就完成了“梦想家”这幅作品，如图4-102所示。

图4—101 羽化层蒙版后的效果

图4—102 “梦想家”完成效果

4.6 疑难及常见问题

1．为什么有时Painter X的图层上不了色

在滑条的下面有一个Preserve Transparency（保持透明度）选项，选择该选项可以保留图层中的透明区域不被修改，这时只能对图层上已经包含图像信息的部分进行绘画，只要取消Preserve Transparency选项的选择状态，就可以正常使用图层进行绘画了。

2．如何在Painter X中提线稿，以便在线稿图层下进行上色

可以在图层面板中选择线稿图层，然后单击图层面板左上角的图层属性选择框，在弹出的菜单中选择Multiply（正片叠底）选项。这样在线稿图层以下的其他图层上色就不会覆盖掉线稿了。

3．如何将水彩图层转换为普通图层

选择要进行转换的水彩图层，单击Layers（图层）面板右上角的三角形图标，在出现的窗口中选择Convert to Default Layer（转化为普通图层）命令，即可完成水彩图层的转换。

4. 怎样将进行群组或合并的多个图层选中

在Layers（图层）面板中按住Shift键的同时单击选择需要合并或群组的每个图层，就可以将要群组或合并的图层选中。

5. 如何快捷地清除画布

使用快捷键Ctrl+A全选画面，然后按Delete键，可以得到一个空白画布。

4.7 习题与上机练习

1. 选择题

（1）在__________中对绘画过程的图层调整操作最具有限制性。

A. 水彩图层　　B. 浮动图层

C. 画布图层　　D. 普通图层

（2）在绘画过程中需要将图层合并时，可以选择需要合并的图层后，在图层面板中单击__________图标，选择Collapse（塌陷）可以将图层合并。

A. 　　B. 

C. 　　D. 

（3）在绘画过程中由于图层太多需要对图层进行群组时，可以在选择需要群组的图层后使用快捷键__________对图层进行群组。

A. Ctrl+N　　B. Ctrl+Alt+N

C. Ctrl+Alt+G　　D. Ctrl+G

（4）使用文件置入添加的图层自动属于__________。

A. 普通图层　　B. 动态图层

C. 浮动图层　　D. 参考图层

（5）图层面板上的图标表示该图层的类型是__________。

A. 动态图层　　B. 形状图层

C. 浮动对象层　　D. 普通图层

（6）只能对图层产生效果，不能对画布直接产生效果的动态图层是__________。

A. 液态金属　　B. 万花筒

C. 燃烧　　D. 修饰斜边

（7）图层被锁定后仍然可以执行的操作是__________。

A. 通过拖动方式移动图层　　B. 图层命名

C. 自由变换　　D. 删除图层

（8）最灵活的调整图层层次关系的方法是__________。

A. 使用图层下拉菜单中的命令　　B. 在图层面板的列表中拖动

C. 使用图层调整工具拖动　　D. 使用图层调整工具的属性栏按钮

2．问答题

（1）Painter X支持哪些图层混合模式？

（2）简述几个Painter X支持的主要图层类型及作用。

（3）简述Painter X中可以直接运用在图像画布上的动态图层。

3．上机练习

（1）运用本章所学知识，将图4-103所示的大象（打开光盘中素材\Elephant01.jpg），添加到图4-104所示的图像（打开光盘中素材\Elephant02.jpg）中。

图4–103 Elephant01

图4–104 Elephant02

（2）为图4-105（打开光盘中素材\Poster.jpg）添加文本，制作出海报效果。

图4–105 Poster

（3）试着用Watercolor（水彩）笔，在水彩图层画一幅水彩画。

读书笔记

第5章

运用笔刷工具

本章导读

Painter X软件的强大之处在于它的笔刷工具，下面具体了解这些强大又神奇的笔刷效果。

5.1 实例引入——卡通形象设计

本章学习运用Painter X的神奇笔刷工具创作更好的作品，运用笔刷创作的卡通形象效果如图5-1。

图5–1 卡通形象

5.1.1 制作分析

下面通过绘制一个简单的卡通形象——小童。了解使用笔刷工具的基本要领和一些快捷方式。在绘制中只使用一种笔刷。

首先选择“画笔工具”，在笔刷选取栏中运用Pencils（铅笔）中的Cover Pencil（覆盖铅笔）起稿。将图层的不透明度由100%降低。新建一个图层，透过“隐约”的轮廓线为接下来的细致刻画提供参考。选择“彩色铅笔工具”，将卡通形象逐步上色，绘制卡通形象的流程图如图5-2所示。

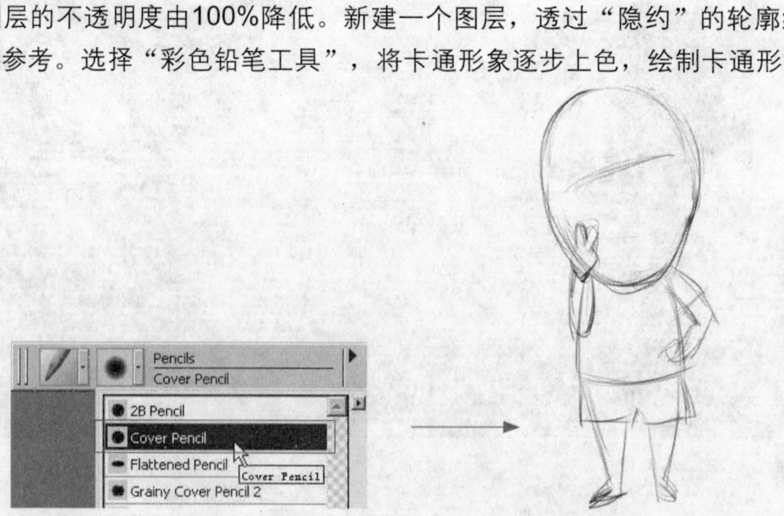

在笔刷选取栏中选择Pencils（铅笔）中的Cover Pencil（覆盖铅笔）进行起稿

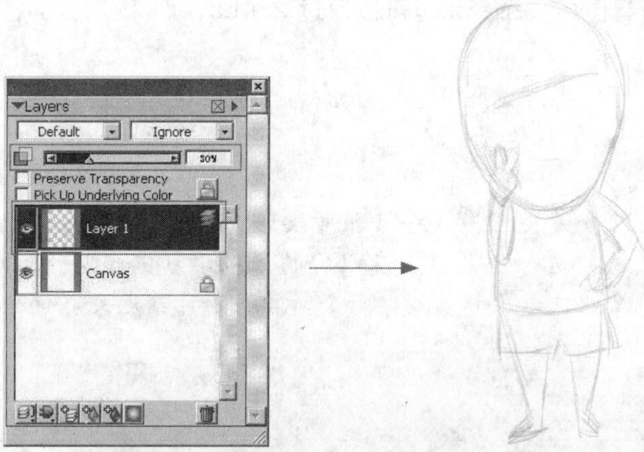

调整图层的不透明度以便细致刻画

在新建图层上细致刻画

运用彩色铅笔笔刷对卡通形象逐步上色

图5−2　绘制卡通形象流程图

5.1.2 制作步骤

（1）按快捷键Ctrl+N，新建一个画布。

（2）新建一个图层。有3种方法新建图层：按快捷键Ctrl+Shift+N，或者选择Layers（图层）→New Layer（新建图层）命令，也可以通过单击Layer（图层）面板中右下角的按钮新建图层。

> **提示**
>
> “新建图层”这一步很重要哦！大多刚开始进行软件创作的用户容易将这一步漏掉。在以后的深入学习中我们会发现图层的重要性，要记住每次开始创建一个新的画布时首先要“新建图层”！

（3）绘制轮廓。在工具箱中选择Brush（笔刷工具），或按快捷键B。在Brush Selector Bar（笔刷选取栏）中选择Pencil（铅笔）工具，然后在铅笔工具右边的铅笔工具变体下拉列表选择Cover Pencil（覆盖铅笔）选项。试着在画布的新建图层上画一个小童的大概轮廓，如图5-3所示。在画卡通形象时要掌握绘制基本的卡通形象要领，如头大身小，基本头和身体的比例大致为1:1。还要设定卡通形象的动作神态等。

> **提示**
>
> 在运用笔刷工具时可以按照自己的需要调节笔刷大小，可以直接在画笔工具属性栏Size（尺寸）中调节，也可以按快捷键“[”（缩小）和快捷键“]”（放大）。

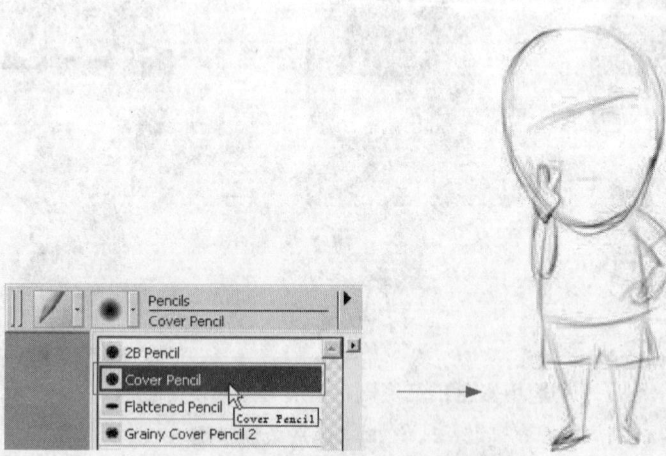

图5-3　卡通形象轮廓

（4）轮廓线透明化。将该图层的Opacity（透明度）设在10%～45%之间，该图层作为基准图层。通过该图层来描画需要的具体细节，如图5-4所示。

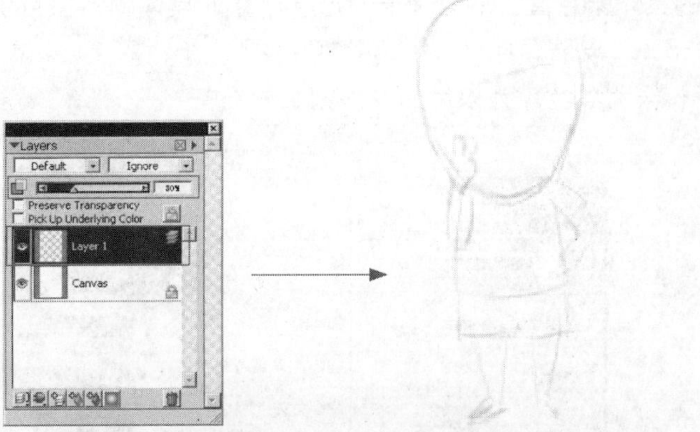

图5-4 调整图层的不透明度以便细致刻画

（5）细致轮廓线。按快捷键Ctrl+Shift+N新建一个图层。绘制小童的具体轮廓线，细致的描绘小童的形象外轮廓线，如头发的设定，给小童穿上怎样的一件衣服，裤子、鞋子都是什么样子的，根据形象的性格特点来勾画卡通形象的具体衣着及其他配饰，如图5-5所示。

> 提示
>
> 在以后的学习过程中会发现，创作过程中要不断的新建图层。不然，在同一个图层中创作出现了问题，修改时牵连到一系列的修改。只要分清图层，创作起来会事半功倍。

（6）绘制面部表情。单击按钮将第一层轮廓线关闭，单击后按钮呈现状态。按快捷键Ctrl+Shift+N新建一个图层。这一图层用来刻画小童的五官，如图5-6所示，这样便于以后的修改和调整。也可以根据自己的喜好决定是否新建这一层，不过根据习惯，这一图层在以后的绘画过程中还是很有必要的。

图5-5 透过降低不透明度的草稿画出细致轮廓线

图5-6 卡通形象小童五官轮廓

（7）填充颜色。按快捷键Ctrl+Shift+N新建一个图层。先给小童铺一个大的颜色块。在Color（颜色）面板中选取颜色，也可以在Color（色彩）面板的Color Info（颜色信息）下拉菜单中输入需要的具体颜色值。下面是卡通形象小童的具体颜色值可供参考：头发颜色（R：56、G：37、B：5）、皮肤颜色（R：254、G：231、B：221）、衣服颜色（R：249、G：82、B：152）、裤子为黑色。为以后的深入刻画做准备。

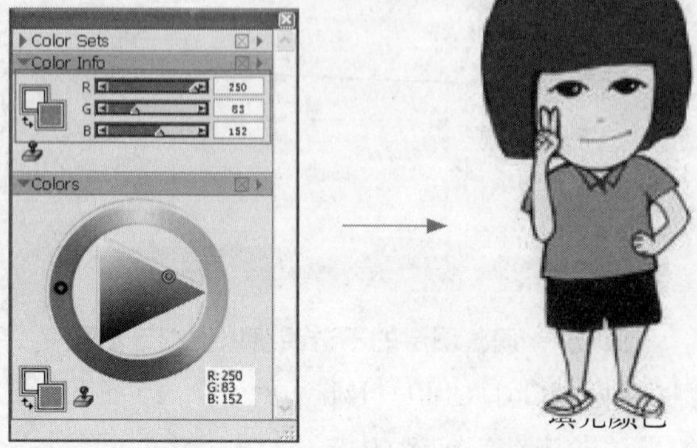

图5–7　为卡通形象小童铺色

（8）刻画头发细节。从头发开始细致刻画。找一个与头发颜色相近但是较亮的颜色局部刻画发丝，以左边为光源点由浅至深刻画头发部分，如图5-8所示。

（9）调整画面细节。最后进行细致调整，给衣服的图案上色（R：250、G：80、B：150），调整小童的表情，小童最终效果如图5-9所示。

图5–8　刻画头发细节

图5–9　小童效果图

5.2 基础术语

通过前面的初步学习大致了解了笔刷工具的应用，下面来认识在Painter X中几种比较特别的笔刷，这些笔刷具有更强大的功能。

5.2.1 厚涂

Impasto（厚涂）工具是一种非常特殊的工具，可以利用它画出颜料的厚度、材质肌理等一些特殊效果。厚涂类别笔刷自定义了沾染笔、腐蚀剂、纤维等特殊的画笔变体，如图5-10所示。

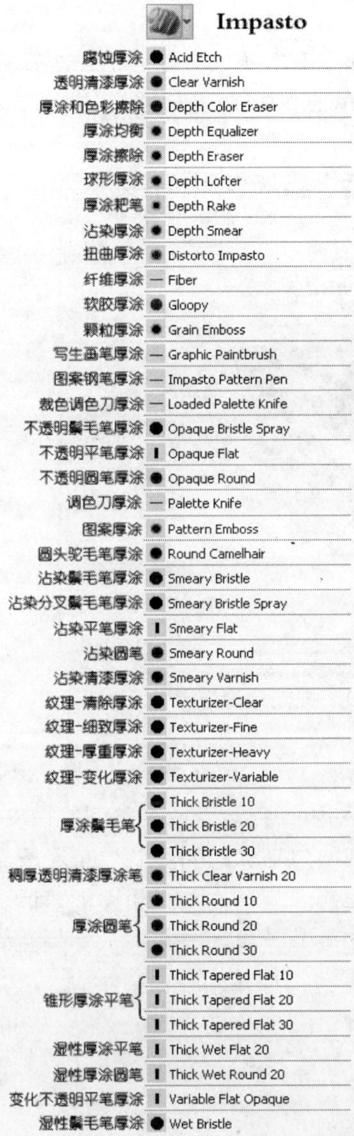

图5–10　厚涂的笔刷变体

厚涂类别中的笔刷变体可以营造出三维厚度效果的笔触，极具立体感。可用来设计模仿传统绘画的厚涂技术，也可用来添加仿真的稠厚颜料效果到画布上。厚涂的笔刷可以得到理想的绘画效果，但是厚涂的外观表现相对不够稳定，很难将其控制好。

使用厚涂的笔刷画上一笔，三维效果的厚涂笔触效果就会展现在画布上。当需要使用其他厚涂笔刷或者非厚涂笔刷来继续绘画时，如果是在独立的图层上，在Layers（图层）面板中则不能看到任何关于厚涂的信息提示。

选择Window（窗口）→Brush Controls（笔刷控制）→Show Impasto（显示厚涂）命令，可以显示厚涂的笔刷调节面板。如果改变Draw to（绘制于）下拉菜单中Color and Depth（颜色和深度）的选项为Color（颜色）时，厚涂的笔刷将不再带有厚涂的属性。如果对当前的厚涂笔刷效果不满意可以改变该选项。

1. 关闭厚涂效果

可以通过单击当前图像文件窗口右上角代表厚涂的星星按钮，来关闭或显示厚涂效果，如图5-11所示。如果当前处于Screen Mod（屏幕模式）的状态下无法看见文件窗口的边框，使用快捷键Ctrl+M可以跳出屏幕的模式。

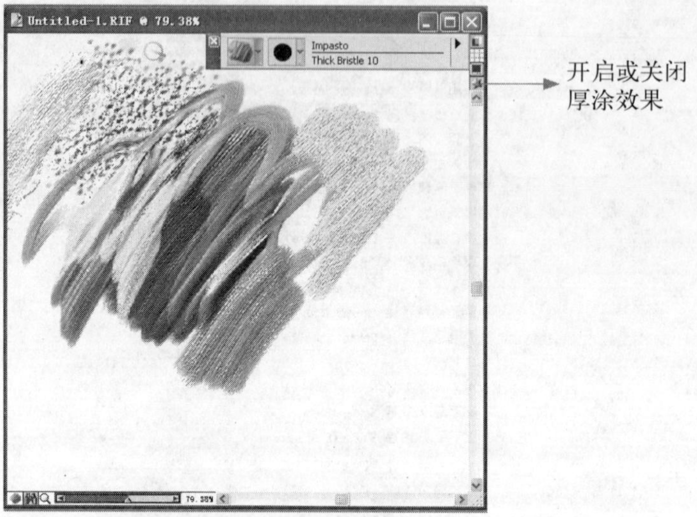

图5–11　关闭厚涂效果

2. 擦除局部的厚涂效果

在Impasto（厚涂）的笔刷类别中，包含了两种类型的橡皮擦。Depth Color Eraser（擦除厚度和颜色）的变体可以擦除全部，包括笔触的颜色信息和厚涂信息。Depth Eraser（擦除厚度）的变体只清除厚度，而保留笔触的颜色信息。如果需要局部清除画面的厚涂效果，最好保存两个不同版本的文件，一个保留厚涂效果，另一个为去除厚涂效果。克隆其中的一个文件，把另外版本的文件设置为克隆源。然后使用Cloners（克隆）→Soft Cloner（柔性克隆）的笔刷变体来进行文件之间的调整。

5.2.2 图像水管

Image Hose（图像水管）的笔刷类别图表显示为一个突出了彩色植物叶子的橡皮水管。用它进行绘画时，画布上出现一串连续的图像元素。使用图像水管工具可以自由地用图像为笔触绘画，它的笔触可以由各种类型的图像组成，如食品、建筑、人物、交通工具等。图像水管画笔的长度和角度变化可以产生不同艺术效果。同其他笔刷，它也允许自定义笔刷笔触。

Image Hose所喷涂出的图像叫做Nozzle（管口图像），管口图像选择器位于Toolbox（工具箱）的右下角，如图5–12所示。关于Nozzle（管口图像）将会在Painter X中的艺术材质章节中详细介绍。

图像水管的笔刷变体和其他的笔刷有所不同，如图5-13所示，这些笔刷变体主要以喷涂

Nozzle的分布属性来具体划分的，如Spray-Size-P（喷射-尺寸为压感）、Angle-D（角度为方向）的变体，Spray-Size-P的含义是Nozzle喷涂的尺寸变化设置了压感，Angle-D的含义是指Nozzle排列方向随着运笔走势而变化。

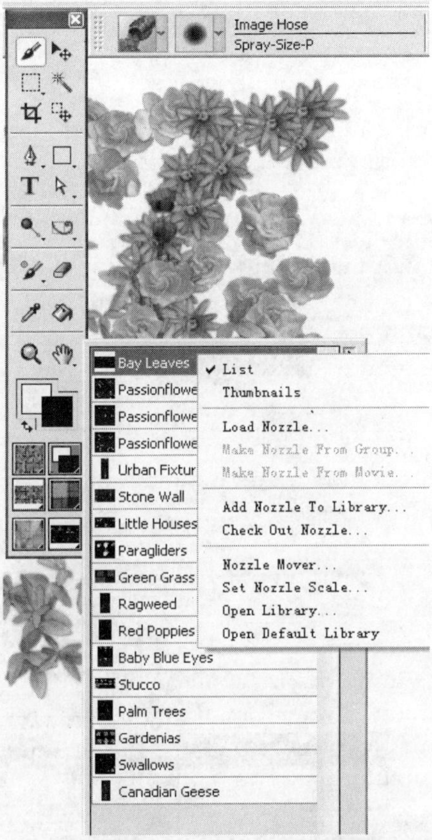

图5–12 管口图像选择器

图5–13 图像水管的笔刷变体

5.2.3 克隆笔刷

Cloners（克隆）笔刷是将图像转换为艺术效果的工具。克隆笔刷的效果取决于Clone Source（克隆源）的设定，与Colors（色彩）面板中的取色无关（当Clone Color被激活时，Color（色彩）面板将变灰显示）。在克隆笔刷中拥有众多笔刷的变体，如同可以用手工控制的艺术化滤镜，比自动化的滤镜命令更灵活、方便，如图5-14所示。

使用克隆笔刷可以自由地将原图像（克隆源）内容克隆到当前的目标文件上。Painter X中所有的笔刷几乎都可以变成克隆笔刷，只要激活Clone Color按钮就可以了。克隆笔刷使Painter X成为一个功能强大的图像处理工具。默认的Clone Source（克隆源）如图5-15所示。

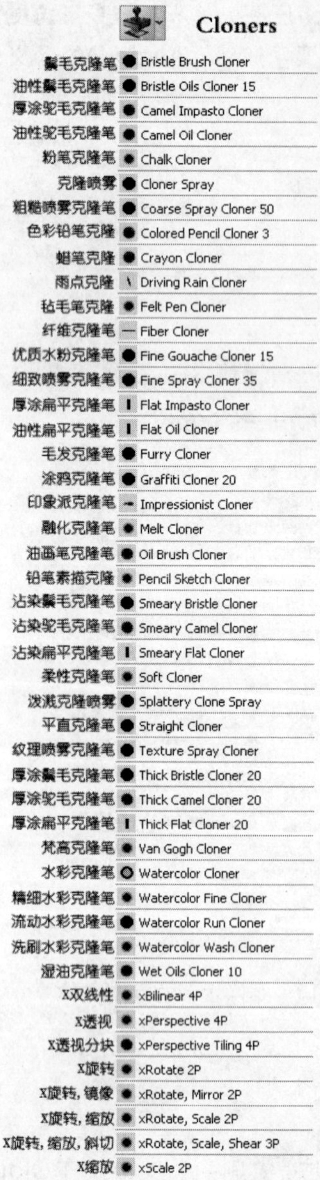

图5–14　克隆画笔的笔刷变体

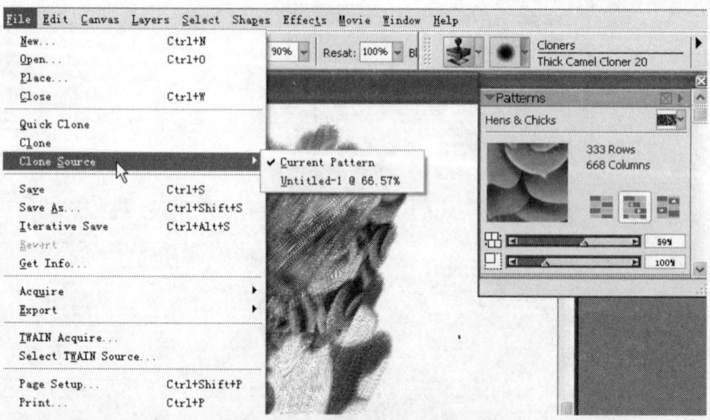

图5–15　默认的克隆源

在Painter X中，默认的克隆源是当前Patterns（图案）面板中选取的图案。首次使用Cloner（克隆）画笔时，会看见画布上呈现出花瓣般的灰色团，这就是默认的当前图案设置。如果使用当前图案为克隆源时，选择Patterns面板中其他图案样式，将会影响到克隆画笔的笔触效果。查看当前的克隆源选择，可以选择File（文件）→Clone Source（克隆源）命令，看哪个选项已被勾选。

在Painter X中，如果选择一张打开的图片作为克隆源，那么选择File（文件）→Clone（克隆）命令或者选择File（文件）→Quick Clone（快速克隆）命令，将会出现一个图像副本，副本和源图像都会自动成为克隆源。Quick Clone（快速克隆）功能可以连续执行清除画布和打开Tracing Paper（描图纸）命令。

5.2.4 水彩和液态墨水

Wtercolor（水彩）在现实生活中较常见，用户常常被它富有韵味的笔触及丰富层次感的色彩所吸引，在Painter X中可以利用水彩类笔刷画出独特且富含水分的笔触效果，创作出颜色与画纸纹理相融合的美丽画面。水彩类笔刷对纸张有特殊的要求，使用时，系统会建立一个专门进行水彩类笔刷创作的介质层，供该类笔刷使用。通过笔刷的名称先来了解Painter X能带来哪些笔触效果，如图5-16所示。

图5–16　水彩笔的笔刷变体

Liquid Ink（液态墨水）也叫油墨，这类笔刷不同于其他笔刷，它实际上是一个综合各种类型笔刷的笔刷夹。用户利用其自带的喷笔、毛笔、纱布（腐蚀）、液态墨迹等辅助工具可以模拟出真实墨水层的表面张力和黏贴度，从而创作出接近现实生活中的墨水效果，液态墨水的笔刷变体如图5-17所示。

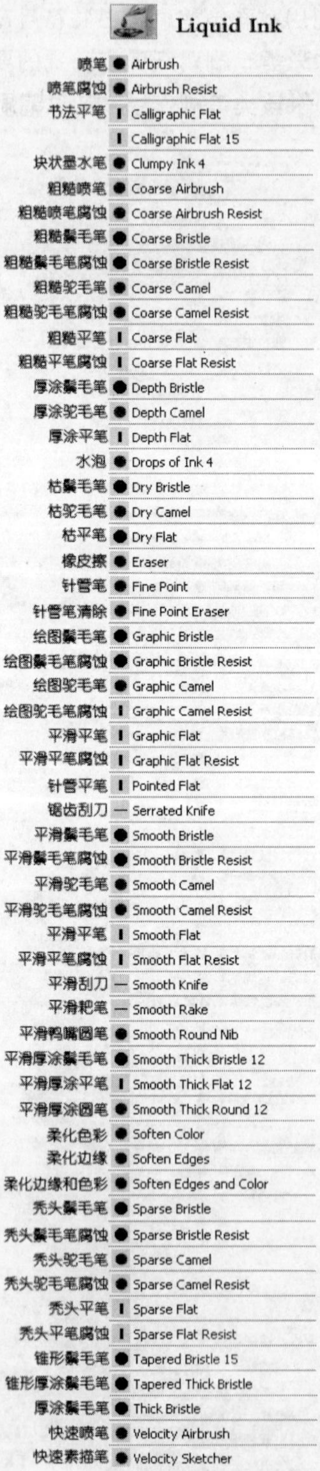

图5-17　液态墨水的笔刷变体

水彩的笔刷提供了漂亮且柔和的水彩效果，液态墨水的笔刷则可以营造出一些富有手绘装饰感觉的线条笔触。水彩和液态墨水都需要绘制在相应的特殊图层上，而且不能直接作用于背景画布上。当使用这两种特殊笔刷作画时会自动生成相应的介质图层，可以在Layers（图层）面板上看到生成的图层，Watercolor（Liquid Ink）layer〔水彩（液态墨水）图层〕，如图5-18所示。

图5–18　水彩笔刷需要配合水彩图层使用

当使用水彩和液态墨水的笔刷时，如果还需要用其他笔刷继续在图层上绘画时，会出现“只有水彩的画笔才能在水彩图层上作画”的警告提示。那么如何应对这种情况呢？

在水彩图层和液态墨水图层上作画时，为了保护水彩图层和液态墨水图层，当需要使用其他笔刷继续绘画时可以单击切换到Layers（图层）面板中的Canvas（画布）层。Canvas（画布）层被选中后，就能使用非水彩和液态墨水的笔刷进行绘画了。如果需要继续使用水彩或者液态墨水的笔刷作画时，重新切换到相应的图层即可。

提示

Watercolor（Liquid Ink）layer〔水彩（液态墨水）图层〕只能保存在RIFF格式的文件中。

1. 删除水彩图层和液态墨水图层

（1）单击Layers（图层）面板中的水彩图层和液态墨水图层，如果有多个同样属性的图层，按住Shift键加选。

（2）单击Layers（图层）面板中下面的垃圾桶图标，完成图层的删除操作。

2. 合并水彩图层和液态墨水图层

（1）单击Layers（图层）面板中的Watercolor（Liquid Ink）layer（水彩/液态墨水图层），如果有多个同样属性的图层，按住Shift键加选。

（2）单击Layers（图层）面板下面最左边的图标，选择Drop（合并）选项。

提示

合并后的图像文件，能够把水彩图层和液态墨水图层上的元素都整合在Canvas层上，接着就能使用其他笔刷来继续作画了。

5.3 知识讲解

Painter X独特的数字笔刷属性、艺术材质和纸纹就像传统艺术的再现。Painter X凭借新的真实笔触绘画系统能够忠实再现绘画过程中在画布、笔刷间的交互感觉，为绘画增添新的创作快感。Painter X有36种不同笔刷的种类和833个笔刷变体，范围包括色粉笔、粉笔、炭笔、丙烯笔、水彩笔刷、艺术油画笔、真实笔刷画笔和液态水笔等。

这里根据画笔的特点和使用规则对笔刷进行了感性的分类。这种分类只是为了学习的方便，如果将Painter X中的画笔这样分类肯定是不合理的，而且真正熟练的使用者也不会受限于这些分类。

5.3.1 认识笔刷工具

选择画笔工具后，可以在工具属性栏中对选定画笔的基本参数进行调整。随着所有画笔类型的变化，属性栏中显示的基本参数也会发生变化，如图5-19所示。

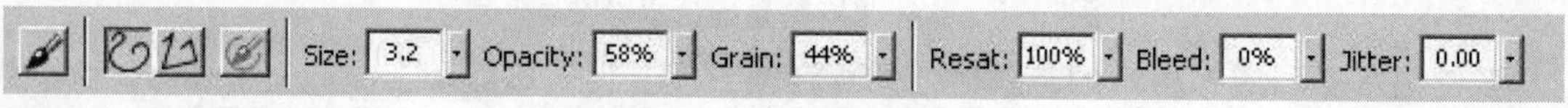

图5–19　笔刷属性栏

1. 绘画方式

Painter X的工具属性栏提供了3种不同的绘画方式：自由、直线和沿用路径。

（1）自由：利用这种方式可以在纸张上沿鼠标的运动路径自由地进行绘画。

（2）直线：利用这种方式可以将图像中任意两点用直线连接起来，具体使用方法为：在控制面板中选择Straight Line（直线）选项，调出直线绘画方式，用鼠标在画布上任意位置单击，此时出现一个十字光标。在另一处单击，一条直线将把这两点连接在一起。如果按Enter键，要与起点连接。

（3）沿路线：单击沿路线图标后画笔将沿路径进行绘画操作了，前提是画面中至少有一条路径。这个功能对绘制一些非常光滑的曲线很有效果。

2. Size（尺寸）

该选项是绘画过程中使用非常频繁的一项功能，可以通过它来对画笔笔触的大小进行调整。我们既可以直接拖动滑条上的滑标来改变画笔的尺寸，也可以单击选择滑条右边的数值，通过改变数值大小来改变画笔笔触大小。在这里输入的数值会成为鼠标的恒定尺寸或者数位板最大压感的尺寸。Painter X的笔刷变体中的数值也就是这个笔触的尺寸，如Grainy Cover Pencil 2（颗粒状覆盖铅笔2号）。

3. Opacity（不透明度）

该选项用来调节画笔笔触的不透明度。当不透明度设置成100%时，所绘制的颜色可以完全遮盖下面已有的颜色。当不透明度设为较低的数值时，由于所绘制的颜色覆盖力较弱，下面的颜色就会透显出来。

4. Grain（颗粒）

对颗粒选项进行调整可以控制颜色渗入纸张的多少。其百分比越高，显出的纸张纹理就越少，越不明显。

5. Resat（饱和度）

该选项决定了当前笔刷中含有的颜色浓度。如果将该数值设为0，当前的笔刷将画不出任何颜色，只能混合底层的颜色。

6. Bleed（渗透度）

可以通过调节Bleed数值来控制颜料与纸张的混合程度。将滑条上的滑标向右移时，所有画出颜料会呈半透明状并与其他颜料轻松混合。其数值越大，混合效果越明显。

7. Jitter（抖动）

该选项用来控制所画笔触的紧密程度；数值越小，笔触之间排列越紧密，绘制出的线条越连续。反之，笔触之间排列越松散，笔触呈散点状。

5.3.2 线稿常用的笔刷

在Painter X绘画过程中，很重要的一步就是起线稿。那么在Painter X中哪些笔刷适合用来起线稿呢？

1. Pencil（铅笔）

铅笔是绘画过程中是经常使用的一个绘画工具，Painter X提供了多达20种的铅笔变体来满足各种需要，下面认识Painter X的铅笔工具，如图5-20所示。

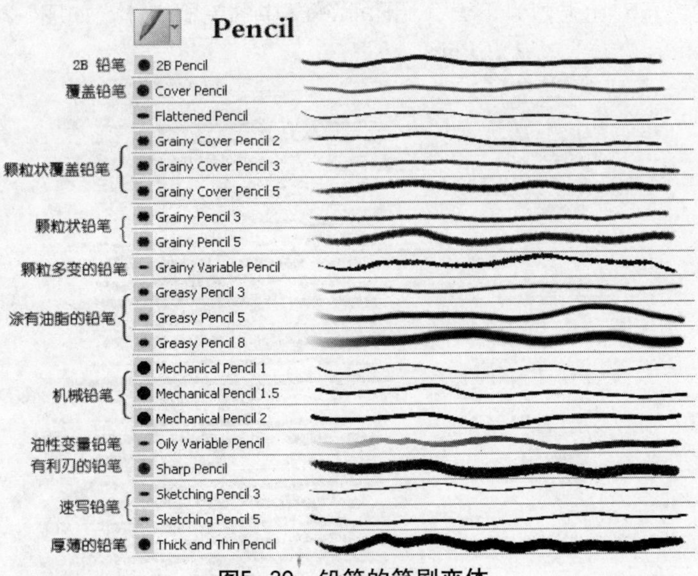

图5-20 铅笔的笔刷变体

在这么多铅笔笔刷中，通常利用铅笔来起稿，画素描速写等短期绘画作品。铅笔通常画出的颜色是黑色，但是在Painter X中可以通过色彩面板赋予它想要的颜色。

2．Chalk（粉笔）

粉笔工具不透明、无光泽，易于掌握，通过勾、擦、揉、抹，可以产生清新明丽、丰富细腻的色彩效果，可以表现复杂的环境气氛，也可以精细入微地刻画形象的质地肌理。在Painter X中也有粉笔笔刷，这是模仿真实的粉笔而出现的。它用起来就像平时用粉笔时的感觉，柔软而且会在画过的画布上产生颗粒状的笔触。Painter X提供了17种粉笔笔刷变体，它们会随着画布纸纹的粗细和压感的大小在画面上呈现不同的笔触效果，如图5-21所示。

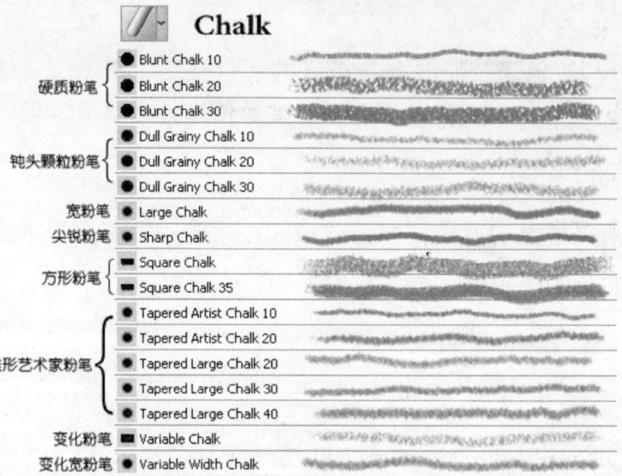

图5-21　粉笔的笔刷变体

3．Pens（钢笔）

钢笔是用来画线稿的工具，通常用来在凌乱的草稿线中勾勒出干净的钢笔线条。Painter X的钢笔笔刷变体有27种，Painter X的钢笔工具定义了粗、细、扁、圆等多种不同的笔尖类型，使用它画出的线条对比强烈。下面介绍Painter X中的笔刷变体，如图5-22所示。

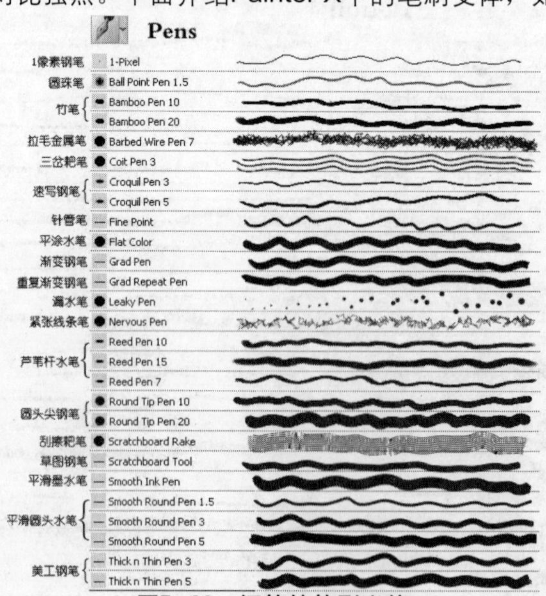

图5-22　钢笔的笔刷变体

4. Felt Pens（毡笔）

毡笔就是通常所说的记号笔（也叫马克笔），其中包含宽笔触型和半透明效果的生动笔触。设计型马克笔适合画一些粗线条，可塑性马克笔适合涂抹色彩，毡笔的笔刷变体如图5-23所示。

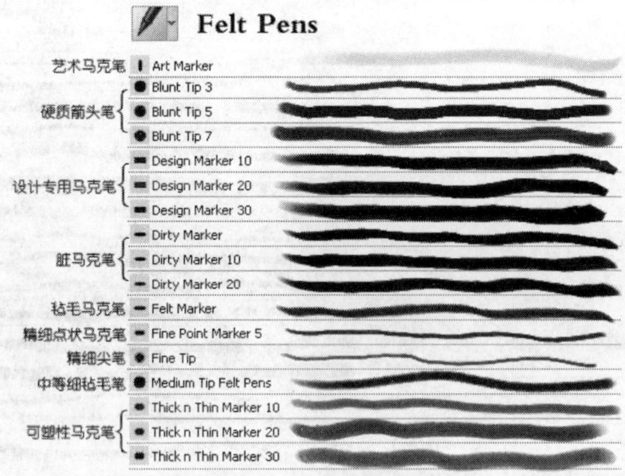

图5-23 毡笔的笔刷变体

5. Pastels（色粉笔）

在现实中彩色粉笔是一种用颜料粉末制成的干粉笔。利用色粉笔进行创作，可以产生浓烈鲜艳、沉着厚实的艺术效果。最适合创作那些需要高度概括的艺术形象，如肖像画或卡通风格的绘画作品。色粉笔除用做色彩绘画外，还可为有色纸上画的素描画提亮高光。Painter X提供色粉笔的笔刷变体效果，如图5-24所示。

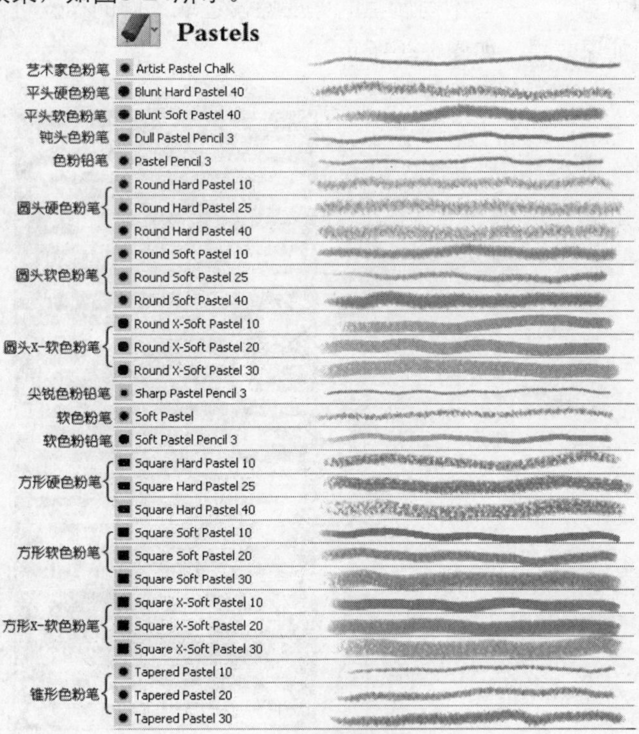

图5-24 色粉笔的笔刷变体

6. Charcoal（炭笔）

炭笔是一种质地较软的干画笔，与粉笔相似，但炭笔的笔刷变体笔触与粉笔相比更为豪放，质感也更明显，如图5-25所示。

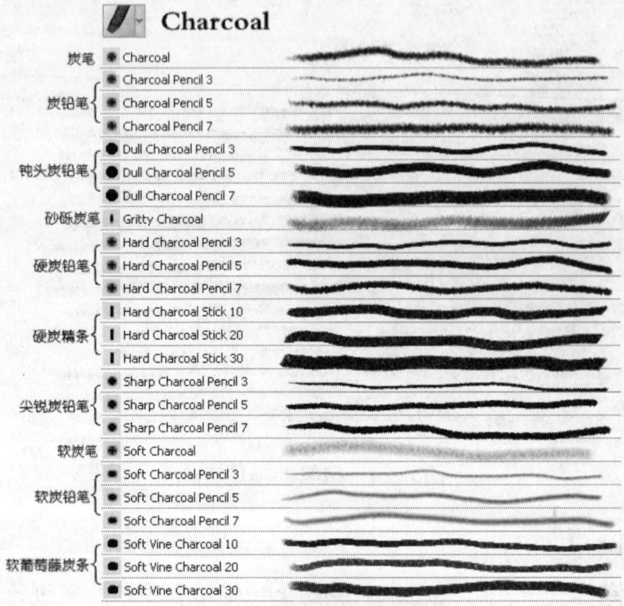

图5–25　炭笔的笔刷变体

7. Erasers（橡皮擦）

这里的橡皮笔刷中包含了一些不同属性的橡皮擦，选取不同的橡皮可以擦出不同颜色和效果，其中包括漂白和加深效果，如图5-26所示。

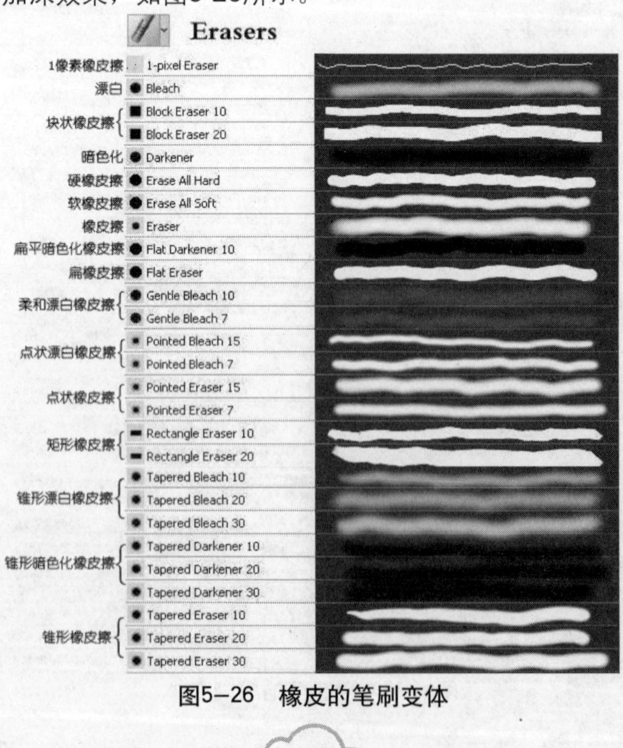

图5–26　橡皮的笔刷变体

8. Crayons（蜡笔）

蜡笔类画笔与粉笔类画笔相似，不同的是蜡笔类画笔的颜色覆盖力较弱，反复在同一位置上涂抹会使颜色变深，对于不同纸张质地的反应也较敏感。其中颗粒硬蜡笔的笔刷变体能够绘制出生动的带有纹理效果的宽笔触，更像平时常见的蜡笔效果。图5-27所示笔触的蜡笔笔刷变体。

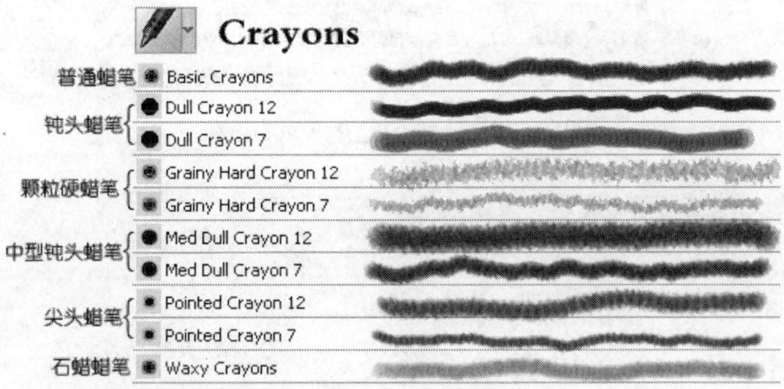

图5–27　蜡笔的笔刷变体

9. Colored Pencil（彩色铅笔）

现实生活中彩色铅笔笔芯由色素、蜡和陶土混合而成，用它画出的线条相当柔和。彩色铅笔的笔刷很适合一些简单线条画的绘制。在传统绘画设计中彩色铅笔的用处很多，我们经常用彩色铅笔画设计稿、效果图等。Painter X中的彩色铅笔变体可分为两类：水性彩色铅笔和油性彩色铅笔，使用这些变体可以模拟出现实中彩色铅笔的笔触效果，如图5-28所示。

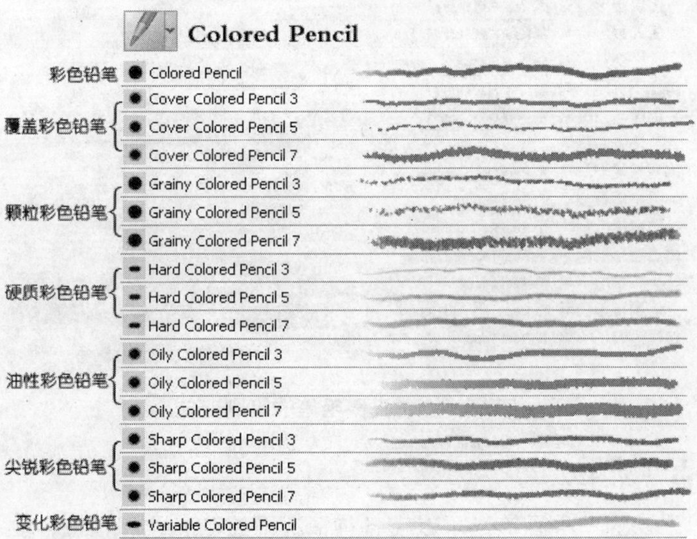

图5–28　彩色铅笔的笔刷变体

10. Conte（孔特粉笔）

孔特粉笔是一种由石墨和黏土制成的硬粉笔。方形孔特粉笔和锥形孔特粉笔提供了漂亮的颗粒效果笔触，其他孔特粉笔的效果和粉笔及炭笔的效果相似，如图5-29所示。

图5-29　孔特粉笔的笔刷变体

5.3.3 色彩稿和铺色常用的笔刷

1. RealBristle Brush（仿真鬃毛笔）

仿真鬃毛笔是Painter X中新增加的一类笔刷。仿真鬃毛笔绘画系统提高了画笔的反应性，它利用独立的毛刷张合来进行操作，就如同真实绘画，具有笔触感。仿真鬃毛画笔有着明显的鬃毛效果，适合表现如头发、皮毛之类“毛感”很强的物体，如图5-30所示。

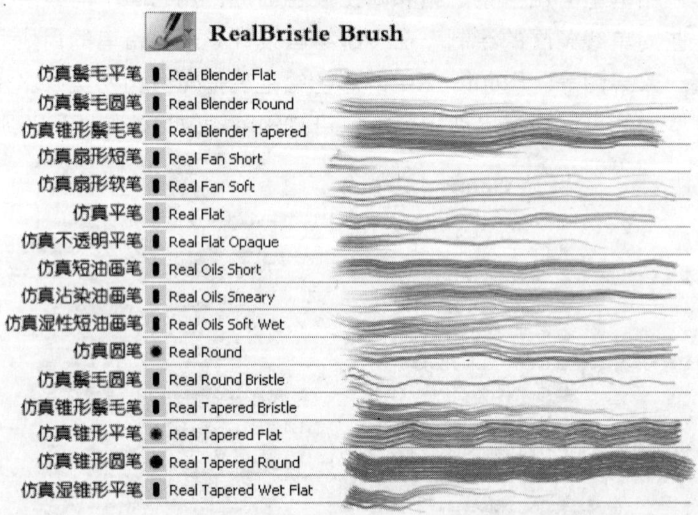

图5-30　仿真鬃毛笔的笔刷变体

2. Airbrush（喷笔）

喷笔是使用很广泛的一种画笔，可以在各种情况下绘制出柔和颗粒、散点等效果。喷笔具有柔滑而无笔触、渐变层次等特点，是超写实绘画的首选工具。喷笔的笔刷类别中提供了多样化的笔触效果，能够喷涂出细腻柔和的画面效果，也能表现喷出喷洒状的效果。它可以通过数位板的感压变换而变化喷涂的大小和方向，如图5-31所示。

3. Digital Watercolor（数码水彩）

数码水彩是一类值得深入研究的笔刷类别，所有数码水彩的笔刷变体都能营造出理想的效果。数码水彩画笔的笔刷可以直接在背景画布层或普通图层上绘画。如果在单独的图层上绘画也可以使用其他的笔刷来继续操作，并不需要像水彩和液态墨水画笔那样使用特殊介质的图层。一些数码水彩变体需要作用在已有的数码水彩笔触上才能看见笔触效果。如果要结束数码水彩笔刷的绘制，或者混色到背景画布层时，可以选择Layers（面板）级联菜单中的Dry Digital Watercolor（晒干数码水彩）命令，很像平时真的在水彩纸上作画的过程和效果，下面来认识数码色彩的笔触效果，如图5-32所示。

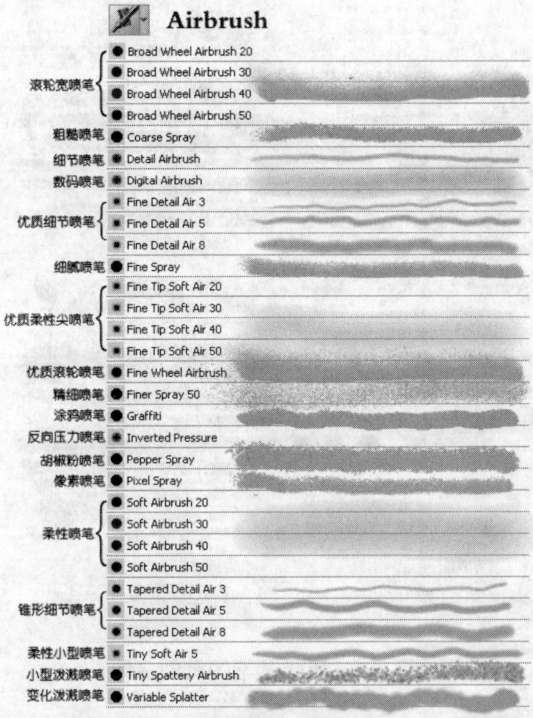

图5-31 喷笔的笔刷变体

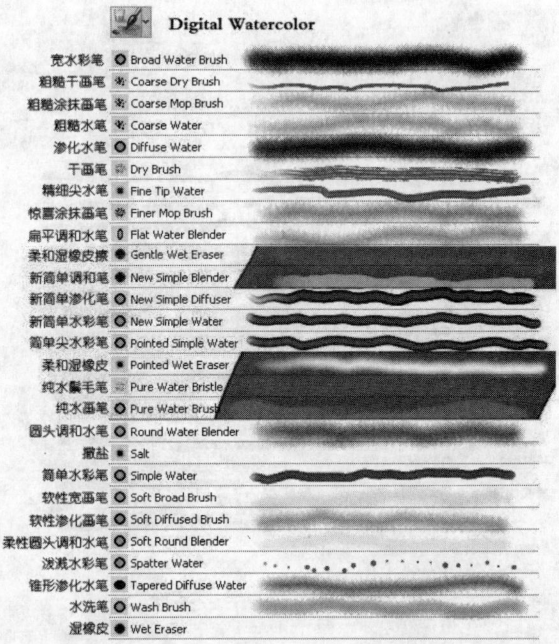

图5-32 数码水彩的笔刷变体

4. Oil Pastels（油画棒）

油画棒也可称为油蜡笔，与普通蜡笔相比具有更多的油性成分，因而可以利用它创作出更为细腻的笔触效果。它是一类具有良好的纹理触感并带有混色功能的优秀笔刷，如图5-33所示。

5. Acrylics（丙烯画笔）

丙烯画笔具有良好的鬃毛笔触效果。在这个笔刷类别中，分叉毛笔能够绘制出紧密的油画笔触效果。薄涂丙烯可以用作色彩薄涂，湿性丙烯和柔和湿性丙烯用来添加丰富的带有鬃毛痕迹的油性效果。Painter X中的丙烯画笔是为了模拟传统丙烯画而设计的，它具有传统丙烯画的优点，如图5-34所示。

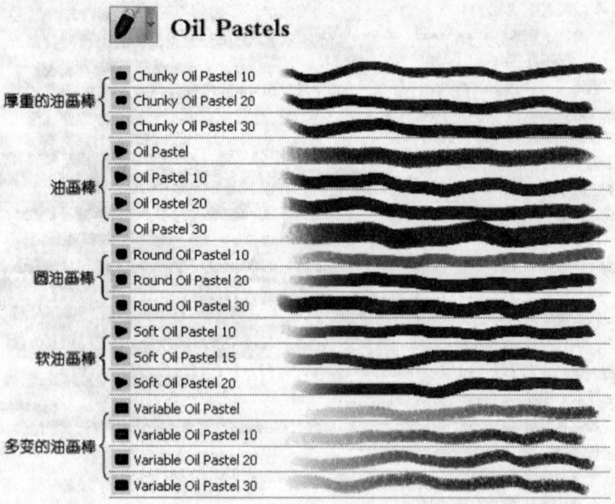

图5-33　油画棒的笔刷变体

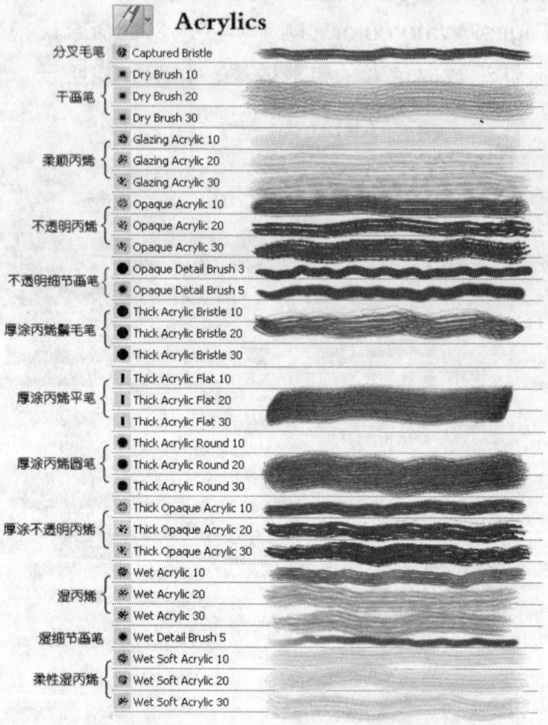

图5-34　丙烯画笔的笔刷变体

6. 油画笔

油画笔和丙烯画笔的效果类似，都具有优秀的混色和调和功能。油画笔具有在作画过程中进行覆盖和修改的特点，利用Painter X提供的油画类画笔，可以轻松地创作出如同现实中色彩层次分明、色泽光亮的油画作品，如图5-35所示。黏稠湿性油画笔可以营造出平滑的厚涂笔触，薄涂圆笔的柔和色彩笔触都非常不错。

7. Artists' Oils（艺术家油画笔）

艺术家油画笔是一种很优秀的笔刷，可以使色彩笔触在画布上自由融合及流淌，还可以绘制出漂亮的油画调色刀效果。艺术家油画笔实际上是带有飞白效果的油画笔。每个画笔变体只能加载有限的颜料，当颜料用光时就会出现飞白，如图5-36所示。这类画笔还能把Mixer（混色器）中的颜色作为画笔的颜色使用，这样笔上的颜色就更丰富了。当混色器中没有任何颜色时，艺术家油画笔将使用前景色的颜色作为画笔颜色。

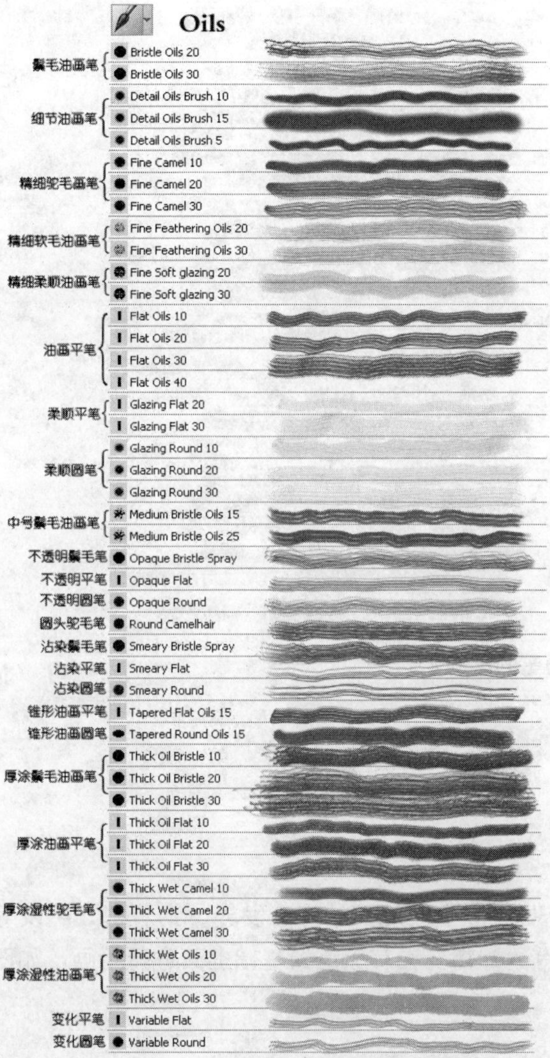

图5−35　油画笔的笔刷变体

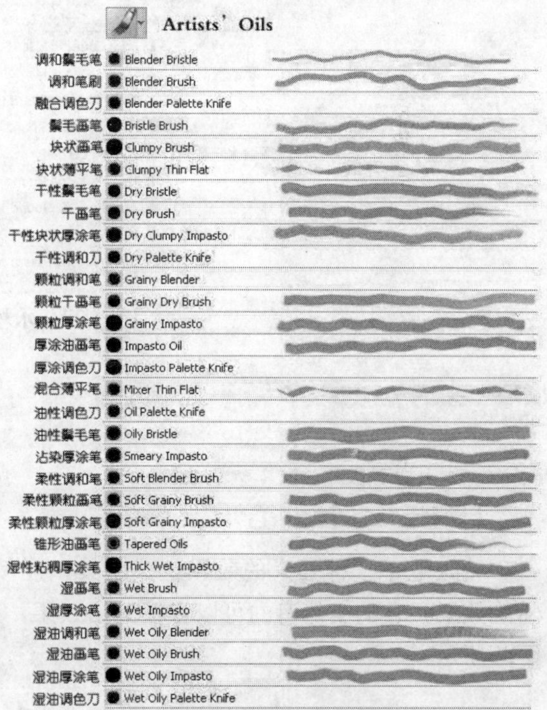

图5−36　艺术家油画笔的笔刷变体

8．Gouache（水粉笔）

水粉也被称为树胶水彩，颜料透明度差，具有较强的覆盖力，能做大面积的涂绘和局部的精细刻画。水粉色彩厚薄浓淡变化丰富，兼有油画笔和水彩笔的某些特点，具有较强的表现力。水粉笔的笔刷变体如图5-37所示。

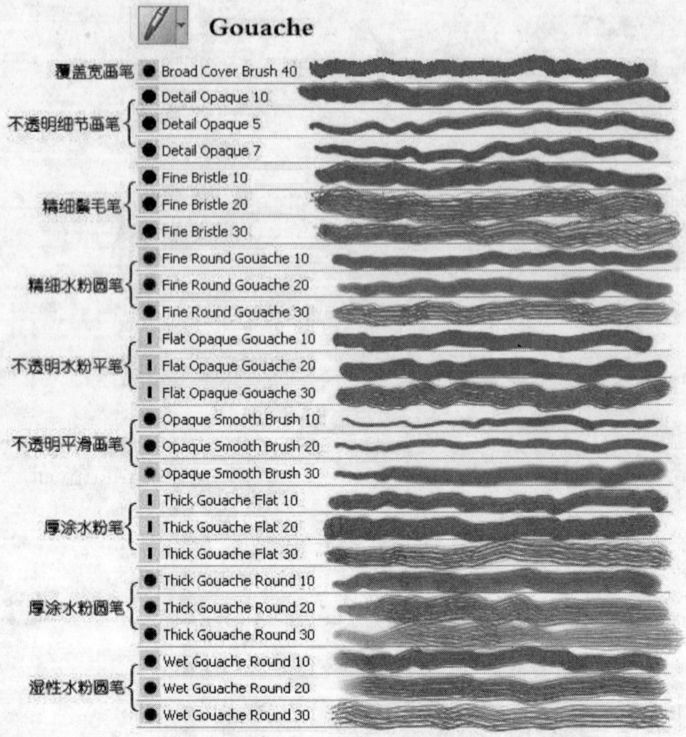

图5–37　水粉笔的笔刷变体

5.3.4 特殊效果的笔刷

1. F–X（特效笔）

特效笔是一种强大的效果生成工具，能使图像产生火焰、破碎、发光、钢琴键、毛发等特殊效果。它的变体有的可以直接画出效果，有的却需要在有颜色的基础上面进行绘画，如图5-38所示。

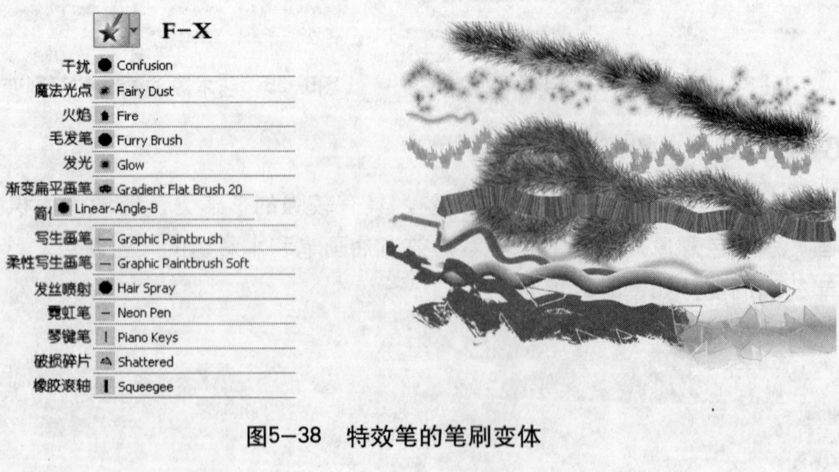

图5–38　特效笔的笔刷变体

2．Sponges（海绵）

海绵是一种辅助绘画工具，往往用于吸附画面中过多的颜色，对颜色与颜色之间的过渡进行处理，有时也可用于艺术创作中。Painter X中的海绵类工具正是为了模拟现实中的海绵效果来设计的，如图5-39所示。

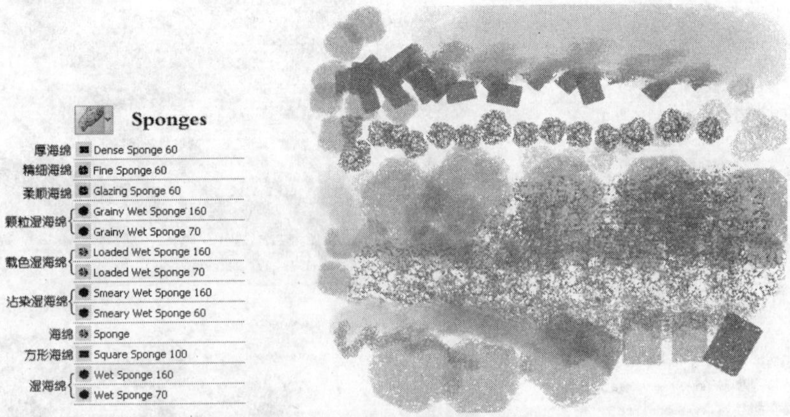

图5-39 海面的笔刷变体

3．Blenders（调和笔）

调和笔也叫融合笔、搅拌器，在现实中是使油画表面光滑柔和的大型画笔。在Painter X中Blenders这类画笔不仅能使画面的表面光滑，而且所涵盖的范围也更加广泛，可以将生硬的笔触调和成柔和细腻状。调和笔的笔刷变体如图5-40所示。

图5-40 调和笔的笔刷变体

5. Palette Knives（调色刀）

调色刀对于很多画油画的人来说并不陌生，多数情况下调色刀用于混合颜色，但也有人独立使用调色刀工具直接进行绘画。调色刀的变体如图5-41所示。

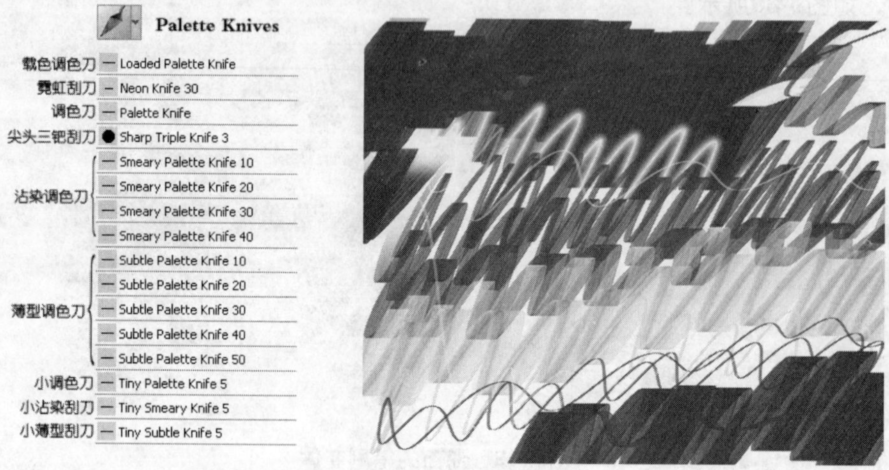

图5-41　调色刀的变体

6. Disortion（扭曲水笔）

独立使用扭曲水笔类笔刷并不能产生任何效果，它是一种调整画面的工具型笔刷，作用是使图像产生不同类型的扭曲和调和笔触色彩，可以使用扭曲水笔绘制科幻的梦幻效果。扭曲水笔的笔刷变体如图5-42所示。

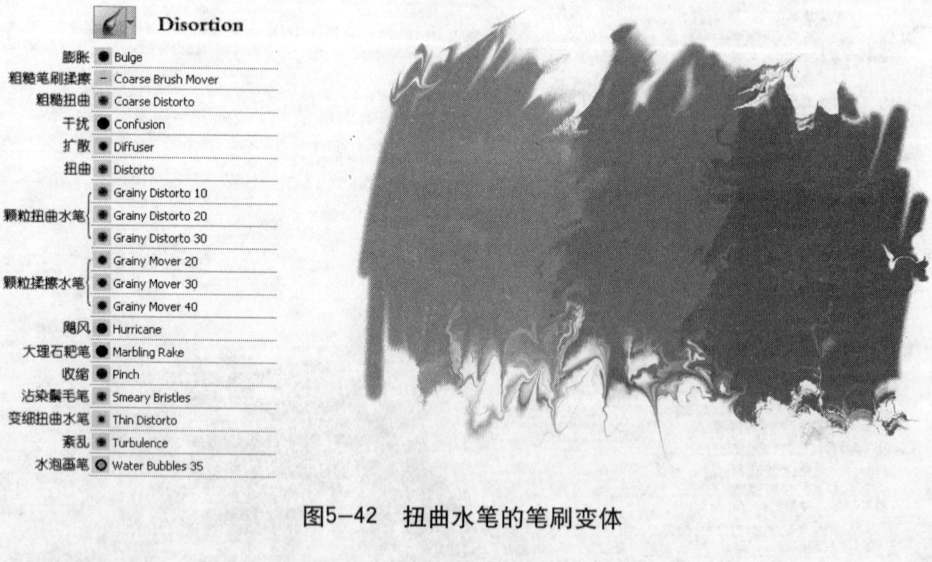

图5-42　扭曲水笔的笔刷变体

7. Galligraphy（书法笔）

书法既有语言文字所具有的实用价值，也具有欣赏性的艺术价值。Painter X中的书法笔就是为了模拟书法艺术而设计的笔刷，且涵盖的范围更广，如图5-43所示。

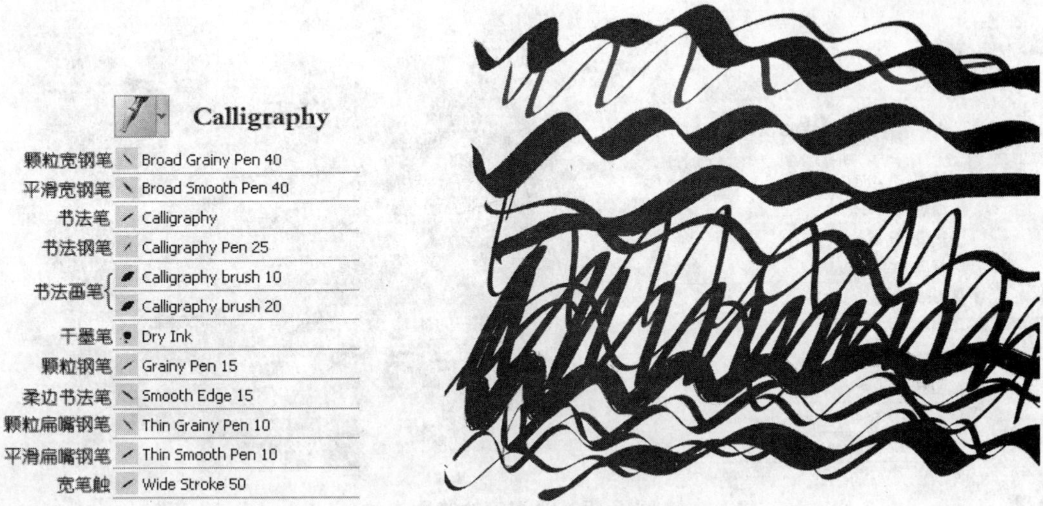

图5–43　书法笔的笔刷变体

8．Artists（艺术家画笔）

艺术家画笔主要用来模仿著名艺术家的笔触风格（以印象派画家为主）。使用艺术家画笔可以绘制出带有艺术家个人风格的油画作品。其颜色鲜艳、图像生动，是一种很有特点的绘图工具，适合绘制风景画。艺术家画笔的笔刷变体如图5-44所示。

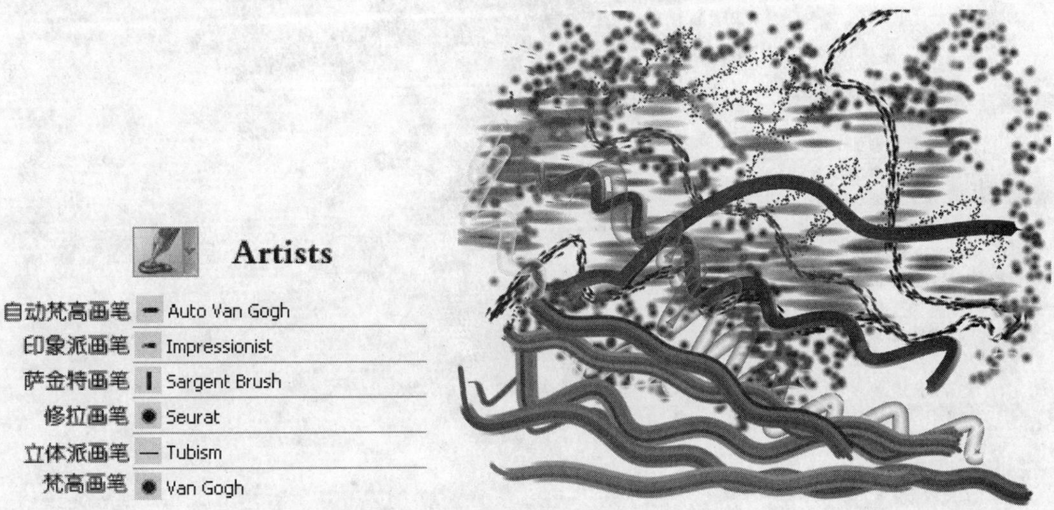

图5–44　艺术家画笔的笔刷变体

9．Photo（照相笔）

照相笔的主要功能是给画面起润饰作用，它也是一种图像调整工具，用于对创作出的作品进行局部调整。照相笔的笔刷变体如图5-45所示。

图5-45　照相笔的笔刷变体

10．Tinting（染色笔）

染色笔也叫着色笔，是现实中总结归纳出的一种特殊画笔工具，它具有朴实、平和的特性。我们可以用它来完成没有特殊质感要求的卡通类作品的着色工作。染色笔的笔触很细腻，适合绘制较均匀的画面。染色笔的笔刷变体如图5-46所示。

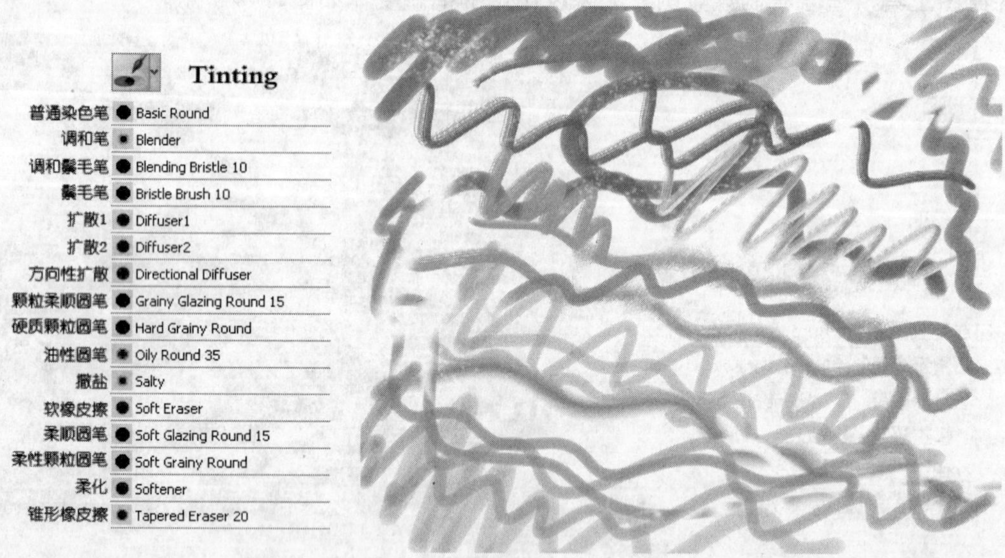

图5-46　染色笔的笔刷变体

11．Sumi-e（水墨画笔）

水墨画笔是Painter X中为模拟中国传统的水墨画效果而专门开发的画笔工具，它的笔触生动自然。如果运用得当可以画出中国画和水墨画的效果。水墨画笔的笔刷变体如图5-47所示。

图5-47　水墨画笔的笔刷变体

12．Pattern Pens（图案笔）

图案笔也是一种克隆画笔。图案笔的图像笔触为Pattern（图案）面板中选择的图案。我们可以利用图案笔创作出循环图案的重复效果。图案笔的笔刷变体如图5-48所示。

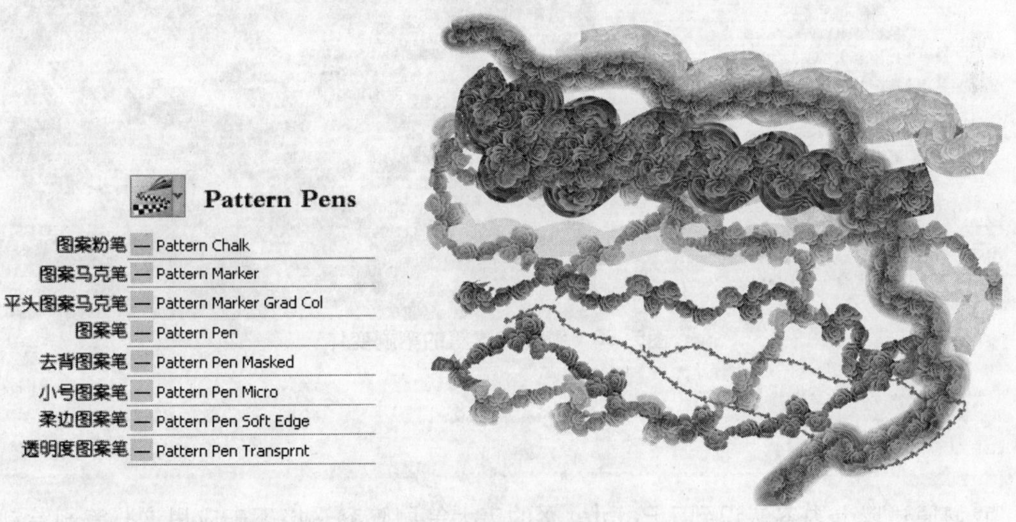

图5-48　图案笔的笔刷变体

13．Art Pen Brushes（艺术钢笔）

艺术钢笔是Painter X 9.5中推出的一款新笔刷。这类笔刷主要针对一些特殊艺术效果的笔触类别，艺术钢笔的笔刷变体如图5-49所示。

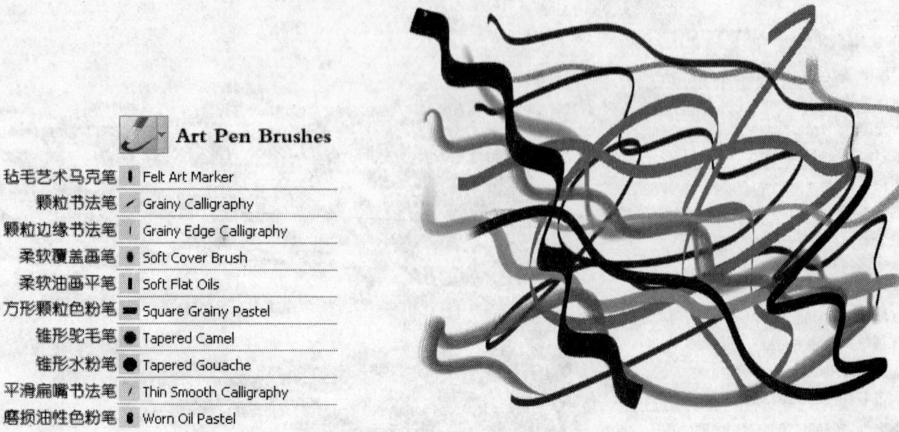

图5-49 艺术钢笔的笔刷变体

14. Smart Stroke Brushes（智能克隆笔）

智能克隆笔是Painter X中新增的一款克隆笔刷，这类智能克隆笔可以将照片克隆成艺术绘画作品效果。智能克隆笔的笔刷变体如图5-50所示。

图5-50 智能克隆笔的笔刷变体

5.4 基础应用

我们通过以上内容认识到了Painter X的庞大笔刷阵容，接下来应用这些笔刷绘制我们心仪已久的作品吧。

5.4.1 浓厚多变的油画

在绘制油画的过程中我们应该利用调和笔的融合色彩效果，使整个画面质感丰富。如图5-51所示的油画风格的玫瑰是Detail Oils Brush（细节油画笔）笔刷和Detail Blender（细节调和笔）笔刷结合来完成的。

图5–51　油画风格的玫瑰

5.4.2 质感明了的粉笔画

在绘制粉笔画时，要注意掌握粉笔笔刷的感压。开始在绘制时通过调节舒适的笔触感压来进行调整。选择Edit（编辑）→Preferences（预设）→Brush tracking（画笔追踪）命令，在出现的窗口中有压力的画一笔，Painter X会把所画这一笔的最小压力和最大压力作为数位板的最小压力和最大压力值，使数位板的压力更适合于自己的力量。这样就能更好地掌握笔触的感觉了。在绘画过程中随着绘制不同部位可以随时对笔触的感压进行调整。图5-52所示为粉笔画作品。

图5–52　小苏珊

5.4.3 丰富多彩的水彩画

在Painter X中，用户可以通过相应的笔刷和效果滤镜来模拟传统水彩画中的“湿到干”和“湿中湿”的效果。Painter X中有两类专门的水彩画笔：Digital Watercolor（数码水彩）和Watercolor（水彩）。其中数码水彩的笔刷可以直接在背景图层上绘制，或在单独的图层上绘制。而水彩的笔刷只能作用于特殊的Watercolor Layer（水彩图层）上，这些水彩笔刷的特性只能在RIFF文件中被完整地保存下来，用于以后绘画；这些笔刷提供了一些非常漂亮的水彩仿制效果，如能够在笔触中表现纸纹的颗粒，有湿边效果，可以流淌色彩，还可以制作撒盐效果；这些水彩笔刷大多设置了Buildup（积累叠加）的Method（类别方式），可以在Brush Controls（笔刷控制）面板的General（常规）面板中看到相关笔刷的属性设置。Buildup的属性设置会使笔触之间叠加产生加深的效果，而且无法把浅色叠加在深色上。

传统的水彩画技法通常先采用浅色开始着色，然后过渡到深色，其色彩具有一种半透明的感觉。数码水彩工具则允许创建比传统水彩画更丰富的色彩强度。当用户在传统水彩画中叠加色彩笔触时，可以等底层颜色干了以后再上新的颜色（湿到干的技巧），这样的技法可以获得干净的色块边缘和较为肯定的笔触效果。用户也可以趁湿继续绘画（湿中湿的技巧），这样可以获得一些水彩的自然流动和渗透混合效果，如图5-53所示。

图5-53　韩国插画师Choi il ryong的作品

5.5 案例表现——小男孩

下面绘制一个如图5-54所示的小男孩，练习各种笔刷的运用。

（1）打开素材图像。选择File（文件）→Open（打开）命令，弹出Select Image（选取图像）对话框，选择（打开光盘中素材\Little Boy.jpg）文件，如图5-55所示。

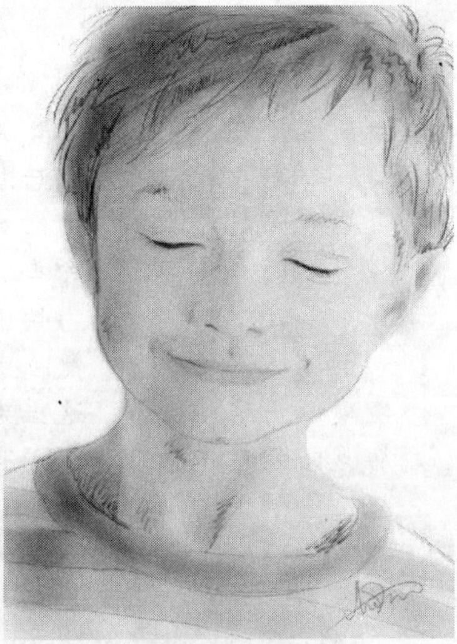

图5-54　小男孩

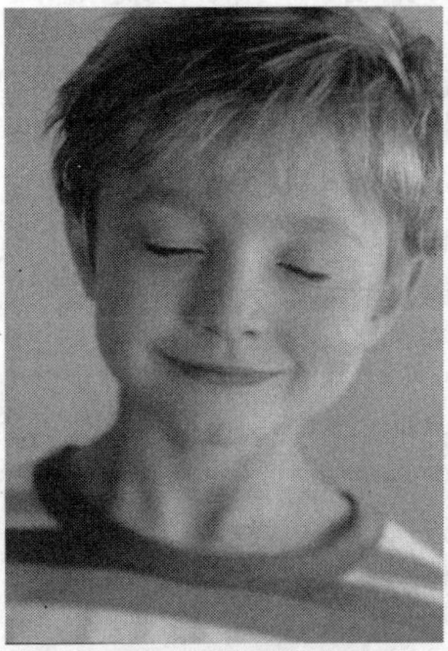

图5-55　打开源图像Little Boy

（2）调整图像大小。选择Canvas（画布）→Resize（改变尺寸）命令，弹出Resize（改变尺寸）对话框，如图5-56所示。在出现的对话框中将Width（宽）设置为720像素，Height（高）为1051像素，分辨率为300ppi，这样可以使绘画速度更快，源图像过大会使操作效率降低。

（3）克隆源图像。选择菜单File（文件）→Clone（克隆）命令，克隆一个相同的图像，如图5-57所示。

提示

通常我们在克隆源图像时会将图像的分辨率设置300ppi左右，使图像输出更清晰。由于我们使用的源图像过大，所以将其尺寸改小以便提高工作效率。

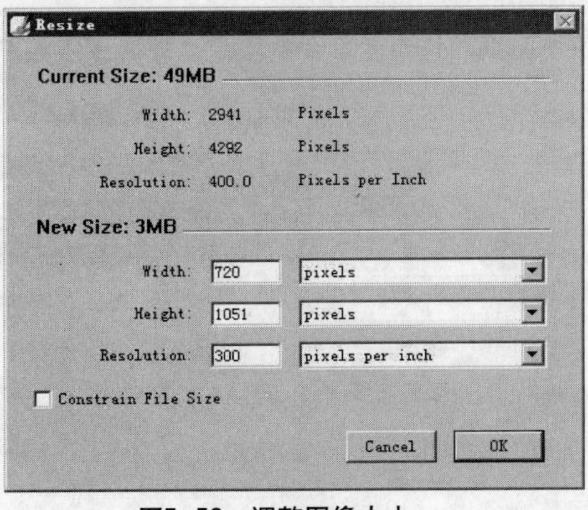

图5-56　调整图像大小

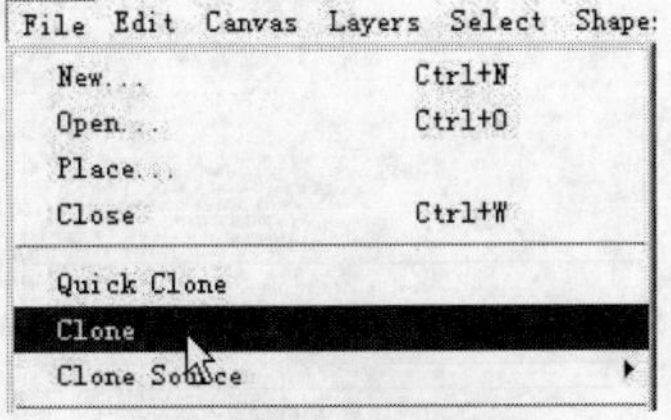

图5-57　克隆图像

（4）将图像全选。选择Select（选取）→All（全部）命令，如图5-58所示，或按快捷键Ctrl+A将画面全选。

（5）将画布中的图像清除。在画面全部被选中的情况下，选择Edit（编辑）→Cut（剪切）命令，如图5-59所示。也可以按快捷键Ctrl+X或Delete将画布中的图像消除。

（6）显示描图纸。选择Canvas（画布）→Tracing Paper（描图纸）命令，如图5-60所示，也可以按快捷键Ctrl+T，或点选窗口旁边的Tracing Paper（描图纸）图标使描图纸显示。

其实从Painter 9之后就新增了Quick Clone（快速克隆）命令，Quick Clone（快速克隆）可以更加快速简便地实现以上这些操作，这里为了使用户了解克隆的基本原理，还是使用Clone（克隆）命令。

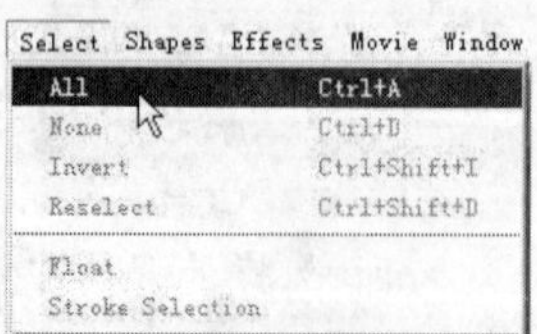

图5-58　全选图像

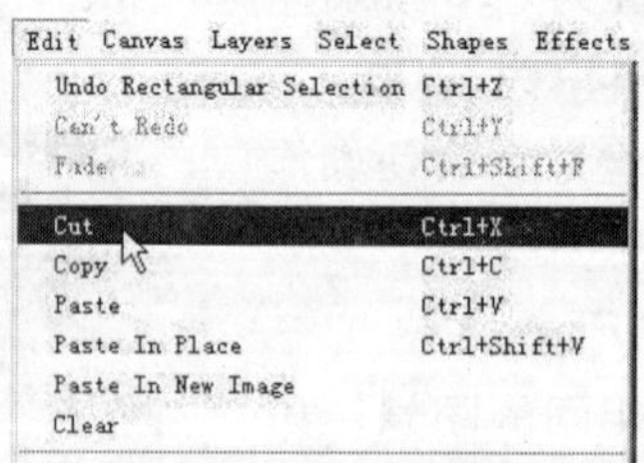

图5-59　清除画布中的图像

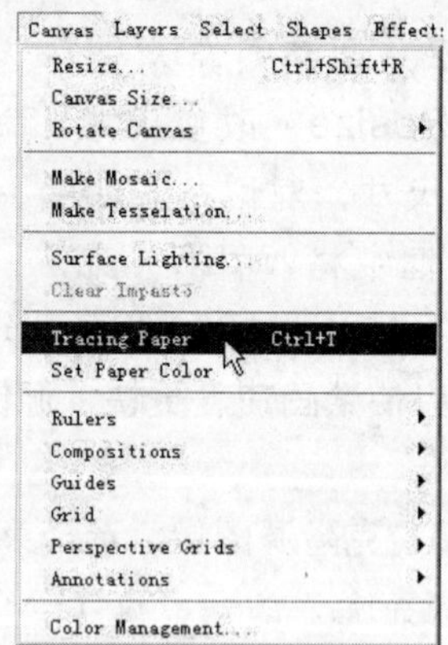

图5-60　显示描图纸

（7）根据描图纸描绘轮廓线。完成以上操作后就可以用铅笔进行绘制了。在工具栏中选择“画笔工具”，在笔刷选取栏中选择Pencils（铅笔）→2B Pencil（2B铅笔）命令，笔尖的大小设置为3，在绘制时要经常显示或隐藏描图纸，如图5-61所示。

（8）绘制轮廓线。按快捷键Ctril+T隐藏描图纸，检查轮廓线的不足之处，继续绘制轮廓线，如图5-62所示。

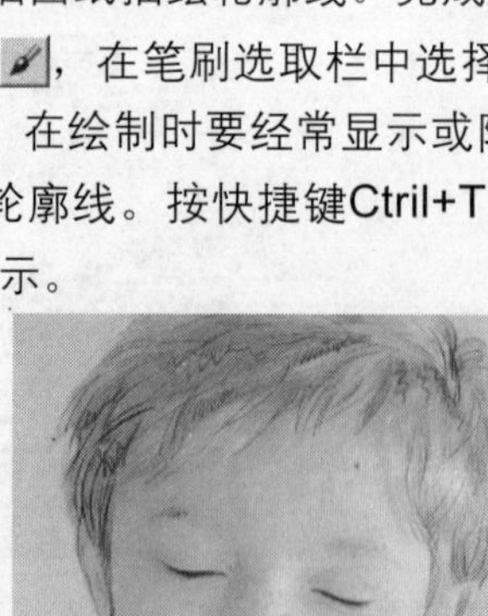

图5-61　根据描图纸描绘轮廓线

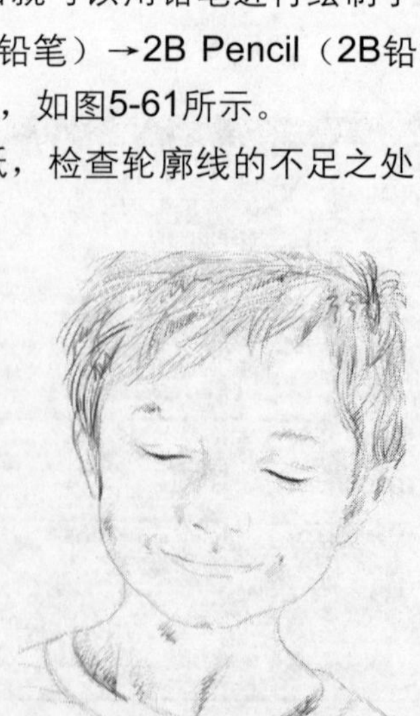

图5-62　绘制轮廓线

（9）在素描作品中融合源图像。按快捷键Ctrl+T新建图层，在笔刷选取栏中选择Cloners（克隆）→Soft Cloner（柔性克隆）命令，使用轻柔的运笔力度绘画，把一些源图像的细节融合到当前的素描稿中，如图5-63所示。

（10）使用调和笔调整细节。在笔刷选取栏中选择Blenders（调和笔）→Detail Blenders 5（细节调和笔5号），调整小男孩的头发和耳朵等细节部位，效果如图5-64所示。

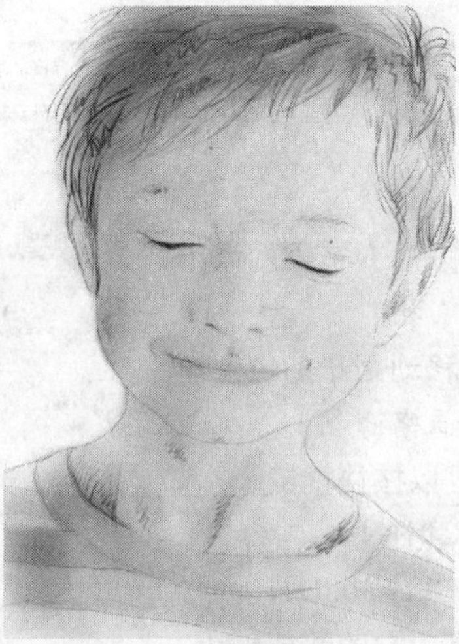

图5–63 克隆源图像

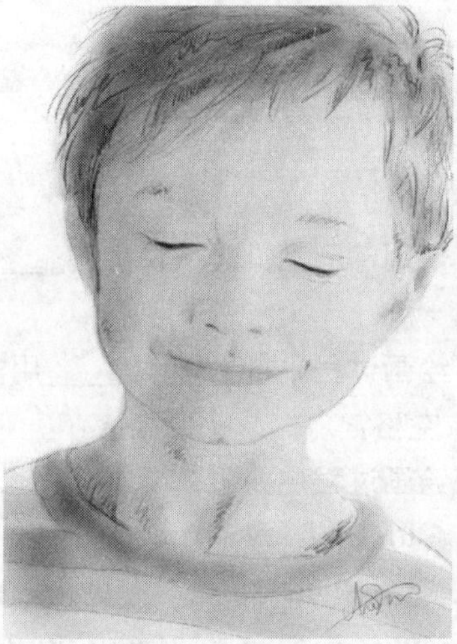

图5–64 调整细节

5.6 疑难及常见问题

1. 如何保存绘画过程中使用的新笔刷

在设定新笔刷后，用户可能需要保存这个笔刷便于以后再次使用。在笔刷状态栏的级联菜单中选择Save Variant（保存变体）命令。如果希望把保存纸张纹理的信息作为一个特殊笔刷来设定，就可以保存为Look（外貌）。可以在工具属性栏左下方Look选择器的级联菜单中，选择New Look（新建外貌）命令，来保存自定义的笔刷外貌。

2. 如何将画面中厚涂工具造成的厚涂效果减弱

选择Canvas（画布）→Surface Lighting（表面光源）命令，在出现的Surface Lighting（表面光源）对话框中可以对图像整体的厚涂效果进行调整，其中Amount（数量）滑条控制厚涂效果的强弱。

3. 在绘画过程中，怎么解决画到画布外面而导致退出当前图像窗口的问题

在绘画过程中经常会遇到这种情况，其实解决的办法很简单，可以将图像窗口最大化重置画布就可以了。也可以按快捷键Ctrl+M进行切换。

4. 如何在图像上选取颜色

在Painter X中，吸管工具可以用来在当前图像色彩中取样。当用笔刷工具绘画，且未开启

Clone Color（克隆色彩）功能时，按住Alt键就可以临时切换到吸管工具。

5. 如何重置克隆源点

如果在开启Clone Color（克隆色彩）功能的同时，按Alt键，其作用就变成了重置克隆源点（当前的光标会变成十字状，在画面单击处会出现一个数字命名的绿色小点）。

5.7 习题与上机练习

1. 选择题

（1）在使用笔刷工具时按快捷键__________来改变笔刷的大小。

A. +和-　　B. [和]　　C. （和）　　D. →和\

（2）在绘画过程中按__________用抓手工具移动画布的位置。

A. 空格键　　B. F键　　C. 退格键　　D. O键

（3）在绘画过程中如果需要新建一个图层，可以按快捷键__________。

A. Ctrl+Shift+W　　B. Ctrl+N

C. Ctrl+Shift+C　　D. Ctrl+Shift+N

（4）要调整画面的大小，通常会利用裁剪工具，它的快捷键为__________。

A. B　　B. C　　C. I　　D. G

（5）在绘画过程中按快捷键__________利用手型工具旋转画布的角度。

A. E　　B. R　　C. A　　D. F

（6）通常利用__________画笔来更好地融合两种颜色。

A. 扭曲水笔　　B. 调色刀　　C. 调和笔　　D. 毡笔

（7）利用__________可以制造出科幻画的梦幻效果。

A. 水彩笔　　B. 图像水管　　C. 水墨画笔　　D. 扭曲水笔

（8）利用__________可以绘制出细腻柔和的皮肤颜色。

A. 水粉笔　　B. 喷笔　　C. 油画笔　　D. 水彩笔

2. 问答题

（1）如何去掉画面中所有的厚涂效果？

（2）如何擦除Water Color（水彩）层中的颜色？

（3）如何绘制直线？

3. 上机练习

（1）试着用自己喜欢的画笔画一个自己的卡通形象。

（2）在画布上任意选择两种笔刷，画出绚丽浪漫的背景气氛。

第6章 笔刷详解

本章导读

在使用Painter X开始绘画前，要先了解笔刷的特性，并将其作为创作过程的一部分。笔刷操作可以简单也可以复杂。简单方式包括绘制一条笔触、运笔的力度从轻到重、同时在属性栏上调节笔触的Size（尺寸）和Opacity（不透明度）的数值滑条。比较复杂的方式是使用Brush Control（笔刷控制）面板和Brush Creator（笔刷创造器）来做笔刷的高级设定。这些都需要在实践中慢慢摸索。

6.1 实例引入——“我的专属”笔刷类别

在使用Painter X时，会发现有几个笔刷是非常实用的。如果把这些笔刷组合在一起，放置在一个“专属”的类别中，在创作中会带来极大的方便。如图6-1所示为新创建的笔刷类别。

图6-1 “我的专属”笔刷类别

6.1.1 制作分析

除了创建一些自定义笔刷变体外，还需要把一些具有类似效果的默认笔刷或自定义笔刷组合在一起，创建一个新的笔刷类别。然后复制需要的笔刷变体到其中，这样就可以将一些常用的笔刷轻松组合在一起了。

打开一张现有的图像，在工具箱中选择“矩形选区工具”，建立一个正方形的选区作为笔刷类别的图标。在Brush Selector Bar（笔刷选取栏）的级联菜单中选择Capture Brush Category（捕获笔刷类别）命令就可以建立一个笔刷类别。在弹出的对话框中为新建的笔刷种类命名完成创建笔刷类别操作。创作笔刷类别流程图如图6-2所示。

运用矩形选区工具建立正方选区作为图标

选择“捕获笔刷类别”命令建立笔刷类别

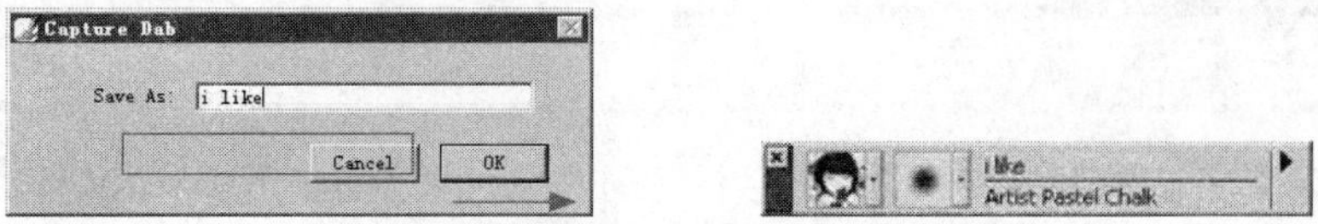

为新的笔刷类别命名并确认完成制作

图6–2　创建笔刷类别流程图

6.1.2 制作步骤

（1）打开一张现有的图像（或者画一幅自己喜欢的图像），用于制作小图标。这个小图标将是新笔刷类别在笔刷库中的显示标识。有时在图标中包含一些简单的书写文字，可以更为直观地指示这个笔刷类别的特性。

代表笔刷类别的小图标分辨率很低，只有30像素×30像素大小。所以选择图标样本的外观要简洁是获得良好视觉效果的最佳途径。

（2）选择图像。在工具箱中选择“矩形选区工具”▭，或者按快捷键R。拖曳鼠标创建一个选区（选区最好是正方形），在图像文件上选择一个希望用作新类别图标的部分。

（3）捕获笔刷类别图标。在Brush Selector Bar（笔刷选取栏）的级联菜单中选择Capture Brush Category（捕获笔刷类别）命令，如图6-3所示。

图6–3　捕获笔刷类别图标

（4）命名笔刷类别。在打开的对话框中为新的笔刷类别命名，如图6-4所示。

（5）单击OK按钮确定，此时就得到了一个“我的专属”笔刷类别显示在笔刷选取栏中，如图6-5所示。

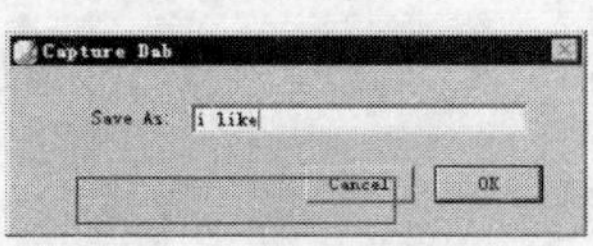

图6–4　命名笔刷类别

图6–5　“我的专属”笔刷类别

6.2 基本术语

本章将学习如何使用3种不同方式来定制笔刷效果，分别是：Property Bar（属性栏）、Brush Control（笔刷控制）和Brush Creator（笔刷创造器）。

6.2.1 笔刷属性栏

笔刷属性栏上显示不同的调节滑块，这取决于当前选择的笔刷变体。对这些调节滑块进行调节会直接影响到当前笔刷的属性和外观，如图6-6所示。

图6–6　笔刷属性栏

当开始绘画时，可能随着绘制的不同部分需要调节默认的笔刷属性。可能需要在一个区域中使用宽厚、柔软的笔刷，如画面的背景部分。可能需要使用一种尖锐、平滑的笔触用于刻画细节。这时可以在Properties Bar（笔刷属性栏）中调节笔刷的Size（尺寸）和Opacity（不透明度），使笔刷的性能更符合当前的实际需要。只要简单调节单个笔刷尺寸和不透明度就能产生丰富的效果变化。

6.2.2 笔刷控制

选择Window（窗口）→ Brush Controls（笔刷控制）命令，在出现的面板级联菜单中包含了笔刷控制的所有面板命令。选择Show General（显示常规）命令会出现包含已开启的General（常规）面板和闭合的其他所有笔刷控制面板，如图6-7所示。

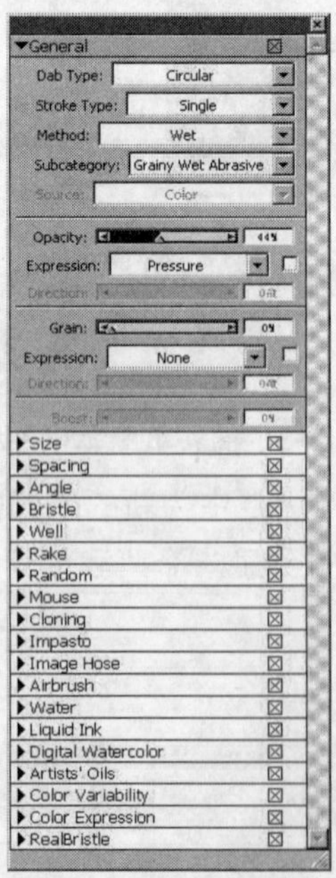

图6–7　笔刷控制面板

6.2.3 笔刷创造器

虽然Painter X的笔刷功能已经非常强大了，但Painter X还是提供了自己设计笔刷的功能，这就是Brush Creator（笔刷创造器）。它可以使更多专业画家设计出属于自己的专用笔刷。

选择Window（窗口）→ Show Brush Creator（笔刷创造器）命令，或按快捷键Ctrl+B，弹出Brush Creator（笔刷创造器）面板，此时Painter X会随着笔刷创造器面板的出现而自动产生“特定”的工作界面，如图6-8所示。

> 提示
>
> 笔刷创造器的界面功能很丰富，把笔刷设计的每个细节都考虑得很周到，但是使用它来设计笔刷并不是件简单的事情，在6.4.4小节中会详细介绍这个知识点。

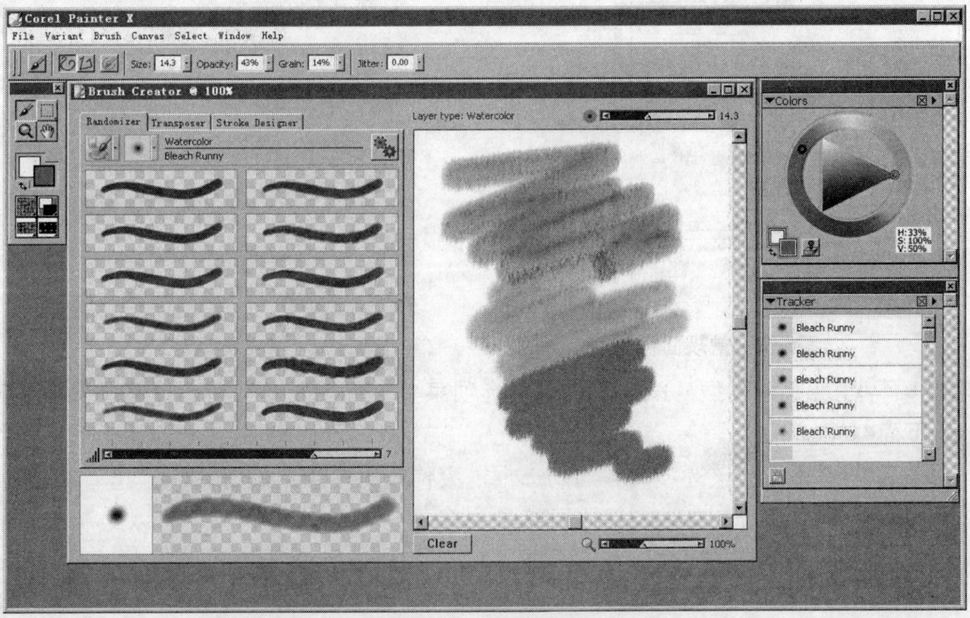

图6-8　笔刷创造器面板

6.3 知识讲解

Painter X中所有笔的属性都可以在相应的面板中进行精确调整，这里为了方便学习将画笔的调整具体分为常规的画笔调整、画笔的色彩调整、特殊画笔的调整3大类。这样能快捷地找到所需调整的画笔面板。

6.3.1 常规的笔刷调整

1. General（常规）面板

选择Window（窗口）→ Brush Controls（笔刷控制）→ Show General（显示常规）命令，在出现的面板中可以对笔尖类型、笔触类型和表现类型进行调整，如图6-9所示。

Dab Type（笔尖类型）：单击后面的选框，弹出笔尖类型下拉菜单，如图6-10所示。选择相应选项改变当前选择笔刷变体的笔尖类型。

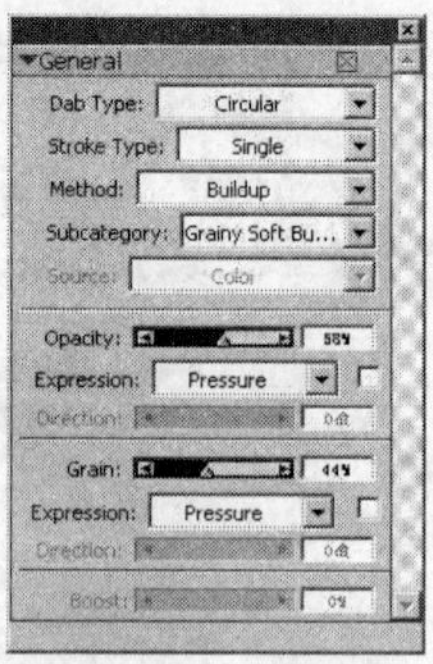

图6-9 常规面板

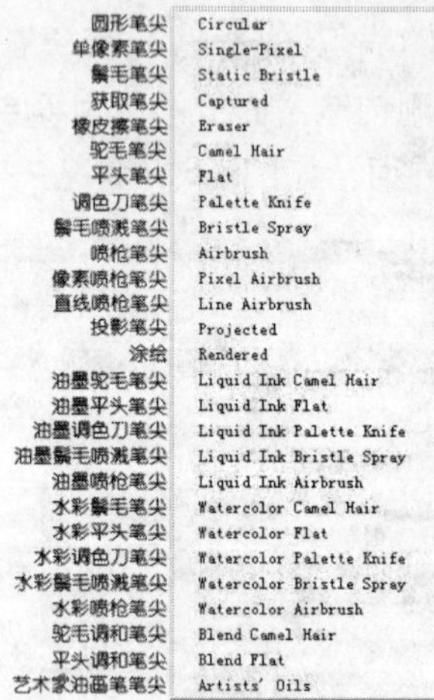

图6-10 笔尖类型

Stroke Type（笔触类型）：在笔触类型选项菜单中可以改变当前选择笔刷变体的笔触类型，分为下面4种类型。

① Single（单一）：该选项能够绘制一个笔尖构成的线条，如图6-11所示。

② Multi（多重）：该选项产生的画笔是由多重平行的笔尖组成，可以绘制出平行的线条，如图6-12所示。

图6-11 单一笔触效果

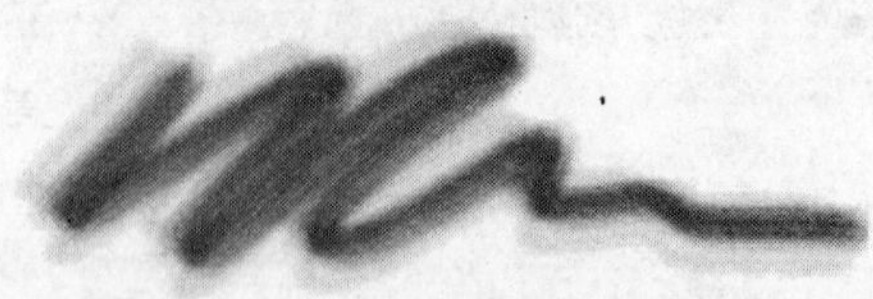

图6-12 多重笔触效果

③ Rake（分叉）：该选项产生的画笔由多重平行笔尖排列组成，所绘制的线条相互重叠。

④ Hose（水管）：该选项不论使用任何画笔都可以绘制出图像水管。

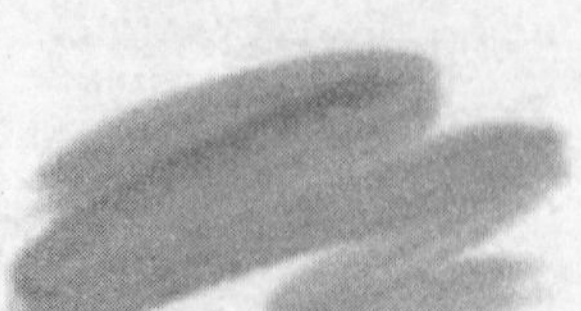

图6-13 分叉笔触效果

图6-14 水管笔触效果

Method（方法）：画笔的笔触方法有9种模式，下面逐一介绍。

① Buildup（建立法）：利用建立法产生的笔触颜色较透明，而且在与其他颜色重叠时会产生透叠效果，但重叠后的笔触颜色较深，多次重叠后的颜色会变黑，如图6-15所示。

② Cover（覆盖法）：利用覆盖法产生的画笔不论颜色深浅，后画上去的颜色会将相同位置的颜色覆盖，如图6-16所示。

图6–15　建立法效果

图6–16　覆盖法效果

③ Eraser（擦除法）：使用擦除法可以将任何画笔变成带有原有属性的橡皮擦，如图6-17所示。

④ Drip（液化法）：使用液化法可以使画笔笔触在移动时带动周围图像或颜色，从而使画面产生变形或扭曲效果，如图6-18所示。

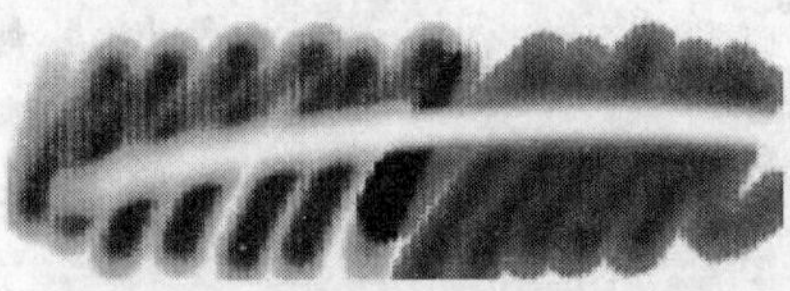

图6–17　擦除法效果

图6–18　液化法效果

⑤ Cloning（复制法）：使用复制法能够使任何被选画笔具有复制功能。从而可以将图像从一个文件复制到另一个文件中，并且在复制过程中保留原画笔笔触特色，如图6-19所示。

图6–19　复制法效果

⑥ Wet（湿画法）：利用湿画法可产生水彩效果，选用这种方式的画笔具有水彩颜料的特性。

⑦ Digital Wet（数码湿画法）：与湿画法相似，它能使选用该方式的画笔笔触具有水彩颜料特性，但是绘制出的效果不像湿画法那样接近自然效果。

⑧ Mask（蒙版法）：选用蒙版法，所有的画笔都具有蒙版功能。在实际应用中，蒙版法和覆盖法所产生的效果基本相同。

⑨ Plug-in（外挂）：选择外挂法可以调用丰富多彩的外挂画笔，它是一种特殊的画笔表现方式，用途广泛。但是只有在将外挂画笔加入到画笔面板中后，这个方式才可以使用。

Subcategory（子类型）：每种Method（方法）都有不同的子类型方式，通过该选项可以对画笔进行更精细的调整。

Source（颜色源）：利用颜色源可以改变画笔中色彩的来源媒介。

Opacity（不透明度）：它与工具属性栏中的Opacity（不透明度）相同，可以通过调整其百分比来控制画笔笔触的不透明程度。

Expression（表现）：在表现的选项菜单中可以改变当前选择笔刷变体的表现方式，如图6-20所示。

Direction（方向）：在Expression（表现）中选择Direction（方向）类型时，通过调节滑条可使画笔的颜色根据运笔方向的变换而变化。

Boost（改善）：它与工具属性栏中的Grain作用相同，可以通过调整其百分比来控制颜色深入画纸纹理的多少。

2. Size（尺寸）面板

选择Window（窗口）→ Brush Controls（笔刷控制）→ Show Size（显示尺寸）命令，可以在出现的面板中对笔刷变体的各部分尺寸进行调整，如图6-21所示。

图6-20　表现方式

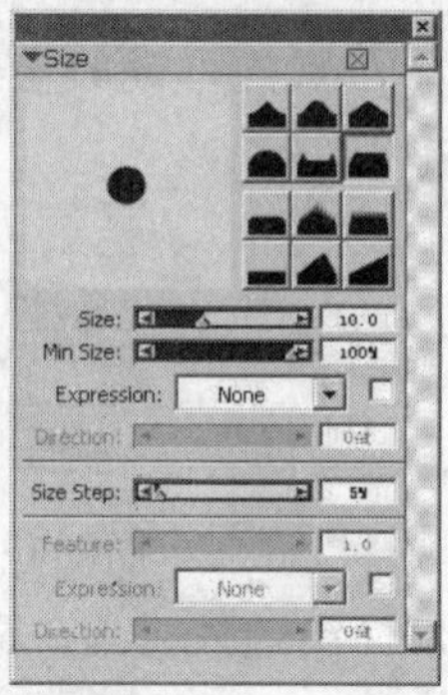

图6-21　尺寸面板

如果笔尖的最小尺寸和最大尺寸相等，在预览窗口中只出现一个深色圆点。

（1）预览窗。位于面板左侧的是预览窗，用来预览改变笔尖设置后画笔所产生的变化。在预览窗上单击，会看到笔尖出现软、硬两种变化。

硬笔尖形成的预览图是一个或两个实心的圆点。其中，处于内层的深圆点直径是笔尖的最小尺寸，外面的圆点直径是笔尖的最大尺寸，如图6-22所示。

软笔尖形成的预览图是一个边缘模糊的圆点，颜色越饱满的部分显示效果越黑，颜色越浅、越淡的部分显示效果越白、越灰，如图6-23所示。

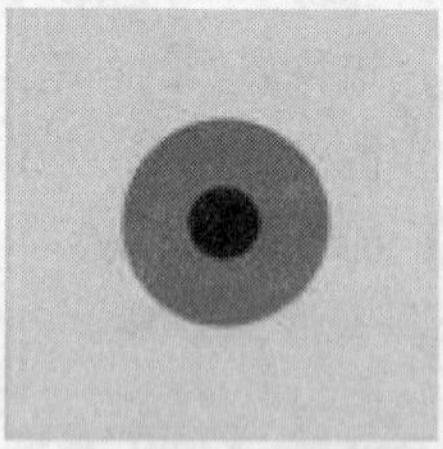

图6-22　硬笔尖预览图

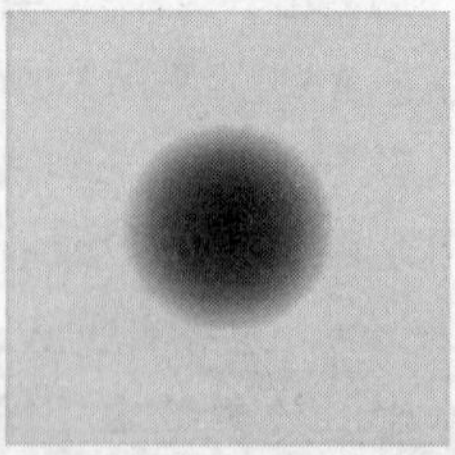

图6-23　软笔尖预览图

（2）笔尖形状设置。Painter X中，共有12种默认笔尖形状供选择，可以在预览窗口的右侧通过单击来选取，还可以通过预览窗下的4个选项来控制12种笔尖的属性。

① Size（尺寸）：它与工具属性栏中的Size（尺寸）功能相同，可以通过调整滑标来控制笔刷变体的大小。

② Min Size（最小尺寸）：该滑条用来调整笔触最细时与最粗时的百分比，百分比越高，笔触就越细。

③ Size Step（大小间隔）：通过调整滑标的位置设定从笔尖到外缘之间粗细变化的速度。滑标向左移，笔触变化较为平滑；滑标向右移，笔触变化会产生不连续的效果。

④ Feature（表现）：通过该滑条可以调节笔尖间隔的松散细密程度。

3. Spacing（间距）面板

选择Window（窗口）→ Brush Controls（笔刷控制）→ Show Spacing（显示间距）命令，在出现的面板中可以对画笔笔尖之间的距离进行调整，如图6-24所示。

Spacing（间距）：通过间距可以调节笔尖之间的距离。向左拖动滑标，笔尖的距离变小，绘制出的线条颜色相对较深；向右拖动滑标，笔尖的距离变大，绘制出的线条颜色相对较浅。

Min Spacing（最小间距）：用来调整笔尖的最小距离，它以像素为单位。不论笔尖的宽度如何变化，其中心点始终保持不变。向左拖动滑标，会得到相对连续的笔触；向右拖动滑标，会得到相对不连续的笔触。

Damping（内缩）：该滑条用于调整画笔笔触的平滑程度，数值越高，笔触越平滑。反之则越粗糙。

Points（节点）：它能够利用完全一致的画笔变量在完全一致的路径上进行绘制。只要在其后面的数值框中输入相应的数值就可以进行操作。

4. Angel（角度）面板

选择Window（窗口）→ Brush Controls（笔刷控制）→ Show Angel（显示角度）命令，在出现的面板中对画笔的角度进行调整，如图6-25所示。

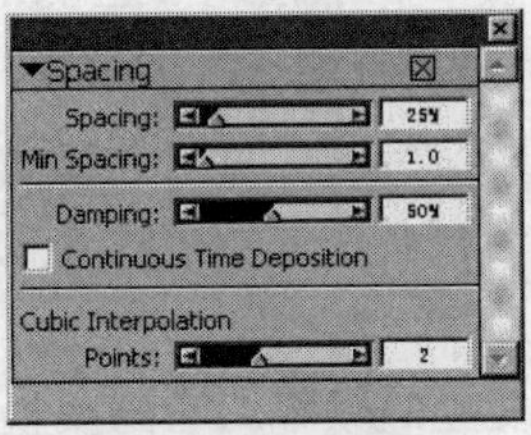

图6–24　间距面板

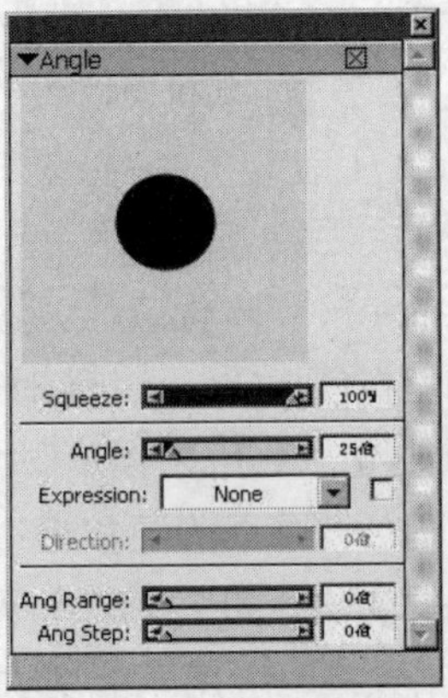

图6–25　角度面板

Squeeze（压扁）：该滑条用于调整画笔的曲度，使笔尖在圆和椭圆之间变化。

Angle（角度）：选用扁平笔尖时，运用该选项可以调整笔尖倾斜的角度。

Expression（表现）：与General（常规）面板相同，在弹出的菜单中可以改变当前选择笔刷变体的表现方式，如图6-26所示。

Ang Range（角度范围）：该滑条可以设定画笔角度的变化范围。数值越大，角度变化范围也越大，如图6-27所示。

Ang Step（角度间隔）：该滑条用于控制不同角度笔触之间的间隔距离，数值越大，间隔越长，如图6-28所示。

图6–26　表现方式

图6–27　角度范围变化效果

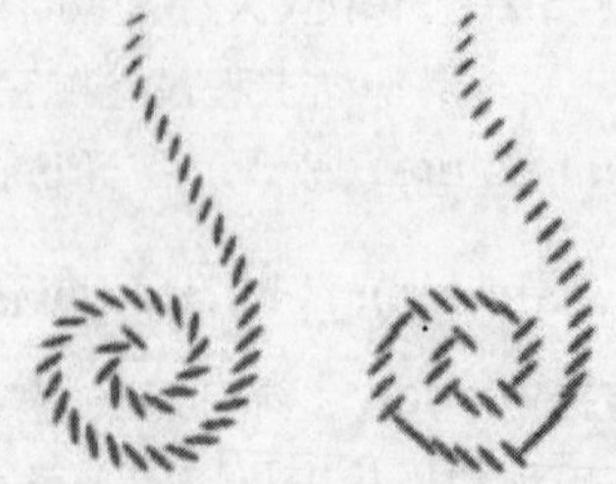

图6–28　角度间隔变化效果

5. Random（随机）面板

选择Window（窗口）→ Brush Controls（笔刷控制）→ Show Random（显示随机）命令，可以在出现的面板中对随机笔触的属性进行调整，如图6-29所示。

Jitter（抖动）：该选项用来控制笔触的位置。数值越小，笔触之间排列得越紧密，绘制出的线条越连续。数值越大，笔触之间排列得越松散，笔触成散点状，如图6-30所示。

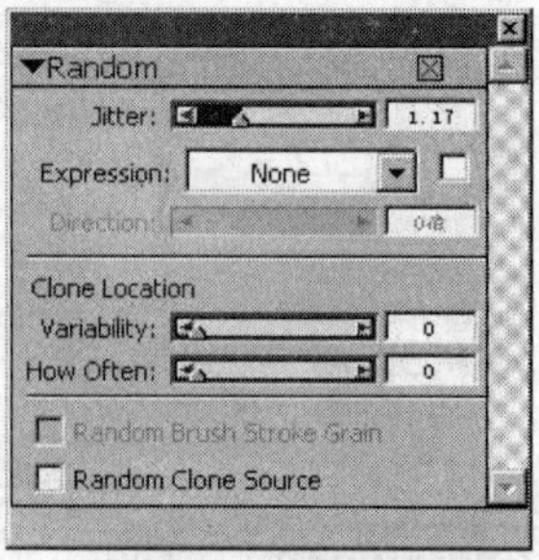

图6–29　随机面板

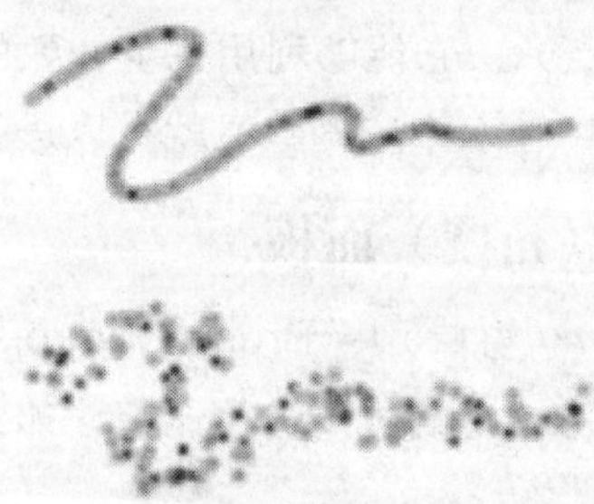

图6–30　抖动效果

Expression（表现）：在表现的选项菜单中可以改变当前选择笔刷变体的表现方式。

Clone Location（克隆位置）：该部分包含两个选项，用来控制那些使用Clone表现方式的画笔。这个功能在使用Clone功能时同时启动，平时为灰色状态。

Variability（变化）：用来控制Clone类画笔的重现完整程度。当滑标左移时，笔触变化较小，复制出来的图像与原图像更接近；当滑标右移时，笔触会产生随机性变化，复制出来的图像也会产生一定的变化，如图6-31所示。

How Often（频率）：用来控制Variability（变化）发生的频率。它与变换中的设定正好相反，当滑条上的滑标左移时，笔触变化频率变高；当滑标右移时，笔触变化的频率变低，此时绘制的图像与原图像较相似。

Random Brush Stroke Grain（随机画笔笔触纹理）：选择该选项可以使画纸纹理随着笔触的变化随机变化，如图6-32所示。

Random Clone Source（随机克隆来源）：该选项只对Cloners画笔起作用。当选中该选项后，复制的图像随机出现，同时Variability和How Often中的数值必须大于0，否则将不能显示随机复制效果，如图6-33所示。

图6-31 变化效果

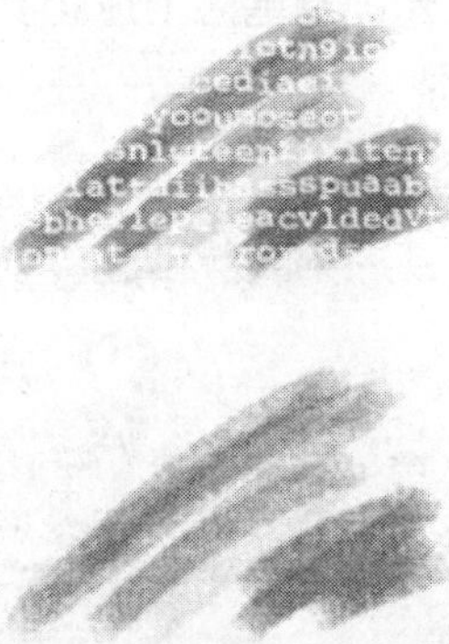

图6-32 随机画笔笔触纹理效果

图6-33 随机克隆来源效果

6. Mouse（鼠标）面板

选择Window（窗口）→ Brush Controls（笔刷控制）→ Show Mouse（显示鼠标）命令，可以在出现的面板中对鼠标进行调整。通过鼠标可以使没有数位板的用户也能用鼠标绘制出丰富多彩的笔触效果，如图6-34所示。

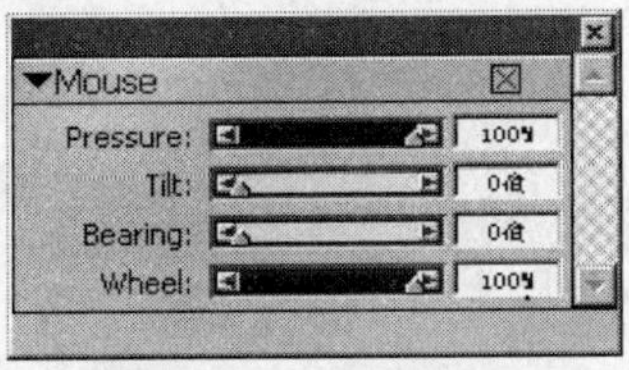

图6-34 鼠标面板

鼠标面板中的各项属性是为使用鼠标的用户设计的，可以通过调节这些参数使鼠标具有一定的模拟数位板的功能。

Pressure（压力）：该选项用于模拟数位板的压力，数值越大压力越强，相应的颜色变得越深，笔触也会变粗。数值越小，压力越弱，相应的颜色也会变浅，笔触也会变细。

Tilt（倾斜）：该滑条用于控制画笔与画面倾斜的程度，当倾斜度为90度时画笔完全垂直于画面，但通过这个方法不可能完全模拟出压感笔的倾斜。

Bearing（支点）：该滑条用于控制画笔笔尖的方向，数值为0时笔尖指向右边。

Wheel（滚轮）：该滑条用于控制画笔所含颜色的多少，将数值设为100%时，画笔所含的颜色最饱满。

6.3.2 笔触的色彩调整

绘画时需要用到色彩，Painter X设置了像用画笔蘸取颜料一般的一系列画笔色彩调整。

1. Well（涌出）面板

选择Window（窗口）→ Brush Controls（笔刷控制）→ Show Well（显示涌出）命令，在出现的面板中可以对画笔笔尖所含颜料的多少进行调整，并且可以控制这些颜料分配到画布上的程度，如图6-35所示。

Resaturation（色彩浓度）：该选项可以控制画笔笔触上所含颜料的多少。当色彩浓度数值较大时，笔触所含颜料较多，绘制出的线条颜色较深，颜色之间不会互相影响；反之，当色彩浓度较小时，笔触所含颜料较少，绘制出的线条颜色较浅。

Bleed（渗透度）：用来控制颜料与纸张的渗透程度。与画笔工具属性栏中的Bleed作用相同。

Dryout（干燥程度）：该选项用来控制画笔含水量的多少。干燥程度的数值越大，画笔所含的水分越多，所绘制出的图像颜色越明艳；相反，数值越小，水分越少，颜料干枯形成“枯笔”效果。

> 提示
>
> Dryout（干燥程度）需要和Bleed（渗透度）一起使用，只有当Bleed大于0时，才可以调整Dryout。通过改变Bleed的数值可以看到Dryout的不同效果。

2. Color Variability（色彩变化）面板

选择Window（窗口）→ Brush Controls（笔刷控制）→ Show Color Variability（显示色彩变化）命令，在出现的面板中调整使绘画时画笔颜色循环变换，其中共分为4种循环类型，如图6-36所示。

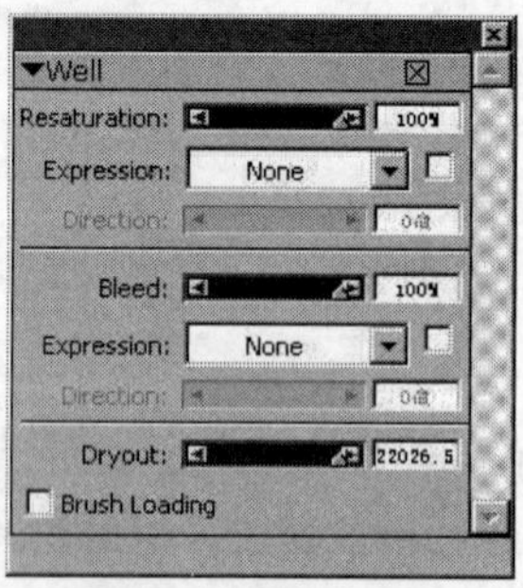

图6-35 涌出面板

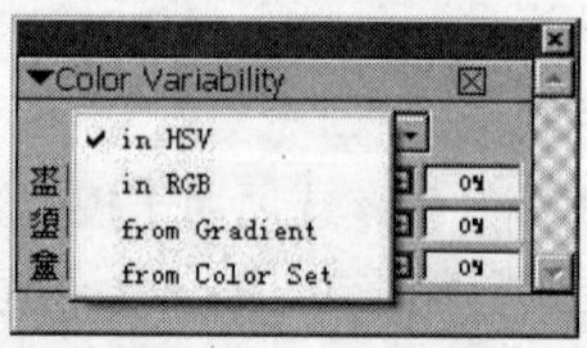

图6-36 4种色彩循环变换类型

in HSV：使用色相、饱和度和亮度控制画笔的颜色循环变换。

in RGB：使用红色、绿色和蓝色控制画笔的颜色循环变换。

from Gradient：使用渐变控制画笔颜色的循环变换。

from Color Set：使用Color Set（色彩集）面板颜色选择框中的颜色进行颜色的循环变换。

3. Color Expression（色彩表现）面板

选择Window（窗口）→ Brush Controls（笔刷控制）→ Show Color Expression（显示色彩表现）命令，在出现的面板中可以选择色彩表现方式，如图6-37所示。

单击Controller（控制）后面的选框，在弹出的下拉菜单中有共有10个选项，如图6-38所示。默认值为None（无）变化，通过选择不同的选项可以使画笔的颜色根据运笔的方向、角度、快慢等因素发生变化。

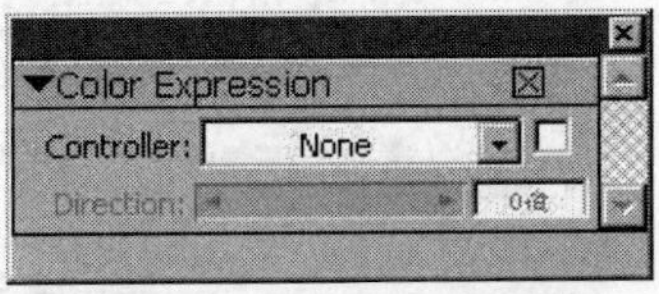

图6–37　色彩表现面板

图6–38　色彩表现变化选项

None（无）：不套用到调整色彩表现。

Velocity（速度）：根据拖曳的速度调整色彩表现。

Direction（方向）：根据笔触的方向、Direction（方向）滑条或其后面的数字框中设定的值调整色彩表现。

Pressure（压力）：根据画笔压力调整色彩表现。

Wheel（滚轮）：根据滚轮设定调整喷笔的色彩表现。

Tilt（倾斜）：根据数位板与压感笔的角度调整色彩表现。

Bearing（支点）：根据画笔笔尖的方向调整色彩表现。

Source（旋转）Rotation（来源）：根据仿制来源的光度调整色彩表现。

（9）Random（随机）：随机调整色彩表现。

6.3.3 特殊笔刷的调整

Painter X庞大的笔刷中有些比较复杂的画笔，需要将其一一拆解开来。

1. Bristle（鬃毛）面板

选择Window（窗口）→ Brush Controls（笔刷控制）→ Show Bristle（显示鬃毛）命令，在出现的面板中可以对画笔的鬃毛进行调整，如图6-39所示。

Thickness（厚度）：该滑条用来控制鬃毛的厚度。将滑标左移，笔毛会变得较稀疏；将滑标右移，笔毛变得比较厚密，如图6-40所示。

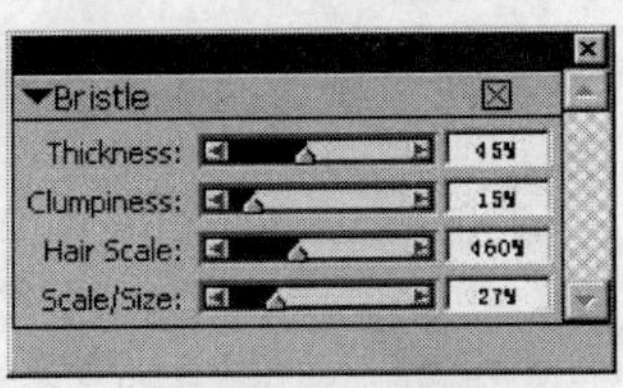

图6–39　鬃毛面板

图6–40　鬃毛厚度变化效果

Clumpiness（丛生）：移动滑条上的滑标可以调节笔毛的分聚程度，数值越大，笔毛排列越随意；数值越小，笔毛排列越统一，如图6-41所示。

图6-41　鬃毛丛生变化效果

Hair Scale（细线）：移动滑条上的滑标来控制鬃毛的粗细程度，数值越大，笔毛越粗。数值越小，笔毛越细，如图6-42所示。

> 提示
>
> 一般情况下Bristle（鬃毛）面板的参数是不能进行调整的，只有确保General（常规）面板中的Dab Type（笔尖类型）为Static Bristle（鬃毛笔尖）时，可以对Bristle面板中的参数进行调整。

Scale/Size（缩小/尺寸）：该滑条用于调节笔毛的粗细变化程度，数值越大，变化程度越大，反之则越小，如图6-43所示。

图6-42　鬃毛细线变化效果

图6-43　鬃毛尺寸变化效果

2. Rake（分叉）面板

选择Window（窗口）→ Brush Controls（笔刷控制）→ Show Rake（显示分叉）命令，可以在出现的面板中对画笔的分叉程度进行调整，如图6-44所示。

Contract Ang（接触角度）：该滑条用于调整固定尺寸中排笔笔尖接触纸张的多少，数值越高，笔尖接触纸张越多，绘制出的笔触越紧密。数值越低，笔尖接触纸张越少，绘制出的线条越松散，如图6-45所示。

> 提示
>
> 通常情况下Rake（分叉）面板的选项是不能使用的，只有在General（常规）面板中将Stroke Type（笔触类型）设置为Rake（分叉）时才可以使用。

Brush Scale（笔刷比例）：移动笔刷比例滑条上的滑标可以控制排笔笔尖之间的距离，其数值越大，排笔笔尖之间的距离越大，反之则越小。但排笔的笔尖数量不会因为排笔笔尖之间的距离变化而改变，且排比笔尖之间的距离不受画笔尺寸的影响，如图6-46所示。

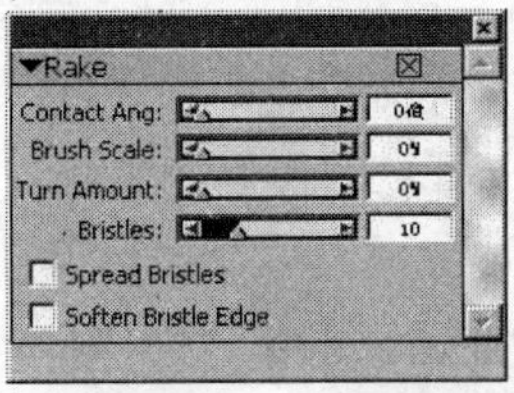

图6-44 分叉面板

图6-45 接触角度变化效果

图6-46 笔刷比例变化效果

Turn Amount（旋转数量）：该滑条用来控制排笔画笔旋转时的变化幅度。百分比越小，排笔在旋转时变化幅度就越小；百分比越大，排笔在旋转时变化幅度就越大，如图6-47所示。

Bristles（鬃毛）：用于控制组成排笔的笔尖数量，数值越大，笔尖越多，反之则越少。

Spread Bristles（扩散鬃毛）：选择该选项后，在使用压感笔时，如果施加压力，笔触会产生明显的轻重变化，如图6-48所示。

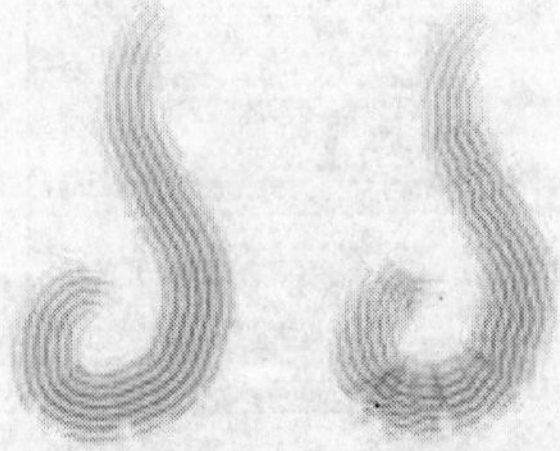

图6-47 旋转数量变化效果

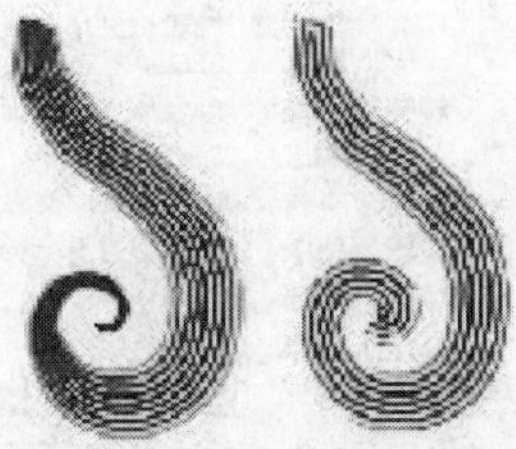

图6-48 扩散鬃毛变化效果

Soften Bristle Edge（软化鬃毛边缘）：选择该选项后，用排笔画出的笔触边缘较柔弱，就像颜料在画纸上晕开的效果，如图6-49所示。

3. Cloning（克隆）面板

选择Window（窗口）→ Brush Controls（笔刷控制）→ Show Cloning（显示克隆）命令，在打开的面板中可以对画笔的克隆属性进行调整，如图6-50所示。

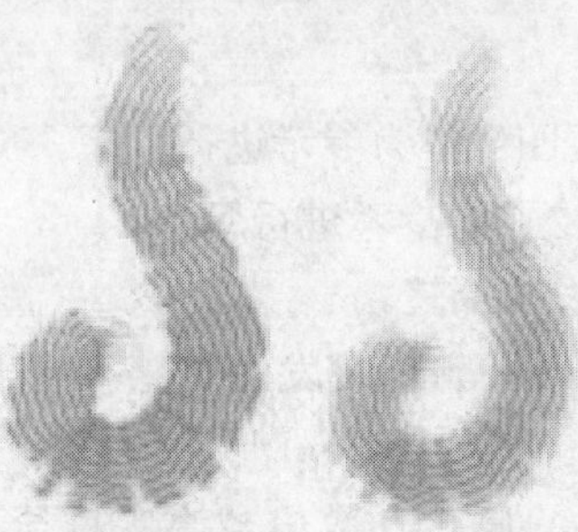

图6-49 软化鬃毛边缘变化效果

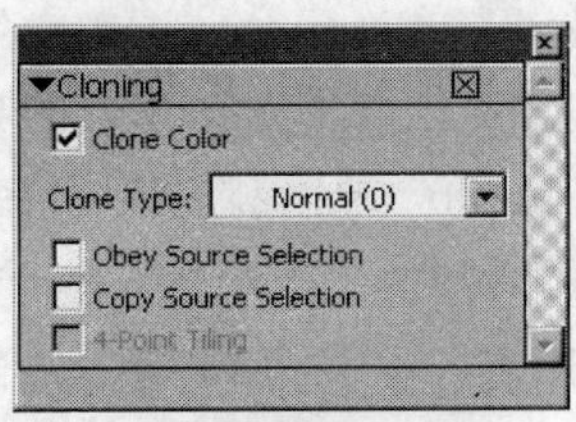

图6-50 克隆面板

Clone Color（克隆颜色）：与Colors浮动面板作用相同，勾选该复选框可以使任何画笔具有克隆功能。

Clone Type（克隆类型）：单击后面的选框，在弹出的下拉菜单中可以决定克隆的类型，如图6-51所示。

Obey Source Selection（服从源选择）：当不想克隆选择以外部分时，勾选服从源选择复选框，使克隆结果遵从图像源上的选择区域，克隆画笔的作用范围会限制在图像源的选择范围内。

Copy Source Selection（拷贝源选择）：当要克隆选择部分时，勾选拷贝源选择复选框，可以复制源图像选择范围内的图像。当克隆画笔在目标图像上绘画时，也会把图像源的选择复制出来。

4-Point Tiling（4点拼接）：该选项是指在使用Bilinear（双线）和Perspective（透视）这两种克隆类型时才会出现。该选项允许在目标文件的克隆区域较大时，重复克隆图像源并将其拼接起来。

4. Impasto（厚涂）面板

选择Window（窗口）→ Brush Controls（笔刷控制）→ Show Impasto（显示厚涂）命令，在出现的面板中可以对画笔的厚涂效果进行调整，如图6-52所示。

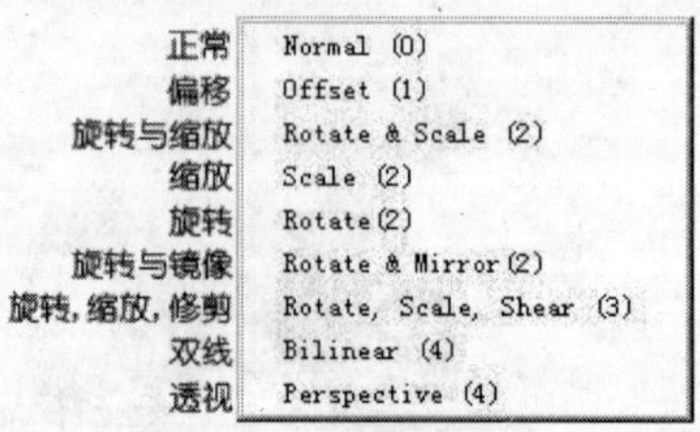

图6–51 克隆类型

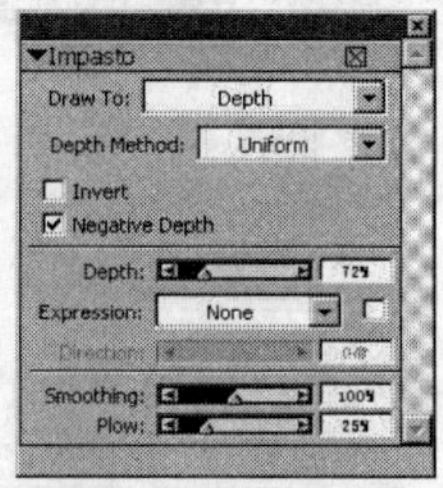

图6–52 厚涂面板

Draw To（绘制于）：在该下拉菜单中可以选择画笔的表现方式。

① Color（颜色）：只有颜色没有厚涂效果。

② Depth（深度）：只有厚涂效果没有颜色。

③ Color and Depth（颜色和深度）：既有颜色又有厚涂效果。

Depth Method（深度方式）：在该下拉菜单中可以选择厚涂方式。

① Uniform（统一）：厚涂均匀，没有任何纹理效果。

② Erase（擦除）：擦除不需要的厚涂。

③ Paper（纸纹）：参考纸张的纹理进行厚涂。

④ Original Luminance（原始亮度）：使用克隆图像作为参考进行厚涂。

⑤ Weaving Luminance（编织亮度）：使用织物作为参考进行厚涂。

Invert（反转）：选择该选项可使整体厚涂效果发生反转。

Negative Depth（负片深度）：选择该选项可以使厚涂深度发生变化，越突出的地方越凹陷，越凹陷的地方越突出。

Depth（深度）：该滑条用于控制笔触相交时的厚涂，数值越高，厚涂效果越明显。

Smoothing（平滑）：该滑条用于控制厚涂的光滑程度，数值越大，厚涂越平滑。

Plow（痕迹）：该滑条用于控制笔触相交时厚涂的叠加效果，数值越大，叠加效果越明显。

5. Image Hose（图像管）面板

选择Window（窗口）→ Brush Controls（笔刷控制）→ Show Image Hose（图像管）命令，在打开的面板中可以对图像管的排列方式进行调整，如图6-53所示。

Rank（阶层）由3部分组成，图像管影响逐层递减。单击后面的选框，在弹出的下拉菜单中可以对其排列方式进行选择，如图6-54所示。

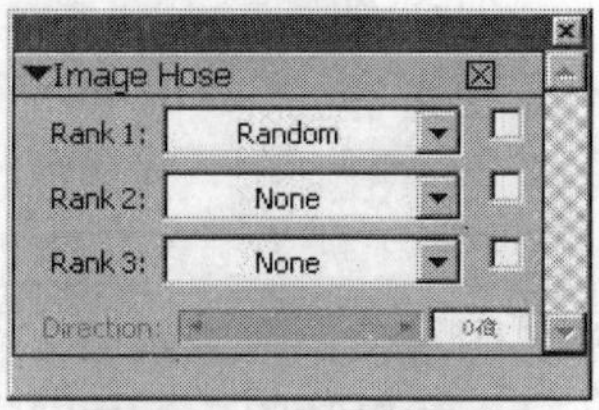

图6–53　图像管面板

图6–54　阶层的排列方式

6. Airbrush（喷笔）面板

选择Window（窗口）→ Brush Controls（笔刷控制）→ Show Airbrush（显示喷笔）命令，在出现的面板中可以对喷笔属性进行调整，如图6-55所示。

Spread（扩散）：用来控制喷笔的扩散程度，数值越大，扩散范围越大；数值越小，扩散范围越小。

Min Spread（最小扩散）：用来控制扩散最小时为Spread（扩散）的百分之几，但这个数值较大时会造成电脑响应速度的缓慢。

Flow（流量）：用来控制喷射颜色的多少，数值越大，喷射的颜色越多；数值越小，喷射的颜色越少。

Min Flow（最小流量）：用来控制喷射最小时为喷射颜色数值的百分之几。

7. Water（水彩）面板

选择Window（窗口）→ Brush Controls（笔刷控制）→ Show Water（显示水彩）命令，在出现的面板中可以对水彩类画笔的属性进行调整，如图6-56所示。

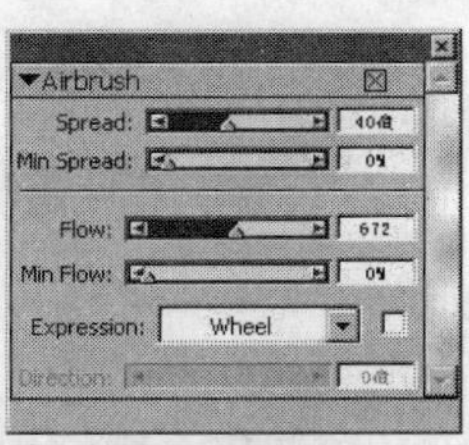

图6–55　喷笔面板

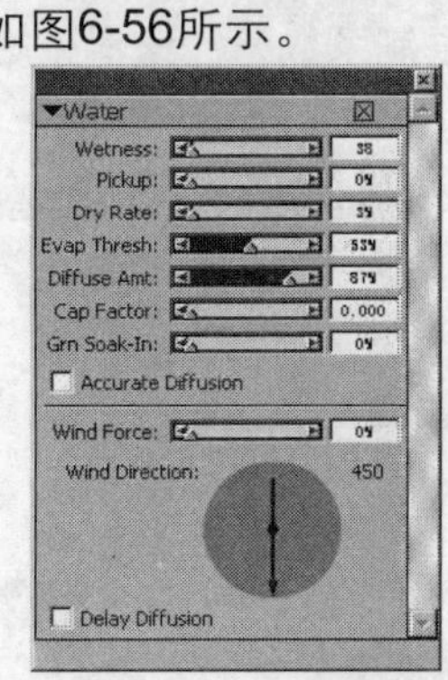

图6–56　水彩面板

Wetness（湿度）：该滑条用于控制画笔的湿度。当湿度增加时，画笔的颜色会被冲淡，颜色也会随之在更大的区域内膨胀，如图6-57所示。

图6-57 画笔湿度

> 提示
>
> 通常情况下Water（水彩）面板中的选项是不能使用的，只有在General（常规）面板中将Dab Type（笔尖类型）设置为Water（水彩）类型时才可以使用。

Pickup（活跃性）：该滑条用于控制相近笔触或相互交错笔触颜色之间通过流动所产生的融合。数值越大，水流动的范围越大，笔触之间的融合效果越明显，如图6-58所示。

Dry Rate（干燥率）：用来控制纸张的吸水程度。数值越高，纸张的吸水性越强，画上去的水彩也会很快干掉，如图6-59所示。

Evap Thresh（蒸发门槛）：该滑条控制水分的蒸发速度，数值越大，水分的扩散范围越小，如图6-60所示。

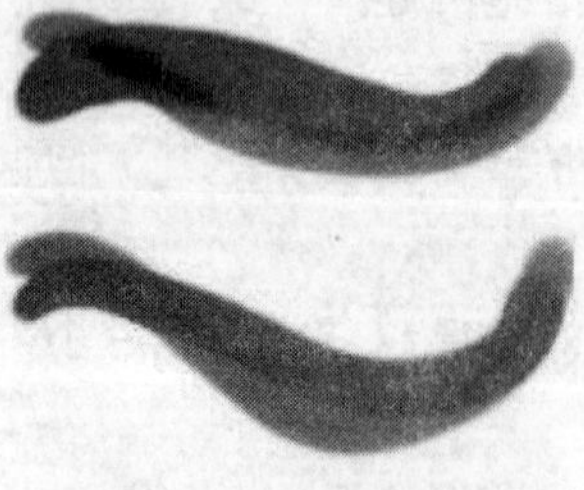

图6–58 画笔活跃性

图6–59 纸张的吸水程度

图6–60 水分的蒸发速度

Diffusion Amt（晕染量）：该滑条控制水彩在纸上的散开程度，数值越大，散开的范围就越广，如图6-61所示。

Cap Factor（限制系数）：该滑条控制水彩受纸张纹理的影响程度。数值越高，纸张纹理对画笔的影响越明显。

Grain Soak-In（浸泡程度）：画笔浸泡程度直接影响颜色颗粒的分布，浸泡值越高，颗粒化越明显，如图6-62所示。

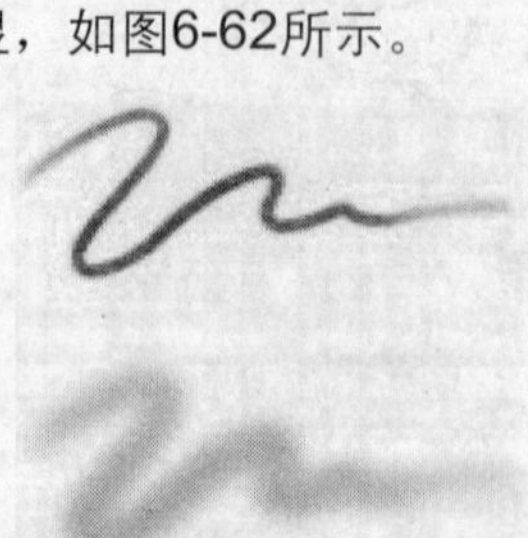

图6–61 水彩在纸上的散开程度

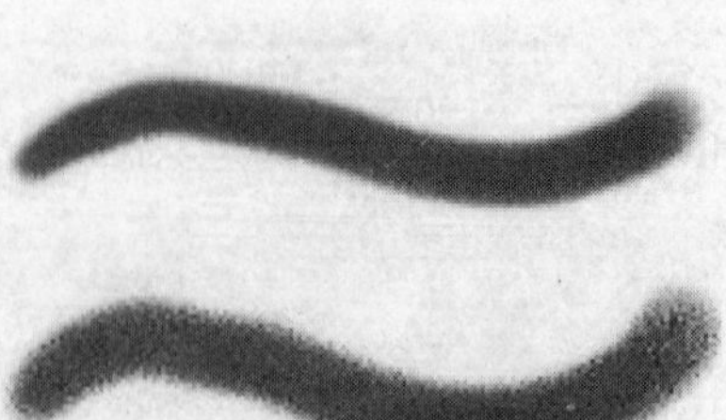

图6–62 画笔浸泡程度

Accurate Diffusion（精细渲染）：选择该选项可以使水彩的笔触感觉更细腻，如图6-63所示。

Wind Force（风速）：该滑条决定风的速度。数值越高，风越强，水彩的方向性越明显，如图6-64所示。

Wind Direction（风向）：该转盘决定风的方向，按住左键在该转盘中移动指针就可以改变风的方向，从而对水彩方向进行控制，如图6-65所示。

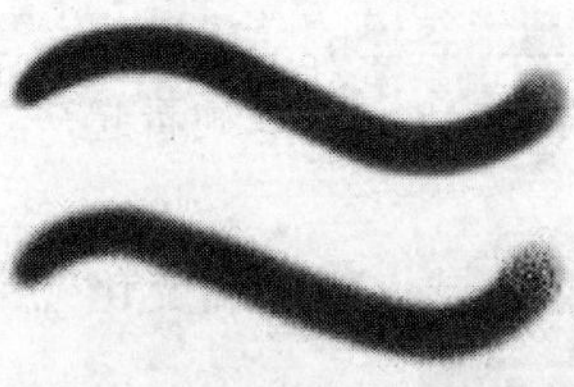

图6–63　画笔精细渲染效果

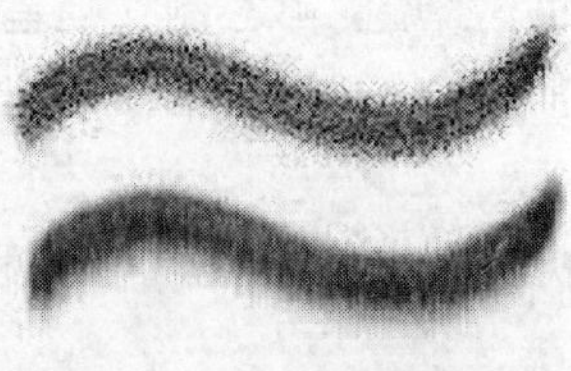

图6–64　风速效果

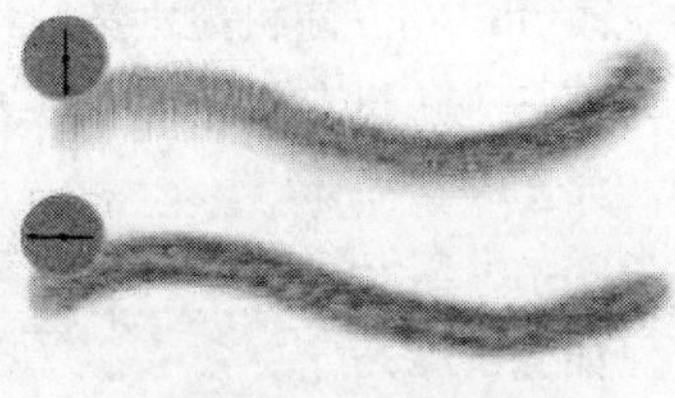

图6–65　风向效果

8. Liquid Ink（液态墨水）面板

选择Window（窗口）→ Brush Controls（笔刷控制）→ Show Liquid Ink（显示液态墨水）命令，在出现的面板中可以对液态墨水类画笔的属性进行调整，如图6-66所示。

Ink Type（墨水类型）：液态墨水是由墨水和颜色两个最基本的部分组成，墨水构成了笔触的形状，颜色可以为墨水的形状着色，两者可以共同使用也可以分开使用。单击Ink Type（墨水类型）后面的选框，在出现的菜单中可以选择墨水类型，如图6-67所示。

通常情况下Liquid Ink（液态墨水）面板中的选项是不能使用的，只有在General（常规）面板中将Dab Type（笔尖类型）设置为Liquid Ink（液态墨水）类型时才可以使用。

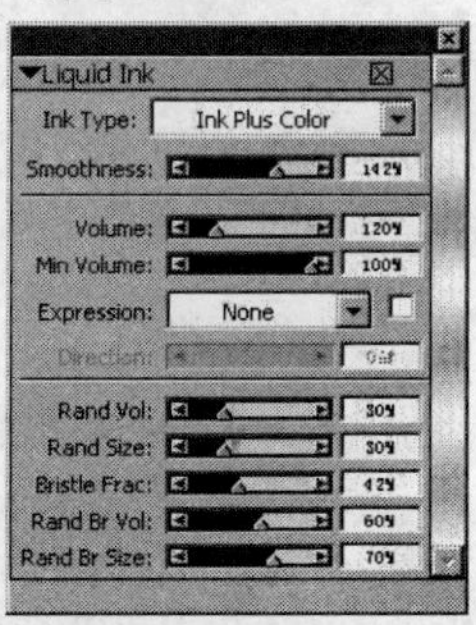

图6–66　液态墨水面板

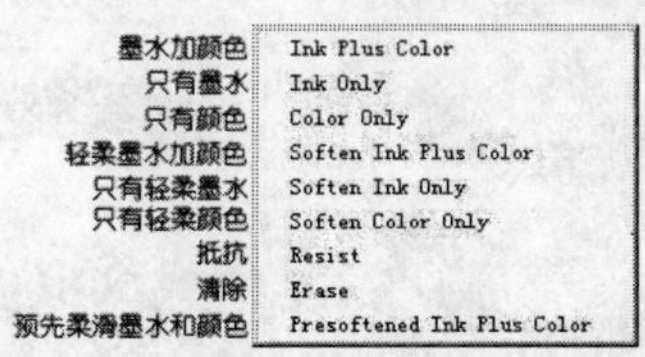

图6–67　墨水类型

Smoothness（平滑度）：平滑度的参数用来调整笔触的敏感度，平滑值越低，笔触越敏感，也会略显粗糙，如图6-68所示。

Volume（墨水量）：该数值决定墨水在笔刷上的饱和程度，当数值为0时，将完全没有颜色出现，如图6-69所示。

Min Volume（最低墨水量）：该滑条用来调整笔触最细时与最粗时的百分比，百分比越高，画笔的粗细变化越细微，如图6-70所示。

图6-68　笔触的平滑度变化效果

图6-69　墨水量变化效果

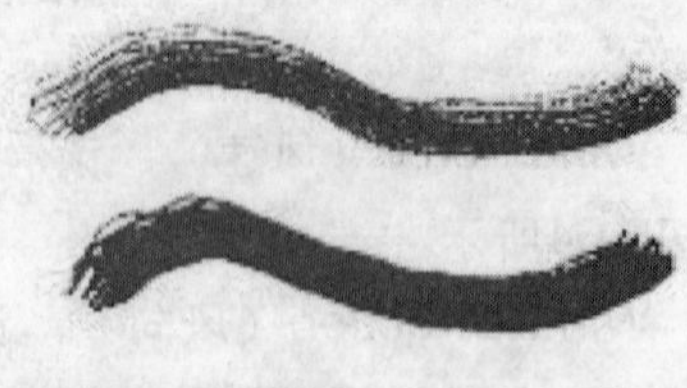

图6-70　最低墨水量变化效果

Rand Vol（随机墨水量）：随机墨水量能够控制在画笔容量内墨水容量的随机变化。数值越大，这种随机变化范围也越大。随机容量能够产生类似起笔落笔的变化，使笔触看起来更自然，如图6-71所示。

Rand Size（随机尺寸）：随机尺寸决定墨滴的变化程度，数值越大，墨滴变化范围越大，如图6-72所示。

Bristle Frac（鬃毛参数）：鬃毛参数控制笔毛的稀疏浓密程度，如图6-73所示。

图6-71　随机墨水量变化效果

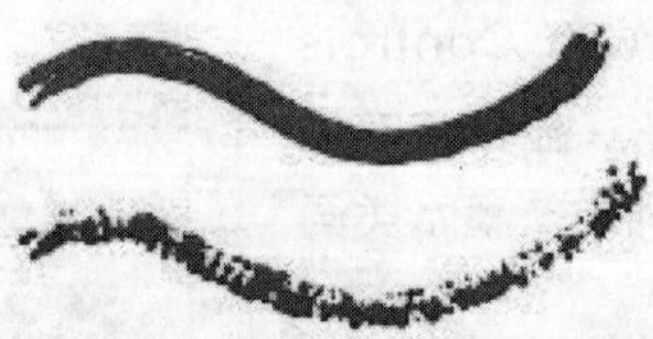

图6-72　墨滴变化效果

图6-73　鬃毛疏密程度

Random Br Vol（随机鬃毛容量）：该参数实际上只是用来模拟真实笔刷的鬃毛高度差，可以根据实际需要进行调整。当数值为0时，即认为该笔刷的所有鬃毛等高，如图6-74所示。

Rand Br Size（随机鬃毛尺寸）：该参数用来模拟真实笔刷鬃毛的粗细差异。当数值为0时，即默认该笔刷的所有鬃毛粗细均相等，如图6-75所示。

9. Digital Water Color（数码水彩）面板

选择Window（窗口）→ Brush Controls（笔刷控制）→ Show Digital Water Color（显示数码水彩）命令，在出现的面板中可以对数码水彩类画笔的属性进行调整，如图6-76所示。

图6-74　随机鬃毛容量变化效果

图6-75　随机鬃毛尺寸变化效果

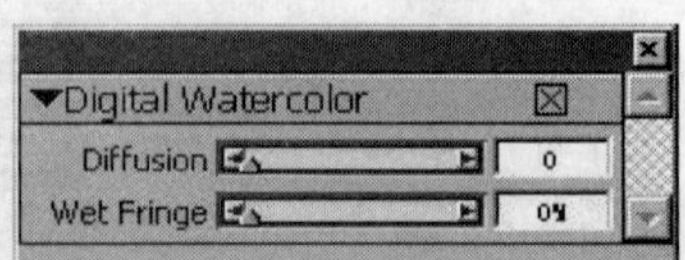

图6-76　数码水彩面板

Diffusion（晕染）：该滑条用于控制色彩的扩散程度，数值越大，扩散范围越广，如图6-77所示。

Wet Fringe（湿边）：该滑条用于控制笔触边缘的湿润程度，百分比越小，湿润效果越明显，如图6-78所示。

10. Artists' Oils（艺术家油画笔）面板

选择Window（窗口）→ Brush Controls（笔刷控制）→ Show Artists' Oils（显示艺术家油画笔）命令，在出现的面板中可以对艺术家油画笔的属性进行调整，如图6-79所示。

图6-77 色彩的扩散程度

图6-78 笔触边缘的湿润程度

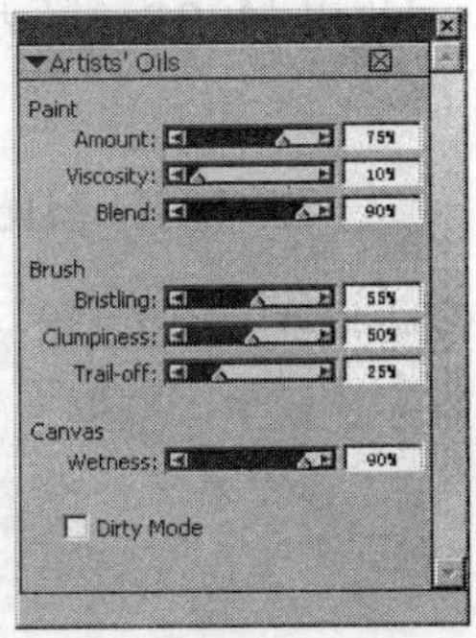

图6-79 艺术家油画笔面板

Amount（数量）：该滑条用于调整画笔中所含颜色的多少。数值越大，从深到浅的变化越快，当数值为0时，画笔中将没有任何颜色变化，如图6-80所示。

画笔笔触飞白中的纹理效果取决于当前使用的Paper（纸纹）。

图6-80 画笔中颜色数量效果

Viscosity（黏性）：该滑条用于调整笔触飞白的效果，数值越大，飞白效果越明显，如图6-81所示。

Blend（混合）：该滑条用于调整笔触与笔触之间的颜色混合。数值越大颜色之间的相互混合效果越明显。

Bristling（鬃毛）：该滑条用于调整画笔变量的鬃毛效果，数值越大，鬃毛越柔和，如图6-82所示。

Clumpiness（聚集度）：该滑条用于调整笔毛的痕迹效果，数值越大，笔毛的痕迹越模糊，如图6-83所示。

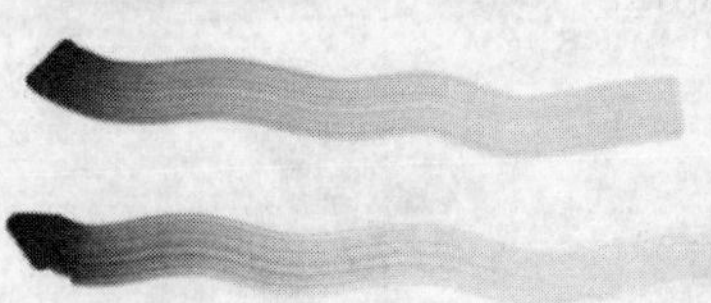

图6-81 笔触的飞白效果

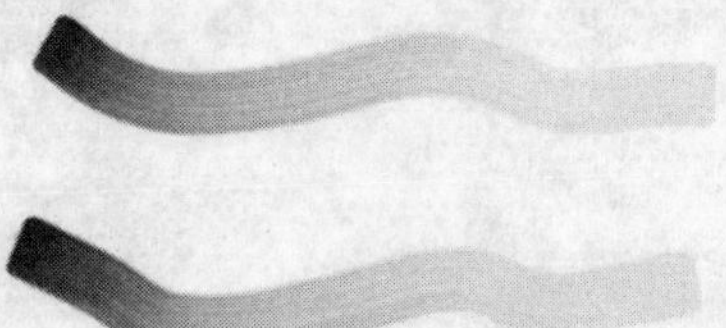

图6-82 鬃毛柔和效果

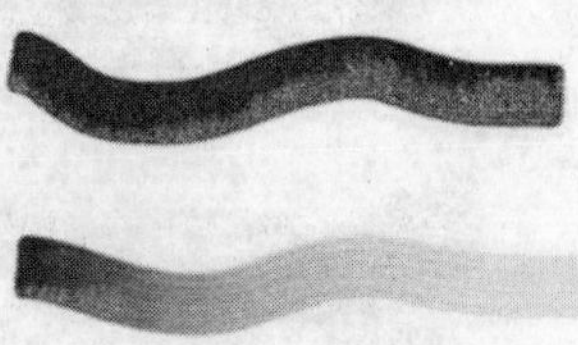

图6-83 画笔的痕迹程度效果

Trail-off（减淡）：该滑条用于调整画笔的浓淡程度，数值越大，浓淡变化越明显。当数值为0 时，画笔只会从粗到细变化，而不会从浓到淡变化，如图6-84所示。

Wetness（湿润）：该滑条用于调整画笔的湿润程度，数值越高，画笔越湿润，如图6-85所示。

Dirty Mode（脏画笔模式）：选择脏画笔模式选项，能够使画笔具有更强的颜色混合能力。

11. RealBristle（仿真鬃毛）面板

选择Window（窗口）→ Brush Controls（笔刷控制）→ Show RealBristle（显示仿真鬃毛）命令，在出现的面板中可以对仿真鬃毛笔的属性进行调整，如图6-86所示。

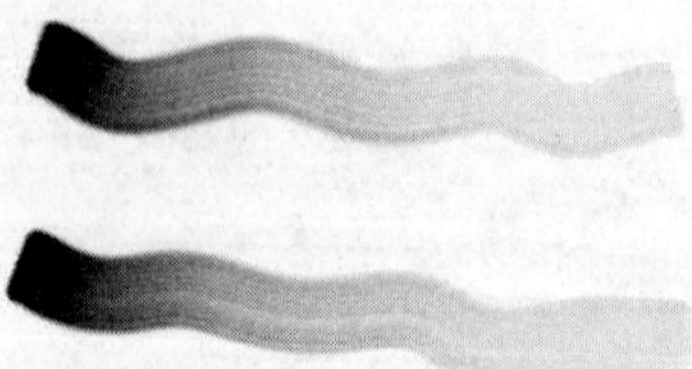

图6-84　画笔的浓淡程度效果

图6-85　画笔的湿润程度效果

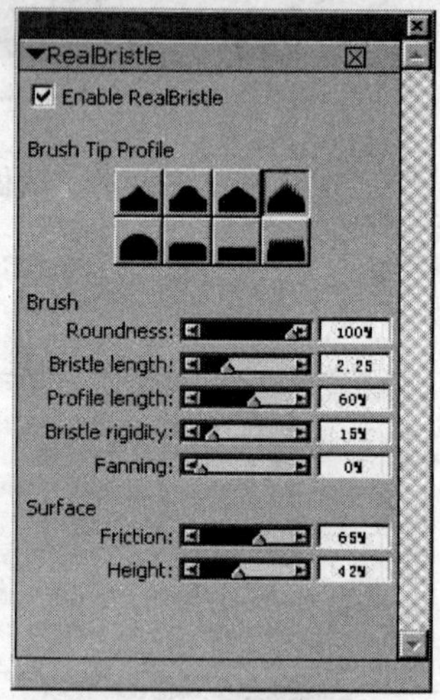

图6-86　仿真鬃毛面板

Enable RealBristle（应用仿真鬃毛笔）：默认情况下，该选项为选中状态，如果取消了该复选框的勾选，则仿真鬃毛笔将失去真实的鬃毛效果。

Brush Tip Profile（笔尖轮廓）：仿真鬃毛画笔共提供了8种不同的笔尖轮廓，可以通过单击选择。根据笔尖轮廓的不同，所绘制出的效果会有一定差距，但并不明显。

Roundness（圆度）：该滑条用于调整仿真鬃毛化的圆润度。数值越大，笔头越饱满；数值越小，笔头越干瘪，如图6-87所示。

Bristle Length（鬃毛长度）：该滑条用于调整鬃毛的长度。数值越大，画笔越宽；数值越小，画笔越窄，如图6-88所示。

图6-87　仿真鬃毛笔圆润度变化效果

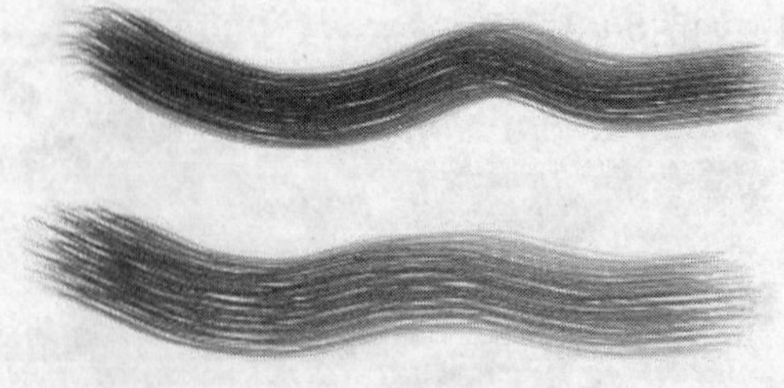

图6-88　仿真鬃毛笔笔毛长度变化效果

Profile Length（轮廓长度）：该滑条决定轮廓长度与鬃毛总长度的百分比。百分比越大，它们之间的长度就越近；反之则相差很大。在起笔时可以感觉出两者的不同，如图6-89所示。

Bristle Rigidity（鬃毛硬度）：该滑条用于调整鬃毛的硬度。数值越大，画笔鬃毛越硬；数值越小，画笔鬃毛越软，如图6-90所示。

轮廓长度的百分比较大时起笔绘画，会有一个明显的笔触尺寸和颜色透明的渐进过程，这一过程不受数位板影响。

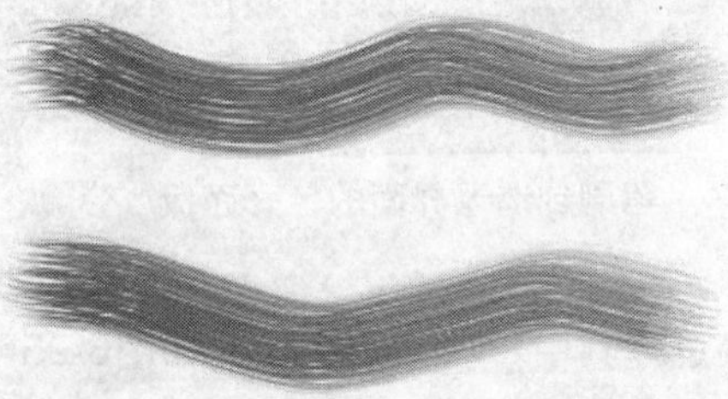

图6-89 仿真鬃毛笔轮廓长度变化效果

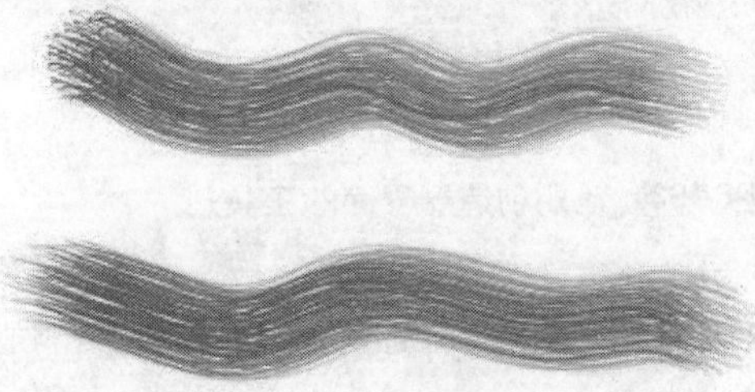

图6-90 仿真鬃毛笔鬃毛硬度变化效果

Fanning（展开）：该滑条用于调整鬃毛的展开程度。数值越大，画笔鬃毛展开的程度越大；数值越小，画笔鬃毛的展开程度越小，如图6-91所示。

Friction（摩擦力）：该滑条与鬃毛硬度有直接关系，当鬃毛硬度和摩擦力均较大时，会有较明显的纹理；当鬃毛硬度和摩擦力均较小时，笔触的效果相对较柔和，如图6-92所示。

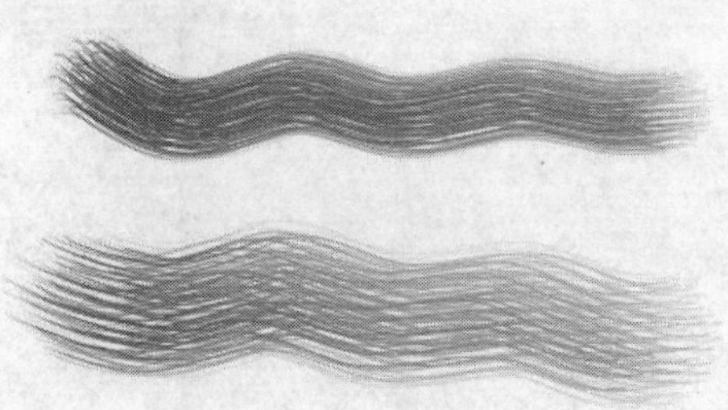

图6-91 仿真鬃毛笔鬃毛展开度变化效果

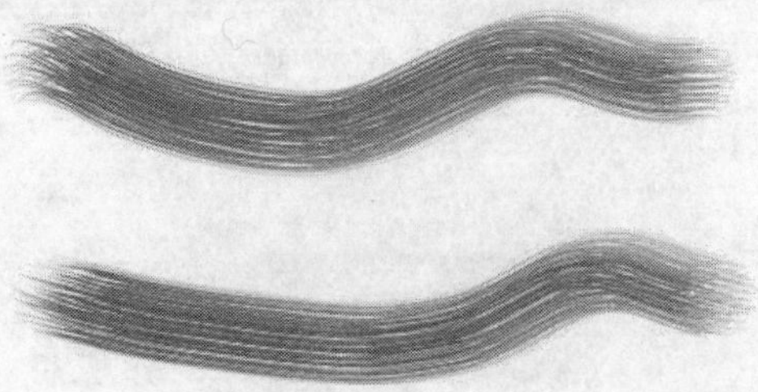

图6-92 仿真鬃毛笔鬃毛摩擦力变化效果

Height（高度）：该滑条用于调整鬃毛与画布之间的距离。数值越高，离画布越远，数值越低，离画布越近，绘制出的效果也会因为距离的关系发生变化。

6.3.4 用笔刷创造器定制笔刷

1. 认识笔刷创造器面板

前面介绍了包括笔刷创造器面板组成的工作界面。下面来逐一认识界面各组成部分的功能。

① Toolbox（工具箱）。

笔刷创造器中的工具箱绝对是个“袖珍版”的工具箱，如图6-93所示。工具选择区域包括了画笔工具、矩形选区工具、椭圆形选区工具、套索工具、缩放工具和手形工具；颜色选择器；材质选择器包括纸纹、渐变、图案、水管。每个工具的使用方法都和Painter X工具箱相同。

② Colors（色彩）面板。

色彩面板同Painter X工作界面中的色彩面板完全相同，如图6-94所示。

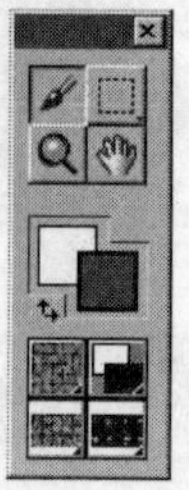

图6-93 笔刷创造器界面的工具箱

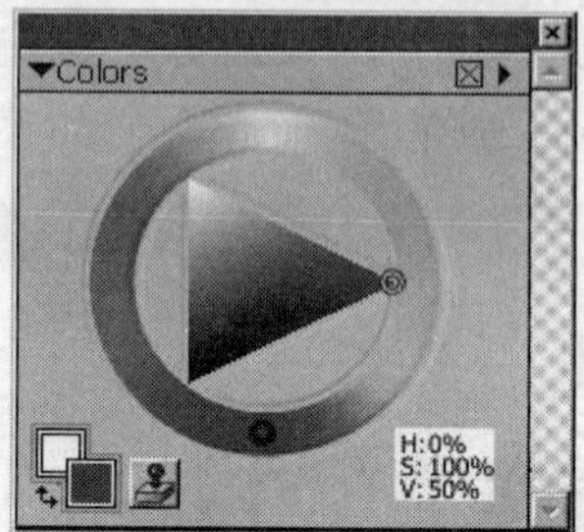

图6-94 笔刷创造器界面的色彩面板

③ Tracker（笔刷追踪）面板。

笔刷追踪用来保存自己设计的笔刷，也可以直接选择其中一项笔刷变体，如图6-95所示。

④ 笔迹显示区。

“Layer type：Default”对应的滑条用来设置当前的笔刷大小，中间的大面积白色区域是直接“试笔”的地方。单击Clear（清除）按钮会清除笔迹显示区域内的所有笔迹。右下方的缩放滑条用来缩放笔迹显示区域内的笔触，以便观察其细小变化，如图6-96所示。

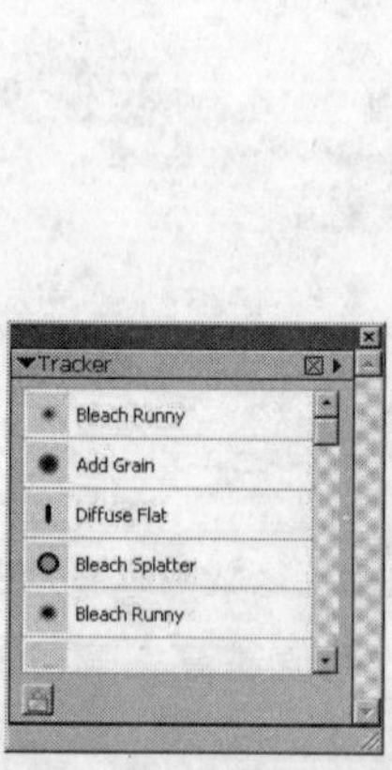

图6-95 笔刷创造器界面的笔刷追踪面板

图6-96 笔迹显示区

⑤ Randomizer（随机发生器）。

只要单击齿轮按钮就可以随机产生几种新的笔刷变体，将中间的滑条向右拖动可增大笔刷变体差异程度，向左拖动则变小笔刷变体的差异，如图6-97所示。

⑥ Transposer（转换器）。

转换器和随机发生器的使用原理相同。只是转换器是由两种现有笔刷变体产生一种新的笔刷变体，如图6-98所示。

⑦ Stroke Designer（笔触设定器）。

笔触设定器和前两个功能相比更复杂，涉及创建画笔的每个细节部分。其功能和Brush Controls（笔刷控制）面板功能完全相同，如图6-99所示。

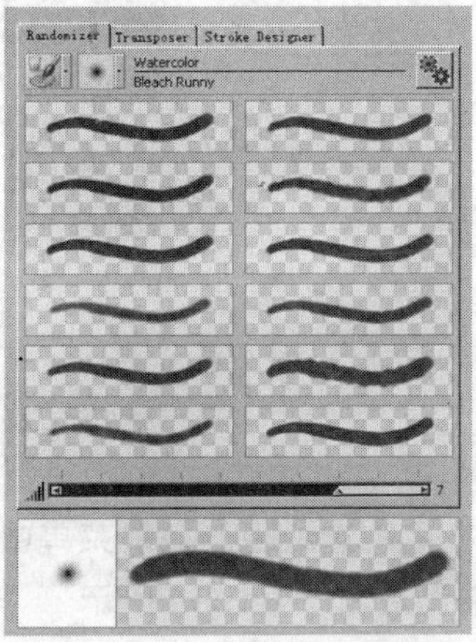

图6–97 随机发生器

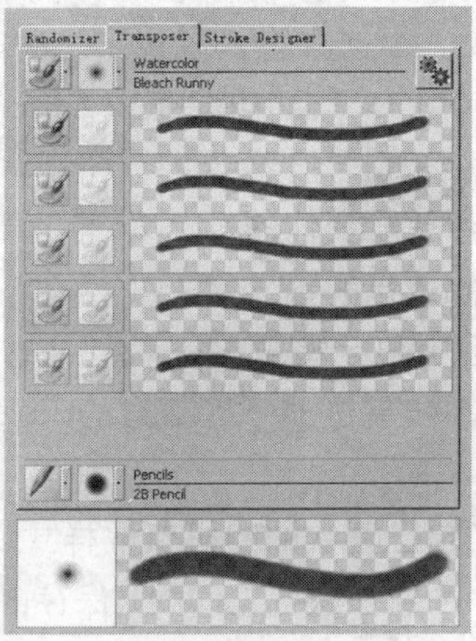

图6–98 转换器

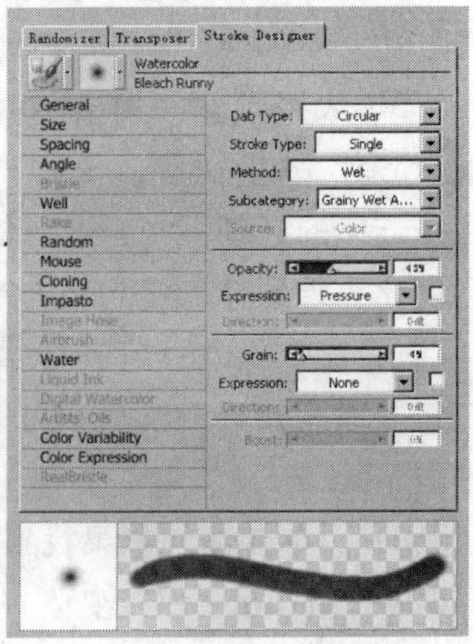

图6–99 笔触设定器

2. 使用笔刷创造器中的随机发生器定制笔刷

（1）打开面板。选择Window（窗口）→ Show Brush Creator（笔刷创造器）命令或按快捷键Ctrl+ B，弹出Brush Creator（笔刷创造器）面板。当打开笔刷创造器面板后，就不能继续在图像上绘画了，只能在笔刷创造器的笔迹显示区中测试笔刷效果。

（2）切换标签面板。单击Randomizer（随机发生器）标签（随机发生器是一个用作改变笔刷属性的工具），使选择的笔刷变体产生一些随机效果，并由它创建出和原笔刷完全不同的新笔刷。

（3）选择一个笔刷变体。在随机发生器窗口的左上角有一个笔刷选择器，可以在其中选择当前Painter X中所有的笔刷变体。选择其中的一个笔刷变体，用来定制一些更有趣的笔触效果，选择Pastels（色粉笔）→Blunt Soft Pastel 40（平头软色粉笔40号）笔刷变体，如图6-100所示。

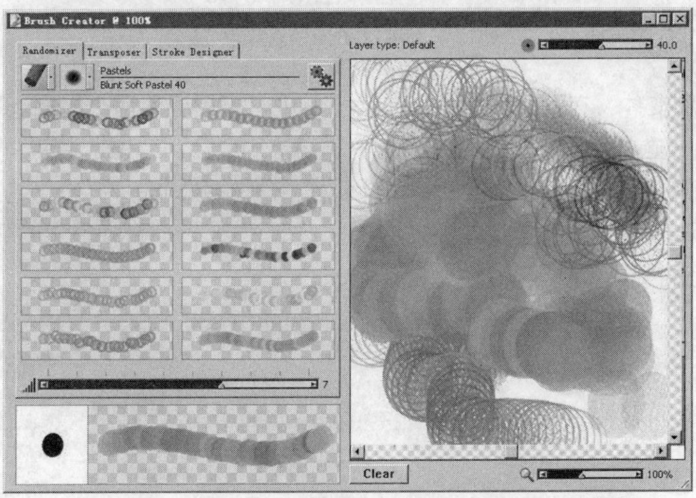

图6–100 使用笔刷创造器中的随机发生器定制笔刷

（4）设置参数。把Amount of Randomization（随机效果变化数量）的滑块调节到7。该滑块的调节效果将决定当前选择笔刷变体的变化程度，最高限度为10。

（5）效果预览。单击Randomize Current Selection（随机化当前选择）按钮，接着会产生一连串的、基于当前选择的原笔刷变体的一系列变化效果预览。任意单击笔触效果的预览窗口，将逐个在右边的笔迹显示区上显示笔刷效果。每次笔刷效果测试后都可以单击笔迹显示区下方的Clear（清除）按钮，重新获得空白的笔迹显示区。

提示

按快捷键Ctrl+S只能在Brush Creator（笔刷创造器）模式下作为保存变体使用。

（6）保存变体。如果找到了自己喜欢的随机变化样式后，在笔刷选取栏的级联菜单中，选择Save Variant（保存变体）命令或按快捷键Ctrl+S保存自定义设置，如图6-101所示。

（7）进一步修改笔刷变体。当创建完“WZ-Pastels”自定义笔刷变体后，如果希望进一步试验和改进，可以单击Stroke Designer（笔触设定器）标签，在General（常规）区域中，改变Method（类型方式）为Drip（流动），Subcategory（子类别方式）为Hard Drip（强流动）。然后把这个自定义的笔刷变体保存命名为“WZ-Pastels”，如图6-102所示。

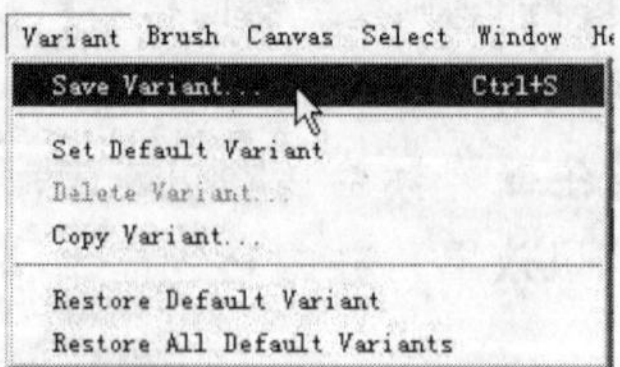

图6–101　在随机发生器中保存自定义的笔刷变体

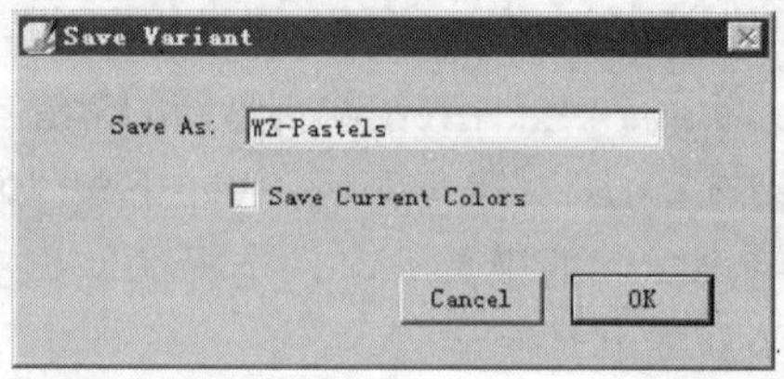

图6–102　保存自定义笔刷“WZ–Pastels”

3. 使用笔刷创造器中的转换器定制笔刷

（1）切换标签面板。选择位于Brush Creator（笔刷创造器）面板中的Transposer（转换器），转换的意思是改变和转借属性，这里是综合两种笔刷变体的属性，转换生成第3种全新的笔刷变体。

（2）选择笔刷变体。在Transposer（转换器）中，可以看到两个笔刷选取栏，还有相应笔触效果的预览窗口。选择两种希望混合在一起的不同笔刷变体，建议选择两种截然不同的笔刷变体，那样会产生更有趣的效果。在上方的笔刷选取栏中，选择Conte（孔特粉笔）→ Dull Conte 15（钝头孔特粉笔15号）的笔刷变体。在下方的笔刷选取栏中，选择Impasto（厚涂）→Add Etch（腐蚀厚涂）的笔刷变体。

（3）效果预览。单击转换当前选择按钮。选择每条笔触效果的预览窗口，逐一测试笔刷效果，如图6-103所示。

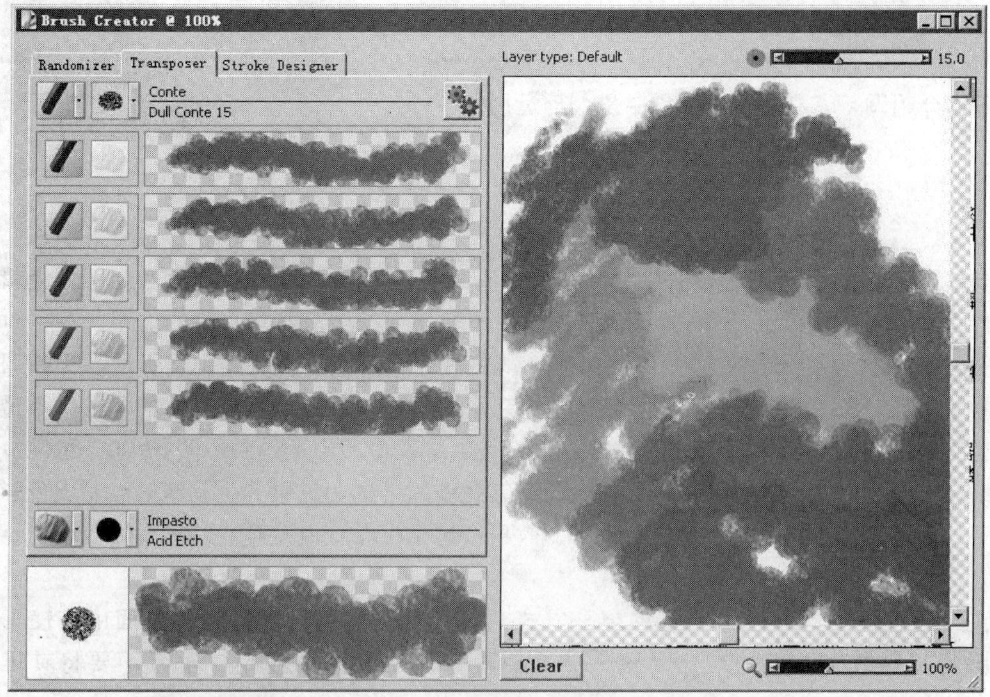

图6–103 使用笔刷创造器中的转换器定制笔刷

（4）保存笔刷。选择喜欢的转化样式，单击Stroke Designer（笔触设定器）标签。进入Well（流量）区域，调节Resaluration（饱和度）数值，如图6-104所示。最后保存为“WZ-Conte”自定义笔刷。

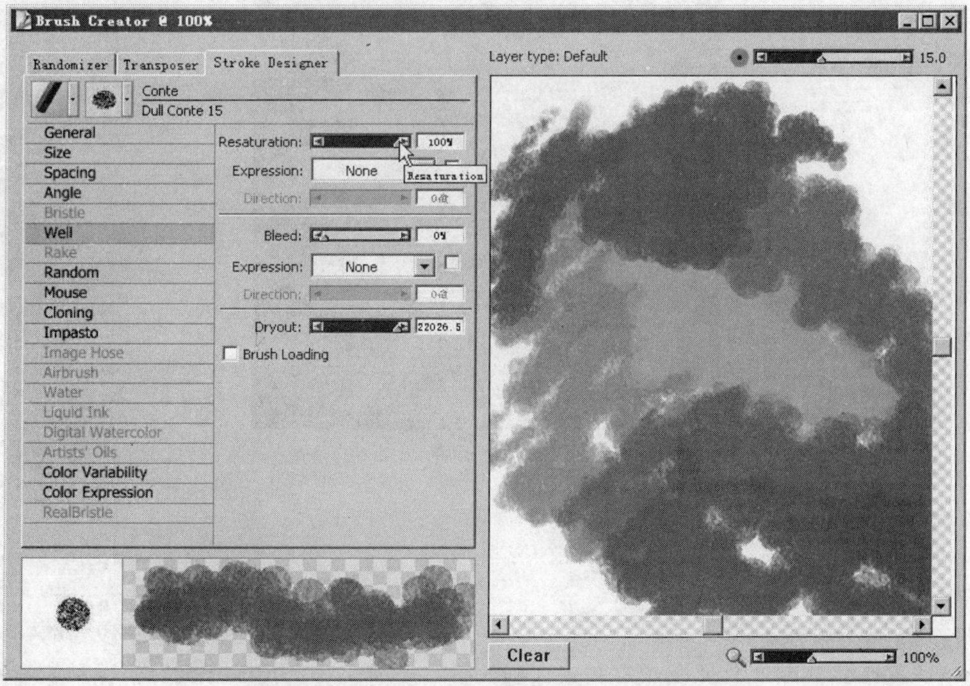

图6–104 在笔触设定器的Well区域更改饱和度

6.4 基础应用

下面介绍调整笔刷在绘画过程中是如何运用的。

6.4.1 使用多种笔刷变体效果

画笔是Painter X软件的核心部分，如果没有画笔的存在，Painter X和其他图像编辑软件就没什么区别了。所以在使用Painter X进行创作时，可以尽情发挥画笔的作用，在平时作品中不曾尝试过的画笔组合在这里都可以尽情地将其组合运用。如图6-105所示，在韩国插画师Wonaland的作品中，运用了很多自定义的笔刷，通过调整各个笔刷变体的尺寸、不透明度和颗粒，将画面制作出丰富多彩的梦幻效果。其中这幅作品中运用到Felt Pens（毡笔）中的Design Makers（设计专用马克笔）包含的宽笔触型和半透明效果的生动笔触绘制出色彩透叠的线条；运用F-X（特效笔）生成发光状的效果；运用Airbrush（喷笔）喷出喷洒状的背景效果等。

在绘画过程中也可以尝试这种绘画方式，将大量的笔刷变体运用到画面中，使画面产生堆叠的特殊效果。但是在运用这一方式时也要注意效果的应用，千万不要将其堆积成“大杂烩”。

图6–105　韩国插画师Wonaland的作品

6.4.2 表现细腻质感效果

很多喜欢CG动漫的朋友，在绘制人物的皮肤或机器的金属等光滑质地感较强的物体时，通常使用Airbrush（喷笔）的细腻笔触来达到效果，有时也会运用Blenders（调和笔）的融合使画面的表面光滑，将生硬的笔触调和成细腻的状态，如图6-106所示。

如图6-107所示，在加拿大艺术家Bobby Chiu的作品中首先会被这个黑人的发型所吸引，的确这一特别的角度和夸张的手法很有趣。头发的部分是使用Felt Pens（毡笔）中的笔刷变体绘制出具有半透明立体效果的线条，将其有规律地表现出来，形成黑人的爆炸头形象。

图6–106　巴西插画师Julia Castelo Branco的作品

图6–107　加拿大艺术家Bobby Chiu作品

6.4.3 使用自定义笔刷绘画

绘画过程可以说是一个不断变换的过程，可以根据需要随时调整笔刷的状态，包括笔刷的大小、不透明度或更高级的状态，以如图6-108所示的这副简单又有趣的水彩小图为例。图画中使用了自定义的Pastels（色粉笔）和Digital Watercolor（数码水彩笔）。通过调整笔刷的尺寸来绘制不同部分，例如，勾线的部分使用了色粉笔。选择Pastels（色粉笔）类别中的Artist Pastel Chalk（艺术家色粉笔），将General（常规）面板中的Subcategory（子类型）设置为Grainy Soft Cover，这个设置可以得到比Grainy Hard Cover更柔软的画笔。在笔刷选取栏的级联菜单中，选择Save Variant（保存变体）命令，就可以保存自定义的Soft Grainy Pastel（软覆盖色粉笔）。使用同一支小尺寸的色粉笔绘制出女孩的轮廓线和眼睛部分。使用Digital Watercolor（数码水彩笔）类别中自定义的Soft Diffused Brush（柔性渗化水笔）为女孩铺色。使用这类画笔中的Fine Tip Water（精细尖水笔），并更改笔刷的尺寸和不透明度来绘制女孩衣服上的圆点。最后选择Dry Digital Watercolor完成最终效果。

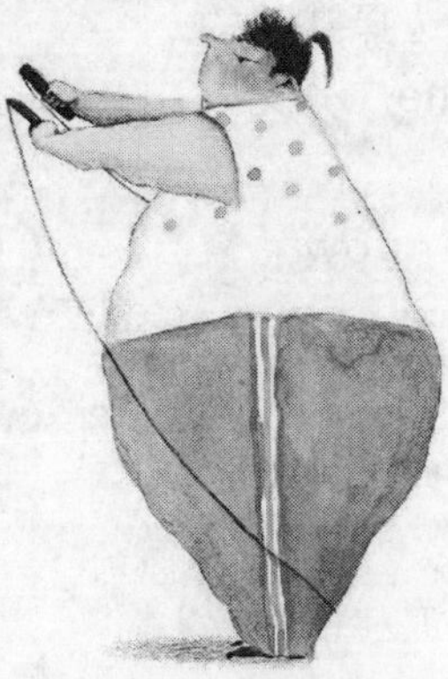

图6–108　将减肥进行到底

绘画过程也是一个不断探索的过程，相信大家在不断的练习过程中可以探索出属于自己的一种绘画状态并找到适合自己的画笔。

6.5 案例表现——制作自定义笔刷变体“WZ-Brush”

（1）创建新文件。按快捷键Ctrl+N新建一个空白的画布文件。

（2）绘制笔触。选择黑色为当前颜色。选择一种笔刷变体来绘制自定义的笔刷变体，如选择Pens（钢笔）→Leaky Ink（漏水钢笔）笔刷变体。这种笔刷变体具有自然的水滴状笔触。在白色画布上绘制黑色的形状标记，这个标记将成为要捕获的笔尖形状。

> 提示：最好保存这个画布文件，便于日后需要继续修改笔尖形状或进行其他操作。

（3）创建选区。在工具箱中选择“矩形选区工具“，或者直接按快捷键R。用“矩形选区工具”创建一个选区，框住笔尖形状部分，如图6-109所示。该选区要接近于正方形，这样才能保证捕获的笔尖形状不会因为选区的形状而发生变形。

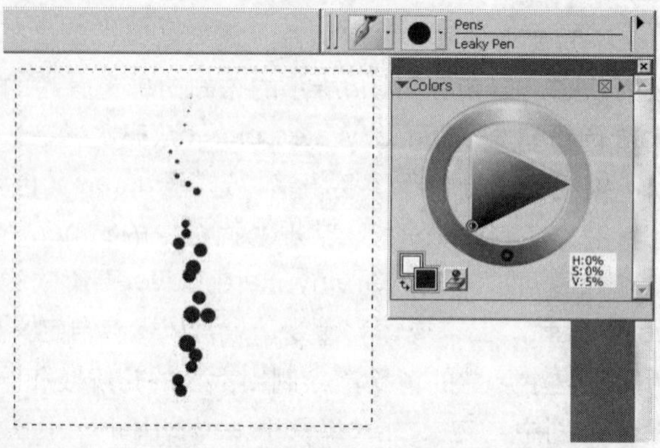

图6–109　矩形选区自定义的笔刷变体

（4）选择笔刷变体。随便选择一种希望改为新笔刷的默认笔刷变体，这里选择默认的Acrylics（丙烯）→Captured Bristle（分叉毛笔）笔刷变体。

> 提示：如果控制不好选区为正方形，可以按住Shift键同时按住左键拖曳创建一个正方形选区。

（5）打开尺寸面板。选择Window（窗口）→ Brush Controls（笔刷控制）→ Show Size（显示尺寸）命令，调出尺寸面板。在Size（尺寸）面板中的笔尖预览窗口可以看到默认的笔尖形状，如图6-110所示。

（6）捕获笔刷变体。在笔刷选取栏的级联菜单中，选择Capture Dab（捕获笔刷变体）命令，如图6-111所示。

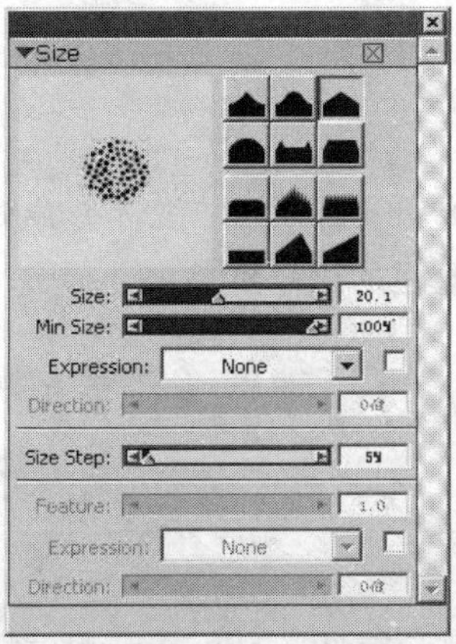

图6–110　在尺寸面板中预览自定义笔刷变体

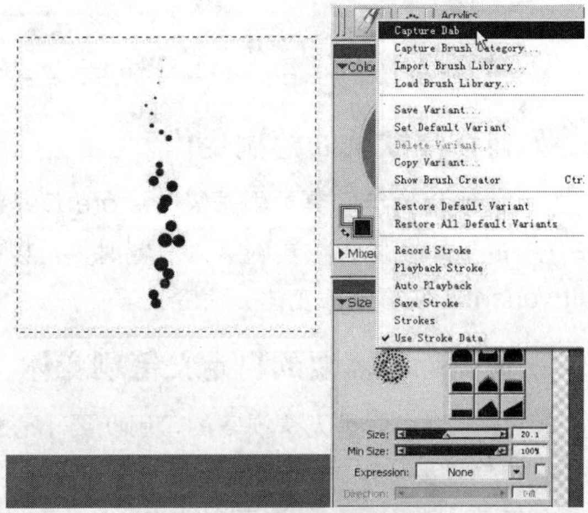

图6–111　捕获笔刷变体

（7）测试捕获的新笔刷。观察Size（尺寸）面板的笔尖预览窗口，会看到新捕获的笔刷变体形状的预览显示。按快捷键Ctrl+D取消选区，用该新笔刷试着画几笔，并调节属性栏上的某些滑条参数，直到获得满意的效果。

（8）保存变体。在笔刷选取栏的级联菜单中，选择Save Variant（保存变体）命令，如图6-112所示。在弹出的窗口中命名该新笔刷为“WZ-Brush”，如图6-113所示。

当前在笔刷属性栏中所显示的笔刷还是原来的Captured Bristle（分叉毛笔）笔刷变体，在笔刷选取栏的级联菜单中选择Restore Default Variant（恢复默认的变体）命令，会看到原来Captured Bristle（分叉毛笔）笔刷变体的形状又恢复到了默认状态。

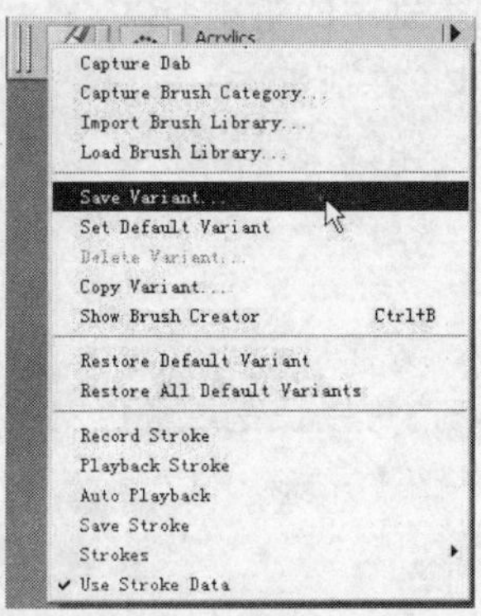

图6–112　保存自定义笔刷变体

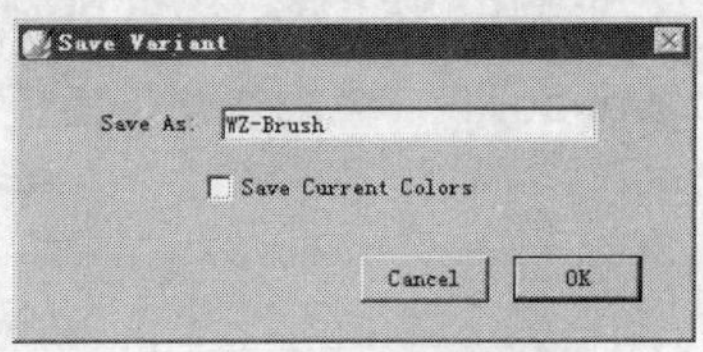

图6–113　命名自定义笔刷变体

（9）进一步测试新笔刷。在当前的笔刷变体列表中选择最新命名的自定义笔刷，继续修改和测试。

6.6 疑难及常见问题

1. 如何恢复默认的笔刷变体

在笔刷选取栏的级联菜单中选择Restore Default Variant（恢复默认的变体）命令。如果希望把所有的笔刷变体都恢复到默认设置时，可以在笔刷选取栏的级联菜单中选择Restore All Default Variant（恢复全部变体）命令。

2. 如何删除不需要的自定义笔刷变体

被删除的笔刷变体是无法恢复的，因此要小心使用。

（1）选择需要删除的笔刷变体。

（2）在笔刷选取栏的级联菜单中选择Delete Variant（删除变体）命令，弹出的提示框询问是否执行删除命令，如果确定了删除对象则单击Yes按钮，即可删除自定义的笔刷变体。如果笔刷类别中只剩下一个笔刷变体将无法删除，因为笔刷类别不能是空的。

3. 如何使用下载的自定义笔刷变体

使用下载自定义笔刷变体分为以下3种情况。

（1）如果这些文件是笔刷变体为.xml的文件，应该将其放置在一个笔刷类别的文件夹中。例如，C:\Program Files\Corel\Corel Painter X\Brushes\Painter X Brushes文件夹中的任何一个笔刷类别的文件夹中。

（2）如果这些文件是一个笔刷类别的文件夹（包含有一个30像素×30像素格式为.jpg的图标），可以放置在一个笔刷库中，默认的笔刷库是Painter X Brushes的文件夹。

（3）如果这些文件包含在一个笔刷库的文件夹中（包括笔刷类别的文件夹和笔刷变体），可以放置在Corel Painter X\ Brushes的文件夹中。

4. 如何复制一个笔刷变体到另外的笔刷类别中

（1）从其他的笔刷类别中，选择需要复制到新笔刷类别中的笔刷变体。

（2）在笔刷选取栏的级联菜单中选择Copy Variant（复制变体）命令，在弹出的对话框中Copy Variant to（复制变体到）的下拉菜单中选择自定义的新笔刷类别的项目名称。

（3）单击OK按钮。

5. 如何让笔触的颜色发生随机变化

调整Color Variability（色彩变化）面板中的HSV滑条，可以使笔触颜色发生随机变化。

6.7 习题与上机练习

1. 选择题

（1）在绘画过程中，当需要对笔刷进行简单的调节时，最便捷的方法是通过__________调节。

A. General（常规）面板　　B. 笔触设定器
C. 笔刷创造器　　D. 笔刷属性栏

（2）Spacing（间距）面板用来调整__________之间的距离。

A. 鬃毛疏密　　B. 画笔笔尖　　C. 鬃毛与画布　　D. 排笔笔尖

（3）以下笔刷种类中，__________是不能直接在Bristle（鬃毛）面板中进行调整的。

A. 油画笔　　B. 水墨画笔　　C. 数码水彩　　D. 调和笔

（4）当使用厚涂笔刷时发现绘制出的笔触只有颜色而没有厚涂效果，是因为笔刷的表现方式被选择了__________。

A. Color（颜色）　　B. Depth（深度）
C. Color and Depth（颜色和深度）　　D. Uniform（统一）

（5）打开笔刷创造器面板的快捷键是__________。

A. Ctrl+Shift+B　　B. Ctrl+Shift+R　　C. Ctrl+B　　D. Ctrl+R

（6）当要调节Rake（分叉）面板的选项时，发现该面板不能使用，应该在General（常规）面板中将__________设置为Rake（分叉）才可以使用。

A. Dab Type（笔尖类型）　　B. Method（方法）
C. Stroke Type（笔触类型）　　D. Expression（表现）

（7）笔刷创造器的__________功能与笔刷控制面板的功能完全一致。

A. Randomizer（随机发生器）　　B. Transposer（转换器）
C. Stroke Designer（笔触设定器）　　D. Tracker（笔刷追踪）

（8）Wind Force（风速）和Wind Direction（风向）的调整是针对__________类笔刷而设置的。

A. 水彩　　B. 鬃毛笔　　C. 喷笔　　D. 艺术家油画笔

2. 问答题

（1）调整笔刷有几种途径，分别是什么？

（2）捕获笔刷变体常用到工具箱中的哪些工具？

（3）如何使用笔刷创造器中的转换器定制笔刷？

3. 上机练习

（1）在Painter X中使用笔刷创造器中的随机发生器定制几个自己满意的笔刷。

（2）利用捕获画笔种类功能将捕获到的画笔变量定义为新的画笔种类。

（3）在Painter X中自定义一个笔刷。

读书笔记

第7章 艺术材质

本章导读

Painter X中提供了丰富多彩的艺术材质，利用这些可以绘制出各种不同的特殊视觉效果。那么我们可以运用Painter X提供的艺术材质能够达到怎样的效果呢？下面一起探索。

7.1 实例引入—— 怀旧的老照片

将一幅照片制作成发黄的怀旧效果，如图7-1所示。

图7-1 怀旧的老照片

7.1.1 制作分析

利用Painter X中的渐变材质为图像着色，使普通的彩色图像变成一张具有怀旧味道的老照片。

首先打开素材图像，同时打开渐变面板。在渐变面板中选择一个渐变样式以做成怀旧效果的色彩模式。在渐变面板的级联菜单中选择应用于图像中，此时素材图像就变成一张怀旧风格的图像了。制作怀旧照片流程图如图7-2所示。

打开素材图像

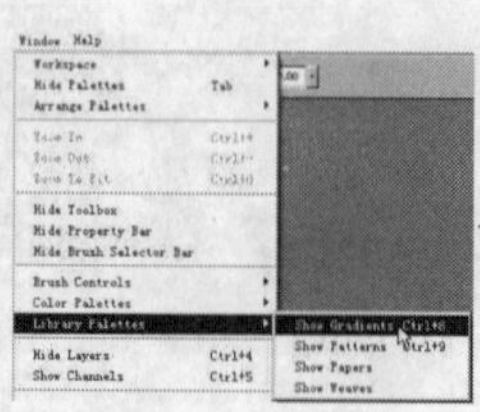

选择渐变样式

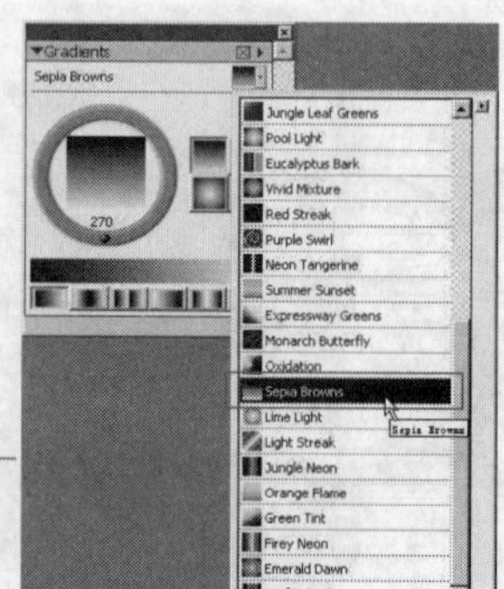

打开渐变面板

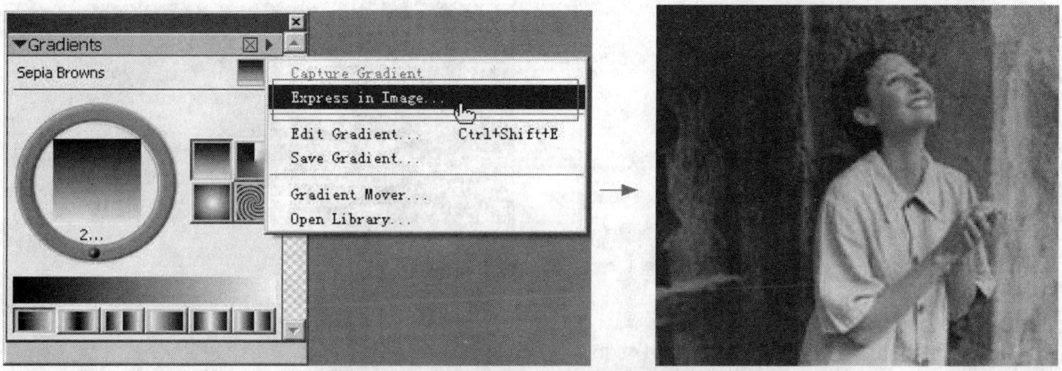

选择"渐变映射"命令为图像着色

图7-2 制作怀旧照片流程图

7.1.2 制作步骤

（1）打开素材图像。选择File（文件）→Open（打开）命令，或按快捷键Ctrl+O弹出Select Image（选取图像）对话框，打开光盘中素材\Old type.jpg文件，如图7-3所示。

（2）选择渐变样式。选择Window（窗口）→Show Gradients（显示渐变）命令，弹出Gradients（渐变）面板，面板右上角的图标是渐变样式库，单击该图标选择Sepia Browns渐变样式，如图7-4所示。

图7-3 打开素材图像

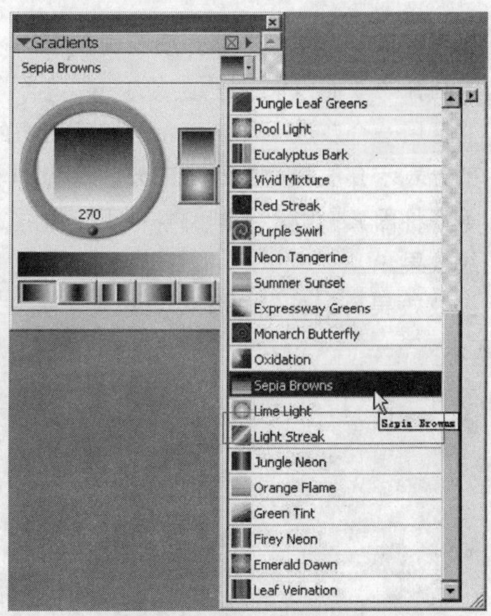

图7-4 选择渐变样式

（3）为图像着色。单击Gradient（渐变）面板右上角的三角图标，在弹出的菜单中选择Express in Image（渐变映射）命令，打开渐变映射对话框。在对话框中单击OK按钮确认，就可以为图像着色了，如图7-5所示。

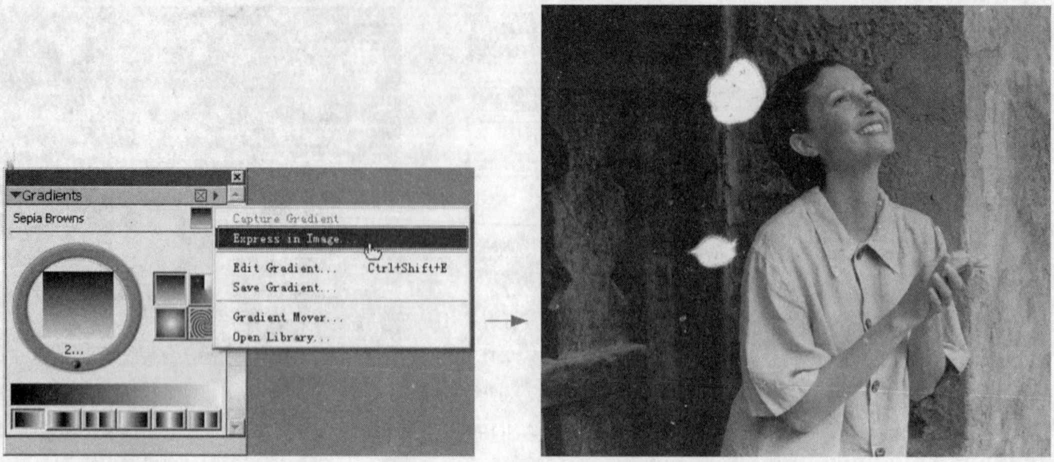

图7–5　用渐变为图像着色

7.2 基本术语

下面我们先来认识一下Painter X中的部分材质。

7.2.1 纸纹

为了更真实地模拟自然介质绘画过程，在Painter X中引入了纸纹的概念。这里所说的纸纹是对绘画介质表面几何纹理细节的一种统称。Painter X中把纸纹看做有一定几何结构的三维表面，并且用一个灰度图像来表示。灰度图像的亮色部分表示介质表面的凸起部分，灰度图像的暗色部分表示介质表面的凹陷部分。Painter X中的纸纹效果受笔刷的性质、选用的纸纹及相关参数等多种因素影响，不同的条件下，纸纹的效果有明显不同。大多数笔刷都会或多或少体现出纸纹效果。

纸纹效果可以使绘画显得更丰富。同一幅画使用不同的纸纹可以表现不同的效果，如图7-6所示。

使用仿真木屑纸的纸纹效果

使用艺术家画布的纸纹效果

图7–6　不同的纸纹有不同的效果

7.2.2 管口图像

在学习笔刷工具时曾提到过Image Hose（图像水管）的笔刷类别，这里的Nozzle（管口图像）就是为这个笔刷类别提供“服务”的。Nozzle（管口图像）不同于其他材质，它以图像水管类笔刷的笔刷变体喷涂的感压、角度、尺寸等方式来决定管口图像的分布属性。所以使用的管口图像材质由选取的图像水管笔刷变体决定。

我们可以选择不同的管口图像，并逐一去尝试它们。选择不同的Image Hose（图像水管）变体并留意其各自的效果，可以任意尝试较轻或较重的运笔力度，较长或较短的笔触，从而发现其中的神奇变化。

1. 配合Additional Color（附加色）使用

（1）在Colors（色彩）面板中选择一种明亮的颜色。

（2）单击主色和附加色的转换箭头，将选择的颜色转换为附加色。

（3）在笔刷属性栏中，把Grain（颗粒）的滑块调节到最左边。

（4）用图像水管的笔刷变体在画布上试着画一道笔触，观察Nozzle的颜色是如何发生变化的，如图7-7所示。

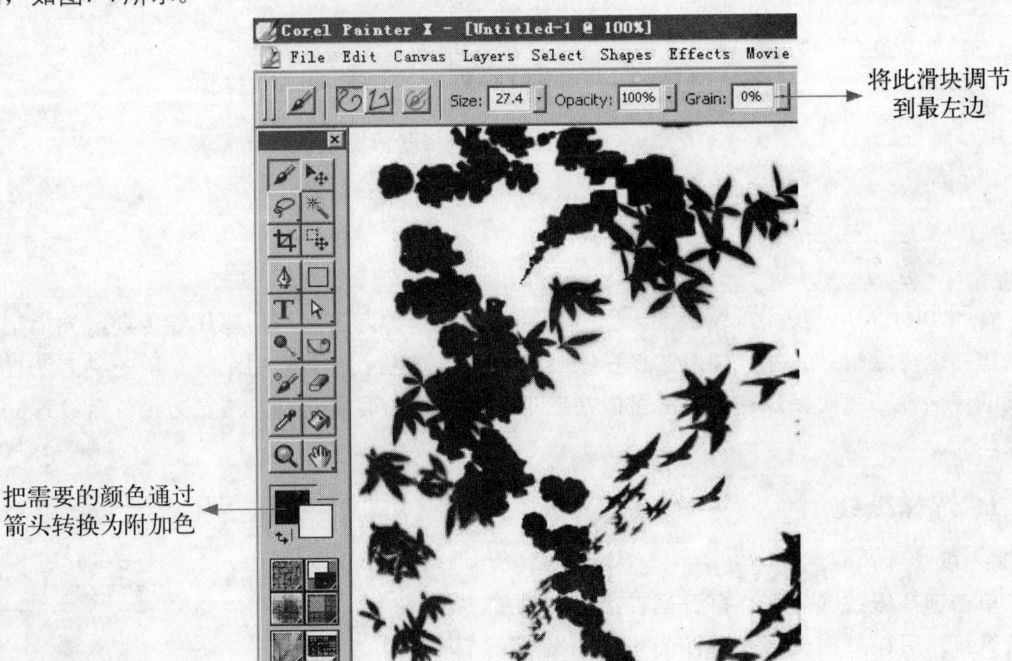

图7–7 配合使用附加色效果

2. 自定义管口图像

（1）新建一个文件，绘制或粘贴一组需要定义为Nozzle（管口图像）的图像分别作为图层。

（2）按住Shift键选中所有的图层，或选择Layers（图层）面板级联菜单中的Select All

（全选）命令。

（3）按快捷键Ctrl+G来群组所有图层。

（4）单击工具箱上的管口图像选择器，单击右上角的三角图标，在弹出的级联菜单中选择Make Nozzle from Group（从群组中制作管口图像）命令。命名这个文件并保存为RIFF格式。

（5）按快捷键Ctrl+L，在打开的对话框中找到保存的RIFF文件并载入。

（6）在画布上运行Nozzle（管口图像）命令。然后选择Add Nozzle to Library（添加管口图像到库中）菜单命令，这样，自定义的管口图像就被成功地添加到了当前的管口图像库中。

7.3 知识讲解

在工具箱中可以找到一组材质选择器，如图7-8所示。通过材质选择器可以快速选择需要的艺术材质。

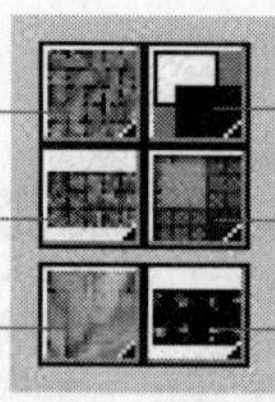

图7–8 材质选择器

7.3.1 纸纹的应用和调整

在Painter X中，使用纸纹绘画一般有两种方法：一种方法是在用笔刷绘画前，先指定使用的纸纹再进行绘画；另外一种方法是在绘画完成后，对整个绘图应用纸纹。前一种方法提供了更高的灵活性，每次使用笔刷时都可以指定不同的纸纹，而后一种方法更方便并且纹理的应用比较均匀。

1. 选择纸纹

① 纸纹选择器。

单击选择纸纹选择器，打开当前纸纹库中的所有纸纹，可以从中选择一种作为当前的纸纹，如图7-9所示。纸纹选择器中的各种纸纹可以以列表的形式显示，也可以以缩略图的形式显示。

> 提示：Painter X使用Basic Paper（普通纸纹）为默认纸纹，通常在画笔作用下纸纹效果并不明显。

单击纸纹选择器右上角的三角图标，在弹出的纸纹选择器的快捷菜单中选择List（列表）或者Thumbnails（缩略图），就可以在两种显示方式中切换，如图7-10所示。其他材质选择器都可以采用这个操作方式切换显示方式。

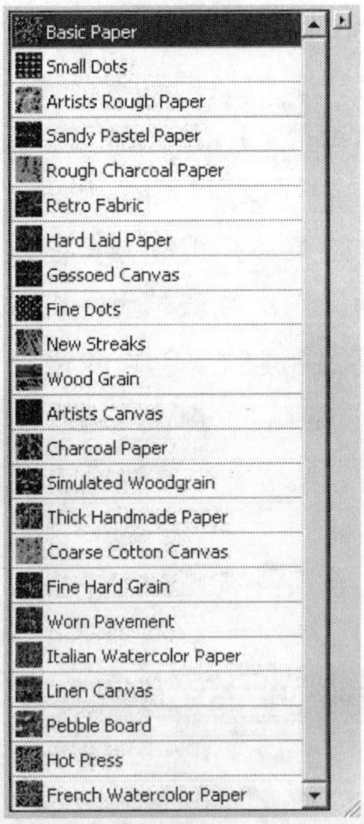

图7–9　纸纹选择器列表

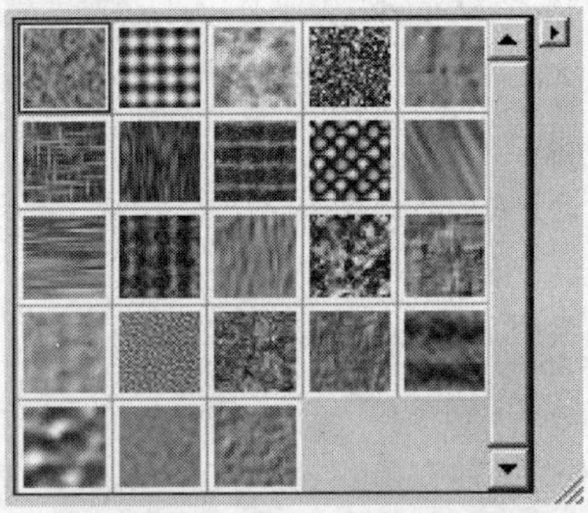

图7–10　纸纹选择器缩略图

② Painter X中的纸纹库。

Painter X提供了23种纸纹，如图7-11所示。

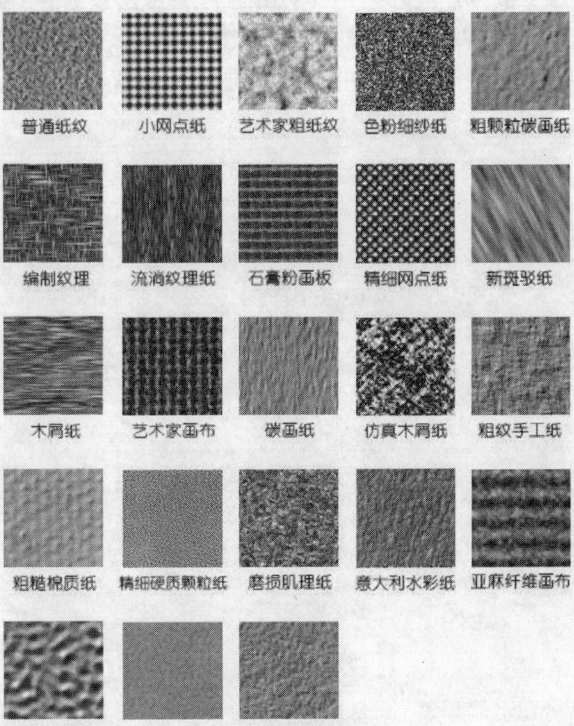

图7–11　纸纹库

2. 调整纸纹效果

Painter X提供的纸纹除了直接应用以外，还允许对其进行调整和控制使其达到更丰富的效果。

单击纸纹选择器右上角的三角图标，在弹出的纸纹选择器快捷菜单中选择Launch Palette（开启面板）命令，或者选择Window（窗口）→ Libraries Palettes（材质库）→Show Papers（显示纸纹）命令，打开Papers（纸纹）面板，如图7-12所示。

在纸纹面板左上角的预览窗口显示经过调整后的纸纹效果。在纸纹预览窗右侧显示经过调整后纸纹单元的大小，格式为*m* Rows *n* Columns（*m*行*n*列），数值越大，纸纹尺寸越大。单击图标可以调节纸张纹理方向；单击图标可以在纸张纹理的深色区和浅色区之间切换；滑条用于调整纸纹的缩放尺度，数值越大，纸纹越大越稀疏；滑条用于调整纸纹的对比度，数值越大，纸纹凹凸程度越强；滑条用于调整纸纹的亮度，数值越大，纸纹灰度图越亮，凸起的部分越多。

纸纹面板的右上角是纸纹选择器，显示当前的纸纹，单击其右侧的向下箭头，同样可以打开纸纹选择框，如图7-13所示。

图7–12　纸纹面板

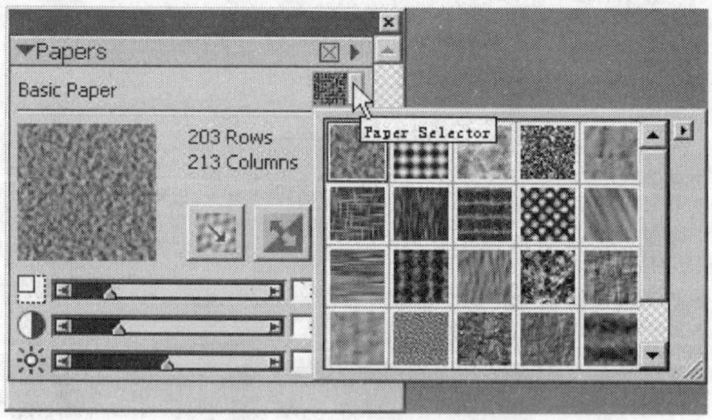

图7–13　打开纸纹选择框

3. 应用纸纹

应用纸纹分为在绘画前和绘画后应用。在绘画前应用纸纹可以在每次使用笔刷之前选择希望采用的纸纹，达到更丰富的效果。对于相同的笔刷使用不同的纸纹可以达到不同的效果。在绘画完成后想要应用纸纹，需要使用Painter X中特效应用表面纹理命令，将在第8章的特效中具体介绍。

7.3.2 创建纸纹

在Painter X中除了可以使用已有的纸纹外，还可以自由创建新的纸纹并且将其添加到纸纹库中。Painter X主要提供了两种创建新纸纹的工具：Make Paper（制作纸纹）和Capture Paper（捕获纸纹）。

1. 制作纸纹

制作纸纹以提供的一系列纹理模式为基础，允许通过调整一系列参数得到各种组合的纸纹。

（1）单击Papers（纸纹）面板右上角的三角图标，在弹出的纸纹选择器快捷菜单中选择Make Paper（制作纸纹）命令，在弹出的Make Paper（制作纸纹）对话框中设置制作自定义纸纹的参数，如图7-14所示。

（2）对话框左侧是当前制作纸纹效果的预览窗口。在Pattern（图案）的下拉菜单中有很多基础图案：Halftone（半色调）、New Halftone（新半色调）、Line（直线）、Diamond（钻石）、Square（正方形）、Circle（圆）、Ellipse（椭圆）、Triangle（三角形），这里选择Halftone（半色调），如图7-15所示。

> 提示
>
> 这里的Pattern（图案）是用来描述纸纹的，与Pattern（图案）面板、Define Pattern（定义图案）和Capture Pattern（获取图案）功能没有关系。

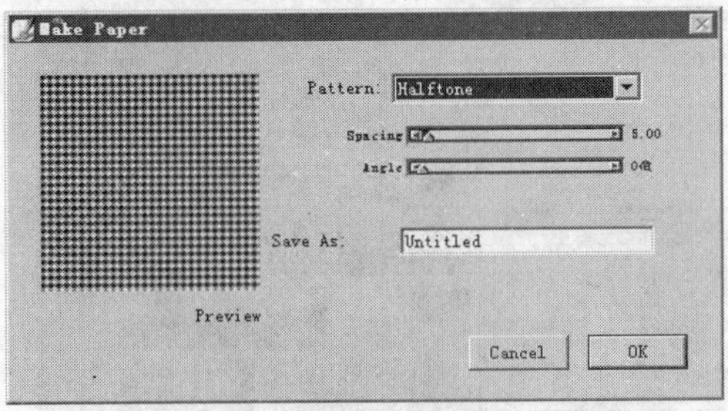

图7–14　Make Paper（制作纸纹）对话框

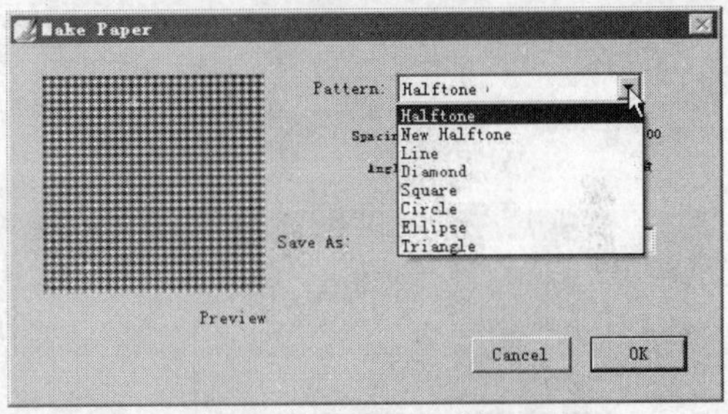

图7–15　制作纸纹选择图案

（3）选择合适的图案样式后，将Spacing（空间）滑条右移，设置较大的数值可以拉开图案行与列之间的间距，反之则缩小。Angle（角度）滑条可以在0°～360°范围内自由旋转纸纹图案的角度。

（4）得到满意效果后，单击OK按钮，这时新纹理出现在Papers（纸纹）面板上。

2. 获取纸纹

获取纸纹相对制作纸纹来说具有更大的灵活性，在画布上选定一个矩形区域，可以直接将该区域的绘图看做灰度图，作为捕获的纸纹使用。

（1）在Painter X中打开一副图像，在工具箱中选择Rectangular Selection（矩形选区工具），在图像上选择要定义的纸纹区域。

（2）单击Papers（纸纹）面板右上角的三角图标，在弹出的纸纹选择器快捷菜单中选择Capture Paper（获取纸纹）命令，在弹出的Save Paper（存储纸纹）对话框中输入纸纹名称，如图7-16所示。

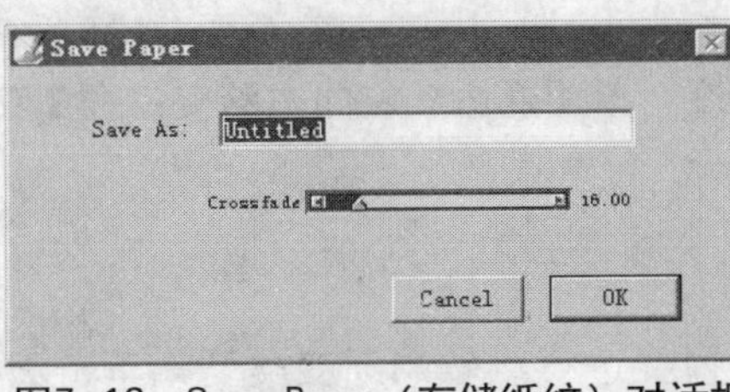

图7–16　Save Paper（存储纸纹）对话框

（3）根据需要移动Grossfade（交界淡化）滑条，调节纸张颜色块之间的明显交界。

（4）设置完成后，单击OK按钮，这时获取的纸张出现在Papers（纸纹）面板的纸纹库中。

7.3.3 渐变的调整和管理

渐变材质属性看上去有些复杂，因为它包含了渐变的类型、角度、颜色、排序，下面将其一一拆开来理解。

1. Gradients（渐变）面板

选择Window（窗口）→Show Gradients（显示渐变）命令，弹出Gradients（渐变）面板，如图7-17所示。

面板右上角的图标是渐变样式库，单击该图标会显示Painter X中所有的渐变样式，如图7-18所示。

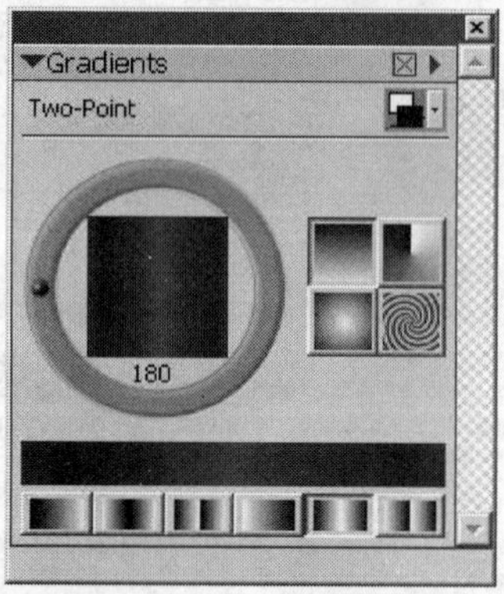

图7–17　Gradients（渐变）面板

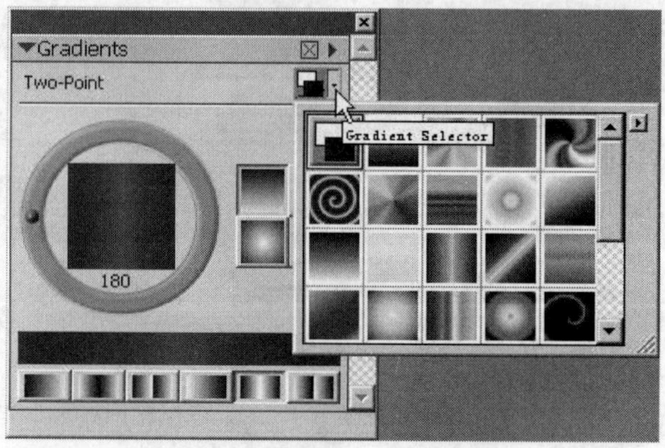

图7–18　渐变面板中的渐变样式库

在渐变面板中的渐变预览窗中，可以看到当前所选渐变的效果。预览窗口外有一个圆环，通过转动圆环中的红球可以改变渐变方向。

圆环右边是渐变的4种类型：直线型、放射型、圆型、螺旋型。

圆环下面是预览条，可以显示出当前渐变顺序的效果，如图7-19所示。

图7–19　当前渐变顺序

使用螺旋渐变时，按住Ctrl键转动红球可以改变螺旋渐变的紧密度。

预览条下面是6个渐变顺序按钮，从左向右渐变；镜像从右向左渐变；双重从左向右渐变；从右向左渐变；镜像从左向右渐变；双重从右向左渐变。单击相应按钮决定渐变的排列顺序。

2. 编辑渐变

（1）在渐变样式库中选择要进行编辑的渐变类型，单击面板右上角的三角图标，选择Edit Gradient（编辑渐变）命令，如图7-20所示。打开Edit Gradient（编辑渐变）对话框，如图7-21所示。

图7–20　选择编辑渐变

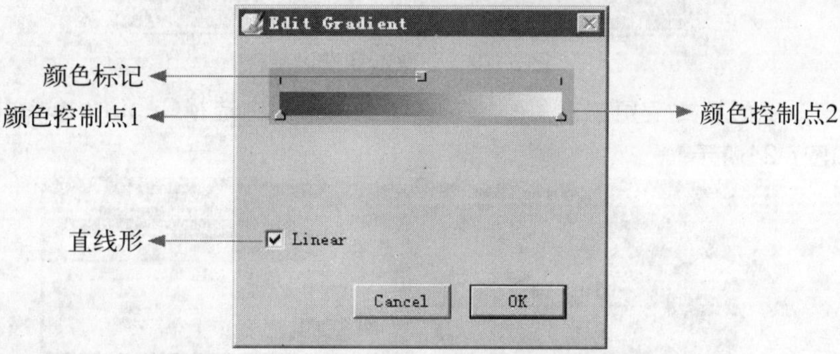

图7–21　Edit Gradient（编辑渐变）对话框

（2）在Edit Gradient（编辑渐变）对话框的上方有一个调节渐变效果的滑框。滑框上方的小方块叫做颜色标记，滑块下方的三角形滑块叫做颜色控制点。在渐变效果滑框中单击可以添加颜色标记，拖动颜色控制点可以调整渐变颜色的顺序。

（3）如果需要删除某些颜色，可以在渐变滑框上选择要删除的颜色控制点，然后按Backspace键将其删除。

（4）单击方块颜色标记，在Edit Gradient（渐变编辑器）对话框中将出现Color（颜色）选项，如图7-22所示。

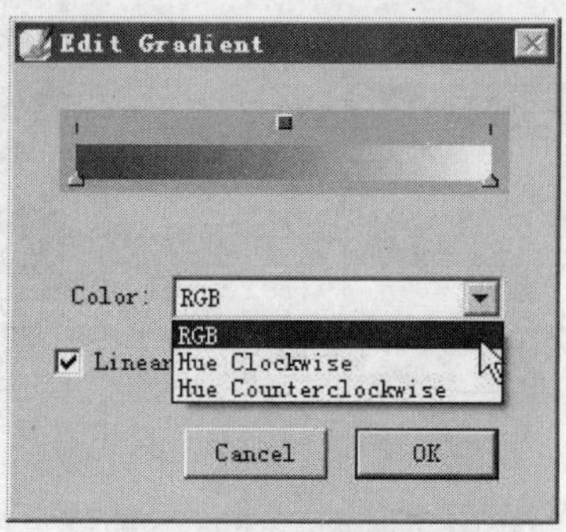

图7–22　编辑渐变颜色选项

选择RGB选项可以将两个颜色之间的渐进按照RGB颜色模式的颜色顺序进行渐变排列。选择Hue Clockwise选项可以将两个混合颜色按照色调的顺时针方向旋转。选择Hue Counterclockwise选项可以将两个混合颜色按照色调的逆时针方向旋转。

（1）勾选Linear（直线形）复选框可以使渐变效果变得更平滑。

（2）设置完成后，单击OK按钮。

3．获取渐变

（1）选择File（文件）→Open（打开）命令，在Painter X中打开一幅图像。

（2）使用矩形选区工具在图像上建立一个选区作为要获得渐变的区域，如图7-23所示。

图7–23　获取渐变选区

（3）单击渐变面板右上角的三角图标，在弹出的菜单中选择Capture Gradient（获取渐变）命令，如图7-24所示。

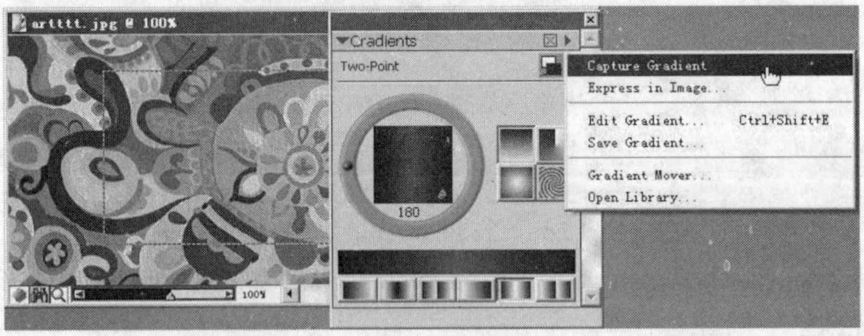

图7–24　获取渐变选区菜单

（4）在弹出的Save Gradient（保存渐变）对话框中输入作为渐变的名称，如图7-25所示。

（5）单击OK按钮，渐变就存储到渐变样式库中了，如图7-26所示。

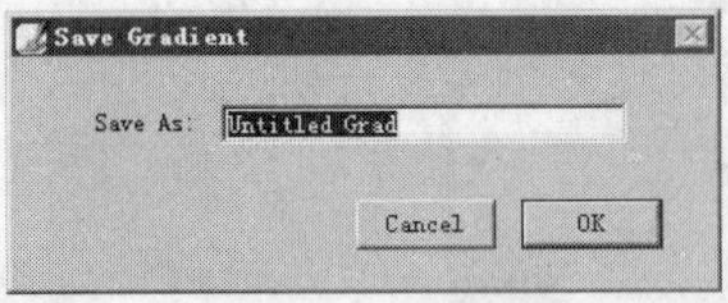

图7–25　Save Gradient（保存渐变）对话框

图7–26　存储到渐变样式库

4．图像渐变的渲染

Painter X不但可以产生各种渐变图案，而且还可以使已有的图案按当前的渐变模式进行渲染，以取代图像中原有的色彩。也就是说按原图的颜色规律，用渐变色加以替代，得到具有特殊效果的图像。

（1）选择File（文件）→Open（打开）命令，在Painter X中打开一幅图像。

（2）选择Select（选择）→All（全部）命令，全选图像为选区。在Gradients（渐变）面板的渐变样式库中选择要使用的渐变类型。

（3）单击Gradient（渐变）面板右上角的三角图标，在弹出的菜单中选择Express in

Image（渐变映射）命令，打开渐变映射对话框。

（4）在渐变映射对话框的预览窗口中可以看到图像被渐变的颜色所代替，预览窗口右侧的Bias（斜线）滑块用来调整渐变映射的程度，移动Bias（斜线）滑块后观察渐变贴入的效果，如图7-27所示。单击OK按钮，完成对图像渐变的渲染。

5. 保存渐变

单击Gradient（渐变）面板右上角的三角图标，在弹出的菜单中选择Save Grad（保存渐变）命令，在打开的保存渐变对话框中输入渐变名称后，单击OK按钮，这样渐变就被保存了，如图7-28所示。

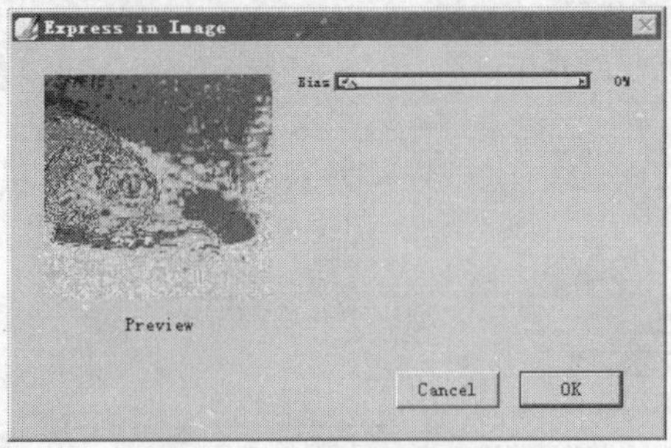

图7-27 调整渐变映射程度

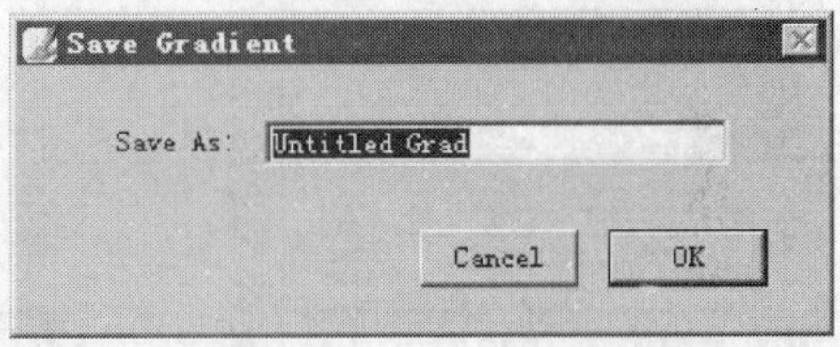

图7-28 Save Gradient（保存渐变）对话框

6. 渐变的属性

单击Gradient（渐变）面板右上角的三角图标，在弹出的菜单中选择Grad Mover（移动渐变）命令，在弹出的Grad Mover（移动渐变）对话框中可以对渐变进行删除、重命名、新建、关闭等操作，如图7-29所示。

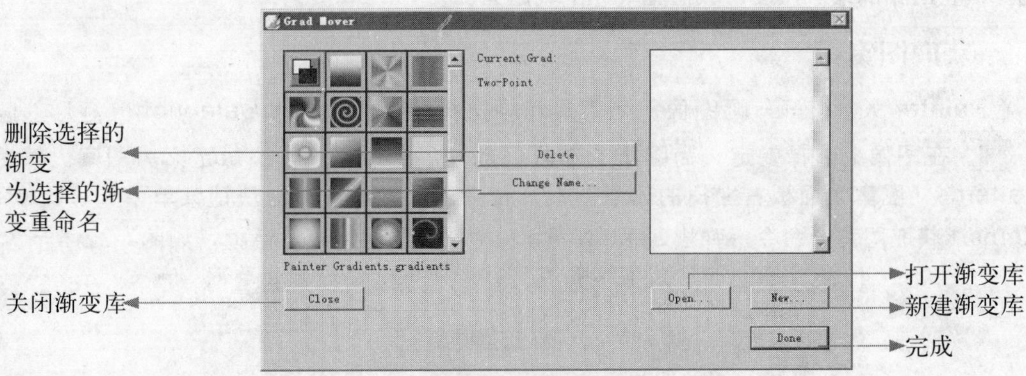

图7-29 Grad Mover（移动渐变）对话框

7.3.4 图案的应用和管理

1. 图案的应用

把图像制作成图案后，可以在许多工具中将图像表现出来，如Paint Bucket（喷漆桶工具）可以实现不同的图案复制效果。可以将图案的Scale（比例）值变小后填充到图像中，在制作无缝贴图时，图案可以发挥很好的作用。选择Make Fractal Pattern（制作分形图案）命令，可以制作出逼真的云彩、沙地和烟雾效果。

2. Patterns（图案）面板

单击图案选择器右上角的三角图标，在弹出的图案选择器快捷菜单中选择Launch Palette（开启面板）命令，或选择Window（窗口）→ Libraries Palettes（材质库）→Show Patterns（显示图案）命令，打开Patterns（图案）面板，如图7-30所示。

图案面板的右上角是图案选择器，显示当前的图案，单击其右侧的向下箭头，同样可以打开图案选择框，如图7-31所示。

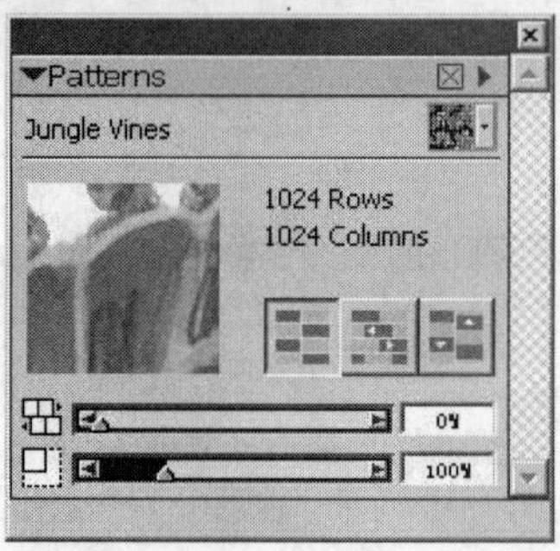

图7-30　Patterns（图案）面板

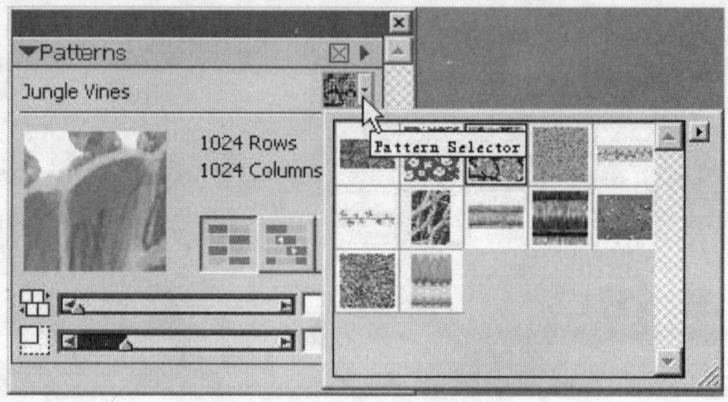

图7-31　打开图案选择框

在图案面板左上角的预览窗口中显示当前所选的图案效果。在图案预览窗右侧显示经过调整后图案单元的大小，格式为*m* Rows *n* Columns（*m*行*n*列），而且数值越大，纸纹尺寸越大。

文字下面的图标是图案的排列方向类型：矩形方向；水平方向；垂直方向。

滑条用于调整图案的位置，根据数值的0～100%变化从左至右改变图案的位置。滑条用于调整图案的缩放尺度，数值越大，图案越大。

3. 获取图案

在Painter X中打开一幅图像，在工具箱中选择Rectangular Selection（矩形选区工具），在图像上选择要定义为图案的部分，也可以直接将整幅图像定义为图案。然后单击Patterns（图案）面板右上角的三角图标，在弹出的图像选择器快捷菜单中选择Capture Patterns（获取图案）命令，弹出Gapture Pattern（获取图案）对话框，如图7-32所示。

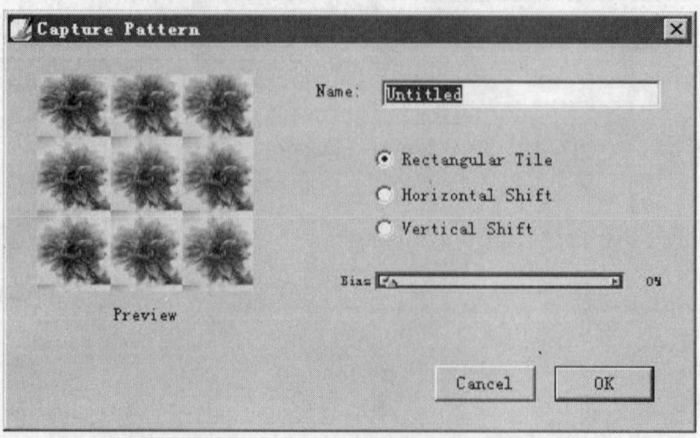

图7-32　Gapture Pattern（获取图案）对话框

点选Rectangular Tile（矩形排列）单选按钮，可以使所选的图像排列在一个矩形区域中。点选Horizontal Shift（水平变动）单选按钮，可以使所选图像沿水平方向发生位移。点选Vertical Shift（垂直变动）单击按钮，可以使所选图像沿垂直方向发生位移。拖移Bias（斜线）滑块可以使图像之间产生位移，但对Rectangular Tile（矩形排列）无效。

单击OK按钮，Painter X会将图像作为图案存储到当前使用的图案库中。

4. 定义图案

在Painter X中打开一副图像。然后单击Patterns（图案）面板右上角的三角图标，在弹出的图像选择器快捷菜单中选择Define Pattern（定义图案）命令，如图7-33所示。

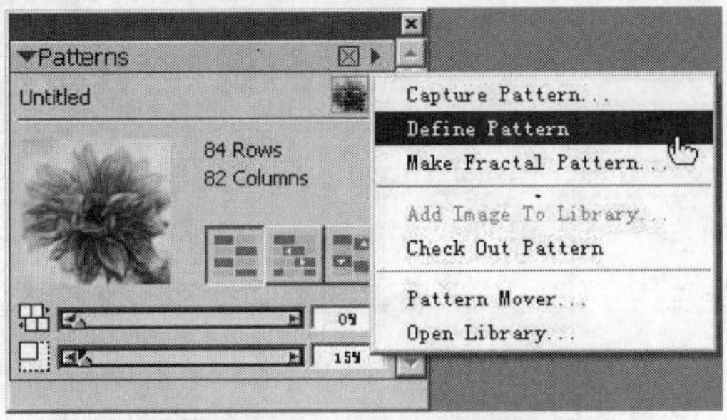

图7-33　选择定义图案命令

单击Patterns（图案）面板右上角的三角图标，在弹出的图像选择器快捷菜单中选择Add Image to Library（添加到图案库中）命令，打开Save Image（保存图案）对话框，如图7-34所示。在对话框中输入定义图案的名称，单击OK按钮，定义的图案被添加到图案库中。

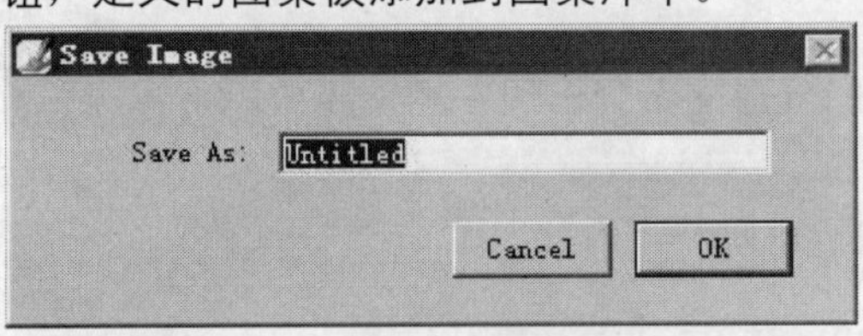

图7-34　Save Image（保存图案）对话框

如果不执行Add Image to Library（添加到图案库中）命令，那么这个图案在下次打开Painter X时就会消失。

5. 编辑图案

运用检验图案命令，在图案图像中对图案进行编辑或修改。

在图案库中选择要编辑的图案。单击Patterns（图案）面板右上角的三角图标，在弹出的图像选择器快捷菜单中选择Check Out Pettern（检验图案）命令。打开要编辑的图案后，就可以对该图案进行编辑了。修改完成后将其保存到图案库中，方便以后调用。

6. 制作分形图案

通过对分形图案的参数设置，可以得到各种各样的纹理和自然图案。

单击Patterns（图案）面板右上角的三角图标，在弹出的图像选择器快捷菜单中选择Make Fractal Pattern（制作分形图案）命令，打开制作分形图案对话框，如图7-35所示。

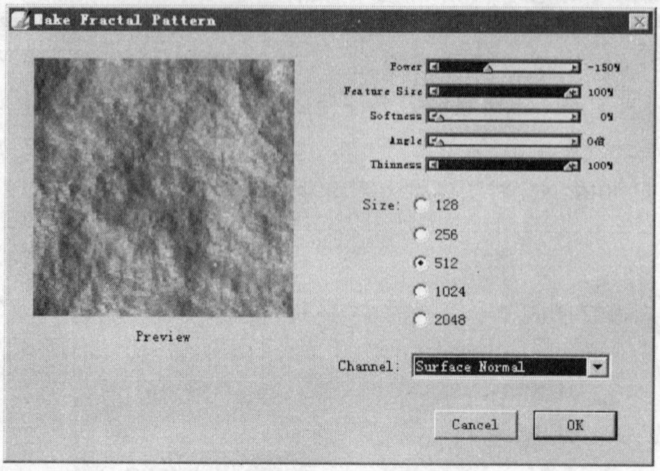

图7–35 Make Fractal Pattern（制作分形图案）对话框

制作分形图案对话框中各选项作用：

Power（机能）：该滑条用于调整分形图案的复杂度和清晰度。

Feature Size（特征尺寸）：该滑条控制分形图案内部特征的突出程度。

Softness（柔和度）：该滑条用于调整分形图案边缘的柔和度。

Angle（角度）：该滑条用于调整分形图案的旋转角度。

Thinness（稀释值）：该滑条用于调整分形图案的倾向性和线型。

Size（图案尺寸）：选择后面的数值，可以设定以像素为单位的图案尺寸。

在Channel（通道）的下拉菜单中选择分形图案的通道种类。选择Height as Luminance（高度作为亮度）选项可以将一个假设的高度信息作为亮度。选择Gradient Bearing（渐变方向）选项可以使用红色通道来显示亮度方向。选择Surface Normal（普通表面）选项可以使用绿色通道和蓝色通道来显示亮度关系。

设置完分形图案后，单击OK按钮，这时制作的分形图案会出现在图案库中。

7.3.5 织物的调整和管理

Weaves（织物）的特点是图像由许多微小的块状图形构成，有明显的织物质感，一般应用于背景。用户可以根据图像的内容选择不同的织物作背景，这样可以得到较好的装饰效果。

1. Weaves（织物）面板

单击图案选择器右上角的三角图标，在弹出的织物选择器快捷菜单中选择Launch Palette（开启面板）命令，或者选择Window（窗口）→ Libraries Palettes（材质库）→Show Weaves（显示织物）命令，打开Weaves（织物）面板，如图7-36所示。

织物面板的右上角图标是织物选择器，显示当前的织物，单击其右侧的向下箭头，可以同样打开织物选择框，如图7-37所示。

图7–36　Weaves（织物）面板

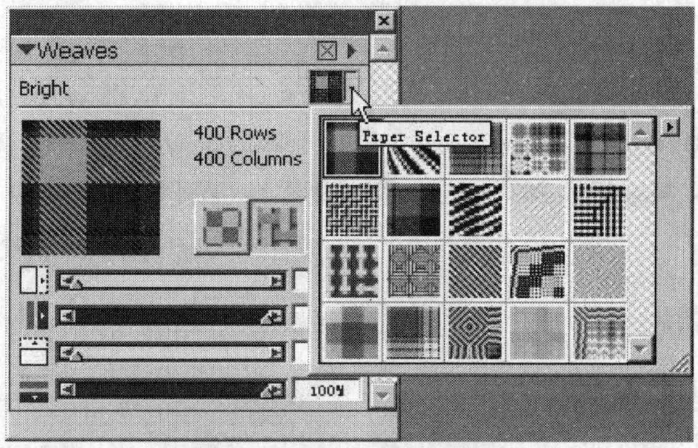

图7–37　打开织物选择框

织物面板左上角的预览窗口显示当前所选的织物效果。在织物预览窗右侧显示经过调整后织物单元的大小，格式为*m* Rows *n* Columns（*m*行*n*列），数值越大，纸纹尺寸越大。文字下面的图标是织物的类型：平面织物、立体织物。

滑条用于调整织物纤维水平缩放的大小；滑条用于调整织物纤维水平厚度；滑条用于调整织物纤维垂直缩放的大小；滑条用于调整织物纤维垂直厚度。

2. 织物的色彩替换

在织物样式库中选择要进行色彩替换的织物。单击Weaves（织物）面板右上角的三角图标，在弹出的图像选择器快捷菜单中选择Get Color Set（获取颜色设置）命令，这时该织物中的颜色将出现在Color Sets（色彩集）面板中。选择一种自己喜欢的颜色，按住Alt键，单击Color Sets（色彩集）上要替换的颜色，可以完成颜色的替换。编辑完成后，单击Weaves（织物）面板右上角的三角图标，在弹出的图像选择器快捷菜单中选择Put Color Set（获取颜色设置）命令，这样被选择的织物颜色就变成刚才设置的颜色了。

3. 编辑织物

单击Weaves（织物）面板右上角的三角图标，在弹出的图像选择器快捷菜单中选择Edit Weaves（编辑织物）命令，打开Edit Weave（编辑织物）对话框，如图7-38所示。通过编辑对话框右侧的方格对织物进行编辑。对话框左侧的4个方框使用Painter X自己的语言对织物进行描述。

编辑完成后，单击OK按钮，这样新编辑的效果被保存并出现在预览窗口中。

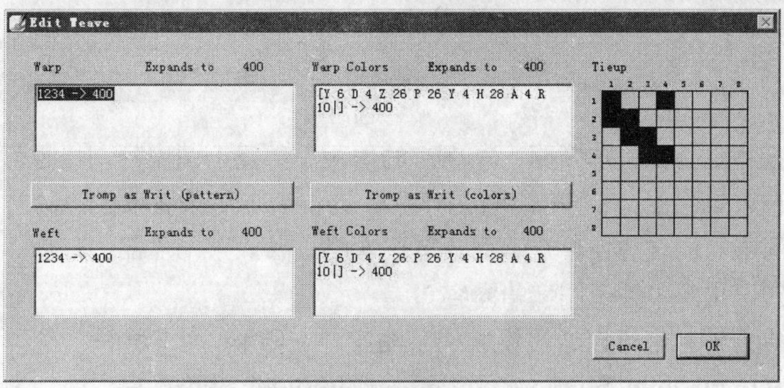

图7–38　Edit Weave（编辑织物）对话框

4. 保存织物

单击Weaves（织物）面板右上角的三角图标，在弹出的图像选择器快捷菜单中选择Save Weave（保存织物）命令，打开Save Weave（保存织物）对话框，如图7-39所示。输入要保存的名称后，单击OK按钮，这样建好的织物就被保存了。

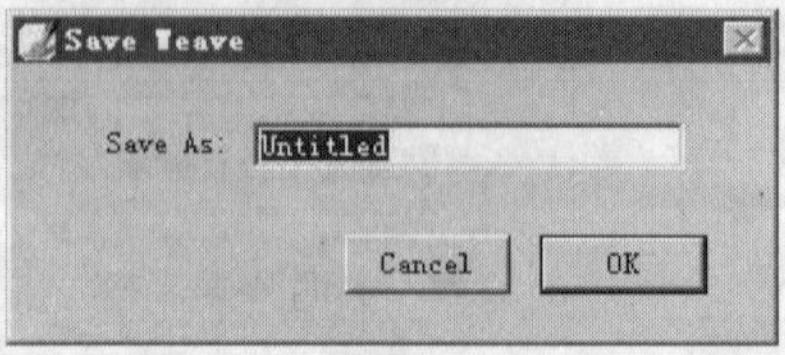

图7–39　Save Weave（保存织物）对话框

5. 移动织物

单击Weaves（织物）面板右上角的三角图标，在弹出的图像选择器快捷菜单中选择Weave Mover（移动织物）命令，打开Weave Mover（移动织物）对话框，如图7-40所示。

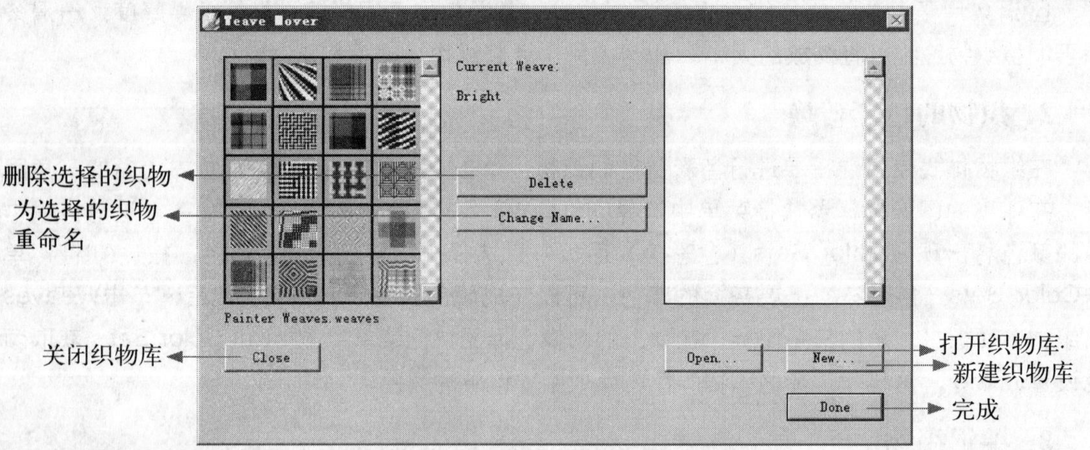

图7–40　Weave Mover（移动织物）对滑框

7.4 基础应用

怎样将艺术材质应用到作品中呢？首先欣赏下面的作品，看看大师是如何应用的。

7.4.1 图案的排列

Painter X的图案创建工具非常强大。在它的作用下，复杂图案的制作也可以变得很容易。如图7-41所示来自韩国插画师Cheestory的作品，该作品运用了获取图案的方法绘制出了重复的图案，通过不同层次的堆叠使整个画面具有层次感，融入整个作品的环境中。关于获取图案的使用方法参照知识讲解中关于图案的内容。

除了规则的排列外，还可以通过设置捕获图案。在Capture Paper（获取图案）对话框中根据图案需要选择Horizontal Shift（水平变动）或Vertical Shift（垂直变动）选项，并调节滑条查看图案排列的规律，将图案进行较复杂的排列，形成如图7-42所示的效果。

图7—41 韩国插画师Cheestory的作品

图7—42 插画师Johnny Yanok的作品

7.4.2 使用图案

如图7-43所示插画师Kluke的作品中使用图案绘制出了画面中的墙纸，通过对图案的一些明暗变化制造出更为形象的墙纸效果，使整个墙纸存在于环境中。其实这是图案材质经常被用到的一种方法，在很多插画作品中经常利用这种方法。有时图案材质也被运用到一些布料的重复图案效果中。

图7—43 插画师Kluke作品

7.4.3 使用渐变

渐变可以很好地模拟各种光泽，如金属表面上的光泽效果，或CG动画人物嘴唇上的唇彩光泽。放射状效果的渐变能产生尖锥状的凸起或凹陷效果，可以用来绘制一些器械或特殊场景。渐变的特殊效果还可以用于制作太阳、月亮等发光效果。另外渐变还被用于矢量绘画中，在矢量图形中渐变效果更容易被表现出来，如图7-44所示。

渐变图像可在突出图像的主要景物上发挥作用，还可以使用渐变作为天空的背景。如图7-45所示是一张简单的动画电影海报，画面中只有简单的公主和王子的两个人物剪影和一点简单的环境剪影构成。但是往往越是简单的东西越耐人寻味。王子和公主被背景中渐变效果的宝蓝色夜幕烘托，形成神秘又浪漫的氛围。只是一个简单的直线型渐变却使这幅作品达到了特别的效果。

图7–44　德国插画师Martina Ströbel 的作品

图7–45　《王子与公主》动画电影海报

7.5 案例表现——小碎花墙纸

Painter X的图案创建工具使复杂图案的制作变得非常容易。可以先将一个非常简单的布局捕获到Pattern（图案）库中，然后对其调用以添加复杂的元素。下面通过如图7-46所示的“小碎花墙纸”案例介绍如何制作自己喜欢的图案。

（1）新建图案文件。选择File（文件）→New（新建）命令，在弹出的New（新建）对话框中设置一张较小的图片，将图片大小设置为400像素×400像素，如图7-47所示。

图7–46　小碎花墙纸

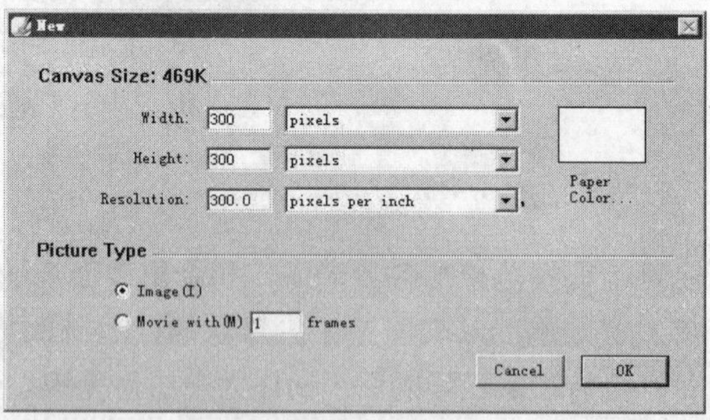

图7–47　新建图案文件

（2）选择颜色。在Color（色彩）面板中为图案选择背景颜色值为R：240、G：81、B：92的桃红色，如图7-48所示。

（3）填充背景颜色。选择Effects（特效）→Fill（填充）命令，在弹出的对话框中将Fill With（填充为）设置为Current Color（当前颜色），如图7-49所示。单击OK按钮确认填充新建图片的画布。

（4）绘制图案。选择工具箱中的“画笔工具”，在笔刷选取栏中选择Pencils（铅笔）中的Cover Pencil（覆盖铅笔），在Color（色彩）面板中选择白色绘制出图案的小碎花图案，如图7-50所示。

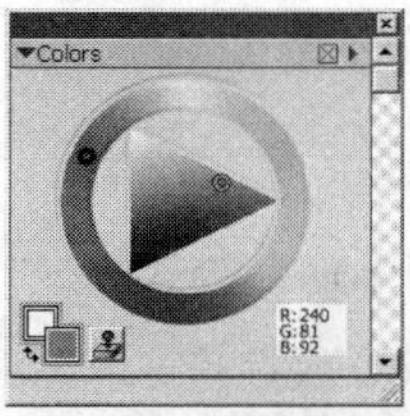

图7–48 选择颜色

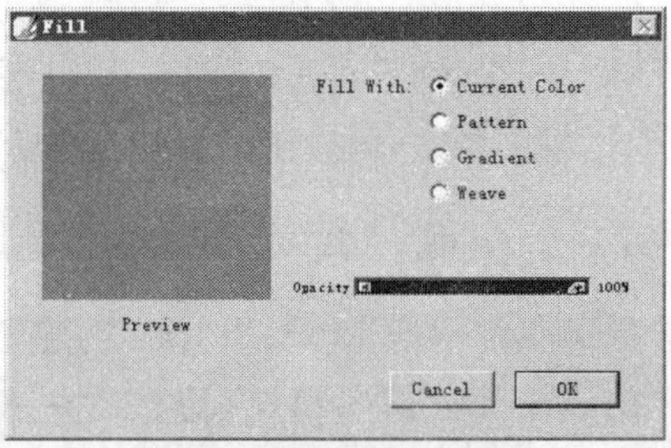

图7–49 设置填充为当前颜色

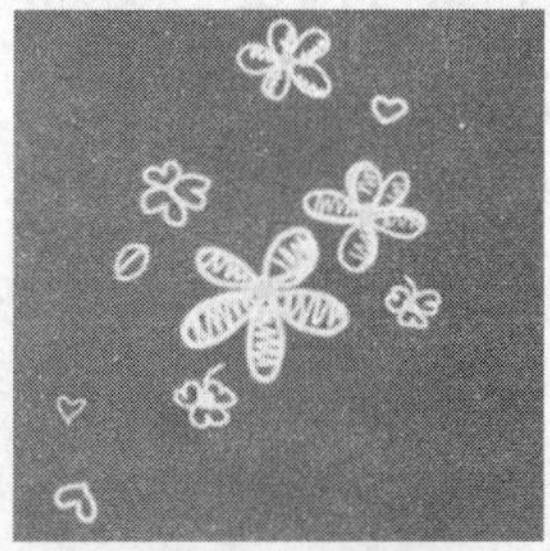

图7–50 绘制图案

（5）打开捕获图案对话框。选择Window（窗口）→ Libraries Palettes（材质库）→ Show Patterns（显示图案）命令，打开Papers（图案）面板。单击Patterns（图案）面板右上角的三角图标，在弹出的图像选择器快捷菜单中选择Capture Pattern（获取图案）命令，打开Capture Pattern（获取图案）对话框，如图7-51所示。

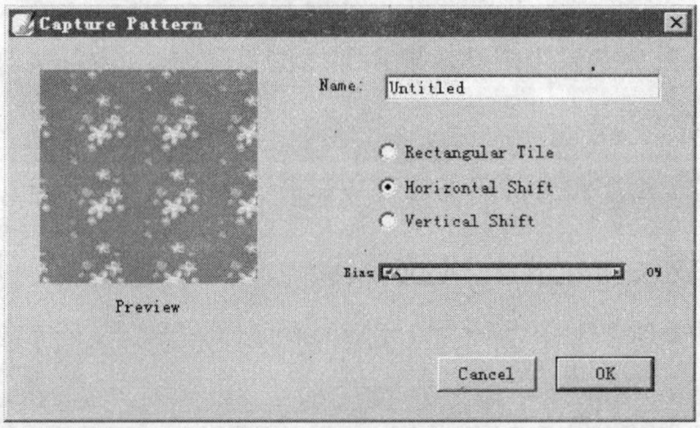

图7–51 Capture Pattern（捕获图案）对话框

（6）设置捕获图案。在Capture Pattern（获取图案）对话框中根据图案需要点选Horizontal Shift（水平变动）或Vertical Shift（垂直变动）单选按钮，并调节滑条查看图案排列的规律，如图7-52所示。设置完成后，在Name框中输入图案名称，单击OK按钮确认，之后创建的图案便会自动保存到当前的图案库中，如图7-53所示。

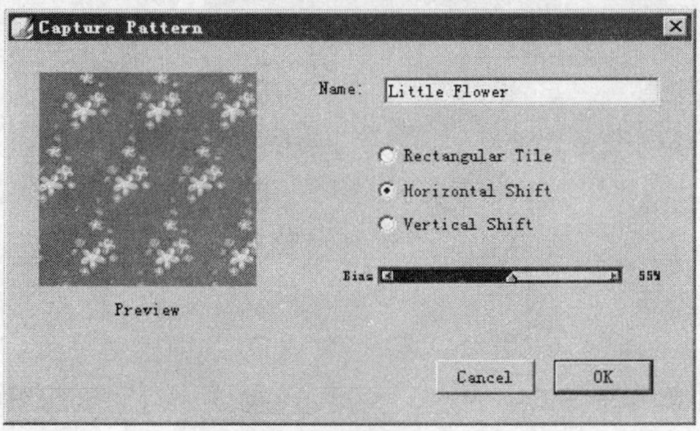

图7–52 调整捕获图案

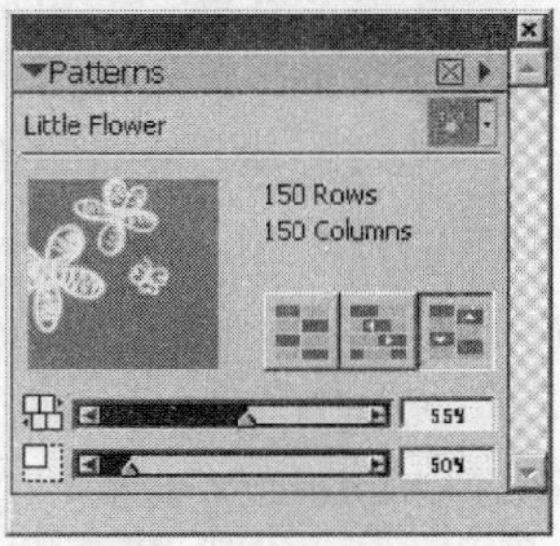

图7–53 图案库中的图案

7.6 疑难及常见问题

1. 如何创建不规则图案

从Patterns（图案）面板中选择Make Fractal Pattern（创建不规则图案）命令，在弹出的Make Fractal Pattern（创建不规则图案）对话框中单击OK按钮，便会自动新建一个图案文件。

2. 如何创建带有不规则图案的纸张纹理效果

从Patterns（图案）面板中选择Make Fractal Pattern（创建不规则图案）命令，可以创建一些有趣的纸张纹理效果。选中想要用作纹理的不规则图案的一个区域（或选择菜单栏中的Select（选区）/All（全选）命令），并在Papers（纸纹）面板中单击右侧的三角形按钮，在弹出的菜单中选择Capture Paper（捕获纸纹）命令即可。

3. 要用当前的图案填充图像，该如何取消克隆源

要用当前的图案填充一个图像，必须关闭克隆源。如果克隆源是另外一幅图像，关闭这个克隆图像。如果在同一个图像中，将图形从一个地方克隆到另一个地方，单击选择工具箱中的Pattern（图案）选项面板上的某个图案，取消原来的克隆源。

4. 如何获取纸张纹理

可以打开纹理图片，用捕获纹理的方法定义纸纹。具体方法参照7.3.2中的内容。

5. 如何保存和载入自定义的纸纹、渐变、图案、织物、脚本

Painter X中关于库的管理有相关的Mover，用Mover可以创建自定义的库或载入其他库的资源。

7.7 习题与上机练习

1. 选择题

（1）使用Paper（纸纹）面板中的纸张纹理在__________设置没有效果。

A. 绘画前　　B. 绘画时　　C. 绘画完成前　　D. 绘画完成后

（2）捕获图案需要使用的工具是__________。

A. 魔棒工具　　B. 矩形选区工具　　C. 矩形工具　　D. 套锁工具

（3）使用管口图像材质时要根据选取的图像水管__________来决定。

A. 笔刷感压　　B. 笔刷颗粒　　C. 笔刷变体　　D. 笔刷尺寸

（4）制作纸纹以提供的一系列__________为基础，允许通过调整一系列参数得到各种组合的纸纹。

A. 纸纹质感　　B. 纸纹厚度　　C. 纸纹颜色　　D. 纹理模式

（5）Weaves（织物）的特点是图像由许多微小的__________构成，有明显的织物质感，主要应用于背景。

A. 块状图形　　B. 马赛克图形　　C. 矢量图形　　D. 条状图形

（6）利用__________命令，可以制作出逼真的云彩、沙地和烟雾效果。

A. Edit Gradient（渐变编辑器）　B. Make Fractal Pattern（制作分形图案）

C. Edit Weaves（编辑织物）　D. Nozzle（管口图像）

（7）纸纹面板上不允许进行的纸纹调整操作是__________。

A. 缩放　B. 亮度　C. 对比度　D. 透明度

（8）与纸纹效果无关的参数是__________。

A. 纸纹类型　B. 旋转纸纹　C. 翻转纸纹　D. 取消纸纹

2. 问答题

（1）影响纸纹最终效果的因素有哪些？

（2）制作纸纹和捕获纸纹两种方法有哪些不同？

（3）如何调整一个由浅变深再变浅的渐变效果？

3. 上机练习

（1）制作一个海底世界图案的壁纸。

（2）使用红、黄、蓝三原色制作出一个渐变效果。

（3）设置一个素描画的纸纹，并画一幅静物素描。

读书笔记

第8章

Painter X中的特效

本章导读

Painter X提供了众多的特效滤镜。Painter X中的滤镜是在处理绘画和处理图像过程中的好帮手，其效果可以和Photoshop中的滤镜相媲美。

8.1 实例引入——Happy Women

使用Painter X提供的特效，将一幅图像变换为奇幻的效果，如图8-1所示。

图8—1 Happy Women

8.1.1 制作分析

使用Painter X中的Woodcut（木刻）特效滤镜将图像制作成一个木刻画。

首先打开Brightness/Contrast（亮度/对比度）对话框，调整图像的明暗对比度，使图像色彩更加鲜明以便更好的分辨色彩。打开Equalize（均衡）对话框，在Equalize（均衡）对话框中，把白色和黑色调节滑块向中间部分稍微移动，增强画面对比度。打开Adjust Color（调整色彩）对话框，调整改变色相的滑条，使整个画面的色彩偏暖，这样可以强调需要制作的木刻效果。最后选择特效中的Woodcut（木刻）命令，在打开的Woodcut（木刻）对话框中对木刻效果的各个参数进行设置，观察预览窗口的变化调整参数并确定特效。制作木刻画效果的流程图如图8-2所示。

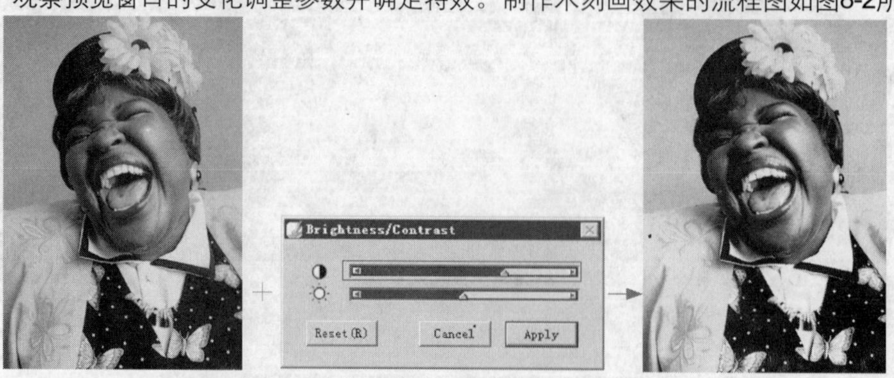

调整图像的明暗对比度使图像色彩更鲜明

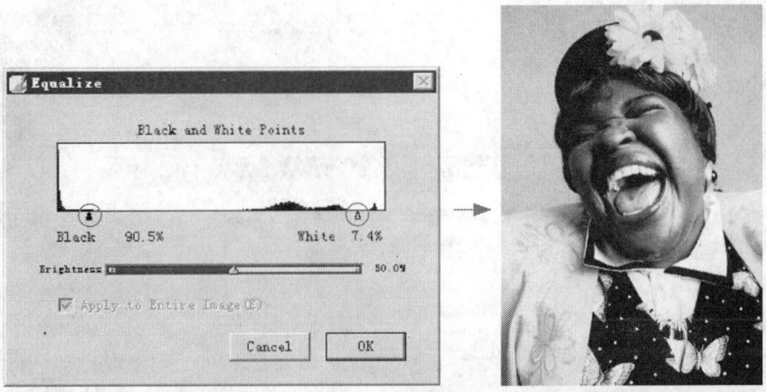

调出均衡对话框调整画面色彩对比度

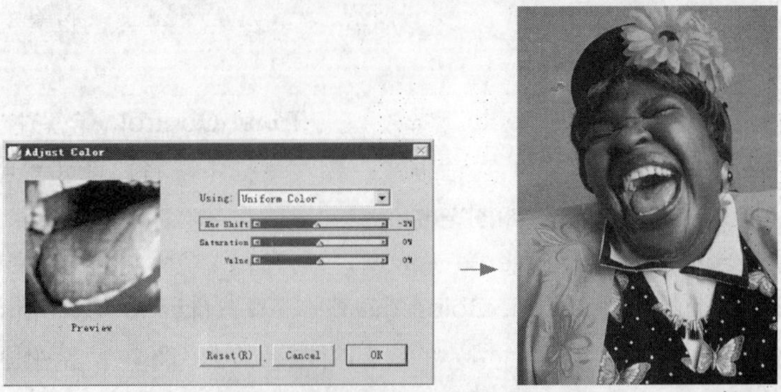

调整颜色冷暖度强调木刻效果

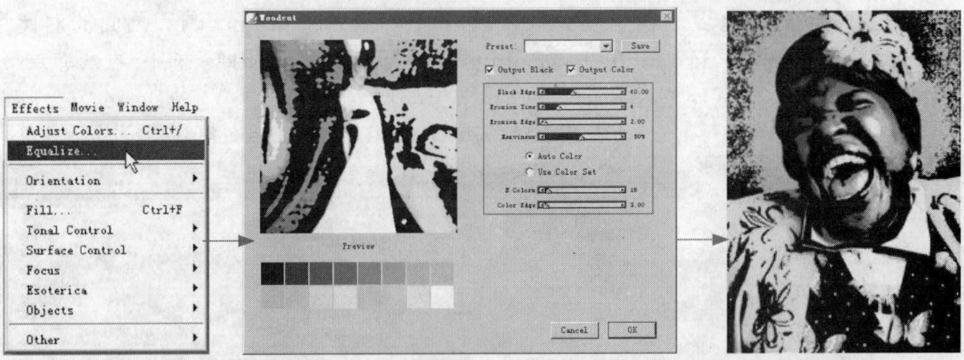

打开木刻效果对话框　　　　观察预览窗口中的变化调整木刻效果的各个参数

图8–2　制作木刻画效果的流程图

8.1.2 制作步骤

（1）打开素材图像。选择File（文件）→Open（打开）命令，弹出Select Image（选取图像）对话框，打开光盘中素材\happy women.jpg文件，如图8-3所示。

（2）调整图像对比度。选择Effects（特效）→ Tonal Control（色彩控制）→ Brightness/Contrast（亮度 / 对比度）命令，在弹出Brightness/Contrast（亮度 / 对比度）的对话框中，移动◑图标对应的滑条，调整图像的明暗对比度，如图8-4所示。使图像色彩更加鲜明，效果如图8-5所示。

图8-3　打开源图像happy women

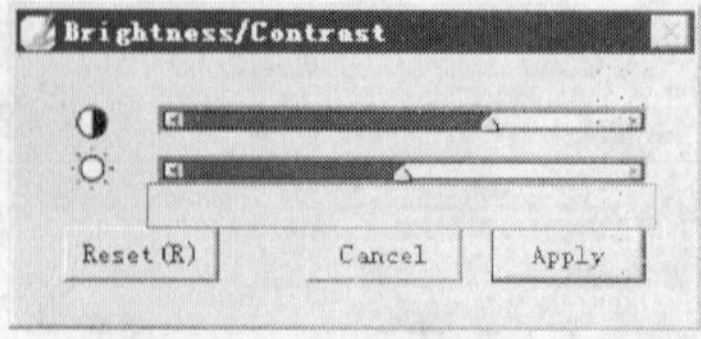

图8-4　调整图像对比度

图8-5　调整图像对比度效果

（3）克隆源图像。选择File（文件）→ Clone（克隆）命令。

（4）存储文件。选择File（文件）→Save as（另存为）命令，将要绘制的图像保存为RIFF格式的文件。

（5）增强画面对比度。选择Effects（特效）→ Tonal Control（色彩控制）→ Equalize（均衡）命令，弹出Equalize（均衡）对话框，在该对话框中，将白色和黑色的调节滑块向中间部分稍微移动，增强画面对比度，如图8-6所示。

（6）调整颜色冷暖度。选择Effects（特效）→ Tonal Control（色彩控制）→ Adjust Color（调整色彩）命令，弹出Adjust Color（调整色彩）对话框，在Adjust Color（调整色彩）对话框中，将 Hue Shift（改变色相）的滑条向左调节为-3%，使整个画面的色彩偏暖，如图8-7所示。

（7）调整画面的对比度。再次打开Equalize（均衡）对话框，调节画面的对比度，最近使用的两种效果滤镜的名称都会出现在Effects（特效）菜单的顶部，所以不需要再从Tonal Control（色彩控制）的下拉菜单中选取，如图8-8所示。

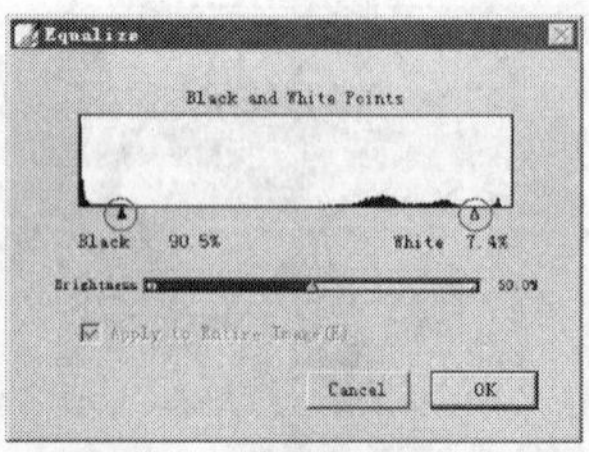

图8-6　增强画面对比度

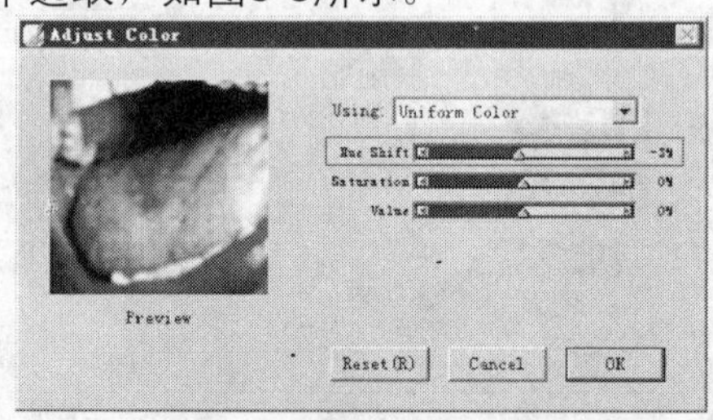

图8-7　调整颜色冷暖度

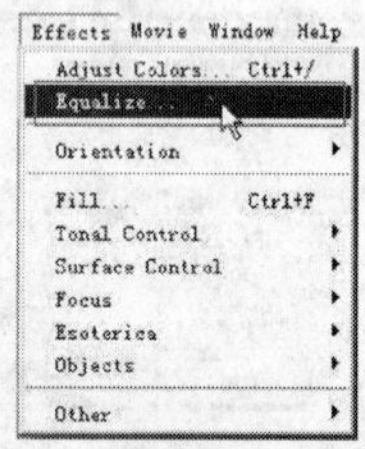

图8-8　调整画面对比度

（8）设置木刻效果参数。选择Effects（效果）→ Surface Control（表面控制）→ Woodcut（木刻）命令，在弹出的Woodcut（木刻）对话框中对木刻效果参数进行设置，如图8-9所示。

（9）确认效果。单击OK按钮，木刻效果如图8-10所示。

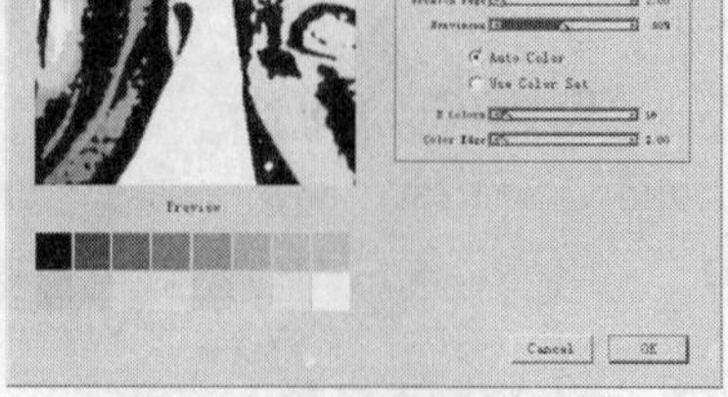

图8-9　设置木刻效果参数

图8-10　完成木刻效果

8.2 基本术语

下面介绍Painter X强大特效中的几个特殊名词，方便以后的学习。

8.2.1 动态模糊

用照相机可以通过较低的快门速度或在拿住相机时抖动手臂，来使被拍摄的物体变得模糊。也可以用镜头拍摄物体使背景变得模糊，还可以用摇镜头拍摄物体使背景变得模糊。拍摄时移动相机的“镜头摇动”效果，可以在Painter X的Camera Motion Blur（镜头动态模糊）中实现。

8.2.2 自动绘画

自动绘画是Painter X中的一个新设置，它可以通过提供混合了笔触风格、力度和走向的自动笔触将照片转换成图画。用户既可以使用Painter X提供的笔触，也可以使用自定义的笔触。自动绘画系统包括3个面板：Underpainting（画底色）、Auto-Painting（自动绘画）和Restoration（恢复）。通过Auto-Painting（自动绘画）面板中的滑块，可以任意调整Pressure（按压）、Length（长度）、Rotation（旋转）及Brush Size（笔刷大小），直到找到满意的笔触。用户能自由创造自己的笔触并结合Auto-Painting（自动绘画）的特性加以运用。

8.2.3 马赛克

马赛克是一种用镶嵌的玻璃、石头、陶器等材质组成画面的工艺。最早的马赛克是采用陶土加上染色技术而制成的，然后拼贴、镶嵌在墙上。在一些经典的古希腊和古罗马建筑中经常看到这类马赛克镶嵌的装饰艺术。

Painter X中的Mosaic（马赛克）模式是21世纪制作马赛克艺术的全新方式。Painter X可以创建出漂亮的错综复杂的马赛克设计作品，并充分控制马赛克瓷砖的尺寸、形状、间距、随机性、颜色和纹理。

8.3 知识讲解

Painter X中的特效无疑是Painter X工作群中的一个庞大的团体，在Painter X的特效中可以找到所有在创作过程中需要的特殊效果。

8.3.1 填充

填充效果经常被用在喷漆桶中，为画布、图像或选区内的图像进行填充。填充的对象有当前颜色、图案、渐变和织物。

选择Effects（特效）→ Fill…（填充）命令，或按快捷键Ctrl+F弹出Fill（填充）对话框，在对话框中可以选择Current Color（当前色彩）、Pattern（图案）、Gradient（渐变）、Weave（织物）4种方式对选定区域或整个图像进行填充操作，如图8-11所示。调节Opacity（不透明度）滑条可改变填充对象的透明度。

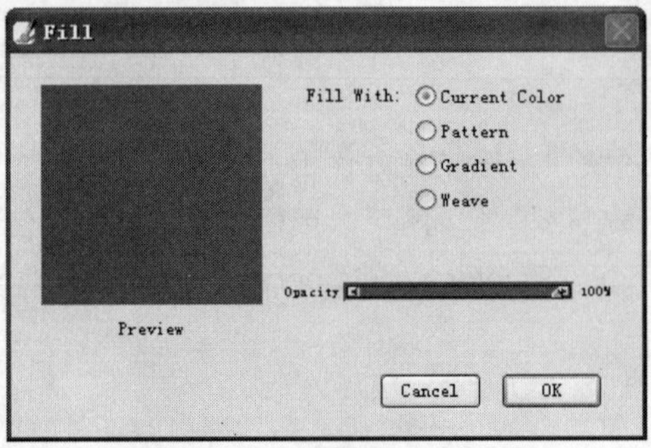

图8–11　Fill（填充）对话框

8.3.2 调整图像方向

选择Effects（特效）→Orientation（方向）命令，在弹出的菜单中包含Rotate（旋转）、Scale（缩放）、Distort（变形）、Flip（镜像）等多种调整图像方向的命令，如图8-12所示。

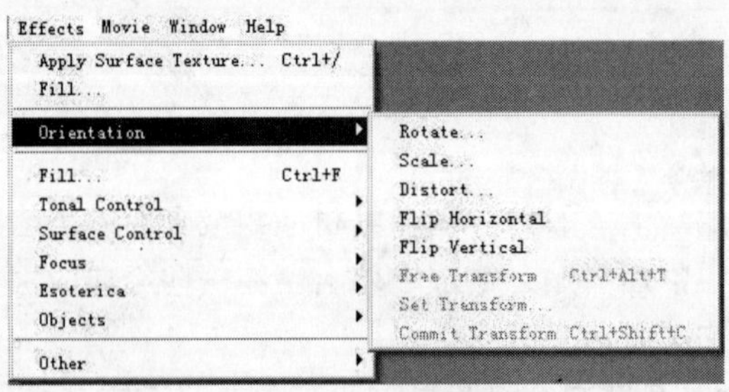

图8–12　方向菜单

1. Rotate（旋转）

Rotate（旋转）命令可以对图层或选区内的图像进行一定角度的旋转。

选择要进行旋转的图层或选区内的图像。选择Effects（特效）→ Orientation（方向）→ Rotate（旋转）命令，弹出Rotate Selection（旋转选择）对话框，如图8-13所示。

在Angle（角度）后面的输入框中输入要旋转的角度，当然也可以通过拖曳图像中的4个边角控制点，直接进行旋转，此时输入框中的数值会发生相应变化。完成旋转效果后单击OK按钮确认，如图8-14所示。

2. Scale（缩放）

Scale（缩放）命令可以对图层或选区内的图像进行缩放。

选择图像，选择Effects（特效）→ Orientation（方向）→ Scale（缩放），弹出Scale Selection（缩放选择）对话框，如图8-15所示。

和Rotate（旋转）命令一样，可以直接拖曳图像中的边角控制点，也可以在Scale Selection（缩放选择）对话框中输入数值来改变被选图像的大小。其中Horizontal Scale（水平缩放）表示水平缩放的百分比，参数的取值范围为0.1%～100%，缩放部分最大可在水平方向扩大10倍，最小可缩小到原始尺寸的1‰。Vertical Scale（垂直缩放）表示垂直缩放的百分比，参数的取值范围为0.1%～100%，缩放部分最大可在垂直方向扩大10倍，最小可缩小到原始尺寸的1‰。如果勾选Constrain Aspect Ratio（保持比例）复选框，水平比例和垂直比例始终是相同的，如果不勾选该复选框，图像会变形。如果勾选Preserve Center（保持中心）复选框时，选定区域会沿图像中心进行缩放，如果没有勾选该复选框，则图像将沿左上角进行缩放。完成缩放效果后单击OK按钮确认，如图8-16所示。

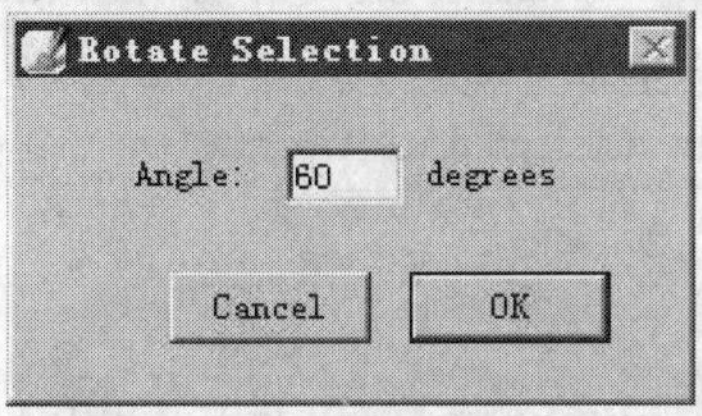

图8—13 Rotate Selection（旋转选择）对话框

图8—14 旋转效果

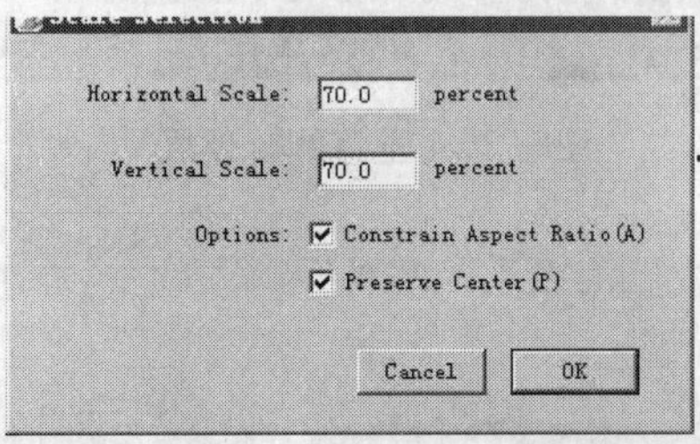

图8—15 Scale Selection（缩放选择）对话框

图8—16 缩放效果

3. Distort（扭曲）

Distort（扭曲）命令可以使图像产生夸张的扭曲变形。

选择图像，选择Effects（特效）→ Orientation（方向）→ Distort（扭曲）命令，弹出Distort Selection（扭曲选择）对话框，如图8-17所示。拖动图像窗口四周出现的控制手柄，可以使选定区域的图像扭曲变形。选择对话框中的Better（Slower）选项可以使扭曲变形效果更加精确，但执行效果的速度会变慢。完成扭曲效果后单击OK按钮确认效果，如图8-18所示。

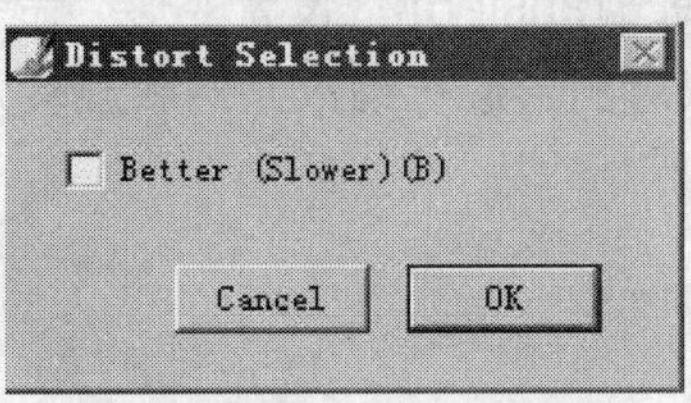

图8—17 Distort Selection（扭曲选择）对话框

图8—18 扭曲效果

4. Flip Horizontal（水平翻转）

Flip Horizontal（水平翻转）命令可以将画布、图层或选区内的图像进行水平翻转，产生水平镜像效果。

选择要进行水平翻转的画布、图层或选区内的图像。选择Effects（特效）→ Orientation（方向）→ Flip Horizontal（水平翻转）命令，此时图像产生水平镜像的效果，如图8-19所示。

5. Flip Vertical（垂直翻转）

Flip Vertical（垂直翻转）可以将画布、图层或选区内的图像进行垂直翻转，产生垂直镜像的效果。

选择要进行垂直翻转的画布、图层或选区内的图像。选择Effects（特效）→ Orientation（方向）→ Flip Vertical（垂直翻转）命令，此时图像产生垂直镜像的效果，如图8-20所示。

图8-19　水平翻转效果

图8-20　垂直翻转效果

6. Free Transform（自由变形）

Free Transform（自由变形）命令可以使图层自由变换，产生变形效果。

选择一个要进行自由变形的图层。选择Effects（特效）→ Orientation（方向）→ Free Transform（自由变形）命令或按快捷键Ctrl+Alt+T，此时图层上会出现8个控制点，通过这些控制点可以调整图层的大小和形状，调整后的图像层将变为参考层。

提示

Free Transform（自由变形）命令只对图层有效。

7. Set Transform（设置变形）

Set Transform（设置变形）是执行Free Transform（自由变形）命令后才可以使用的命令。选择Effects（特效）→ Orientation（方向）→ Set Transform（设置变形）命令，弹出Set Transform（设置变形）对话框，在该对话框中可以对图层进行缩放比例和旋转角度的调整，如图8-21所示。

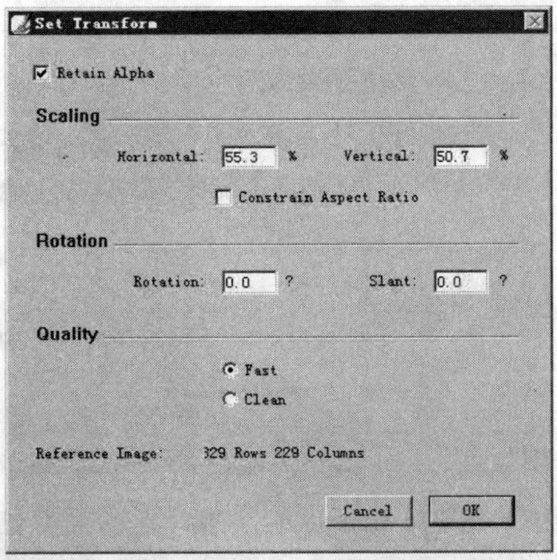

图8–21　Set Transform（设置变形）对话框

对话框中参数的含义如下：

Retain Alpha：勾选该复选框可以保留图层中的Alpha通道。

Horizontal：该数值决定变形后的水平长度。

Vertical：该数值决定变形后垂直长度的百分比。

Constrain Aspect Ratio：选择该选项可以保持宽度和高度等比例变形。

Rotation：该数值决定图像旋转的角度。

Slant：该数值决定图像倾斜的角度。

Fast：点选该单选按钮可以提高变形时的速度。

Clean：点选该单选按钮可以提高变形后的质量，但在进行变形时的速度较慢。

8．Commit Transform（完成变形）

Commit Transform（完成变形）命令可使执行Orientation（方向）命令后，将图像层变成的参考层转变为图像层。

8.3.3 控制图像表面

选择Effects（特效）→ Surface Control（表面控制）命令，在出现的菜单中共有12个命令，如图8-22所示。这些命令用于改变图像的表面形态，使图像具有画纸的纹理、颜色或灯光照射、木刻、扭曲等效果。

1．Apply Lighting（应用光源）

Apply Lighting（应用光源）命令可以为图像增加照明光源，改变灯光的亮度、距离、颜色及特性。选择要应用光源效果的画布、图层或选区内的图像。选择Effects（特效）→ Surface Control（表面控制）→ Apply Lighting（应用光源）命令，弹出Apply Lighting（应用光源）对话框，如图8-23所示。

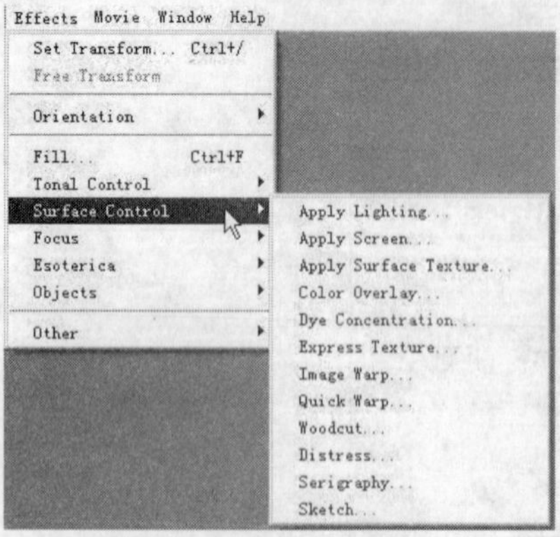

图8–22　表面控制菜单

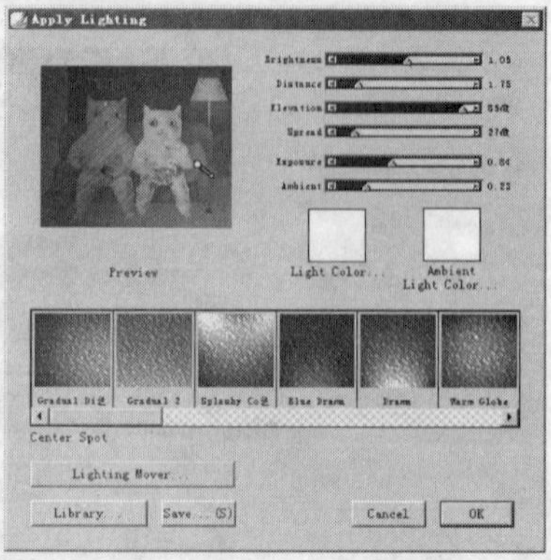

图8–23　Apply Lighting（应用光源）对话框

在对话框下方的滚动窗口中拖动滚动条上的滑条，选择需要的光源效果。在预览窗口中拖动图标圆形一端，移动光源的位置，拖动图标方形的一端，调整光源的方向。在预览框中，单击鼠标可增加光源的数目。需要删除光源时，单击要删除光源的图标后按Backspace键即可。单击Light Color（光的颜色）选框，选取光源的颜色。单击Ambient Light Color（环境光的颜色）选框，选取环境光的颜色，应用光源效果如图8-24所示。

提示

可以对选择的光源效果属性进行精确调整。在对话框中调整Brightness（亮度）滑条控制灯光的明亮程度。调整Distance（距离）滑条控制光源到图像的距离。调整Elevation（仰角）滑条控制照射光线与画布所形成的角度。当Elevation为90°时光线垂直向下照射画面，为1°时光线与画面接近平行。调整Spread（扩散）滑条控制灯光扩散的角度。向右移动Exposure（曝光度）滑条可增加曝光度，图像便会增亮。反之则变暗。向左移动Ambient（环境光）滑条可以使图像整体变暗，反之变亮。

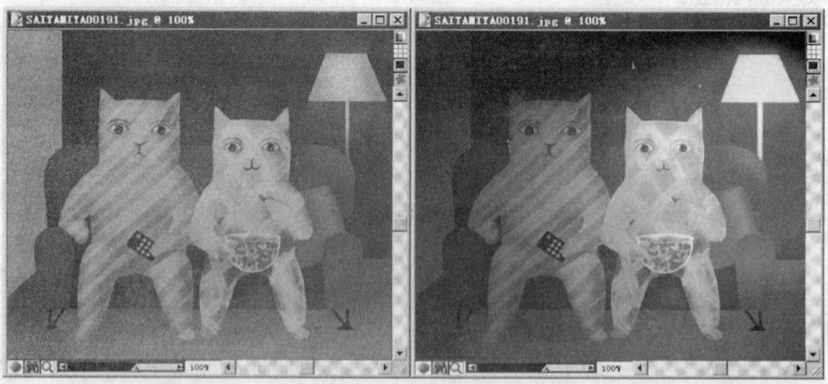

图8–24　应用光源效果

另外，为了方便使用，还可以将自己设置的Lighting（光源）效果存储，单击Save（保存）按钮，在出现的对话框中为新建的光源效果命名，如图8-25所示。然后使用Library（库）将效果新建或调入光源库中。

2．Apply Screen（应用网屏效果）

Apply Screen（应用网屏效果）命令可以把纹理添加到图像中，但只有3种颜色。

选择图像，选择Effects（特效）→ Surface Control（表面控制）→ Apply Screen（应用网屏效果）命令，弹出Apply Screen（应用网屏效果）对话框，如图8-26所示。

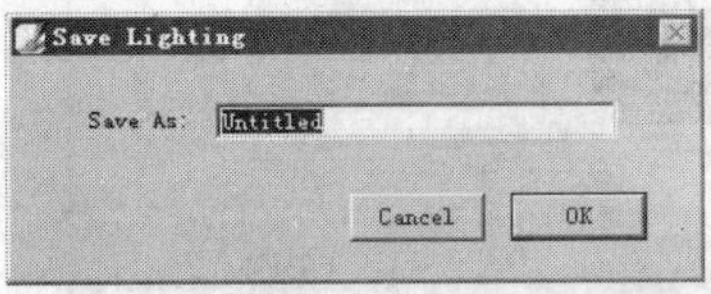

图8–25 Save Lighting（保存光源）对话框

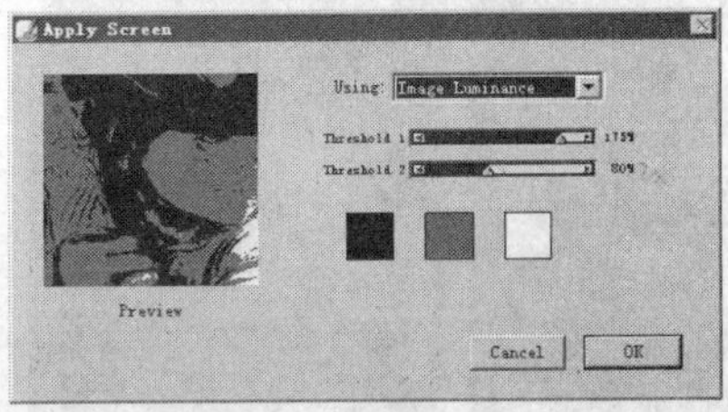

图8–26 Apply Screen（应用网屏效果）对话框

在Using（使用）列表中选择何种形式的亮度值混合。选择Paper（画纸纹理）形式，网屏将使用当前选择的纸纹样式。在执行效果命令前可以先展开Paper（纸张）面板，选择不同的画纸，会产生不同的纹理效果。选择Image Luminance（图像的亮度）形式创建基于图像亮度的网屏，类似三色分离。选择Original Luminance（克隆图像的亮度）形式将基于克隆源图像的亮度添加网屏。

移动Threshold1（阈值1）滑标，决定右边和中间选框的颜色在图像中所占的份额。向左移动滑标，增加右边选框中颜色（亮调）的比例，向右则减少。移动Threshold2（阈值2）的滑标，决定左边的颜色（底色的颜色）在图像中所占的比例。

单击3个矩形的颜色选框，分别选取需要使用的颜色，网屏分离的颜色就是所选取的这三种颜色。对照图如8-27所示。

图8–27 应用网屏效果对比

3．Apply Surface Texture（应用表面纹理）

Apply Surface Texture（应用表面纹理）可以产生逼真的立体表面，使图像呈现浮雕效果，且有多种模式可以选取。这个效果允许单独使用表面贴图，还可以计算物体对周围环境的反射效果，使物体的外观具有玻璃或金属般的光泽和质感。但是纹理效果是不可擦除的，所以该效果一般放在绘画的最后一步来实现，如图8-28所示。

选择图像，选择Effects（效果）→Surface Control（表面控制）→Apply Surface Texture（应用表面纹理）命令，弹出Apply Surface Texture（应用表面纹理）对话框，如图8-29所示。

图8–28　应用表面纹理效果

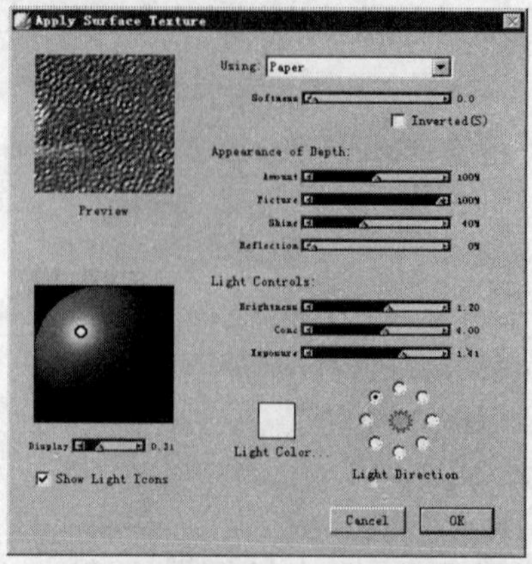

图8–29　Apply Surface Texture（应用表面纹理）对话框

该对话框的左上角是应用表面纹理后局部效果的预览窗口。表面纹理受很多因素影响，包括选用纸纹、各种控制参数、一个或者多个光源的作用效果等。对话框的左下角有一个球体的预览窗口，在该窗口中可对当前的灯光效果进行预览。

① 从Using（使用）列表框中添加表面纹理的方式。选择Paper（纸张）选项，可以从Paper（纸纹）面板中选择不同的纸张，产生不同的纹理效果。选择3D Brush Strokes（3D画笔笔触）选项可以从Pattern（图案）面板中选择不同的图案，根据图案亮度的不同变化，使表面纹理呈现三维的笔触效果。选择Image Luminance（图像亮度）选项可以使用当前图像的亮度值作为添加表面纹理的依据，使画面呈现出类似雕刻或版画的凹凸感。选择Original Luminance（克隆源图像亮度）选项，使用克隆源图像的亮度作为添加表面纹理的依据。

② 调整Appearance of Depth（表面纹理的深度）。Softness（柔软程度）滑条用于调整纹理被软化的程度，数值越高，图像表面纹理越平滑；数值越低，图像表面纹理越明显。Amount（数量）滑条用于调整加入图像中表面纹理的强度，数值越大，强度越强。Picture（图像色彩量）滑条用于调整图像中颜色的含量。取值范围为0～100%，当数值为100%时，显示的颜色为完全光照下的颜色，当其数值变小时，图像的颜色变暗。Shine（光泽）滑条用于调整图像表面的光泽程度，数值越高，表面纹理的反射程度越强。Reflection（反射率）滑条用于控制图像表面纹理的反射，数值越高，表面纹理的反射程度越强。

③ 使用Light Controls（灯光控制）对灯光进行设置，通过添加或删除灯光，设置灯光的属性，也可以使表面纹理产生一定变化。在该对话框的左下方有一个球体的预览窗口，在该窗口中可以对当前的灯光效果进行预览。在预览窗口中单击即可添加一个光源，用鼠标点选然后按键盘上的Backspace键可以将该光源删除。用鼠标选中光源并进行拖曳可改变灯光的照射位置。在其右侧可以设置Brightness（亮度）、Cone（聚光）、Exposure（曝光）、Light Direction（光线方向）和Light Color（灯光颜色）等。

4. Color Overlay（颜色覆盖）

Color Overlay（颜色覆盖）命令可以为图像同时添加颜色和纹理，如图8-30所示。

图8-30 颜色覆盖效果

首先从Color（色彩）面板中选择一种覆盖颜色，然后从Paper（纸张）面板中选择一种纸张，接着选择颜色覆盖图像。选择Effects（效果）→Surface Control（表面控制)→ Color Overlay（颜色覆盖）命令，弹出Color Overlay（颜色覆盖）对话框，如图8-31所示。

在Using（使用）列表中选择一种覆盖方式，包括Uniform Color（均匀颜色）、Paper（纸纹）、Image Luminance（图像亮度）、Original Luminance（克隆源亮度）和Mask（蒙版）。调整Opacity（不透明度）滑标到合适位置，选择一种覆盖模式，其中Dye Concentration（色彩浓度）模式表示允许画纸吸收颜色。Hiding Power（隐藏力度）模式表示减弱颜料的遮盖能力，使图像产生透明效果。

5．Dye Concentration（颜色浓度）

Dye Concentration（颜色浓度）命令可以调整图像中色彩的浓淡。

选择图像，选择Effects（效果）→Surface Control（表面控制)→ Dye Concentration（颜色浓度）命令，弹出Adjust Dye Concentration（颜色浓度）对话框，如图8-32所示。

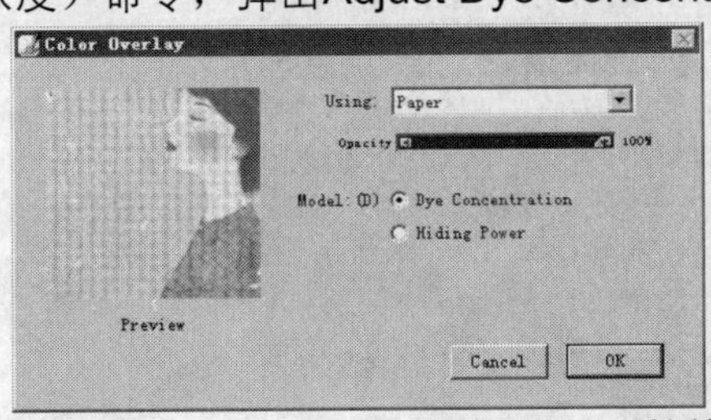

图8-31 Color Overlay（颜色覆盖）对话框

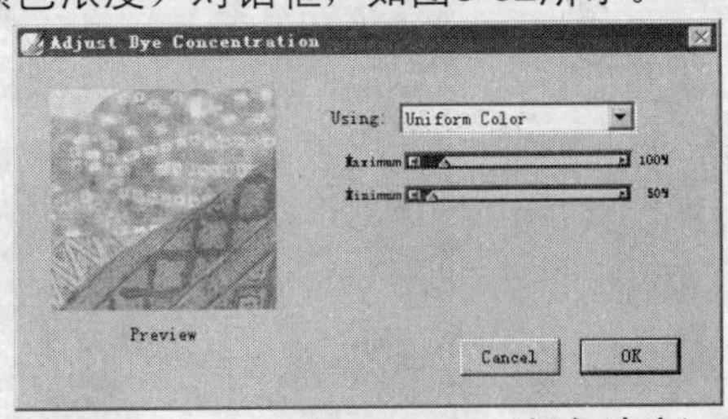

图8-32 Adjust Dye Concentration（颜色浓度）对话框

在Using列表框中选择一种调整方式。

Uniform Color（均匀颜色）：该方式是默认的调整颜色浓度方式，其不受任何因素影响。在Maximum（最大）滑条可以调整图像的色彩浓度。在这种方式下Minimum（最小）滑条不起任何作用。

Paper（纸纹）：选择该选项，颜色浓度会根据画纸纹理起伏而发生相应的浓度变化。

Image Luminance（图像亮度）：选择该选项，颜色浓度的调整将以图像的亮度作为参考。

Original Luminance（克隆源亮度）：选择该选项，颜色浓度的调整将以克隆图像源为参考。

6．Express Texture（灰阶纹理）

Express Texture（灰阶纹理）命令可以将彩色图像转换成黑白图像，还可以对黑白图像的属性进行调整，如图8-33所示。

选择图像，选择Effects（效果）→Surface Control（表面控制)→ Express Texture（灰阶纹理）命令，弹出Express Texture（灰阶纹理）对话框，在Using（使用）列表框中选择不同的控制方式。调整Grey Threshold（灰度阈值）滑条调整图像中纯黑色和纯白色之间产生的灰阶范围。调整Grain（纹理）滑条控制纹理转换为灰阶图像后产生效果的程度。调整Contrast（对比度）滑条设置灰阶图像的层次，设置的数值越高，图像损失的灰阶越多，如图8-34所示。

图8–33　灰阶纹理效果

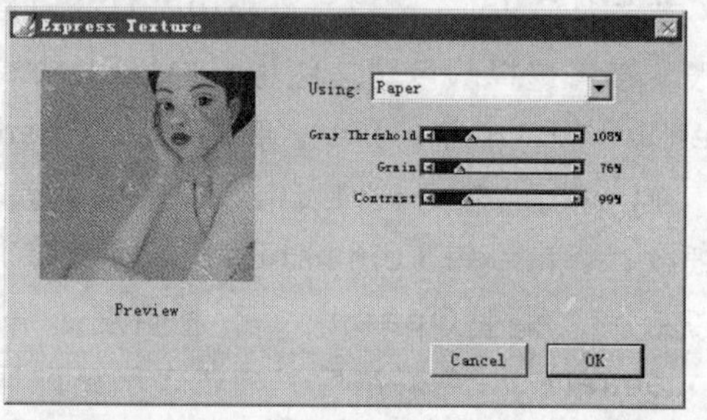

图8–34　Express Texture（灰阶纹理）对话框

7．Image Warp（图像扭曲）

Image Warp（图像扭曲）命令可以根据制作需要使图像发生不同的扭曲变化，如图8-35所示。

图8–35　图像扭曲效果

选择图像，选择Effects（效果）→Surface Control（表面控制)→ Image Warp（图像扭曲）命令，弹出Image Warp（图像扭曲）对话框，该对话框左侧为预览窗，拖动鼠标可以调整扭曲的范围。右侧的选项用于调整扭曲的属性，其中Size（大小）滑条用于控制扭曲的范围。如果点选择Linear（线性）单选按钮将以直线形式扭曲选择区域；点选Cubic（立方体）单选按钮将以立体方式扭曲选择区域；点选Sphere（球体）单选按钮将以球体方式扭曲选择区域，如图8-36所示。

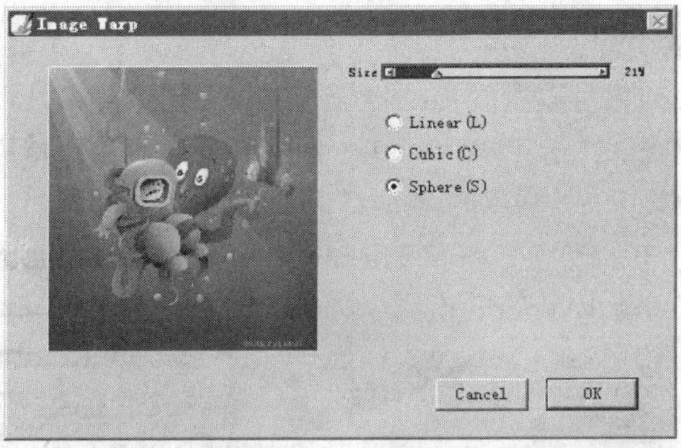

图8–36　Image Warp（图像扭曲）对话框

8. Quick Warp（快速弯曲）

Quick Warp（快速弯曲）命令是Painter X提供的最基本的变形效果。

选择Effects（效果）→Surface Control（表面控制)→ Quick Warp（快速弯曲）命令，弹出Quick Warp（快速弯曲）对话框，如图8-37所示。

在5种Quick Warp（快速弯曲）方式中选择一种合适的方式。

Sphere（球体效果）：该项可以制作出带有颜色反射的球体效果，拖动Power（力量）及Angle Factor（角度因数）滑条调整扭曲效果，如图8-38所示。

Bump（隆起效果）：该项可以将图像的中心部分凸起，拖动Power及Angle Factor滑条调整扭曲效果，如图8-39所示。

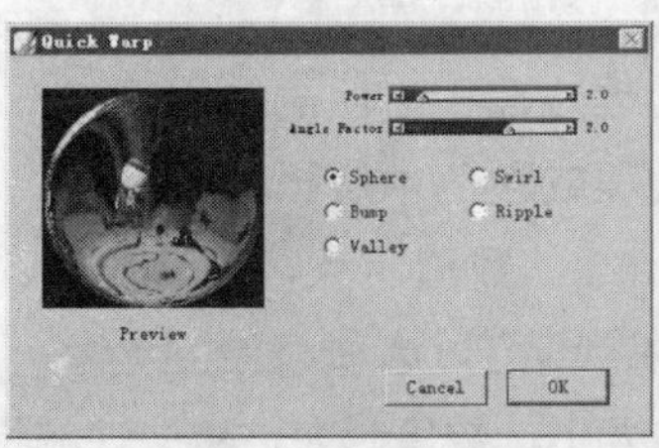

图8–37　Quick Warp（快速弯曲）对话框

图8–38　球体效果

图8–39　隆起效果

Valley（凹进效果）：该项可以使图像的中心部分凹进，拖动Power及Angle Factor滑条调整扭曲效果，如图8-40所示。

Swirl（漩涡效果）：该项可以制作出螺旋效果，拖动Power及Angle Factor滑条调整扭曲效果，如图8-41所示。

Ripple（涟漪效果）：该项可以制作水波纹效果，拖动Power及Angle Factor滑条调整扭曲效果，如图8-42所示。

图8–40　凹进效果

图8–41　漩涡效果

图8–42　涟漪效果

9. Woodcut（木版画）

Painter X中的木版画效果可以摆脱传统木版画制作工艺的复杂性，将任何图像处理成质量很高的木版画，如图8-43所示。运用Painter X中的木版画还能在保持原始图像的前提下制作出紧凑、松散或其他抽象效果。

选择要制作木版画效果的图像，选择Effects（效果）→Surface Control（表面控制)→Woodcut（木版画）命令，弹出Woodcut（木版画）对话框，如图8-44所示。

图8-43　木版画效果

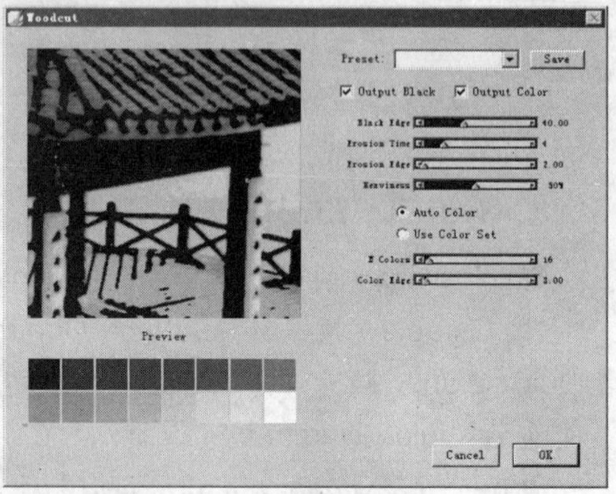

图8-44　Woodcut（木版画）对话框

在Woodcut（木版画）对话框中可以调整图像的木版画效果。

Preset（预设）：单击Save按钮可以保存当前设定的木版画效果参数，同时还可选择使用以前保存的木版画效果参数。

Output Black（输出黑色）：勾选该复选框后，图像将被处理成黑白木版画效果。

Output Color（输出彩色）：勾选该复选框后，图像将被处理成彩色木版画效果。

Black Edge（黑边）：该滑条用来控制黑白木版画刀口的粗细，数值越大，刀口越粗；数值越小，刀口越细，使用该滑条时需同时勾选Output Black（输出黑色）选项。

Erosion Time（腐蚀时间）：该滑条用于控制图像腐蚀程度的大小，数值越大，被腐蚀的程度越高，图像的细节越少，使用该滑条时需同时勾选Output Black（输出黑色）选项。

Erosion Edge（腐蚀边缘）：该滑条用于控制图像边缘的光滑程度，数值越大，图像边缘越粗糙，使用该滑条时需选择Output Black（输出黑色）选项。

Heaviness（密度）：选择该选项后，可以通过调整木刻刀的密度来控制图像的黑白比重，使用该滑条时须同时选择Output Black（输出黑色）选项。

Auto Color（自动颜色）：点选该单选按钮后，Painter X根据图像最初的颜色自动计算颜色设置。默认情况下该选项为选择状态。

Use Color Set（使用颜色设置）：点选该单选按钮后，Painter X会将当前Color Set（色彩集）面板中的颜色作为木版画中的颜色，也可以对单个颜色进行修改。

N Colors（颜色数量）：该滑条可以控制使用源图像中的颜色数量（最多256种）。

Color Edge（颜色边缘）：该滑条可以控制不同颜色边缘的清晰度，数值越高，边缘越模糊。

10. Distress（纹理）

Distress（纹理）命令可以将纸张的纹理制作成黑白纹理效果，如图8-45所示。

选择图像，选择Effects（效果）→Surface Control（表面控制)→ Distress（纹理）命令，弹出Distress（纹理）对话框，如图8-46所示。

图8-45 纹理效果

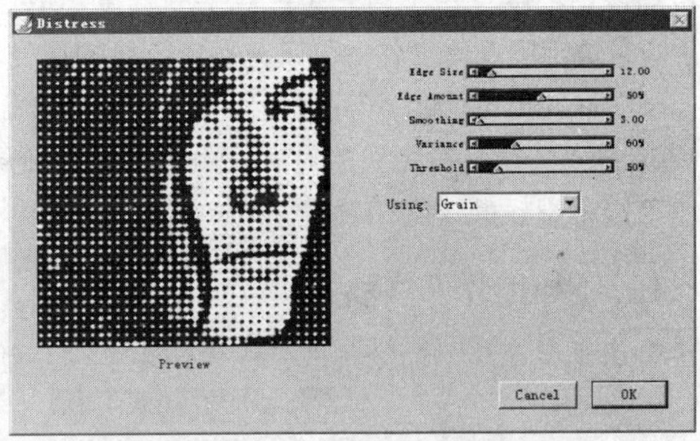

图8-46 Distress（纹理）对话框

Edge Size（边缘尺寸）滑条控制画纸或用图案制成的黑白纹理的边缘尺寸，取值范围是0～100。Edge Amount（边缘数量）滑条调整黑白纹理所显示出的画纸纹理边缘增加的数量。Smoothing（柔和度）滑条控制图像边缘的柔和度。Variance（变异）滑条控制图像中纹理的多少，数值越大，纹理显现效果越强烈。Threshold（阈值）滑标控制黑色在图像中的数量，取值范围为0～300%.

Using（使用）选框提供了两个选项，Grain（画纸纹理）和Original Luminance（图案），如果选择Grain（画纸纹理）将基于纸纹创建效果，如果选择Original Luminance（图案）将基于克隆源图像的亮度创建图像纹理效果。

11. Serigraphy（丝网印）

Serigraphy（丝网印）命令可以使图像产生使用丝网印刷特有的简化颜色效果，各种颜色被简化，并将其单独保存为一个层，从而可以继续编辑各层效果。

选择图像，选择Effects（效果）→Surface Control（表面控制)→ Serigraphy（丝网印）命令，弹出Serigraphy（丝网印）对话框，如图8-47所示。

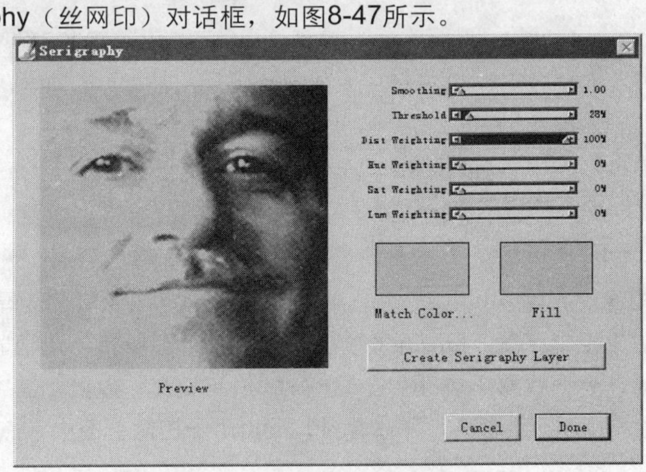

图8-47 Serigraphy（丝网印）对话框

Smoothing（柔和度）滑条决定Match Color（匹配颜色）中的颜色和Fill（填充）的填充颜色程度；Threshold（阈值）滑条决定从中心颜色填充颜色变化的总数量；Dist Weighting（额外距离）滑条决定从中心颜色经过的颜色数量；Hue Weighting（色相距离）滑条决定图像色相作用于填充颜色效果的程度，取值范围为0～100%；Sat Weighting（饱和度距离）滑条决定图像饱和度作用于填充颜色效果的程度，取值范围为0～100%；Lum Weighting（亮度距离）滑条决定图像亮度作用于填充颜色效果的程度，取值范围为0～100%。

单击Match Color（匹配颜色）色块，在弹出的对话框中可以选择新层使用的颜色；单击Fill（填充）色块，在弹出的对话框中可以选择新层使用的颜色。单击Create Serigraphy Layer按钮可以将制作的丝网印效果分成单独的层。

12．Sketch（草稿）

Sketch（草稿）命令可以使图像产生类似手绘草稿的效果，如图8-48所示。

图8—48　草稿效果

选择图像，选择Effects（效果）→Surface Control（表面控制)→ Sketch（草稿）命令，弹出Sketch（草稿）对话框，如图8-49所示。

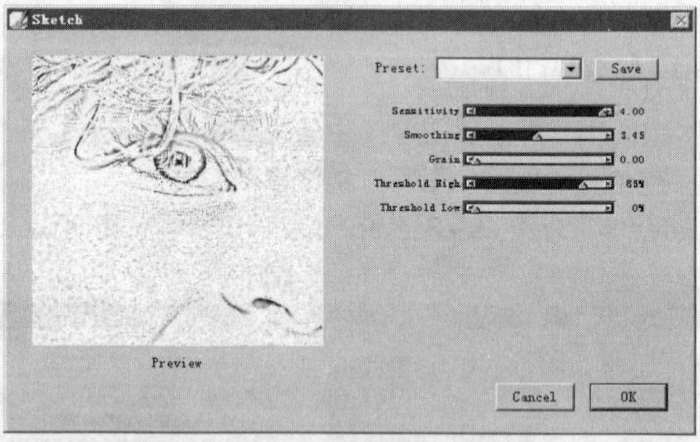

图8—49　Sketch（草稿）对话框

单击Save按钮可以保存当前设定的草稿效果参数，同时也可以选择使用以前保存过的草稿效果参数。Sensitivity（灵敏度）滑条决定图像转化为草稿的数量大小，其灵敏度越高，草稿图越接近原始图像。Smoothing（平滑程度）滑条决定图像转化为草图后的光滑程度，平滑程度越高，草图效果越朦胧。Grain（颗粒）滑条决定图像转化草稿时受纸张纹理的影响程度，平滑程度越高，受纸纹影响越明显。Threshold（阈值）数值，其中Threshold High和Threshold Low决定草图的杂乱程度。Threshold High用于控制草图中杂点的多少，Threshold Low用于控制草图变化的层次。

8.3.4 焦点

Focus（焦点）命令可以对图像的细节进行加工处理，该菜单下包括模糊、锐化、焦变等共8个命令，如图8-50所示。

1. Camera Motion Blur（镜头动态模糊）

Camera Motion Blur（镜头动态模糊）命令可以使图像产生动态模糊效果的高度动感图像，如图8-51所示。

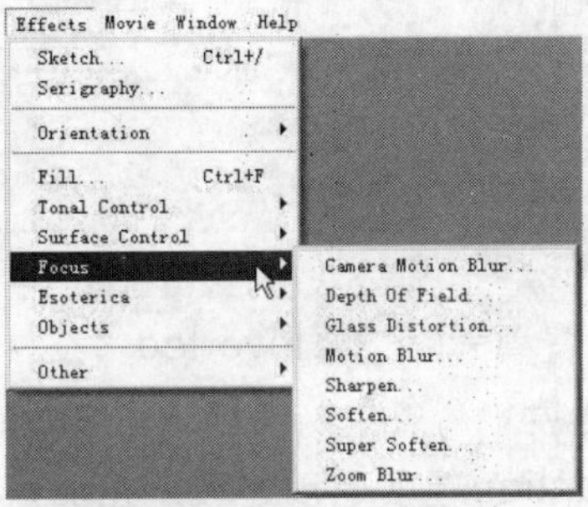

图8—50 焦点菜单

图8—51 镜头动态模糊效果

选择图像，选择Effects（效果）→ Focus（焦点）→ Camera Motion Blur（镜头动态模糊）命令，弹出Camera Motion Blur（镜头动态模糊）对话框，如图8-52所示。

直接在对话框的预览窗口中拖曳鼠标到需要的位置，放开鼠标后就可以在效果预览窗口中观察处理后的效果。如果用不同的速度（快、慢）沿不同的路径拖曳鼠标，将会得到不同的动态效果。拖动距离越大，产生的排列图像越淡。如对效果不满意，可以重新进行拖曳，Painter X将重新生成镜头动态模糊效果。Bias滑条用于控制模糊的偏移距离，数值越大，柔化图形将沿着路径进行平移。

2. Depth of Field（景深）

Depth of Field（景深）命令可以产生为了烘托主题使场景具有一定深度的主实次虚效果，如图8-53所示。

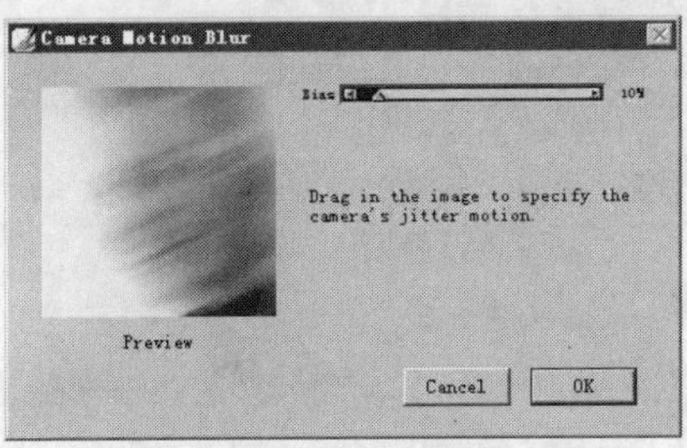

图8—52 Camera Motion Blur（镜头动态模糊）对话框

图8—53 景深效果

选择图像，选择Effects（效果）→ Focus（焦点）→ Depth of Field（景深）命令，弹出Depth of Field（景深）对话框，如图8-54所示。在Using（使用）列表中选择景深效果的设置模式。调节场景深度的阈值Min Size（最小值）和Max Size（最大值）滑条，指定图像模糊延伸的距离。数值越大，图像变得越模糊。

3．Glass Distortion（玻璃扭曲）

Glass Distortion（玻璃扭曲）命令可以创建出图像被不同玻璃遮挡后的效果。

选择图像，选择Effects（效果）→ Focus（焦点）→ Glass Distortion（玻璃扭曲）命令，弹出Glass Distortion（玻璃扭曲）对话框，如图8-55所示。

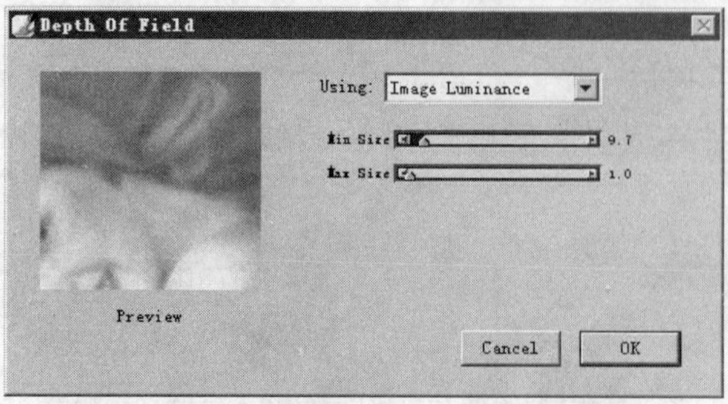

图8–54 Depth of Field（景深）对话框

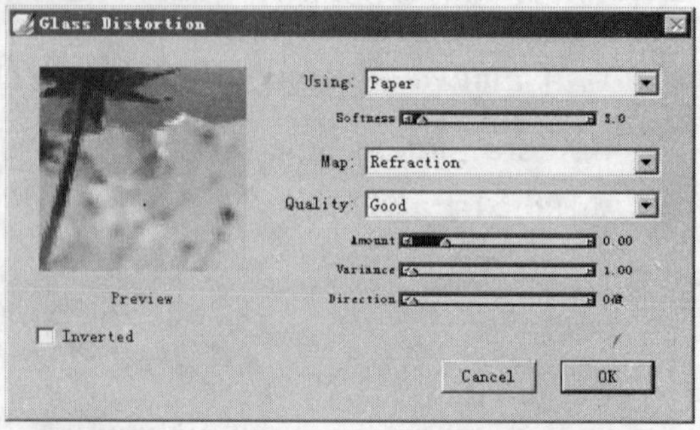

图8–55 Glass Distortion（玻璃扭曲）对话框

在Using（使用）列表中选择玻璃扭曲效果的设置模式。选择Inverted（反转）选项，将倒置Using菜单中的选择来源。调整Softness（柔化程度）滑条控制位移颜色之间的过渡。

在Map（映像）列表中选择相应的选项，Refraction选项是创建玻璃扭曲效果的最佳选择，它以玻璃扭曲折射的方式重新排列图像的像素；Vector Displacement选项沿特定的方向移动图像的像素；Angle Displacement选项沿不同的角度移动图像的像素。

在Quality（质量）列表中选择处理图像的方式。选择Good（高质量），图像将以品质较佳的扭曲效果输出，但图像处理速度较慢；选择Fast（高速度），图像处理速度较快，但输出品质会有所降低。

调整Amount（数量）滑条控制像素位移的程度；调整Variance（变化）滑条控制像素位移周围的变化程度；调整Direction（趋势）滑条控制像素位移的方向。

4．Motion Blur（动态模糊）

Motion Blur（动态模糊）命令是在对背景进行单向模糊或增加主体景物的运动效果时经常采用的一种模糊命令，如图8-56所示。

图8–56 动态模糊效果

选择图像，选择Effects（效果）→ Focus（焦点）→ Motion Blur（动态模糊）命令，弹出Motion Blur（动态模糊）对话框，如图8-57所示。Radius（半径）滑条控制动态模糊半径；Angle（角度）滑条控制动态模糊的移动角度；Thinness（厚度）滑条控制模糊的单向性。数值越小，模糊越接近单向模糊；数值越大，模糊的方向性越差。

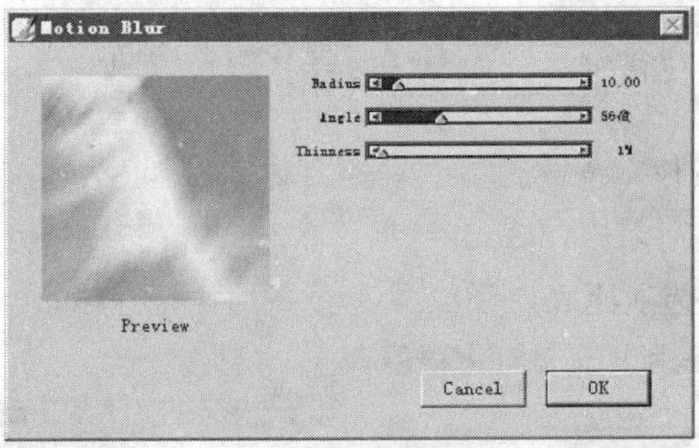

图8–57 Motion Blur（动态模糊）对话框

5．Sharpen（锐化）

Sharpen（锐化）命令可以使本身模糊的图像变得清晰，对比度加强时，细微之处的反差将加大，如图8-58所示。

图8–58 锐化效果

选择图像，选择Effects（效果）→ Focus（焦点）→ Sharpen（锐化）命令，弹出Sharpen（锐化）对话框，如图8-59所示。

Gaussian（高斯）与Circular（圆形）是两种不同的计算方式，当选择Gaussian（高斯）模式时，可以对图像中的红色、绿色、蓝色分别进行调整；当选择Circular（圆形）模式时，只能对图像的整体进行调整。

Amount（数量）滑条控制像素对比度的数量；Highlight（高光）滑标控制高光的锐化程度；Shadow（暗调）滑条控制暗调部分的锐化程度。

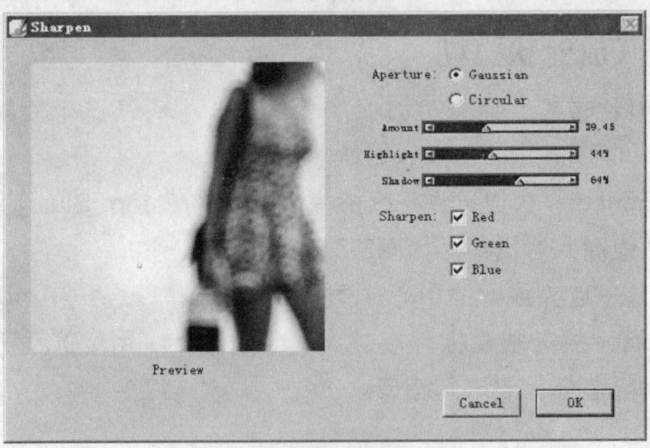

图8–59 Sharpen（锐化）对话框

6．Soften（柔化）

与Sharpen（锐化）命令相反，Soften（柔化）命令可以使图像产生逐渐过渡的模糊效果，如图8-60所示。

选择图像，选择Effects（效果）→ Focus（焦点）→ Soften（柔化）命令，弹出Soften（柔化）对话框，如图8-61所示。Gaussian（高斯）选项是一种较精确的模糊方式，但速度较慢。Circular（圆形）选项比高斯模糊具有更高的执行速度，但模糊精确程度低于高斯模糊。Amount（数量）滑条用于控制柔化程度。

图8-60 柔化效果

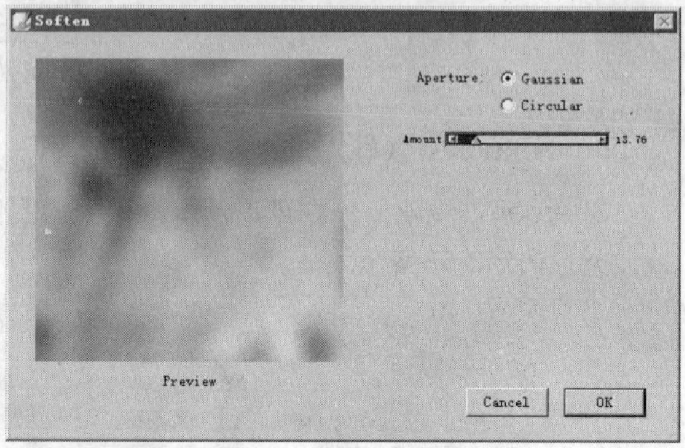

图8-61 Soften（柔化）对话框

7．Super Soften（超柔化）

Super Soften（超柔化）命令与Soften（柔化）命令的作用相似，都是对被选图像或图层进行柔化操作。与Soften（柔化）命令不同的是，Super Soften（超柔化）可以在对话框中直接输入柔化的像素值，如图8-62所示。数值增大，柔化程度越大；数值减小，柔化程度越小。

图8-62 Super Soften（超柔化）对话框

8．Zoom Blur（放射状模糊）

Zoom Blur（放射状模糊）命令可以以图像一点为中心，产生放射状的模糊效果，如图8-63所示。

选择图像，选择Effects（效果）→ Focus（焦点）→ Zoom Blur（放射状模糊）命令，弹出Zoom Blur（放射状模糊）对话框，如图8-64所示。

在图像中选取任意一点为放射的中心（透视的消失点）。调整Amount滑条控制放射状模糊的程度，百分比越高，放射状模糊程度越大。勾选Zoom In复选框可以控制放射状模糊射出。如果勾选Zoom In复选框，效果则相反。

图8-63 放射状模糊效果

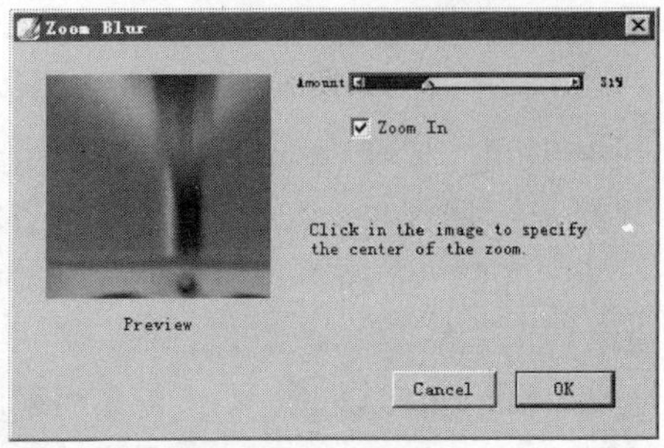

图8-64 Zoom Blur（放射状模糊）对话框

8.3.5 神秘特效

Esoterica（神秘特效）命令包含的子菜单命令可使图像发生较大变化，这是一组艺术性很强的效果，如图8-65所示。

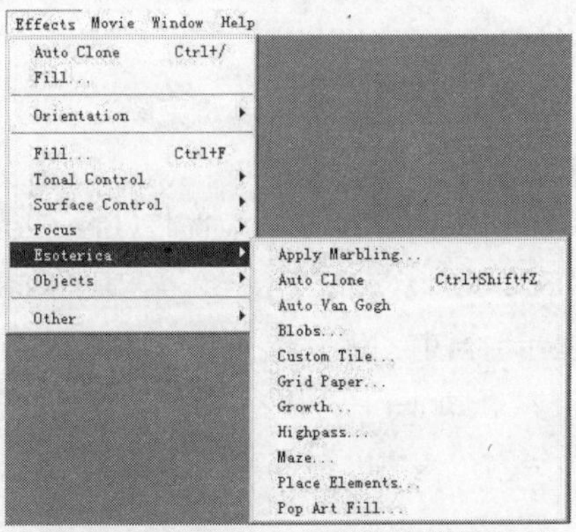

图8-65 Esoterica（神秘特效）菜单

1. Apply Marbling（应用石纹）

Apply Marbling（应用石纹）命令可以制作出石纹状的波纹曲线纹理，如图8-66所示。

选择图像，选择Effects（效果）→ Esoterica（神秘特效）→ Apply Marbling（应用石纹）命令，弹出Apply Marbling（应用石纹）对话框，如图8-67所示。

图8-66 石纹效果

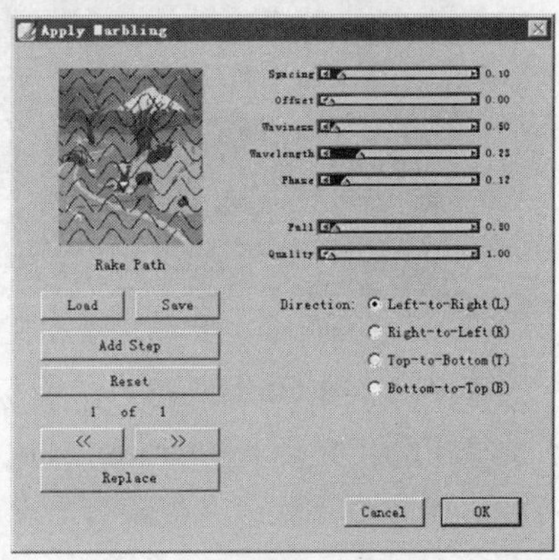

图8-67 Apply Marbling（应用石纹）对话框

对话框中每个参数的含义如下。

Add Step（加入层次）：该按钮可以添加多层次变化的纹理。

Spacing（间距）：该滑条用来调节各组波纹曲线之间的距离。

Offset（偏移）：该滑条用来调节各组波纹曲线横向之间的距离。

Waviness（振幅）：该滑条用来调节每组曲线的上下波动范围，数值越大，所产生的波纹曲线幅度越大。

Wave length（波长）：该滑条用来调节波纹曲线的波长。

Phase（相位）：该滑条用来调节每组曲线的左右位置变化，但不改变波纹曲线的形状。

Pull（牵引力）：该滑条用来调节每组曲线的数目，数值越小，纹理变化越大。

Quality（品质）：该滑条用来调整纹理的光滑细致程度，数值越大，纹理效果越好，但生成的时间较长。

Direction用于控制纹理生成的方向。包括Right-to-Left（由右至左）、Left-to-Right（由左至右）、Top-to-Bottom（由上至下）和Bottom-to-Top（由下至上）4种方向。

2．Auto Clone（自动克隆）

Auto Clone（自动克隆）命令可以在图像中自动克隆，生成的效果由当时选择画笔变量的特点决定，如图8-68所示。

选择图像，在Color（色彩）面板的级联菜单中选择Use Clone Color（使用克隆颜色）命令。选择 File（文件）→Clone Source（克隆源）命令，在弹出的菜单中选择克隆源图像。如果不指定克隆源，那么默认克隆源显示为当前图案。选择 Effects（效果）→ Esoterica（神秘特效）→ Auto Clone（自动克隆）命令，这时Painter X会用指定的克隆源图像不断覆盖正在制作中的图像。用户只需监视动态的变化过程，当对效果满意时，单击鼠标即可完成自动克隆效果操作。

3．Auto Van Gogh（自动梵高）

Auto Van Gogh（自动梵高）命令是模仿绘画大师文森特梵高（Vincent Van Gogh）的画风，可以在瞬间产生酷似梵高笔下的画面效果。但图像再逼真，毕竟不是大师所为，此功能产生的效果笔触往往容易过于一致、呆板，缺乏艺术表现力，如图8-69所示。

图8−68　自动克隆效果

图8−69　自动梵高效果

选择图像，在Color（色彩）面板的级联菜单中选择Use Clone Color（使用克隆颜色）命令。选择 File（文件）→Clone Source（克隆源）命令，在弹出的菜单中选择克隆源图像。如果不指定克隆源，默认克隆源为当前图案。选择 Effects（效果）→ Esoterica（神秘特效）→ Auto Van Gogh（自动梵高）命令，此时具有梵高笔触特点的作品就完成了。

4. Blobs（气泡）

Blobs（气泡）命令使画面出现气泡效果，图8-70所示。

选择图像，选择 Effects（效果）→ Esoterica（神秘特效）→ Blobs（气泡）命令，弹出Create Marbling Stone Pattern（建立气泡图案）对话框，如图8-71所示。

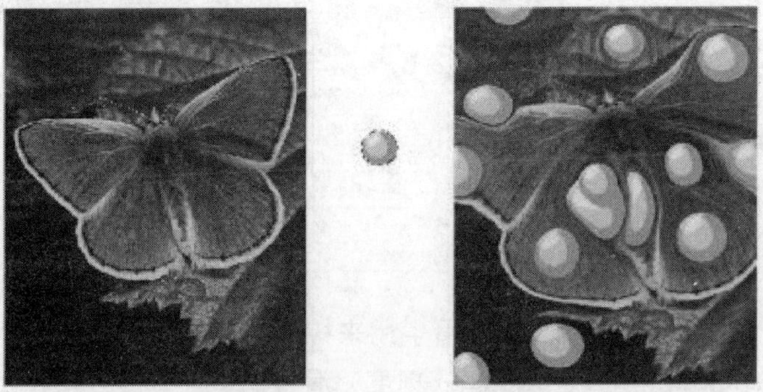

图8-70 气泡效果

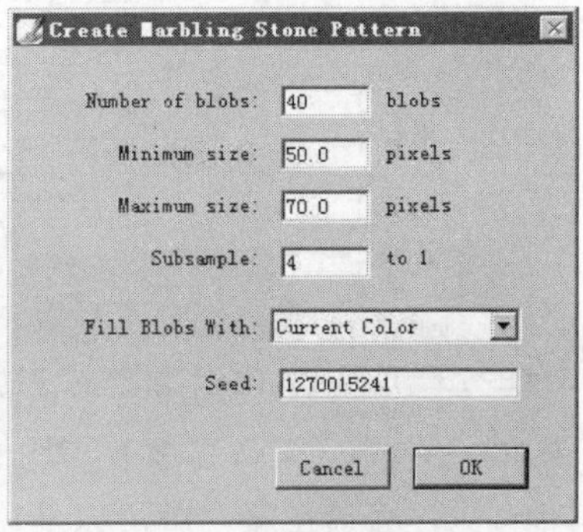

图8-71 Create Marbling Stone Pattern（建立气泡图案）对话框

在Number of Blobs（气泡的数量）中输入气泡数量的数值；在Minimum Size（最大尺寸）和Maximum Size（最大尺寸）中输入气泡尺寸的最小值和最大值；在Subsample（次取样）中输入数值，该选项能够产生Antaliasing（边缘抗锯齿）的作用。从Fill Blobs With（填充气泡以）列表中选择填充气泡的类型，可以选择Paste Buffer（粘贴缓冲区）、Current Color（当前选取的颜色）或Pattern（图案）选项。 在Seed（种子）选项中输入数字使气泡随机分布。不同的种子数字排列产生不同的分布。

5. Custom Tile（自定义瓷砖）

Custom Tile（自定义瓷砖）命令可使图像转换为拼贴的瓷砖效果。如果自定义瓷砖参数，将会产生更加丰富的瓷砖效果，如图8-72所示。

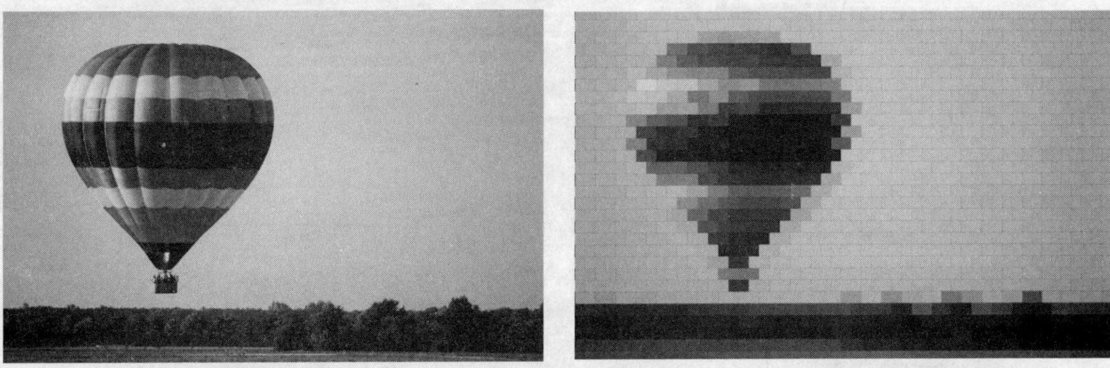

图8-72 自定义瓷砖效果

选择图像，选择Effects（效果）→ Esoterica（神秘特效）→ Custom Tile（自定义瓷砖）命令，弹出Custom Tile（自定义瓷砖）对话框，如图8-73所示。在Using（使用）列表框中选择理想的瓷砖外型。

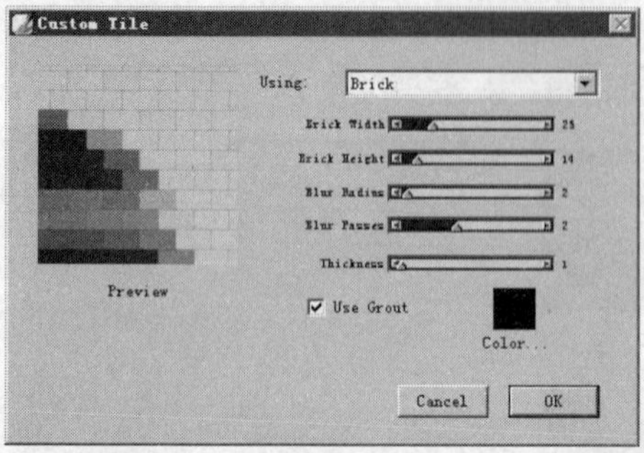

图8–73　Custom Tile（自定义瓷砖）对话框

瓷砖的形状可以是正方形、三角形等规则图形。无论何种方式，亮度较高的区域将会转为瓷砖，较暗的区域转为Grout（灰浆）作为瓷砖之间的缝隙。

Brick Width（瓷砖宽度）和Brick Height（瓷砖高度）滑条用来控制瓷砖的大小。如果使用其他内置的瓷砖图案，就可以使用Angle（角度）和Scale（刻度）滑条调整瓷砖的方向和大小。如果使用当前的图案、Paper（画纸纹理）或Use Mask（使用蒙版），可以使用Threshold（阈值）滑条控制不同的亮度来判断Tile（瓷砖）和Grout（灰浆）的区域。Thickness（厚度）滑条用于调节瓷砖的宽度。调节Blur Radius（模糊半径）滑条，指定模糊Tile（瓷砖）及裂缝的采样半径。增加Blur Radius（模糊半径），每块瓷砖的模糊程度随之增大。Blur Passes滑条决定每块瓷砖之间裂缝的模糊程度。如果想要在瓷砖之间添加Grout（灰浆），选择Use Grout（使用灰浆）选项，并单击Grout（灰浆）的颜色选框，既可选取灰浆的颜色。

6．Grid Paper（格纸）

Grid Paper（格纸）命令可以增加水平线、垂直线、矩形或点到图像中，如图8-74所示。

选择图像，选择Effects（效果）→ Esoterica（神秘特效）→ Grid Paper（格纸）命令，弹出Grid Options（格子属性）对话框，如图8-75所示。

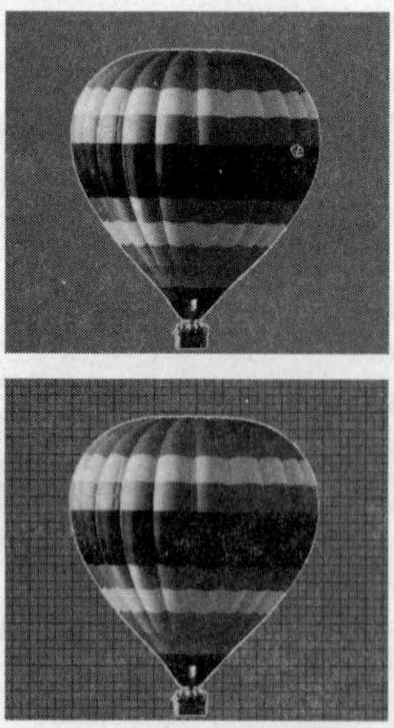

图8–74　格纸效果

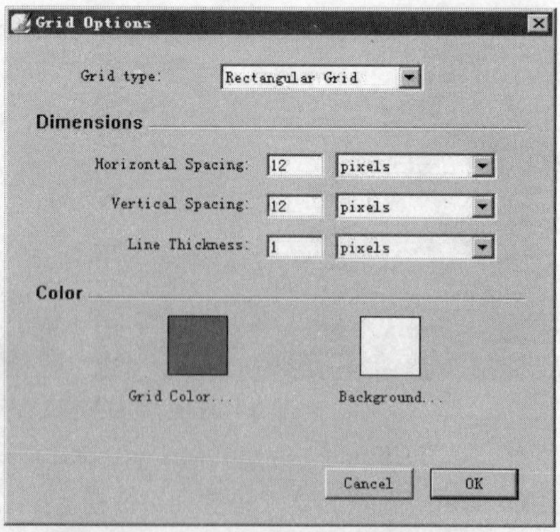

图8–75　Grid　Options（格子属性）对话框

在Grid type（格子类型）列表框中选择格纸类型，有Rectangular Grid（矩形格）、Vertical Lines（垂直格）、Horizontal Lines（水平格）和Dot Grid（点格）选项。在

Dimensions（尺寸）列表中对格子的Horizontal Spacing（水平间距）、Vertical Spacing（垂直间距）和Lines Thickness（线宽）进行调整。

7. Growth（生长）

Growth（生长）命令可以生成类似树枝、细胞、雪花等复杂的图案效果，如图8-76所示。

（1）选择Effects（效果）→ Esoterica（神秘特效）→ Growth（生长）命令，打开Growth（生长）对话框，如图8-77所示。

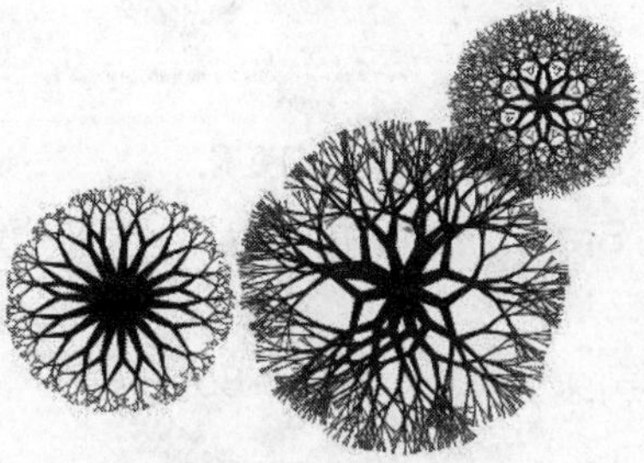

图8-76　生长效果

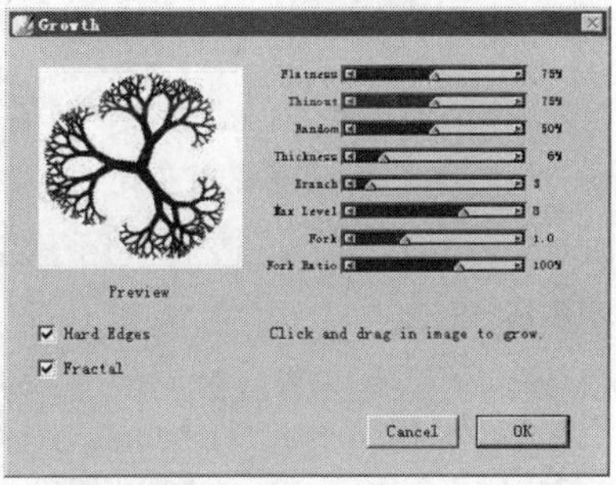

图8-77　Growth（生长）对话框

Hard Edges（硬棱角）：勾选该复选框后可创建出硬朗的边缘和棱角分明的线条；反之则会创建柔软的、羽化的线条，如图8-78所示。

Fractal（开放）：勾选该复选框后Growth（生长）图案显示为开放状延伸；否则为闭合环状，如图8-79所示。

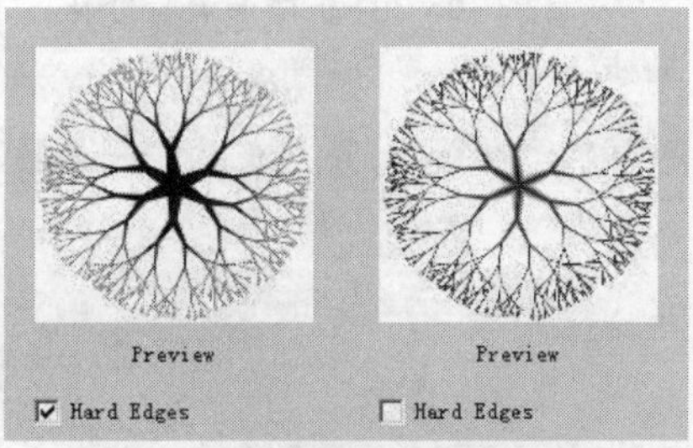

图8-78　硬棱角与软棱角

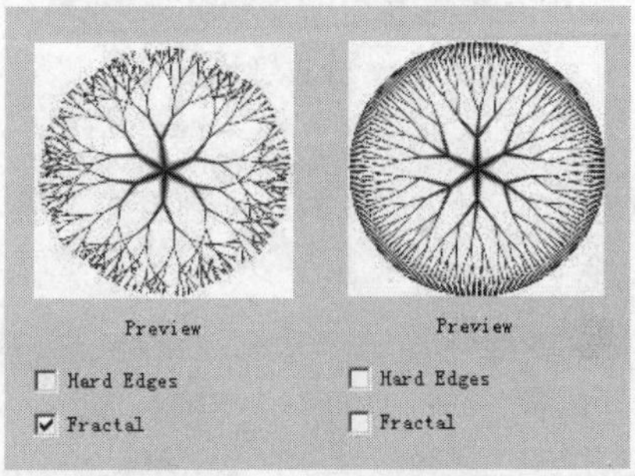

图8-79　开放与闭合

（2）对Growth（生长）效果的其他属性进行调整。

Flatness（扩张程度）：该滑条用于调整生长效果的扩张程度，数值越大，扩展的枝节越多，如图8-80所示。

Thinout（线条粗细）：该滑条用于调整Growth（生长）图案由内向外延伸线条的粗细程度。数值越大，外围边缘越粗；反之，外围边缘越细，如图8-81所示。

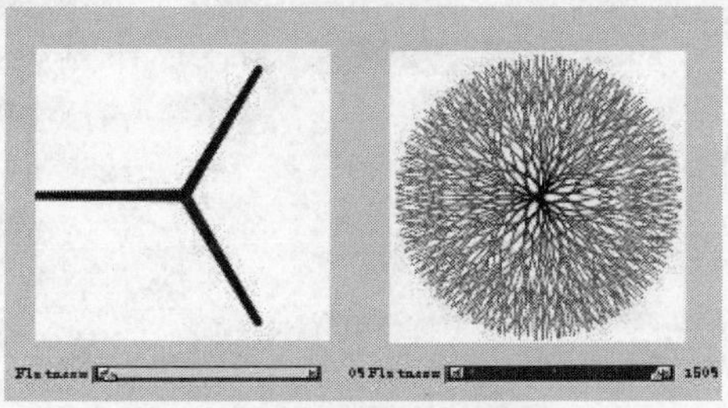

图8-80　扩张程度变化

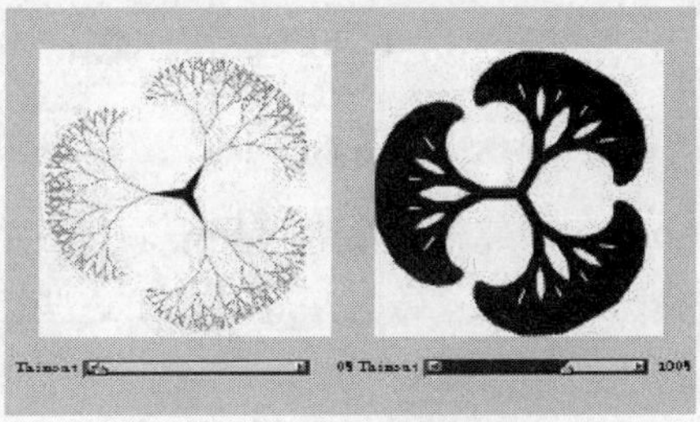

图8-81　粗细线条变化

Random（随机性）：该滑条用于控制图案根部枝条分布角度的随机性，数值越大，随机性越强，如图8-82所示。

Thickness（根部粗细）：该滑条用于控制图案根部枝条的粗细尺寸，如图8-83所示。

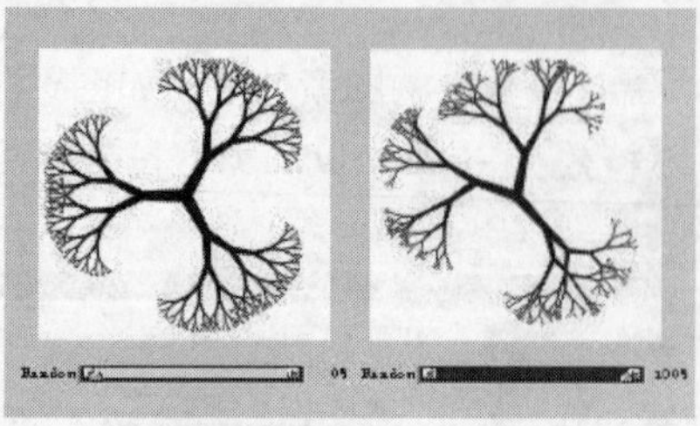

图8–82　随机性变化

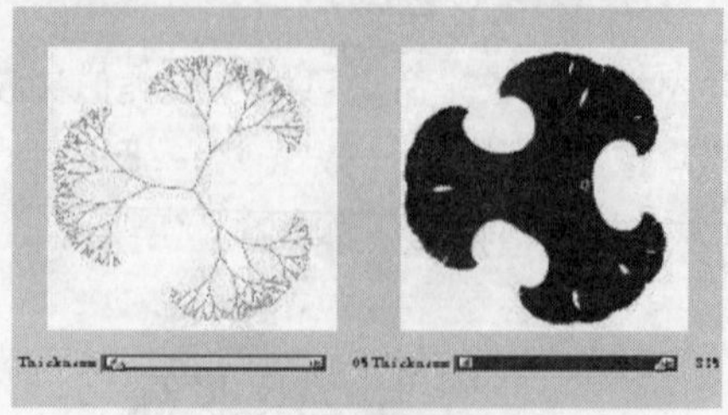

图8–83　根部粗细变化

Branch（分支数量）：该滑条用于控制分支的个数，Branch数目的范围为1～20，默认值为3，如图8-84所示。

Max Level（枝条层节点数）：该滑条用于控制枝条层的节点数，如图8-85所示。

图8–84　分支数量变化

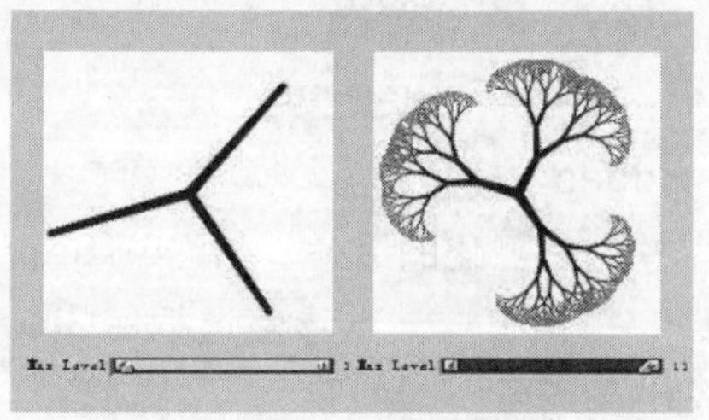

图8–85　枝条层节点数变化

Fork（外围分支数量）：该滑条用于控制最外围分支的数量，如图8-86所示。

Fork Ratio（外围分支开合程度）：该滑条用于调整最外围的分支末端的开合程度，如图8-87所示。

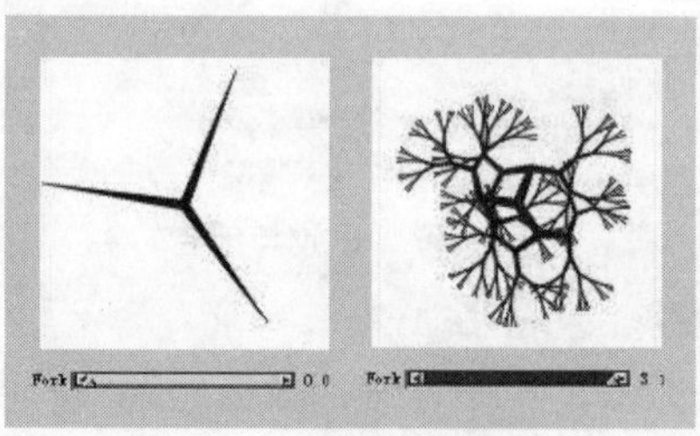

图8–86　外围分支数量变化

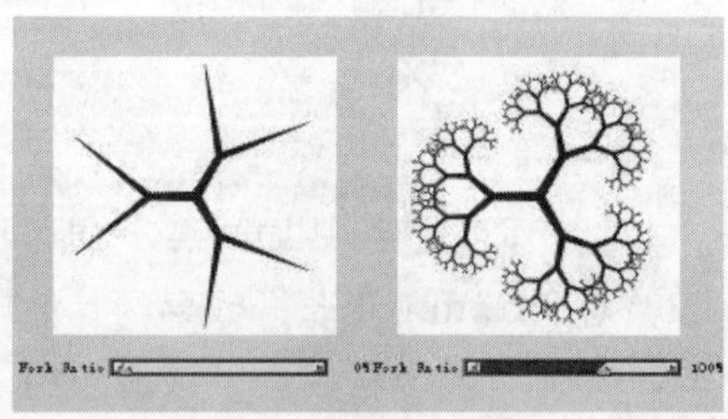

图8–87　外围分支开合程度变化

（3）设置完成后，用鼠标在图像窗口中拖曳，Growth（生长）的图案便产生了。

（4）得到满意效果后，单击OK按钮确定。

Fork（外围分支数量）和Fork Ratio（外围分支开合程度）选项只对Fractal（开放状）的生长图案起作用。

8．Highpass（高通）

Highpass（高通）命令可用于调整图像中较暗或较亮区域的相互转化，同时赋予这些区域较为平和的色彩，如图8-88所示。

在Highpass（高通）对话框中，可点选

Gaussian（高斯）单选按钮并调整Amount（数量）滑条，使暗调部分增加中间的渐变过渡；或点选Circular（圆形）单选按钮并调整Amount（数量）滑条，增加亮调部分的对比度和饱和度，如图8-89所示。

图8—88 高通效果

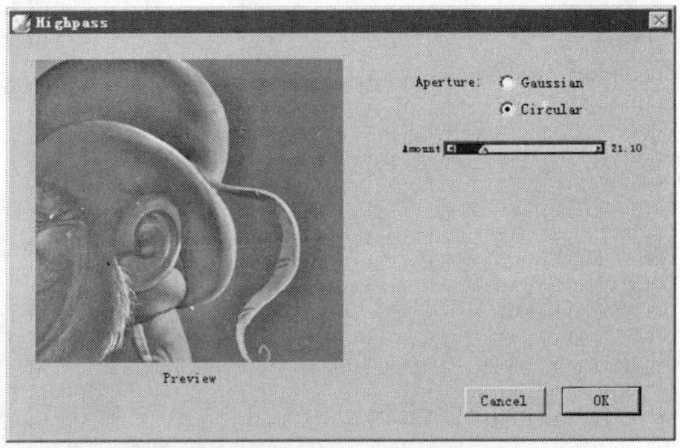

图8—89 Highpass（高通）对话框

9．Maze（迷宫）

Maze（迷宫）命令可以生成迷宫效果，如图8-90所示。

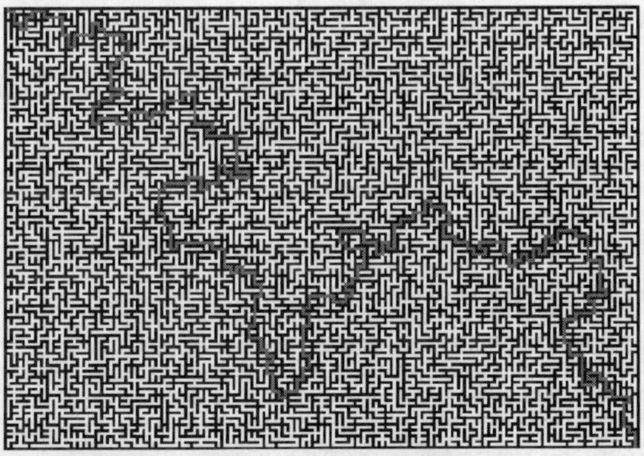

图8—90 迷宫效果

选择图像，选择Effects（效果）→ Esoterica（神秘特效）→ Maze（迷宫）命令，弹出Maze（迷宫）对话框，如图8-91所示。

勾选Patterned（图案）复选框，可以显示重复的图案，在出现的数字框中输入1～3的数值可以显示图案的3种类型。勾选Display Solution（显示解决方案）复选框，图像将以醒目的颜色显示迷宫从入口到出口的通径。

单击Maze Color（迷宫颜色）命令或Background（背景）选色框，在弹出的对话框中可设置迷宫墙壁和背景颜色。

10．Place Elements（自动放置）

Place Elements（自动放置）命令用于在图像中放置当前图像管的随机散点，如图8-92所示。

选择图像，选择需要使用的Image Hose（图像管）类型。选择Effects（效果）→ Esoterica（神秘特效）→ Place Elements（自动放置）命令，弹出Place Elements（自动放置）对话框，如图8-93所示。

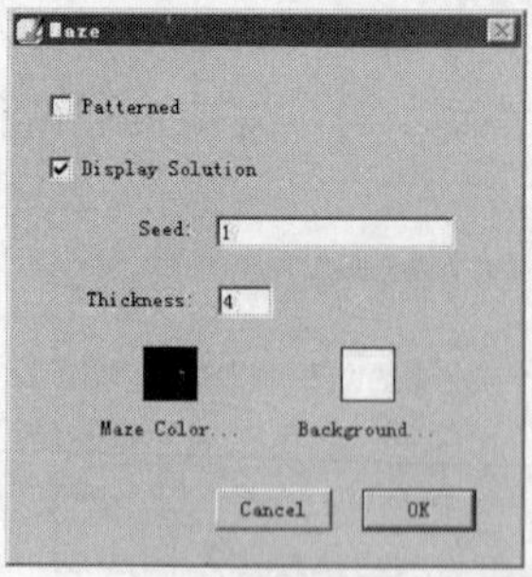

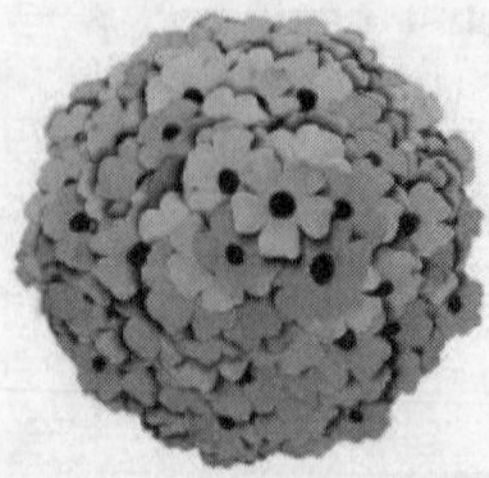

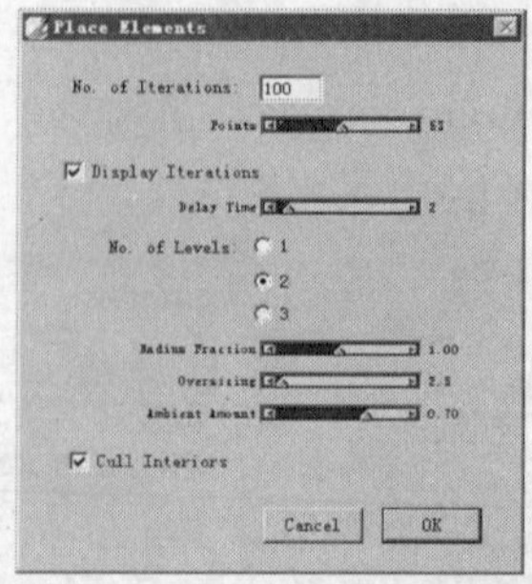

图8-91 Maze（迷宫）对话框 图8-92 自动放置效果 图8-93 Place Elements（自动设置）对话框

在No. of Iterations（循环放置次数）中选择一个级别。每次重复时，每个笔刷的放置点都会在虚拟的球体空间内调整批次的距离。因此如果将0作为Iterations的数字，笔刷的设置完全是随机的。较高的数值将令笔刷的摆放位置相对有规律。

Points代表将要放置笔刷的触点，调节该滑条可以控制触点数目的增减。

Display Iterations（显示重复）：选择该选项将显示重复放置的过程。Painter X会以小黑点作为标记在图像窗口内显示重复放置的过程。

Delay Time（延迟时间）：该滑条可以设置每次放置笔刷之间的延迟时间。Delay Time延长，能更清晰地看到只是标记的移动轨迹。

选择No. of Levels（单元的数目）。如果数目是1，每个点接收一次笔刷的放置；如果数目是2，每个点接收一次放置后，将再被重复放置。

Radius Fraction：该滑条制定Level（单元）虚拟球体的直径与选定区域选区框之间的关系。

Oversizing：该滑条制定Level（单元）虚拟球体的直径与选定区域选取框之间的关系。

Ambient Amount：该滑条控制在放置笔刷时，放置元素阴影的程度。默认值是0.10，增加Ambient Amount值，辅助色成分会增多，笔触的阴影效果也会随之加重。

如果选择Levels（单元数目）为2或3，可以使用Cull Interiors（筛选内部）选项，删除隐藏在笔触内部的叠加部分。

11. Pop Art Fill（流行艺术填充）

Pop Art Fill（流行艺术填充）命令可以使图像呈现半色相网屏的效果，如图8-94所示。

图8-94 流行艺术填充效果

选择图像，选择Effects（效果）→ Esoterica（神秘特效）→ Pop Art Fill（流行艺术填充）命令，弹出Pop Art Fill（流行艺术填充）对话框，如图8-95所示。

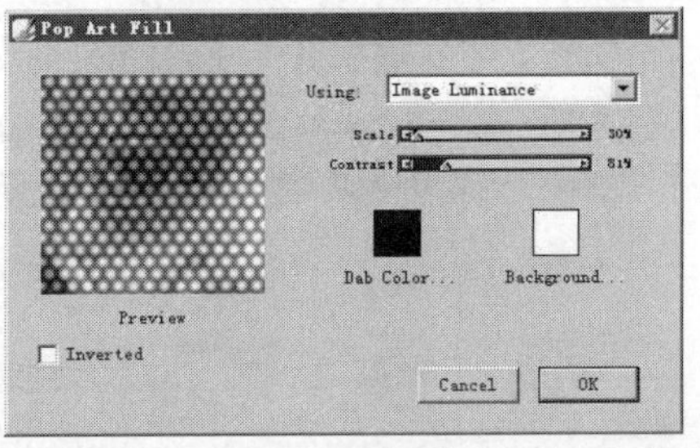

图8-95 Pop Art Fill（流行艺术填充）对话框

在Using（使用）列表框中选择控制填充的方式，有Image Luminance（当前图像的亮度）、Current Grad（当前的渐变）、Original Luminance（克隆源图像的亮度）选项。

调整Scale（缩放比例）滑标设置网点的大小；调整Contrast（对比度）滑标控制形成半色相图像的亮度。单击Dab Color（网点颜色）选取框，从弹出的对话框中选择网点的颜色。单击Background（背景色）选取框，从弹出的对话框中选择背景的颜色。

8.3.6 对象

利用Objects（对象）命令中的子菜单命令，可以为图层添加阴影或对齐图层。

1. Create Drop Shadow（创建阴影）

Create Drop Shadow（创建阴影）命令能够自动为图像层创建阴影效果，且不管它是单一的图像层还是已经成组的图像层，如图8-96所示。

选择单个浮动的图层或一个群组。选择Effects（效果）→ Objects（对象）→ Create Drop Shadow（创建阴影）命令，弹出Drop Shadow（创建阴影）对话框，如图8-97所示。

图8-96 创建阴影效果

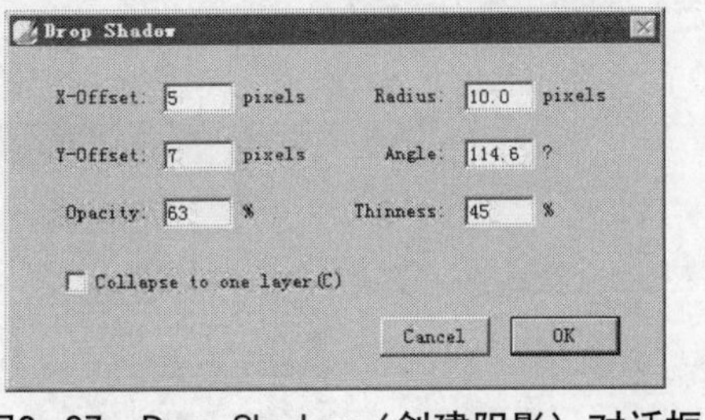

图8-97 Drop Shadow（创建阴影）对话框

设置阴影在X和Y方向的Offset（偏移量）。在Opacity（不透明）文本框中设置阴影的不透明度；在Radius（半径）文本框中设置阴影模糊的范围，如果Radius的值设为0，阴影的边缘会很锐利，没有任何模糊效果。在Angle（角度）文本框中设置控制阴影的模糊方向。在Thinness（模糊）文本框中设置应用阴影模糊部分的厚度。如果阴影的模糊部分出现条纹状不连续的跳阶，可以通过增加Thinness的数值来添加柔化效果。

默认情况下Drop Shadow（阴影）出现在单独的一层上，如果勾选Collapse to One Layer（合并为一层）复选框，则允许阴影层和原图像浮动图层合并为一层。

2. Align（层对齐）

Align（层对齐）命令可以使选择的图层对齐。

在图层面板中选择要对齐的图层（至少两个）。选择Effects（效果）→ Objects（对象）→ Align（层对齐）命令，弹出Align Shapes（层对齐）对话框，如图8-98所示。

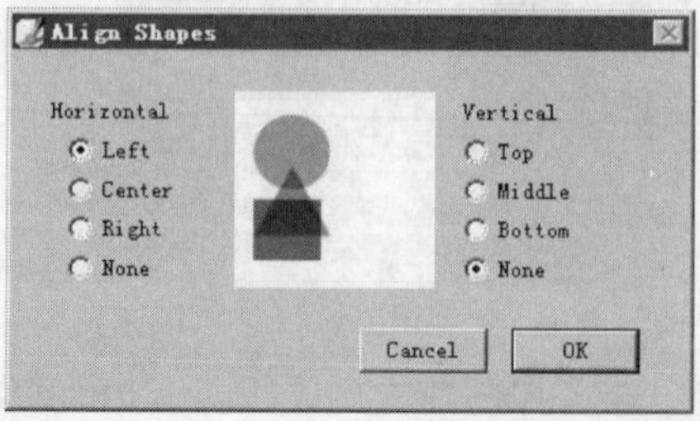

图8—98　Align Shapes（层对齐）对话框

在窗口的左侧可以对Horizontal（水平方向）进行Left（左对齐）、Center（居中对齐）、Right（右对齐）和None（不对齐）操作。在窗口的右侧可以对Vertical（垂直方向）进行Top（顶对齐）、Middle（中心对齐）、Bottom（底对齐）和None（不对齐）操作。

8.3.7 马赛克效果

以前需要花费大量时间摆放和安排那些马赛克的单独小块，将其嵌入水泥薄浆中，用来组成美丽的画面，现在可以使用Painter X来制作漂亮的马赛克作品，省时省力。Mosaic（马赛克）效果可以作为一种克隆源的效果方案使用，当然，也可以作为一种最终的画面效果创建自由绘制的马赛克效果。

1. 制作马赛克

（1）选择Canvas（画布）→ Make Mosaic（制作马赛克）命令，弹出Make Mosaic（制作马赛克）对话框，如图8-99所示。

（2）在Options（选项）列表中选择马赛克效果属性，如图8-100所示。

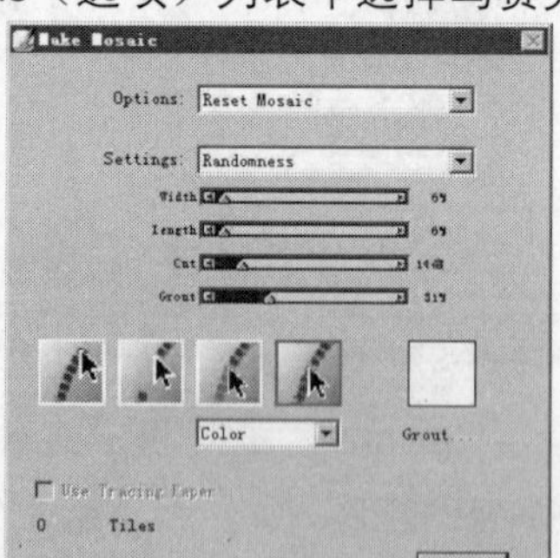

图8—99　Make Mosaic（制作马赛克）对话框

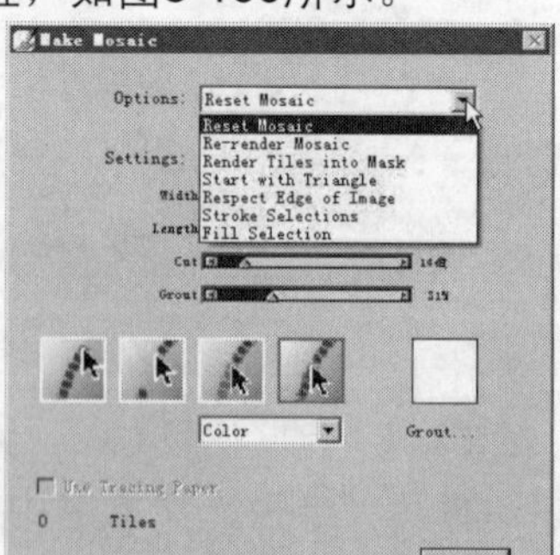

图8—100　马赛克的属性

Reset Mosaic（重新设置马赛克）：该选项可以清除所有的瓦片。

Re-render Mosaic（重新渲染马赛克）：选择该选项，当一个已经生成马赛克的文件改变了分辨率时，为了避免出现质量损失，可以使马赛克以稳定的分辨率重新生成。

Render Tiles into Mask（渲染马赛克为蒙版）：选择该选项可以将马赛克的形状变为蒙版。这个命令主要用来加深马赛克瓦片的深度。当在蒙版中使用瓦片时，可以调入马赛克蒙版并将其作为一个选区，或者将瓦片间砖缝转换成选区。

Start with Triangle（以三角瓦片为起点）：选择该选项后，在画的每一笔马赛克笔记中，第一个瓦片都是三角形的。

Respect Edge of Image（制作图像的边缘）：选择该选项后，在马赛克瓦片的外缘形成的图案不会影响瓷砖的缝隙线。

Stroke Selections（选区描线）：选择该选项可以在选区边缘上画出马赛克瓦片。

Fill Selection（填充选区）：选择该选项可以按一定方式将选区内填满瓦片。

提示

在使用Fill Selection（填充选区）选项时，有些情况不能对选择区域填充瓦片，这时就要手动填充瓦片。如果对填充的效果不满意，可以用Remove Tiles（删除瓦片）命令进行删除。

（3）在Settings（设置）列表中选择马赛克的瓦片形状，其中包括Dimensions（尺寸）和Randomness（随机）。

① 当选择Dimensions（尺寸）选项后，下面的控制画框可以控制瓦片的尺寸和瓦片间砖缝的宽度。Width（宽度）是以像素点为计量单位控制瓦片宽度的，如图8-101所示。Length（长度）是以像素点为计量单位控制瓦片长度的，如图8-102所示。

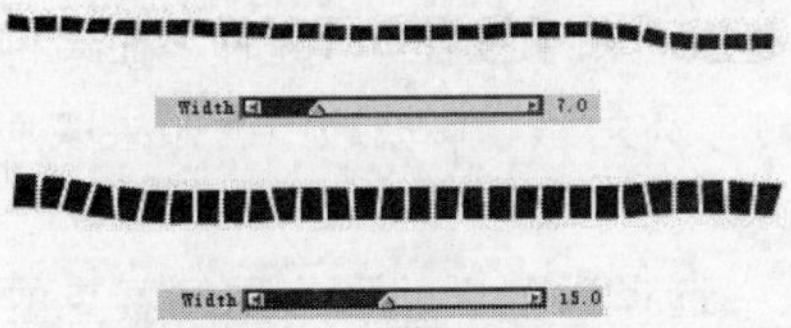

图8–101 瓦片的宽度变化

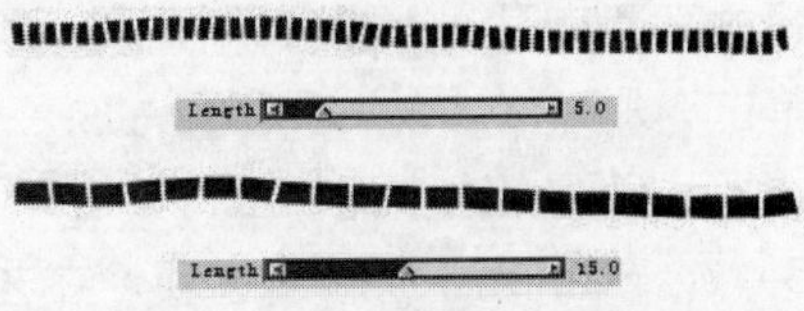

图8–102 瓦片的长度变化

Pressure（压力）滑条用于控制宽度变化，宽度变化依赖于数位板的压力。当Pressure（压力）值为0时，轻的压力能画出比较窄的瓦片，重的压力会画出比较宽的瓦片。当增加Pressure（压力）值时，需要同时考虑Pressure（压力）值对瓦片宽度的影响。当Pressure（压力）增加了，轻压力画出的瓦片也不一定会很窄。当Pressure（压力）值为100%时，数位板的压力对瓦片的宽度没有影响。

Grout（灰浆）是以像素点为计量单位控制瓦片间砖缝的宽度的，如图8-103所示。

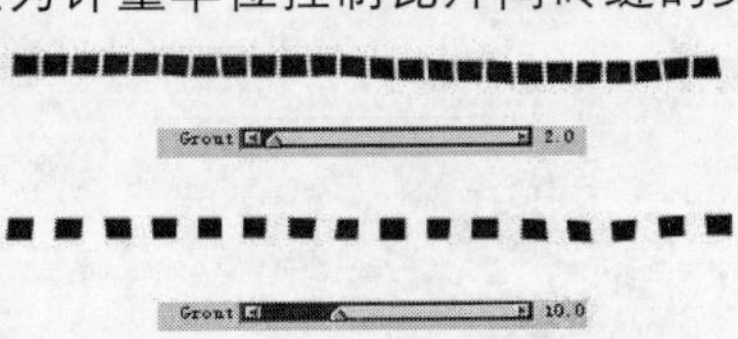

图8–103 瓦片砖缝变化

② 当选择Randomness（随机）选项后，每块马赛克瓦片的形状都会有所不同。Width（宽度）以百分比为计量单位控制瓦片的宽度变化范围，如图8-104所示。Length（长度）是以百分比为计量单位控制瓦片的长度变化范围，如图8-105所示。

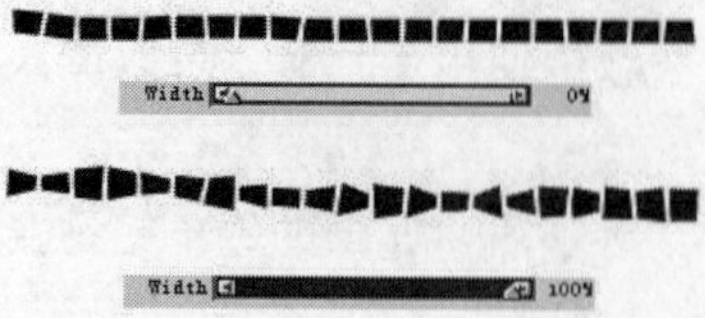

图8–104　随机瓦片宽度变化

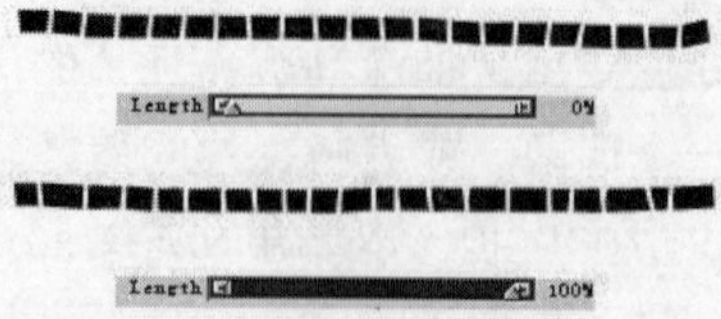

图8–105　随机瓦片长度变化

Cut（切角）滑条用于控制瓦片之间的衔接角度。当Cut值为0时，瓦片之间的切角基本没有变化；当Cut值大于0时，瓦片之间形成夹角，如图8-106所示。

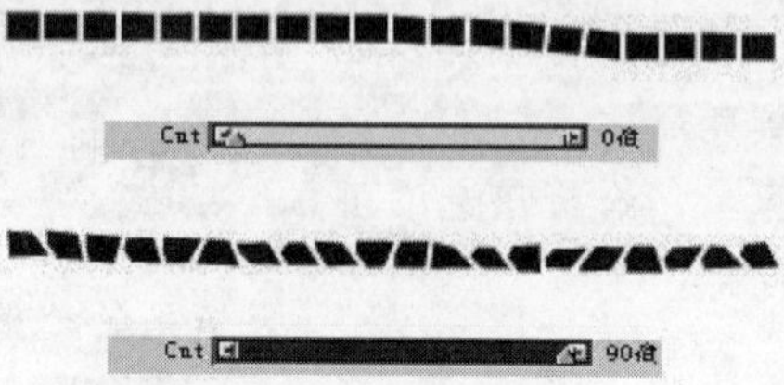

图8–106　瓦片切角变化

Grout（灰浆）滑条用于控制瓦片间砖缝的宽度随机变化的范围。

（4）通过选择对话框中的4个图标绘制瓦片。

选择图标，在图像上按住鼠标并移动，可以画出马赛克瓦片；选择图标，在马赛克瓦片上按住鼠标并移动，可以删除瓦片；选择图标，在马赛克瓦片上按住鼠标并移动，可以改变瓦片的颜色；改变的颜色由Color（色彩）选择栏中所选的颜色决定；选择图标，在想要选择的马赛克瓦片上按住鼠标并拖动，可以将其选中。如果按住Ctrl键时，在某种颜色的瓦片上单击，那么与这个马赛克瓦片颜色相同并邻近的马赛克瓦片将被选中；如果取消对某个瓦片的选择，只要在这个瓦片上再单击即可。

（5）选择Color（色彩）选项，在艺术材料面板中选择颜色后回到应用马赛克的图像窗口，在需要改变颜色的地方单击并拖动鼠标，这时克隆的颜色被当前的主要色取代。选择Darken（变暗）选项，在瓦片上单击并拖动鼠标，只是鼠标经过地方的颜色被加重变暗；选择Lighten（变亮）选项与Darken（变暗）的效果相反，会使瓦片颜色变亮；选择Tint（浅色）选项，在瓦片原有的基础上会加入10%的主要色；选择Vary（变化）选项，在瓦片上会加入颜色变化。

（6）单击Done按钮，完成马赛克的制作。

提示

这里也可以使用快捷键对瓦片进行选择，按A键可以选择所有的瓦片；按D键可以取消所有瓦片的选择；在瓦片被选中的情况下按C键，可用主要色替换被选择瓦片的颜色；按T键可以在所选择的瓦片上加入10%的主要色；按V键可以根据Color Variability（色彩变化）面板中的设置，改变所选马赛克瓦片的颜色。

2．镶嵌马赛克效果

镶嵌是一种使用非矩形瓦片的马赛克效果类型，使用镶嵌功能时将画布区分为许多多边形图像，并最终生成马赛克瓦片效果，如图8-107所示。

这些多边形实际上是由许多线段连接而成的点，可以控制点的数目和分布位置，也可以指定这些点的连接方式。下面一起学习镶嵌式马赛克效果的使用方法。

新建或打开一个图像。选择Canvas（画布）→ Make Tessellation（制作镶嵌）命令，弹出Make Tessellation（制作镶嵌）对话框，如图8-108所示。

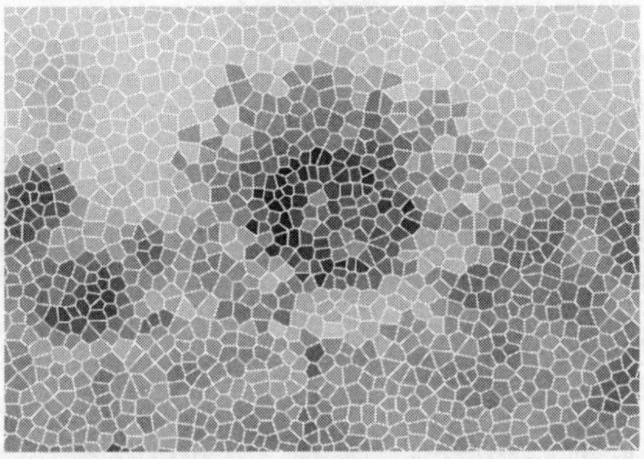

图8–107　镶嵌马赛克效果

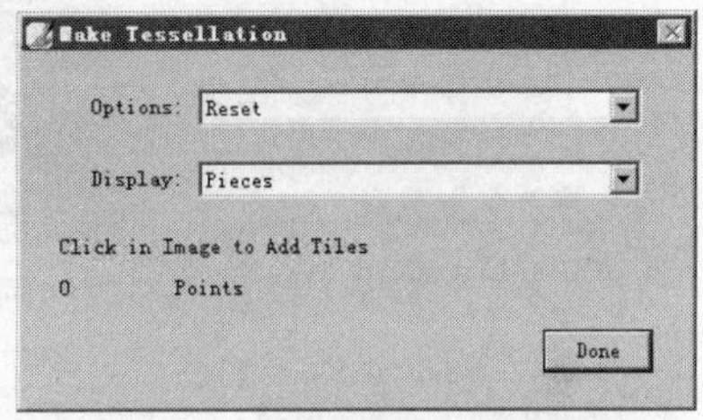

图8–108　Make Tessellation（制作镶嵌）对话框

在Options（选项）列表框中选择镶嵌效果。

Reset：选择该选项在图像上按动鼠标并移动，来调节镶嵌马赛克的点数和分布状态。

Add 500 Random Points：选择该选项在图像上随机加入500点。

Add 500 Evenly-Spaced Points：选择该选项在图像上均匀地加入500点。

Add 500 Clone-Spaced Points：选择该选项以图像的亮度规律为参照加入500点。

Add 500 Inverse-clone-Spaced Points：选择该选项以图像的亮度规律的负像为参照加入500点。

在Display（显示）列表中选择镶嵌马赛克的形状。共有3种镶嵌块形状，分别为Triangles（三角形）、Cracks（裂纹）和Pieces（块状）。单击Done按钮，退出Make Tessellation（制作镶嵌）对话框，这时画面上出现镶嵌马赛克效果。

> 提示
>
> 用镶嵌马赛克效果后生成的马赛克瓦片，可以再用Make Mosaic（制作马赛克）命令来修改瓦片的颜色及各种参数。

8.4 基础应用

学习了这么多效果滤镜，下面看看在创作中怎样应用这些效果滤镜。

8.4.1 应用表面纹理效果

在绘画过程中经常遇到这样的问题，就是绘制完成的画面效果空洞，达不到理想效果。画面的纸纹不明显，显得画面好像有些缺失的效果，但是这时即将完成绘画，而纸纹的应用却只能体现在开始创作前。Painter X充分考虑了这个问题，用户可以通过特效菜单中的应用表面纹理效果将纸纹调整并再现到画面中。阿根廷插画师Alex Dukal的作品中就传达了这样一种应用表面纹理效果的信息。在绘画过程中，不妨也借鉴一下该作品的创作手法。通常一幅简单的图画再搭配一种恰到好处的表面纹理会使作品表现出不同凡响的效果。

图8–109　阿根廷插画师Alex Dukal的作品

8.4.2 使用镶嵌马赛克效果

镶嵌马赛克效果的简单和便捷是许多插画艺术家所钟爱的，用户可以多欣赏一些古罗马大型建筑中的壁画，并观察它们的结构特点从而更好地掌握马赛克艺术。

如图8-110所示，在这幅作品中不难看出艺术家Tams使用了制作马赛克的方法将源图像进行重新绘制，将源图像的对比度增强，通过制作镶嵌命令将整幅源图像增加了马赛克的点数和分布状态均匀镶嵌马赛克效果。通过这一效果使源图像效果与众不同。

图8–110　艺术家Tams的插画艺术

8.5 案例表现——花卉

（1）打开素材图像。选择File（文件）→Open（打开）命令，弹出Select Image（选取图像）对话框，打开光盘中素材\Flower.jpg文件，如图8-112所示。

图8–111 花卉

图8–112 打开源图像

（2）调整图像对比度。选择Effects（特效）→ Tonal Control（色彩控制）→ Brightness/Contrast（亮度/对比度）命令，在弹出的Brightness/Contrast（亮度/对比度）对话框中，移动◑图标对应的滑条，调整图像的明暗对比度。

（3）调整图像色彩饱和度。选择Effects（特效）→ Tonal Control（色彩控制）→ Adjust Color（调整色彩）命令，在弹出的A djust Color（调整色彩）对话框中，移动Saturation（饱和度）滑条增强图像的色彩使图像色彩变得更鲜亮，如图8-113所示。

（4）克隆图像源。选择File（文件）→Quick Clone（快速克隆）命令，此时图像中自动产生一个克隆图像，如同在图像上覆盖了一张描图纸，如图8-114所示。

图8–113 调整图像对比度

图8–114 快速克隆图像源

（5）存储文件。选择File（文件）→Save as（另存为）命令，将要绘制的图像保存为RIFF格式的文件。

（6）制作马赛克。选择Canvas（画布）→ Make Mosaic（制作马赛克）命令，弹出Make Mosaic（制作马赛克）对话框。此时当前的画布被自动清除成空白画布，不必担心，这是一个正常的现象。在Make Mosaic（制作马赛克）对话框中勾选Use Tracing Paper（使用描图纸）复选框，如图8-115所示。启用该选项后，画面中就能看到半透明的图像源内容了。

（7）启用克隆颜色。在Colors（色彩）面板中单击克隆颜色按钮，如图8-116所示。将使马赛克的镶嵌外观从图像源中取色及整体定型。

这一步骤很重要，因为只有RIFF格式的文件才能完好地保存Mosaic模式的特性，如果保存其他格式的文件，无法再对Mosaic模式的对象进行编辑。

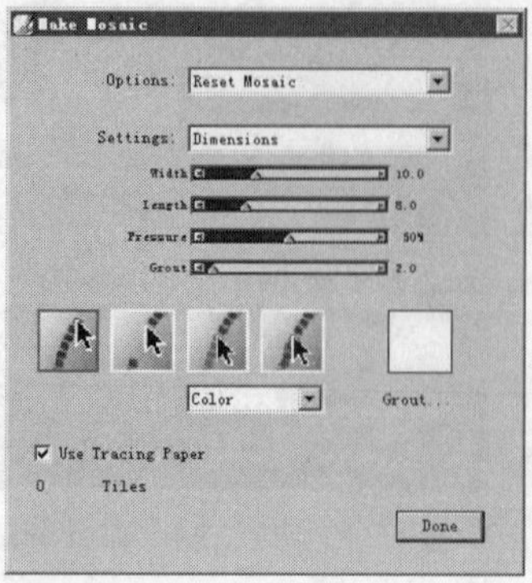

图8–115　选择使用描图纸选项

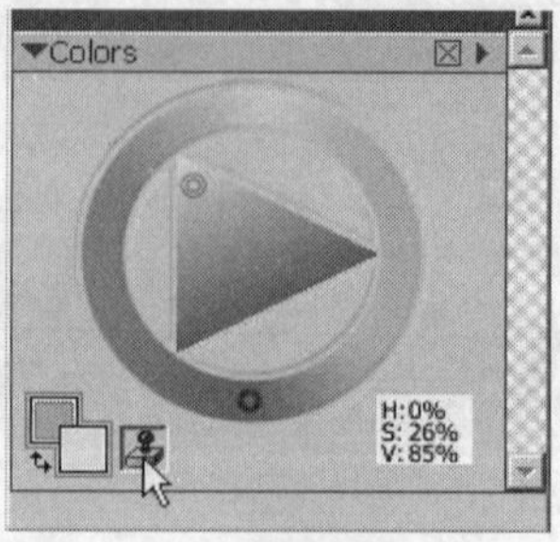

图8–116　选择克隆颜色

（8）绘制花的马赛克。按照底层的半透明图像源开始绘制马赛克，现在需要关注一下Make Mosaic（制作马赛克）对话框中的一些设置功能，根据需要调整马赛克的效果和外观属性。选择Dimensions（尺寸）选项后，将Width（宽度）设置为12、Length（长度）设置为15、Grout（灰浆）设置为1.5，根据个人的舒适度调整Pressure（压力）数值，这里将其设置为70%。根据花的形状来绘制花的马赛克瓦片，如图8-117所示。

（9）绘制绿叶和枝干的马赛克。同绘制花的马赛克瓦片一样，调整马赛克的属性，将Width（宽度）设置为10、Length（长度）设置为18、Grout（灰浆）设置为1.5，Pressure（压力）设置为70%，根据绿叶和枝干部分的走势绘制马赛克，如图8-118所示。

图8–117　绘制花的马赛克

图8–118　绘制绿叶和枝干的马赛克

（10）绘制背景马赛克。将画面的主要部分绘制完成后，绘制花卉的背景部分。将Width（宽度）设置为27、Length（长度）设置为32、Grout（灰浆）设置为2.5，Pressure（压力）设置为70%，如图8-119所示。

（11）改变灰浆颜色。将背景马赛克绘制完毕后，关闭描图纸，会发现整个画面有些凌乱，用户可以通过改变灰浆的颜色来处理。在Make Mosaic（制作马赛克）对话框中，单击Grout（灰浆）图标，在拾色器中选择R：95、G：95、B：95的深灰色，单击确定完成，如图8-120所示。

图8–119　绘制背景马赛克

图8–120　改变灰浆颜色

8.6 疑难及常见问题

1．如何撤销笔触和效果

选择Edit（编辑）→Fade（消退）命令，在Fade（消退）对话框中可以撤销某些笔触和效果滤镜。在对话框左边的预览窗口中能够显示消退的效果。单击预览窗口中的图像也能看见消退前的效果，该命令对于效果滤镜来说更有用。

2．如何恢复特效中的默认设置

Painter X可以保存用户在特效对话框中的最后一次设置。如果要恢复Painter X的默认设置，可以先保存图像，然后退出Painter X，再清除程序的Temp文件设置即可。

3．为什么每个图层只能在以前画过的区域绘画，就好像每个图层都被选取了一样

把新建图层的透明保护区域的选项取消就可以解决这个问题。另外，如果是GEL和正片叠底的模式，白色是画不上去的。

4．如何从木刻效果的版本文件中克隆绘画

（1）选择File（文件）→ Clone Source（克隆源）命令，在Clone Source（克隆源）菜单下设置木刻效果的版本文件为克隆源。

（2）选择一个笔刷变体，从木刻效果版本的文件中提取画面内容，在之前的底图效果上进行克隆绘画。

5．如何自由变换画中的一个选区并将其放大、缩小或改变角度

选择Effects（特效）→ Orientation（方向）命令，在出现的菜单中选择Rotate（旋转）、Scale（缩放）、Distort（变形）、Flip（镜像）、Flip Horizontal（水平翻转）或Flip Vertical（垂直翻转）命令就可以将选区自由变换。

8.7 习题与上机练习

1．选择题

（1）下列效果中只对图层有效的命令是__________。

A. Scale（缩放）　　B. Distort（扭曲）

C. Flip Horizontal（水平翻转）　　D. Free Transform（自由变形）

（2）选择__________命令可以使图像的颜色出现反转，出现类似于照片的底片效果。

A. Equalize（均衡）　　B. Negative（负片）

C. Match Palette（匹配颜色）　　D. Posterize（色相分离）

（3）Color Overlay（颜色覆盖）可以为图像同时添加颜色和__________。

A. 图案　　B. 纹理　　C. 渐变　　D.蒙版

（4）__________命令可以产生为了烘托主题而使场景具有一定深度的主实次虚效果。

A. Camera Motion Blur（镜头动态模糊）　　B. Motion Blur（动态模糊）

C. Depth of Field（景深）　　D. Super Soften（超柔化）

（5）__________命令可以调整图像中较暗或较亮区域的相互转化，同时赋予这些区域较为平和的色彩。

A. Equalize（均衡）　　B. Growth（生长）

C. Highpass（高通）　　D. Place Elements（自动放置）

（6）在应用表面纹理对话框中不能直接设置的是__________。

A. 纸纹类型　B. 纸纹厚度　C. 光源位置　D. 光源颜色

（7）Apply Screen（网屏效果）命令可以把__________添加到图像中。

A. 色彩　B. 光源　C. 纹理　D. 图像

（8）在制作马赛克瓦片过程中，如需要改变瓦片颜色应选择的图标是__________。

A. 　B. 　C. 　D. 

2．简答题

（1）简述制作马赛克效果的操作步骤。

（2）简述调整图像的均衡值方法。

（3）如何将几个图层上的内容集中到图像中的一点上？

3．上机练习

（1）将如图8-121所示图片（打开光盘中素材\Woodcut.jpg文件）制作成一个木刻效果的木版画。

图8–121　Woodcut

（2）使用自动克隆命令，将如图8-122所示的图片（打开光盘国素材\Ocean.jpg文件）制作成一个水彩画效果的图片。

（3）运用特效滤镜将如图8-123所示的图片（打开光盘中素材\Motion Blur.jpg文件）制作成一个具有动态效果的图像。

图8–122　Ocean

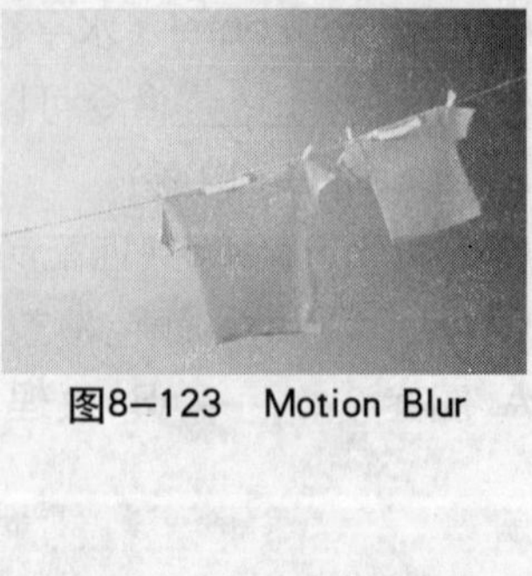

图8–123　Motion Blur

第9章
脚本与动画

本章导读

读者是不是对动画和电影的制作感到好奇？那么会有创作动画或电影的冲动吗？Painter X可以为你实现这一愿望。利用脚本和动画功能，将图像按照使用的顺序保存成一个脚本，再将录制好的脚本文件输出为动画。

下面学习如何录制绘画过程并将其转换输出为视频文件。

9.1 实例引入——录制工作脚本

把Painter X中工作的状态录制成为一个动画帧集，以便在今后的工作中反复使用。也可以查看工作中常用的工作状态，还可以为其他学习者提供学习资料。

9.1.1 制作分析

下面使用脚本面板录制一个绘画过程的脚本。

在菜单栏中单击窗口选择显示脚本面板，在脚本面板中的级联菜单中选择New Script（新建脚本）命令。在弹出的对话框中输入新建脚本的名称并完成新建脚本操作。录制脚本的流程如同9-1所示。

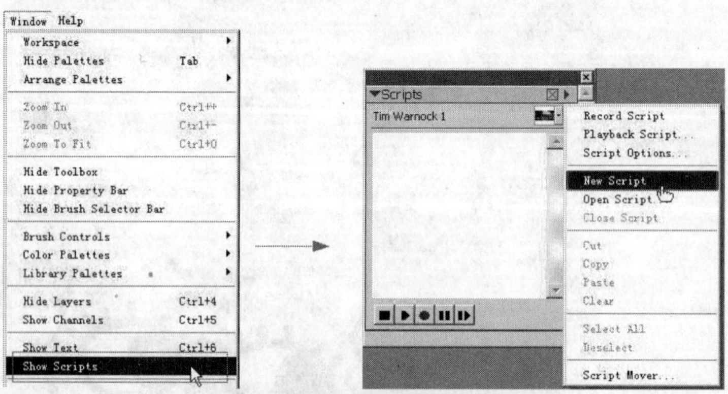

打开脚本面板并选择新建脚本命令

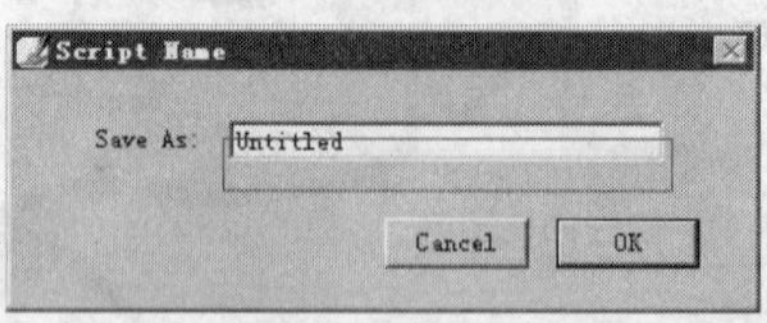

命名新建的脚本

图9—1 录制脚本的流程图

9.1.2 制作步骤

（1）新建一个空白画布。

（2）打开脚本面板。选择Window（窗口）→ Show Scripts（显示脚本）面板命令，弹出Scripts（脚本）面板。

（3）新建脚本。单击Scripts（脚本）面板右上方的三角图标，在弹出的下拉菜单中选择New Script（新建脚本）命令，如图9-2所示。

（4）录制脚本。在脚本面板中单击“记录”按钮●或单击脚本右上方的三角形图标，在弹出的下拉菜单中选择Record Script（录制脚本）命令。

（5）开始绘画。在录制过程中可以随意选取任何需要的笔刷、材质或效果，直到完成作品。

（6）停止录制。单击脚本面板上的“停止”按钮■或单击脚本右上方的三角形图标，在弹出的下拉菜单中选择Stop Record Script（停止录制脚本）命令。这时会弹出一个对话框，为新建的脚本输入名称，如图9-3所示。

> 提示
>
> 录制Script（脚本）的操作非常简单，总是在重新启动Painter X软件时开始录制一个新的脚本，在全部完成操作和脚本录制保存后再关闭文件和退出Painter X。

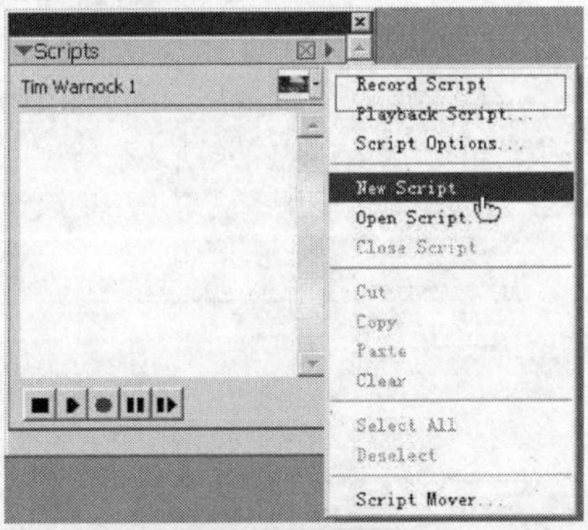

图9-2 新建脚本

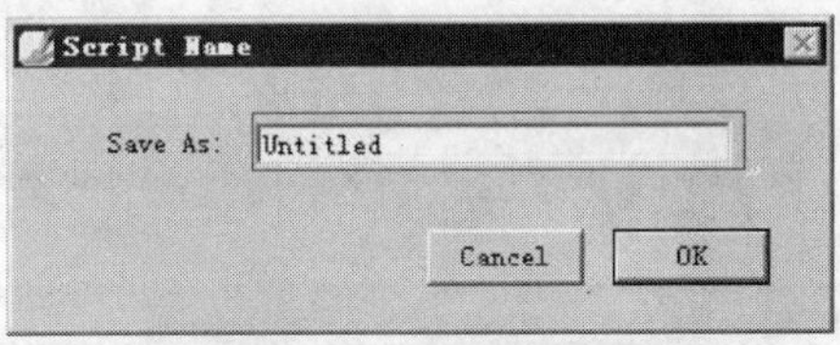

图9-3 命名新建脚本

（7）命名文件并保存。单击OK按钮确定保存，此时建立的新脚本就出现在Painter X的脚本选择面板中。若想查看这个脚本就可以将它打开反复播放了。

9.2 基本术语

在本章的学习中，主要对脚本和动画帧集这两个关键词来进行介绍。

9.2.1 脚本

Painter X中回放绘画过程的功能被称为Script（脚本）。脚本是一个特殊的数据文件，它可以忠实地记录Painter X中几乎全部的操作步骤，包括笔刷选取。通过脚本的回放可以看到用户调节了什么设置，使用了什么程度的笔刷压感数值，笔触绘制的状况，各种效果滤镜的运用和保存文件等操作。用户也可以回放脚本来观看之前在Painter X中的笔触绘画状况，几乎不会漏过每一笔的运作过程。脚本的播放是连续性的，并不是逐帧播放，播放速度取决于电脑性能和文件的大小。因为占用大量内存的原因，有些笔刷和效果的回放时间会较长，甚至造成短暂的“停滞”状态。因此，在录制脚本时尽量少用特别耗费内存的效果或笔刷。

9.2.2 动画帧集

在Painter X中有一种特殊的文件叫做Frame Stack（动画帧集），这种文件中包含了一组连续的帧画面。动画帧集的文件容量可以变得非常大，其尺寸受动画帧数量的影响。如果创建了一个450帧的动画帧集，单独的帧保存为RIFF文件后大约有1.5MB，那么最后的动画帧集文件容量会达到675MB。一个拥有上百帧的动画帧集，其文件很容易达到GB的单位数量。因此需要确认电脑硬盘上是否拥有足够多的剩余空间用来存放动画帧集文件。在转换动画帧集前，首先查看当前系统的内存使用情况，清理出更多的剩余空间，最大化地使用内存。

> 提示
>
> Frame Stack（动画帧集）文件只能在Painter X中打开，如果对单独的帧画面做了修改，然后关闭了这个Frame Stack文件，就不会得到任何关于保存Frame Stack的提示。出于对Frame Stack的兼容性和安全性的考虑，把它作为一种临时文件使用更合理，直到把Frame Stack转换为Painter X之外的软件能够接受的普遍文件格式为止。

9.3 知识讲解

脚本是一种非常强大的过程应用工具，它可以被当作一种无限制撤销的功能，用户可以随时暂停脚本的播放，并把当前的画面状况另存为文件。脚本也可以是一种丰富绘画的技术手段。例如，用户可以在不同的背景上播放一个脚本，使用不同的分辨率和文件尺寸比例（拉长或压扁），或者使用不同的笔刷。脚本还可以转换输出为QuickTime电影、AVI电影和GIF动画的视频文件，或者输出带有连续编号的图片文件。脚本的输出转换功能可以将脚本记录的操作步骤作为一种教学资源发布。用户在输出各种视频文件以前，需要先创建一个动画帧集，这是一种特殊的动画文件，并且只能在Painter X中播放。可以在动画帧集上使用Painter X的笔刷效果和效果滤镜，将手绘效果运用在动画帧中。最后输出的视频文件可用于电影、电视、录像或者网络发布，也可以继续在一些专业的视频处理软件中进行处理。

9.3.1 脚本功能

Painter X强大的脚本功能支持用户记录自己的工作，并在软件中以Painter X的格式、QuickTime或AVI格式播放制作过程。

1．脚本面板

选择Window（窗口）→ Show Scripts（显示脚本）命令，弹出Scripts（脚本）面板。单击面板右上方的小图标，在弹出的下拉菜单中可以选择不同的脚本，如图9-4所示。

在脚本面板的左下方有一排控制按钮，使用它们可以对脚本进行停止、播放、记录、暂停、前进操作。

2．建立脚本

要建立一个新的脚本，只要单击脚本面板右上方的三角图标，在弹出的下拉菜单中选择New Script（新建脚本）命令即可，如图9-5所示。

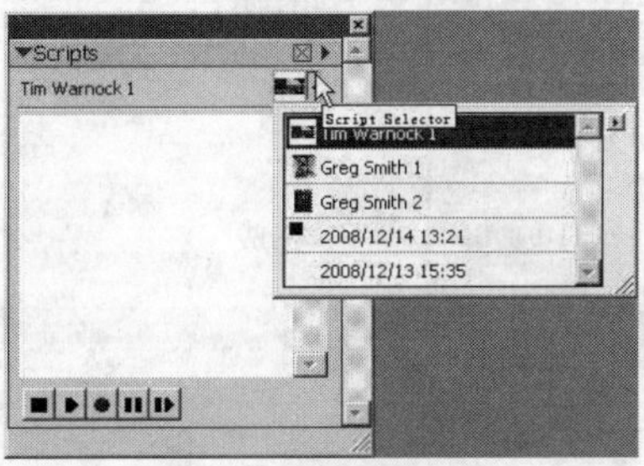

图9–4 选择脚本

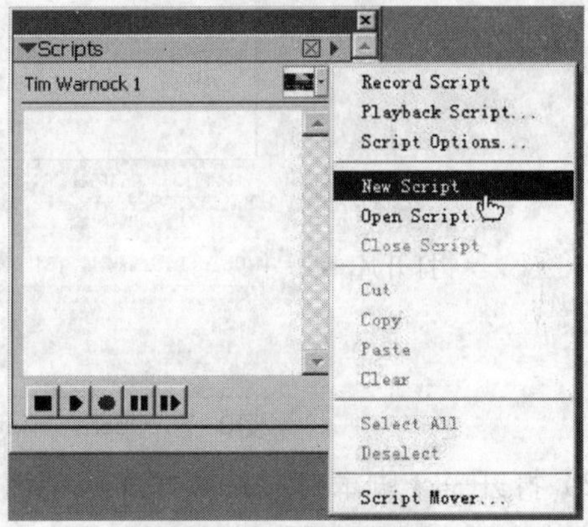

图9–5 新建脚本

3．录制脚本

录制Script（脚本）的操作很简单，总是在重新启动Painter X软件时开始录制一个新的脚本，在全部完成了脚本的录制保存后关闭文件并退出Painter X。

这时候可以在画面上进行各种操作，如建立新图层、改变笔刷变体、运用特效等都会被记录下来。

首先新建一个空白画布或打开现有的图像。然后单击脚本面板中的“记录”按钮或选择脚本面板菜单中的Record Script（录制脚本）命令。当按钮变为亮红色时，就可以开始录制脚本了。

当完成作品，把一切想录制的操作都完成后，可以单击脚本面板上的停止按钮，或选择脚本面板菜单中的Stop Record Script（停止录制脚本）命令。弹出一个对话框，为新建的脚本输入名称，如图9-6所示。单击“OK”按钮确定保存后，所建立的新脚本会出现在Painter X的脚本选择面板中。

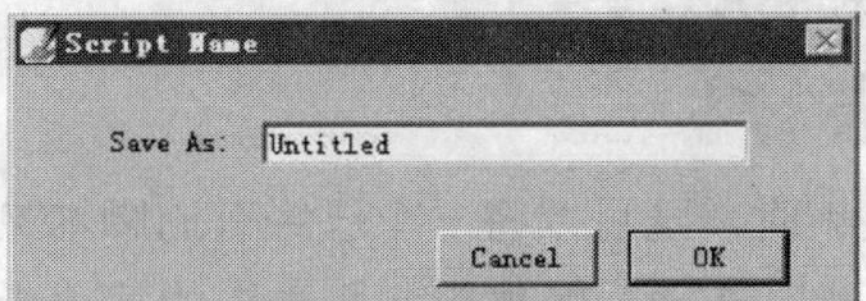

图9–6 命名新建脚本

4. 编辑脚本

利用最简单的剪切、拷贝、粘贴等方法可以对生成的脚本进行各种编辑操作。

（1）首先打开一个脚本文件。然后单击脚本面板右上方的三角形图标，在弹出的下拉菜单中选择Open Script（打开脚本）命令，弹出Open Script（打开脚本）对话框，如图9-7所示。在弹出的对话框中有许多脚本可供选择。

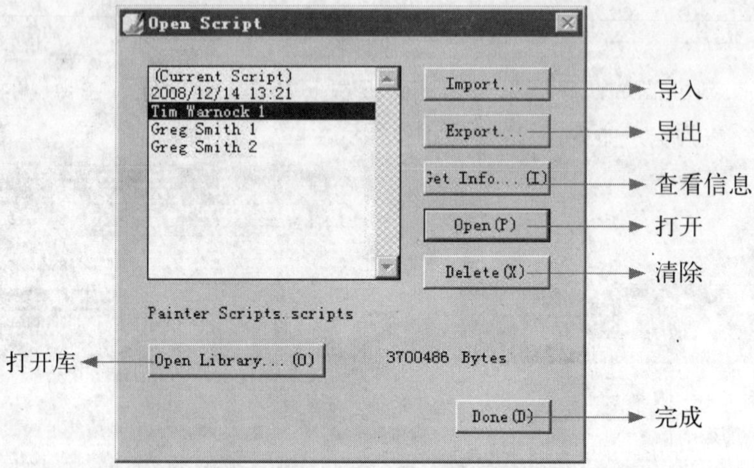

图9－7　Open Script（打开脚本）对话框

（2）打开一个脚本时，在脚本面板下面的操作列表中会列出该脚本所记载的所有命令，如图9-8所示。

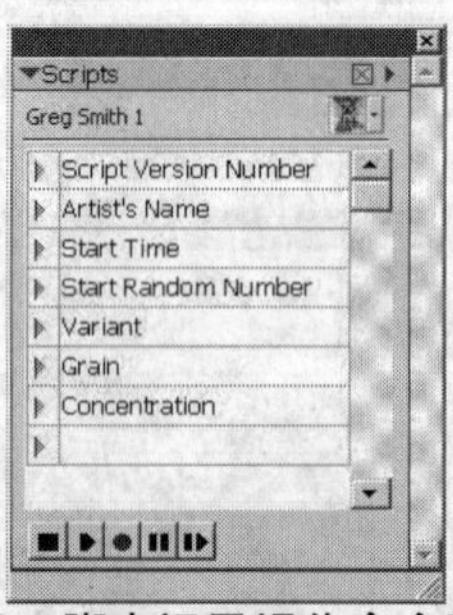

图9－8　脚本记录操作命令列表

如果这里没有需要的脚本，还可以单击Open Library（打开库）按钮，打开所有脚本库中的文件列表，从中选择需要的脚本。

（3）单击操作名称前的三角形按钮就可以看到关于该命令的步骤和参数，双击鼠标可以编辑其中大部分的参数。

（4）单击脚本面板右上方的三角形图标，在弹出的下拉菜单中选择Close Script（关闭脚本）命令，完成编辑脚本操作。

9.3.2 从脚本中创建动画帧集

使用Painter X生成动画帧集时，既可以将一个已经有的脚本文件转换为动画文件，还可以在编辑动画帧集时使用脚本功能。在动画帧集中，脚本中的每一步操作都会相应转换为动画帧集文件中的每一帧。

下面将脚本文件转换为动画帧集。

（1）打开最初开始录制脚本的文件。

（2）在脚本选项对话框中设置脚本。单击脚本面板右上方的三角形按钮，在弹出的菜单中选择Script Options（脚本选项）命令，弹出Script Options（脚本选项）对话框，如图9-9所示。

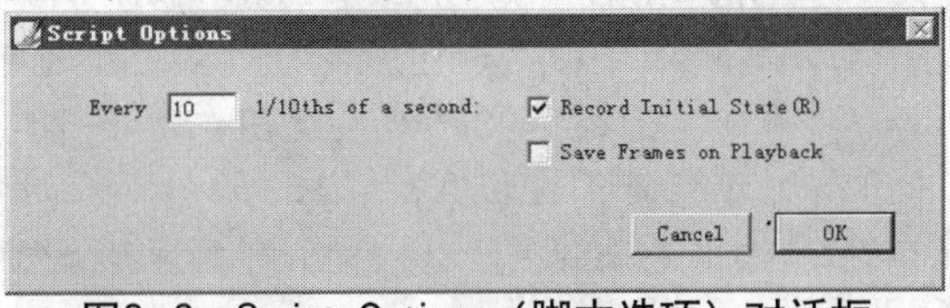

图9-9 Script Options（脚本选项）对话框

在Script Options（脚本选项）对话框中左边的Every文本框中输入数字来确认Paiter X在单位时间内脚木的回放过程中保存一个快照，这些快照最终成为Frame Stack（动画帧集）的每一个帧。输入的数值越大，生成的动画越流畅，但相应占用的硬盘空间也会更大。

当关闭了Painter X后再次打开时，脚本项目排列会恢复到默认的状态。

在Script Options（脚本选项）对话框中勾选Save Frame on Playback（在回放过程中保存帧）复选框，可以将一个脚本文件保存为连续的单帧。如果勾选Record Initial State（录制的最初阶段）复选框，可以在Painter X录制脚本时记录此期间最初使用的库资源（笔刷、纸纹、图案），如果禁用该选项后，可以在每次播放脚本时使用不同的库资源。单击OK按钮，完成脚本的设置。

（3）重命名和保存动画帧集。单击脚本面板中的播放按钮▶，打开Enter Movie Name（输入影片名称）对话框，如图9-10所示。重新命名和选择保存类型后，单击“保存”按钮。

这里的单词Movie是指 Frame Stack（动画帧集），而不是QuickTime或AVI影片。

（4）设置新动画帧集参数。单击Enter Movie Name（输入影片名称）对话框中的保存按钮后，出现一个New Frame Stack（新动画帧集）对话框，如图9-11所示。选择所需要的设置，单击OK按钮确认。

图9-10 Enter Movie Name（输入影片名称）对话框

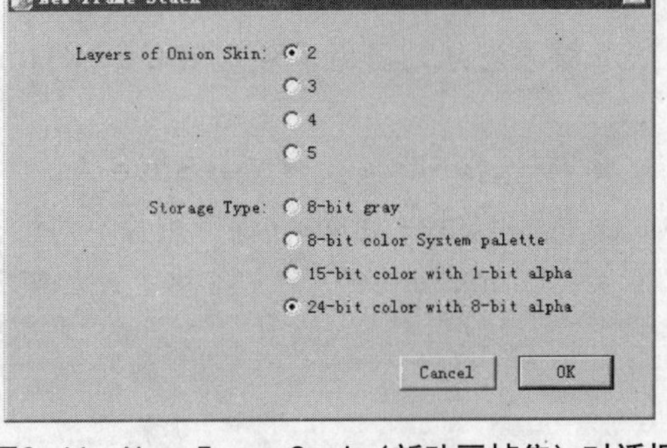

图9-11 New Frame Stack（新动画帧集）对话框

在对话框中，Layers of Onion Skin（洋葱皮图层）用来选择Frame Stack（动画帧集）面板中帧窗口中的图像数量，有2、3、4、5四个选项。Storage Type（保存类型）决定动画文件的色彩类型，有下列四种选择：8-bit gray(8位的256级灰度图像)、8-bit color system palette（8位的256色系统调色板图像）、15-bit color with 1-bit alpha（15位真彩和1位alpha信息图像）、24-bit color with 8-bit alpha（24位真彩和8位alpha信息图像）。

（5）脚本开始回放。用户会看见一个动画帧集的面板，上面有帧的预览缩略图和保存帧的状况，如图9-12所示。当脚本回放彻底完成时，动画帧集也完全生成了。

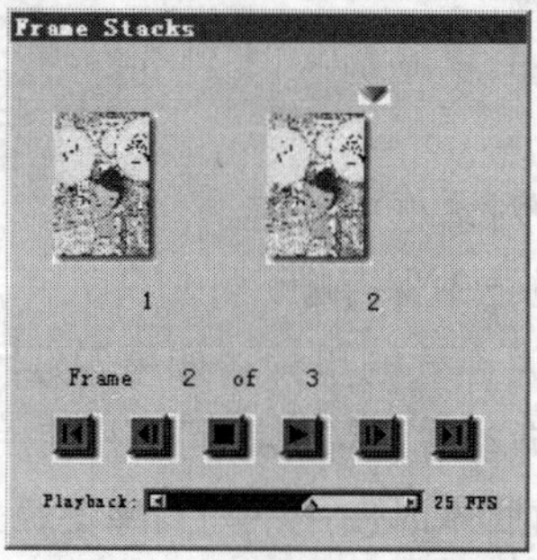

图9-12　动画帧集信息

9.3.3 动画帧集的输出

1. 从动画帧集中创建QuickTime或AVI文件

当关闭Frame Stack（动画帧集）后，不会有任何提示框来询问是否保存当前的修改，所有的修改都会被自动保存。这使动画帧集变得不够可靠，也不够灵活。动画帧集很容易被意外更改，因此要保存输出的QuickTime或AVI影片最可靠，因为QuickTime和AVI的文件并不会受到Painter X软件的约束。

下面学习从动画帧集中创建QuickTime或AVI文件。

（1）选择File（文件）→Save As（另存为）命令，在Save Movie（保存影片）对话框中选择保存QuickTime或AVI文件格式，如图9-13所示。

脚本的正常回放必须精确地使用和录制脚本时选用的同样笔刷与艺术材质。如果使用不同的自定义笔刷和库资源，很难保证脚本的正常回放，切记！

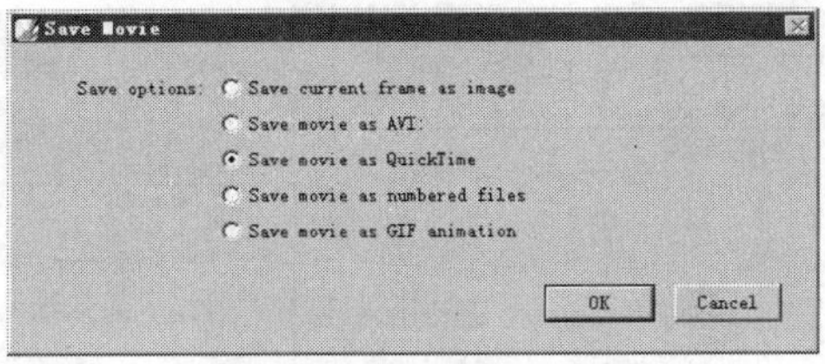

图9-13 保存影片窗口

提 示

对话框中Save current frame as image选项是将当前选择的帧保存为图像。Save movie as AVI是将当前影片以AVI格式保存。Save movie as QuickTime是将当前影片以MOV格式保存。Save movie as numbered files是将当前影片保存为序列文件。Save movie as GIF animation是将当前影片以GIF格式保存。

（2）单击OK按钮确认保存。此时出现Enter Movie Name（输入影片名称）窗口，但这次是保存AVI的影片，而不是Frame Stack（动画帧集）。选择保存AVI影片的文件夹路径，单击Save按钮确认。

（3）在Compression Settings（压缩设置）窗口中选择压缩的类型，如图9-14所示。在选择的压缩设置窗口中，设置每个压缩参数，单击OK按钮确认完成。

现在已经成功地将Script转换为AVI影片。可以在Windows Media Player的播放器中观看这段影片了，还可以用其他的视频软件来编辑它，如Adobe Premier和After Effects等电影编辑软件。

2. 从动画帧集中创建带编号的连续画面文件

（1）打开一个希望转换为连续编号图像的Frame Stack（动画帧集）文件。

（2）选择File（文件）→Save As（另存为）命令，在Save Movie（保存影片）对话框中点选Save movie as numbered files（将当前影片保存为序列文件）单选按钮，如图9-15所示。

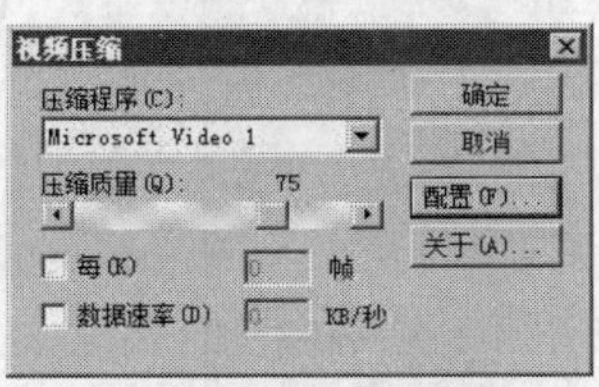

图9-14 视频压缩设置

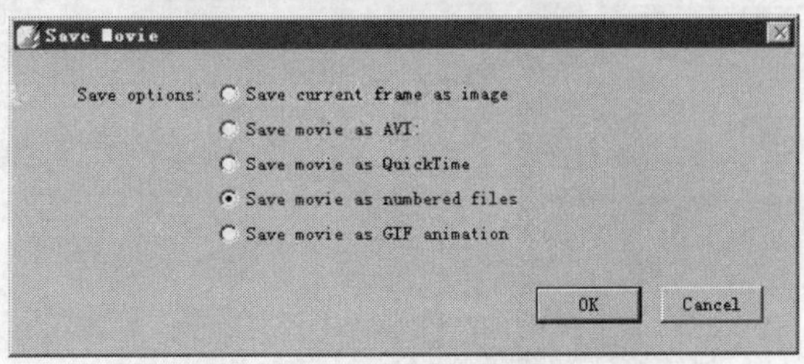

图9-15 将当前影片保存为序列文件

（3）在命名文件名文本框中添加项目名称并添加编号001，如图9-16所示。

（4）选择一个固定的文件夹并保存，Painter X会自动创建并保存一系列的连续图像文件，每个图像都有连续的编号，如图9-17所示。

图9–16　保存序列文件

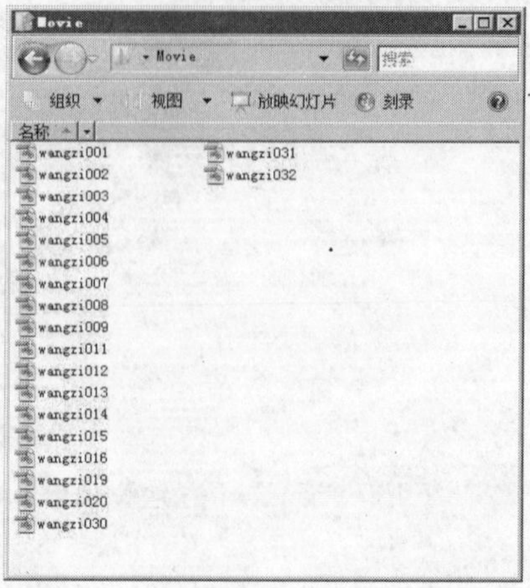

图9–17　带有连续编号的图像文件

3. 把连续编号图像作为一个动画帧集打开

在Painter X中可以把连续编号图像作为动画帧集打开，这些图像必须是一组尺寸相同、格式相同、名称前半部分相同。后半部分数字序号递增的图像，图像的格式必须是Painter X所支持的。把连续编号图像作为一个动画帧集打开的方法如下：

（1）选择File（文件）→Open（打开）命令，弹出Select Image（选择图像）窗口。

（2）在Select Image（选择图像）的左下角勾选Open Numbered File（打开编号文件）复选框，这时会出现一个信息提示Choose First Numbered Files（选择第一个编号文件），如图9-18所示。

（3）双击动画序列中的第一个图像，这时窗口右侧会出现一个提示Choose Last Numbered Files（选择最后一个编号文件）。

（4）双击动画序列中的最后一个图像，此时窗口右侧会出现一个Enter Movie Name（输入影片名称）的窗口，该窗口可以将输入的动画序列文件存储为Frame Stack（动画帧集）文件。

（5）为影片输入名称，单击Save（保存）按钮确定，出现New Frame Stack（新动画帧集）窗口，单击OK按钮，完成后将连续编号图像作为一个动画帧集打开。

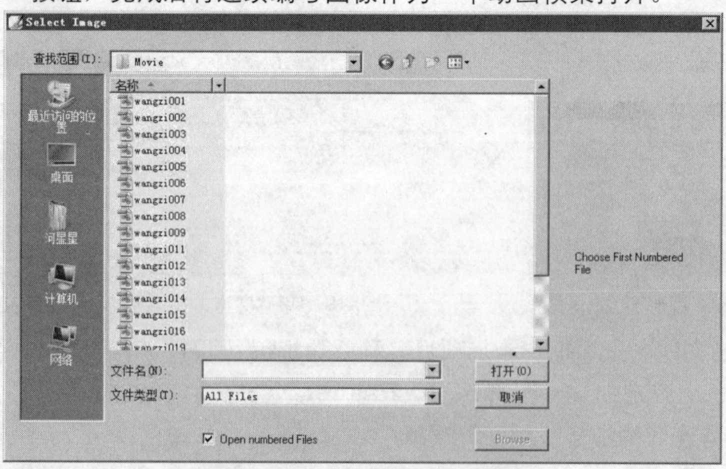

图9–18　选择连续编号的图像

9.3.4 编辑动画帧集

前面学习了如何使用动画帧集进行各种脚本的操作，下面探究如何具体编辑动画帧集。

1. 动画帧集面板

Frame Stack（动画帧集）面板会显示一些相邻帧画面的图像。图像上方带有红色三角编辑的帧是当前编辑的帧。可以通过单击动画帧集面板上的小图像来选择当前可编辑的帧，如图9-19所示。

单击对话框中的回到第一帧；单击按钮返回上一帧；单击按钮停止播放动画帧集；单击按钮播放动画帧集；单击按钮到下一帧；单击按钮到最后一帧。

如果想直接选择某个帧画面，可以选择Movie（影片）→ Go To Frames（跳转帧）命令，在弹出的对话框中填入所要编辑帧画面的帧数，可以迅速跳转到所要编辑的帧，如图9-20所示。

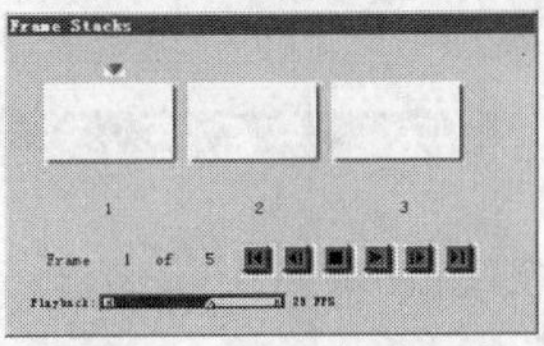

图9–19　动画帧集面板

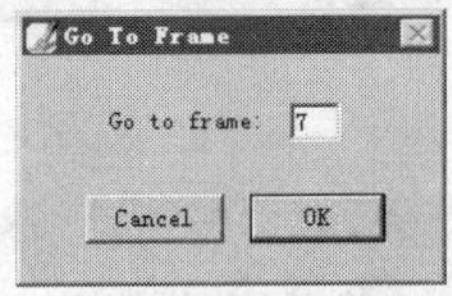

图9–20　Go To Frames（跳转帧）对话框

2. 增加帧

（1）选择Movie（影片）→ Add Frames（增加帧）命令，弹出Add Frames（增加帧）对话框，如图9-21所示。

（2）在Add后面的输入框中输入要加入的帧数。

（3）在画面右侧的4个选项中设定加入帧的位置。Before（之前）：将帧加入到所选帧的前面。After（之后）：将帧加入到所选帧的后面。Frame（帧）：在该输入框中输入要加入到所选帧的之前（或之后）位置的帧数。At start of movie：将帧加入到影片的开头。At end of movie：将帧加入到影片的末尾。

（4）选择OK按钮，完成设定要加入的帧数和帧的位置。

3. 删除帧

- 单击Movie（影片）→ Delete Frames（删除帧）命令，弹出Delete Frames（删除帧）对话框，如图9-22所示。在对话框中输入要删除帧的范围，第一个输入框输入要删除的起始帧数，第二个输入框输入要删除的终止帧数。单击OK按钮后，该范围内的帧被删除。

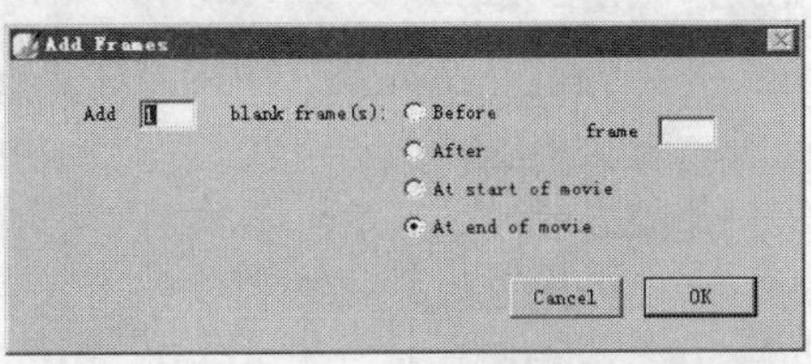

图9–21　Add Frames（增加帧）对话框

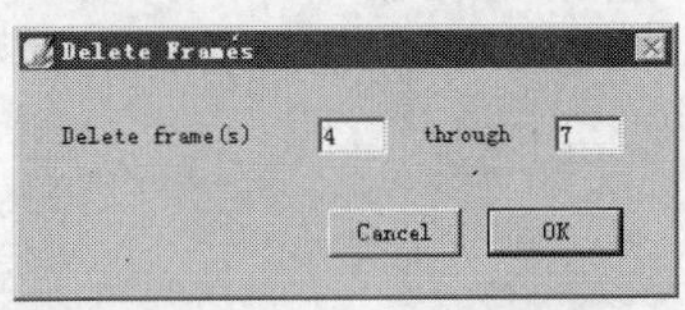

图9–22　Delete Frames（删除帧）对话框

4. 擦除帧

擦除帧是指将帧上的图像擦掉，使其成为空白帧而帧的位置不变。

选择Movie（影片）→ Erase Frames（擦除帧）命令，弹出Erase Frames（擦除帧）对话框，如图9-23所示。与删除帧相似，Erase Frames（擦除帧）也需要填入要擦除帧的范围。

5．插入影片

选择Insert Movie（插入影片）命令，可以将一部影片插入到当前影片中。不过Painter X只允许将Frame Stack（动画帧集）文件的影片插入到当前动画中。而QuickTime或AVI文件在插入前必须先将它们转化为Frame Stack文件。插入的影片一定要和当前影片动画的宽、高尺寸相同。插入彩片具体方法如下：

选择Movie（影片）→ Insert Movie（插入影片）命令，弹出Insert Movie（插入影片）对话框，如图9-24所示。在插入影片对话框中选择插入帧的位置。在出现的Select Movie（选择影片）窗口中选择要插入的影片名称，然后单击Open（打开）按钮，就可以完成影片的插入了。

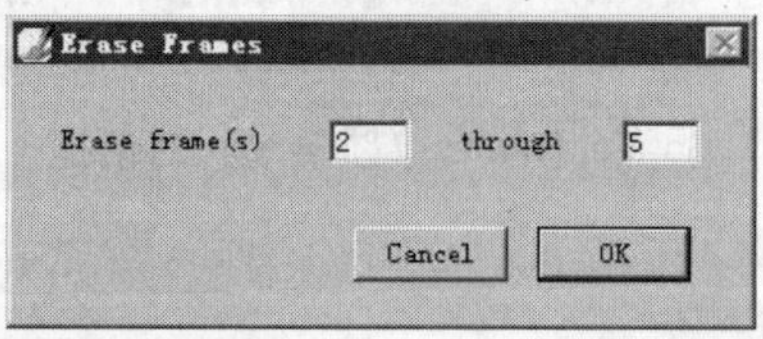

图9–23　Erase Frames（擦除帧）对话框

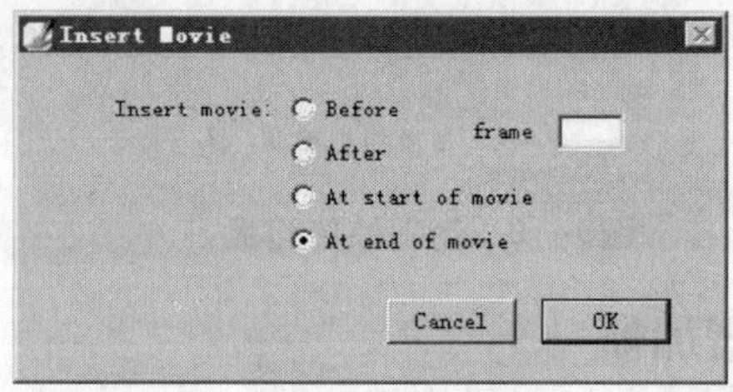

图9–24　Insert Movie（插入影片）对话框

6．对影片应用脚本

Apply Script To Movie（对影片应用脚本）命令可以对影片的各个帧自动进行相同或程序性的操作。

打开一个要使用脚本功能的影片。选择菜单Movie（影片）→ Apply Script To Movie…（对影片应用脚本）命令，弹出Apply Script To Movie（对影片应用脚本）对话框，如图9-25所示。双击需要应用的脚本，Painter X将把该脚本赋予到影片的各个帧中。

只有用户自己建立的脚本才能被赋予给影片，Painter X中自带的几个脚本是不能被赋予影片文件的。

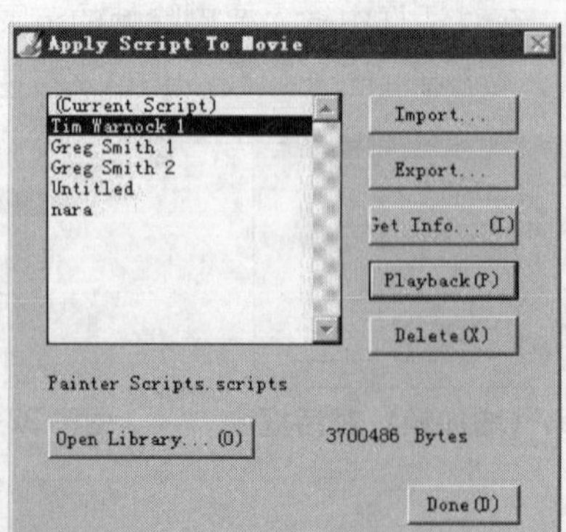

图9–25　Apply Script To Movie（对影片应用脚本）对话框

7. 对影片赋予画笔笔迹

Apply Brush Stroke To Movie（向影片赋予画笔笔迹）命令可以向影片赋予画笔笔迹。Painter X把笔记划分成连续的部分，然后将其平均赋予到动画帧集中。方法如下：

首先选择Record Stroke（记录笔触）命令，记录一个画笔轨迹。选择Movie（影片）→ Apply Brush Stroke To Movie（向影片赋予画笔笔迹）命令，弹出Apply Brush Stroke To Movie（向影片赋予画笔笔迹）对话框，即可完成笔迹的赋予。

8. 设定画纸纸纹位置

Set Grain Position（设定画纸纹理位置）命令可以对影片中纸纹的位置进行调整。具体方法如下：

首先制作一个将画纸纹理赋予图像的脚本，然后打开一个影片文件，选择Movie（影片）→ Set Grain Position（设定画纸纹理位置）命令，弹出Set Grain Position（设定画纸纹理位置）对话框，如图9-26所示。点选Grain Stays Still单选按钮表示纸张纹理保持在固定的位置；点选Grain Moves Randomly单选按钮表示纸张纹理随机运动；点选Grain Moves Linearly单选按钮表示纸张纹理按直线运动。

接着选择Movie（影片）→ Apply Script To Movie（对影片应用脚本）命令，弹出Add Frames（增加帧）窗口，双击要赋予纸张纹理图像的脚本名称就可以了。

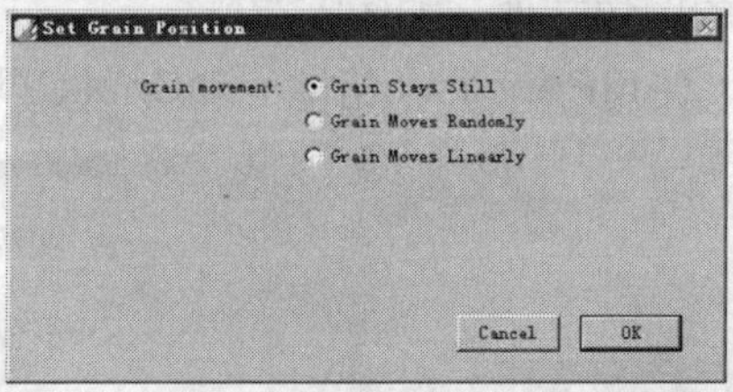

图9–26　Set Grain Position（设定画纸纹理位置）对话框

9. 将影片帧设为图案

Set Movie Clone Source（将影片帧设为图案）命令可以将当前选择帧中的图像设定为图案。

打开一个影片，在Frame Stack（动画帧集）面板中选择要设定为图案的帧。选择Movie（影片）→ Set Movie Clone Source（将影片帧设为图案）命令，此时该帧中的图像出现在图案面板中。

9.4 基础应用——脚本的使用

有关Painter X中脚本的使用前面已经介绍过，下面介绍如何应用Painter X中自带的脚本，如图9-27所示。

从该脚本的播放中能够很清晰地看到绘画者在绘制这幅作品时利用的笔刷工具、颜色选取和笔刷调整等操作。由此可见录制脚本功能不但可以完整地记录整个绘画过程，也可以将整个绘画过程再现于现有的作品当中，只要打开这个脚本文件就可以将脚本中的各选择工具运用到当前绘画过程中。注意Painter X中自带的几个脚本是不能被赋予影片文件的。

图9-27 Painter X自带脚本

9.5 案例表现——可爱的蒂皮

（1）新建图像。按快捷键Ctrl+N新建图像文件，在弹出的对话框中创建一个500像素×500像素，分辨率为72.0ppi的图像文件，如图9-28所示。

（2）绘制动画中的图像。使用Pencils（铅笔）和Chalk（粉笔）绘制出蒂皮的形象，如图9-29所示。

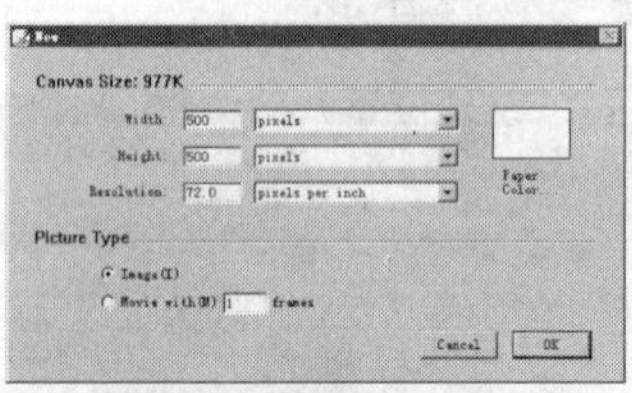

图9-28 新建图像

图9-29 绘制插画

（3）建立动画部分的选区。将图像中的小蝴蝶建立选区，按快捷键Ctrl+C复制小蝴蝶选区到单独的图层中，使其成为要使用的“动”的部分，如图9-30所示。

（4）新建动画帧。选择File（文件）→New（新建）命令，将文件设置得小一些，以便在Painter X中能快速播放。点选Picture Type下面的Movie with单选按钮，并在Movie with框中输入33，这里设置一个500像素×500像素，分辨率为72.0ppi的文件，如图9-31所示。

（5）设置新动画帧集。设置完成新动画帧后，单击OK按钮确认，然后命名并保存电影文件。在New Frame Stack（新建动画帧集）对话框中进行设置，将Layers of Onion Skin（洋葱皮图层）设为3（所以在Frame Stacks面板中可以看到3帧），将Storage Type（存储类型）设置为24-bit color with an 8-bit alpha，如图9-32所示。

图9-30 建立小蝴蝶选区

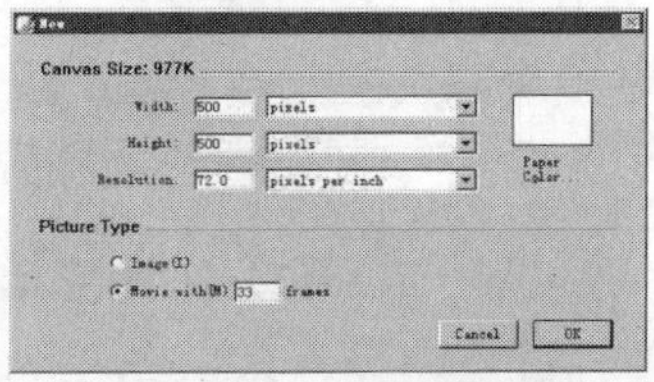

图9-31 新建动画帧集

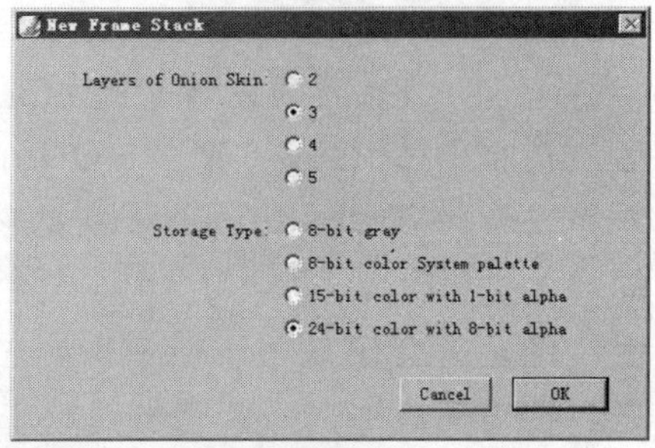

图9-32 设置新动画帧集

（6）将图像粘贴到动画帧集中。将图像中的非动画部分从剪贴板粘贴到电影文件中（它将作为电影文件的一个图层），然后利用图层调整工具把它移动到合适的位置，如图9-33所示。

> 提示
>
> 复制元素然后进行粘贴可以提高精确度和效率，按快捷键Ctrl+C从一个帧中复制一个元素，然后移动到下一帧，按快捷键Ctrl+Shift+V可以将其粘贴到相同的位置，也可以使用这种方法在同样大小的两个单独图像中进行粘贴和复制。

（7）将新图层与画布合成。在新位置上复制该图层，单击Layers（图层）面板右上角的图标，在弹出的菜单中选择Drop命令将其与画布合成，如图9-34所示。由于该图层位于整个动画帧集的最顶层，那么在开始下一步操作前应该确认已经合并了该图层。

（8）依次粘贴插画到动画帧集中。单击Frame Stacks面板中的Step Forward（前进）图标，即可将插画在动画帧集中移动到下一帧（或在键盘上按Page Up键）。按快捷键Ctrl+Shift+V把复制的基本插画粘贴到新一帧的同一位置，然后合并，对于电影文件中的每一帧都按照相同的顺序重复粘贴和合并操作，如图9-35所示。

图9-33 将图像粘贴到动画帧集中

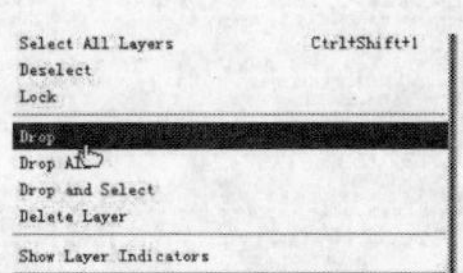

图9-34 将新图层与画布合成

图9-35 依次粘贴插画到动画帧集中

（9）建立动画副本。单击Rewind（快退）按钮返回到动画帧集的第1帧。回到原插画文件中，选择图层调整工具，单击Layers（图层面板）上的图层名称，选择插画中要生成动画的某部分的图层。然后按快捷键Ctrl+C复制该图层，激活动画帧集文件，按快捷键

Ctrl+Shift+V进行原位复制，如图9-36所示。

（10）旋转动画对象。选中原蝴蝶图层以后，选择Effects（特效）→Orientation（方向）→Free Transform（自由变形）命令旋转蝴蝶。执行Free Transform（自由变形）命令后，图画上会出现一个带有8个控制点的边界框。在工具箱中选择“图层调整工具”，按住Ctrl键将光标放在角控制点上拖动，即可将该图层旋转到理想位置，如图9-37所示。

提示

按住Alt键的同时使用图层调整工具单击图层，可以生成粘贴“蝴蝶”区域图层的副本，这样便有了一个未经更改的副本，以备后用。

（11）把处于新位置的图层带到下一帧中。按快捷键Ctrl+C把该图层副本保存到剪贴板中。然后单击Layers（图层）面板右侧的三角形图标，在下拉菜单中选择Drop命令，将该图层与当前帧进行合并；在键盘上按Page Up键移动到下一个帧，再次粘贴复制图像，然后用图层调整工具在该帧中重新定位元素，接着合并该图层，如图9-38所示。

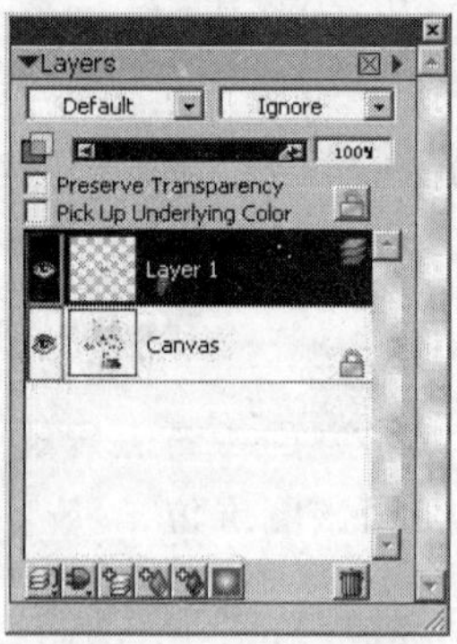

图9-36　建立动画副本

图9-37　旋转动画对象

图9-38　把处于新位置的图层带到下一帧

（12）检查Frame Stack（动画帧集）面板进程。单击Play（播放）按钮可以播放动画了。

提示

单击菜单Canvas（画布）/Tracing Paper（描图纸）命令或按快捷键Ctrl+T，即可在当前主图像中看到先前的帧。所显示的先前帧数目由新建电影文件时所选的Onion Skin图层的数目决定。为改变图层的数目可以先关闭文件，再重新打开文件，然后重新设置图层的数目。按快捷键Ctrl+T可以在工作过程中打开和关闭Onion Skin（洋葱皮）显示。

9.6 疑难及常见问题

1. 如何管理大型电影文件

由于动画有上千帧，因此建议使用诸如Adobe Premiere或Adobe After Effects之类的程序，将一个大型电影分成几个方便管理的片段，然后将这些片断导入Painter X中应用特效。在应用特效后，再次使用电影编辑软件合成。这个技术同样适合在Painter X中分片段制作动画，并在合成软件中进行合成。

2. 脚本列表看上去很凌乱，用什么办法整理这些脚本

可以创建一个新的脚本库，保存脚本到自定义的脚本库中。单击脚本面板右上方的三角图标，在弹出的下拉菜单中选择Script Mover（移动脚本）命令，在出现的Script Mover（移动脚本）窗口右边单击New按钮，命名新的脚本库。接着可以通过拖曳的方式，将左边窗口中的脚本移动到右边的自定义库中。如果需要删除任何脚本项目，选中项目后单击Delete（删除）按钮即可，但是删除的命令不能被撤销。

3. 为什么打开的脚本列表中会有几个白色的图标

Current Script（当前脚本）可以随Painter X的启动、退出而开启或关闭。在工作时，Painter X可以自动记录用户在Painter X中的操作，并在Painter X程序文件夹的Painter X Scrip Data文件中将这些操作保存为Current Script（当前脚本）。如果24小时之内曾多次开启并关闭 Painter X程序，那么便可以在脚本菜单列表中看到几个白色图标，而且脚本面板的下拉列表中还会显示每个工作时段的日期和时间（如2008→12→10 18:55）。

4. 为什么使用Painter X制作动画时总是提示硬盘空间不足

动画的数据量是非常大的，因此需要较大的硬盘空间来存放。例如，没有进行任何压缩的640×480、24位真彩单帧大小是1.2M，如果这个动画为每秒24fps，则一个30秒的动画文件大小约为860M。因此在制定图像尺寸和帧数时一定要按需要来选择。

5. 使用Painter X能否编辑带有声音的影片文件

可以编辑带有声音的影片文件，但是在保存该文件时声音信息会丢失。

9.7 习题与上机练习

1. 选择题

（1）Painter X中回放绘画过程的功能被称为__________。

A. 动画帧集　　B. 脚本　　C. 影片　　D. 动画

（2）只能在Painter X软件中打开，但是可以连续播放的Movie（影片）格式是__________。

A. FRM格式　　B. MOV格式　　C. GIF格式　　D. AVI格式

（3）下列不属于对生成的脚本进行编辑的操作是__________。

A. 剪切　　B. 打开　　C. 粘贴　　D. 替换

（4）下列视频格式中__________不属于Save Movie（保存影片）对话框中默认格式。

A. MPEG格式　　B. AVI格式　　C. MOV格式　　D. GIF格式

（5）在动画帧集面板上的图标表示__________。

A. 到下一帧　　B. 到最后一帧　　C. 快速后退　　D. 播放动画帧

（6）单击脚本面板中的__________按钮可以开始录制脚本。

A.　　B.　　C.　　D.

（7）脚本是一种非常强大的过程应用工具，它可以被看作一种无限制撤销的功能，当随时暂停脚本的播放时使用脚本中的__________。

A. 文件的分辨率和尺寸　　B. 笔刷变体

C. 艺术材质　　D. 以上都可以

（8）打开脚本级联菜单，选择__________命令可以整理脚本列表。

A. Open Script（打开脚本）　　B. Close Script（关闭脚本）

C. Script Mover（移动脚本）　　D. Script Options（脚本选项）

2. 问答题

（1）简述如何把连续编号图像作为一个动画帧集打开。

（2）怎样记录和转出Painter X记录操作动画？

（3）如何从动画帧集中创建QuickTime或AVI文件？

3. 上机练习

（1）尝试录制一个自己绘画过程的脚本，并将其创建成为一个AVI格式的视频。

（2）将一部影片插入到当前影片中。

（3）将一个脚本文件转换为动画帧集。

第10章 综合实例

10.1 综合实例——小ET

在Painter X中，不一定非要创作一些庞大的绘画作品，其实通过一些简单的线条和明了的色彩也可以完成某些有趣的创意小图，下面完成如图10-1所示的创意小图。

（1）新建文件。选择File（文件）→New（新建文件）命令，或按快捷键Ctrl+N，弹出New（新建文件）对话框，利用它可以创建一个新的空白图像文件，在弹出的对话框中，宽度和高度均设置为700像素，如图10-2所示。如果当前纸张颜色不是白色，单击右侧的表示纸张颜色的样本颜色框，并在弹出的颜色对话框中设置纸张颜色为白色，单击OK按钮确定，得到空白的新建绘图窗口。

图10-1　小ET

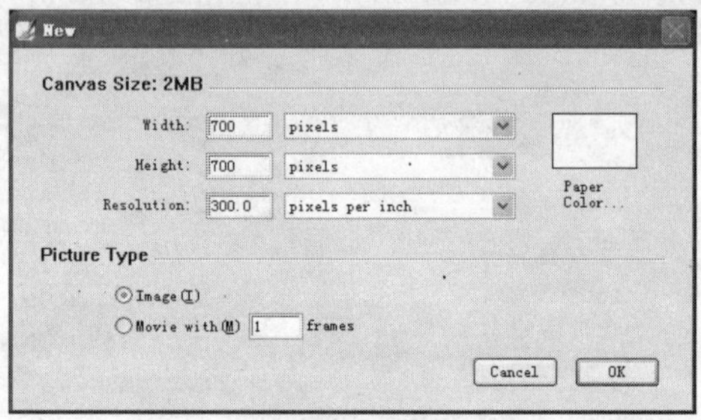

图10-2　新建文件

（2）设置颜色。单击工具箱中颜色选择器上的颜色样本，在弹出的颜色对话框中将当前的主颜色设置为黑色。

（3）设置画笔。在工具箱中选择“笔刷工具”作为当前使用的工具。在笔刷选择栏中选择铅笔类型的2B Pencil（2B铅笔）笔刷变体。

（4）通过在绘图区拖动鼠标的方法绘制线条。如果对绘制的线条不满意，选择Edit（编辑）→Undo（撤销）命令，或按快捷键Ctrl+Z返回到上一步操作。如果有需要擦除的线条，可以在笔刷选择栏中将当前笔刷设置为Eraser（橡皮擦）笔刷中的Tapered Eraser10（锥形橡皮擦10号）变体，并拖动鼠标擦除不需要的线条，也可以单击工具箱中的橡皮擦工具。绘制完成的线稿效果如图10-3所示。

> **提示**
>
> 擦除之后，别忘了重新在笔刷选择栏中将当前笔刷设置为2B Pencil（2B铅笔）笔刷变体，以便继续绘制线条。可以调整笔刷工具属性栏中笔刷的尺寸，以适应绘图的需要。

（5）为头部图形填色。可以使用在实例引入中使用的建立选区上色的方法；也可以使用喷漆桶填充相应的封闭区域。单击工具箱中的“喷漆桶工具”，在工具属性栏中单击Fill（填充）按钮，在Weaves（织物面板）下拉列表中选择一个织物素材Star Maze（星形迷宫），为创意小图中的小ET头部填充织物效果，如图10-4所示。

图10–3 创意小图

图10–4 填充创意小图颜色1

（6）为四肢填色。用同样的方法，在Weaves（织物面板）的下拉列表中选择织物素材，为创意小图中的小ET四肢填充织物效果，如图10-5所示。

（7）填充背景色。设置前景色为绿色（R：0、G：140、B：0），在喷漆桶的属性栏中选择前景色为填充色，填充出创意小图的背景色，如图10-6所示。

图10–5 填充创意小图颜色2

图10–6 填充创意小图颜色3

（8）添加文本。此时的创意小图感觉有些单调。为创意小图添加一个文本，再为它增添一点色彩，如图10-7所示。

图10–7 创意小图完成

通过移动文件下方的缩放比例滑条，可以改变显示比例。通过双击工具箱中的放大镜工具🔍，可以以100%的比例显示绘图。通过双击工具箱中的抓取工具✋，可以使绘图充满文档窗口（但不改变长宽比）。

10.2 油画风格——撑红伞的胖汤姆

"撑红伞的胖汤姆"这幅油画风格的作品更接近源图像。保持色调和笔触的和谐，有点像给照片图像润饰。适当地丰富和改变局部的色彩，但是不会超出源图像的范围。最后将画布画满，整幅图没有特别强烈的感觉，更多的是追求画面的和谐与统一，如图10-8所示。

（1）打开素材图像。选择File（文件）→Open（打开）命令，弹出Select Image（选取图像）对话框，选择打开光盘中素材\Fat Tom.jpg文件，如图10-9所示。

图10–8　撑红伞的胖汤姆

图10–9　打开源图像Fat Tom

（2）捕获自定义的颜色集。在Color Set（颜色集）面板的级联菜单中选择New Color Set from Image（从图像创建新颜色集）命令，如图10-10所示。

（3）克隆源图像。选择File（文件）→Quick Clone（快速克隆）命令。

（4）存储文件。选择File（文件）→Save as（另存为）命令，将要绘制的图像保存为RIFF格式的文件。

（5）大轮廓线的起稿。通过快速克隆所提供的透明画布，用铅笔的笔刷变体2B pencil（2B铅笔）先画出胖汤姆先生的大轮廓线，用户可以利用画笔工具中的直线工具更准确地描绘，如图10-11所示。

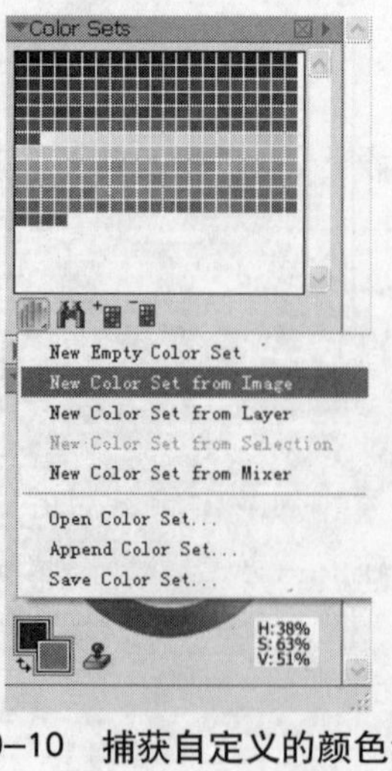

图10–10　捕获自定义的颜色集

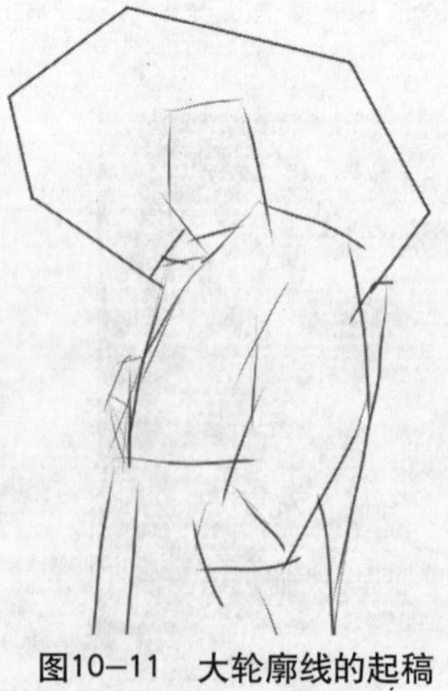

图10–11　大轮廓线的起稿

（6）绘制细节定位的轮廓线。通过大轮廓线画出细节的大概位置，如衣领位置、伞架的结构位置等，如图10-12、图10-13所示。

图10–12 细节定位的轮廓线

图10–13 细节描绘的轮廓线

（7）绘制精确的轮廓线。接下来降低这一图层的不透明度，并新建一个图层，刻画出胖汤姆先生的衣服褶皱走势和明暗大关系及细节，为以后上色打基础，如图10-14所示。

> 提示
>
> 想要取消克隆源看清晰的草稿效果，按窗口右边栏中第一个按钮来开启或关闭克隆源，这样可以随时调节草稿的准确连续性，如图10–15所示。

图10–14 精确的线稿

图10–15 开启或关闭克隆源

（8）大面积铺色。新建一个图层，选择Oils（油画笔）笔刷变体中的Fine Camel 30（精细驼毛画笔30号）笔刷。在该图层中选取源图像中胖汤姆先生肤色的中间值，也就是面积最多的颜色作为绘画肤色的色值。同样衣服和伞的颜色都选取大的颜色块。根据草稿为胖汤姆先生铺一个大概的底色，如图10-16所示。

> 提示
>
> 通过这个底色可以在以后的绘画过程中有一个良好的依据，也不会在细致刻画以后使画面留白。

（9）大面积的背景铺色。新建一个图层作为背景图层，绘制这幅画背景的大色彩块。使胖汤姆先生融入一个环境氛围下，如图10-17所示。

（10）描绘面部色彩的过渡。完成了整个大的色彩关系，透过精确的线稿刻画胖汤姆先生面部的色彩关系及过渡。此时可以随时选取源图像或Color Set（颜色集）面板中的颜色来进行绘画，如图10-18所示。

图10–16 大面积铺色

图10–17 背景的大面积铺色

图10–18 面部色彩的过渡

（11）增加画面明暗的对比度。明暗对比在一幅画上至关重要，一幅画中只有有了明确的明暗对比关系才能看出这幅画的前后关系。在刚才铺色的图层上新建一个图层，利用上一步的笔刷，调节笔刷大小。根据源图像画出胖汤姆先生面部和衣服的明暗对比，如图10-19所示。

（12）刻画面部五官的细节。找准整个画面的明暗关系后，再次刻画胖汤姆先生的面部，这一次要脱离线稿来刻画他的眼睛及嘴巴的细节。这里建议大家再次调节一下笔触的感压，以便能适应细节刻画的笔触，同时调节一下笔刷的大小来细致刻画胖汤姆先生的五官，如图10-20所示。

这样的步骤便于掌握整个画面的色彩大关系。不至于使一幅画没有立体感，一定要记住色彩明暗对比对于一幅画来说很重要。

一定要记得找准每幅画不同部分图层位置，以便对号入座。

图10–19 增加明暗对比度

图10–20 面部的五官细节

（13）绘制衣服褶皱。下面透过线稿，根据源图像绘制胖汤姆先生的衣服褶皱转折部分，如图10-21所示。

（14）完善细节。关闭线稿观察色彩是否准确，对于不协调的地方仔细修改，如图10-22所示。

图10–21 通过线搞描绘

图10–22 关闭线稿完善细节

（15）完善伞架。整幅画面的氛围要统一，通过线稿完善伞架，如图10-23所示。

（16）调整画面细节。至此对色块的细节进行调整，使画面整体感更强烈。调整一下背景画面，使其融于画面中，深入刻画前景的胖汤姆先生，模糊背景，如图10-24所示。这样才能够使整幅画面看上去有距离感。

图10–23 通过线稿完善伞架

图10–24 对画面细节进行调整

（17）最后签上名字。记住签名不仅仅是代表这是你的作品的一个“水印”，其实它更是画面的一部分，一定要注意签名在画面中的平衡感。不然签名会成为一幅作品的败笔，所以需要找一个合适的位置，用一个恰当的颜色来签名，如图10-25所示。

图10–25　调整画面的大关系

10.3 炭笔画风格——小苏珊

绘制炭笔画风格的“小苏珊”，选用具有粉笔质感的笔刷来进行绘画是为了表现出当前纸纹的纹理质感。同时，使用不同角度的粉笔笔触在画布上绘画。运用纹理效果，使粉笔笔触在画布上的表现更丰富，如图10-26所示。

（1）打开素材图像。选择File（文件）→Open（打开）命令，弹出Select Image（选取图像）对话框，打开光盘中素材\Susan.jpg文件，如图10-27所示。

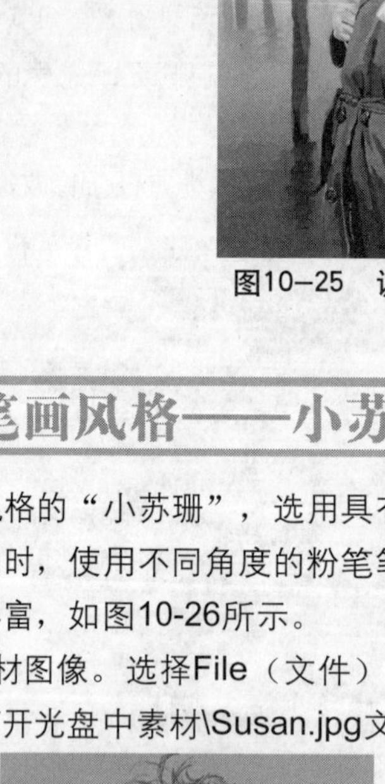

图10–26　小苏珊

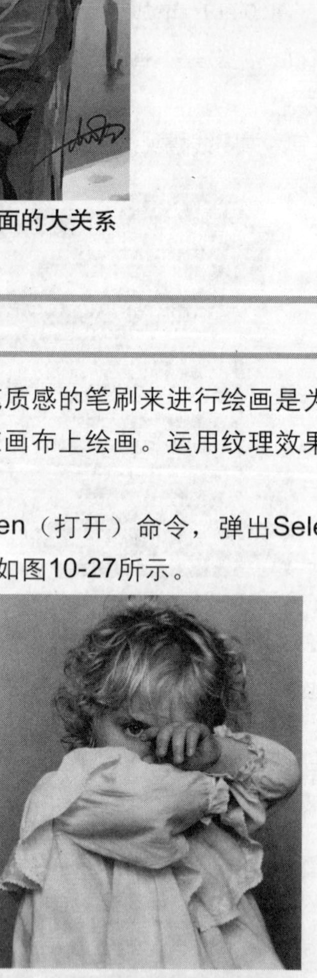

图10–27　打开源图像Susan

（2）克隆源图像。选择File（文件）→Quick Clone（快速克隆）命令。

（3）存储文件。选择File（文件）→Save as（另存为）命令，将要绘制的图像保存为RIFF格式的文件。

（4）选择纸纹。选择Window（窗口）→ Libraries Palettes（材质库）→Show Papers（显示纸纹）命令，在打开的Papers（纸纹）面板中选择粗颗粒炭画纸纹材质，如图10-28所示。

（5）填充前景色。在色彩面板的拾色器中选择R：195、G：170、B：150的颜色为前景色。选择Effects（特效）→Fill（填充）命令，打开Fill（填充）对话框，点选Current Color（前景色）单选按钮进行颜色填充，如图10-29所示。

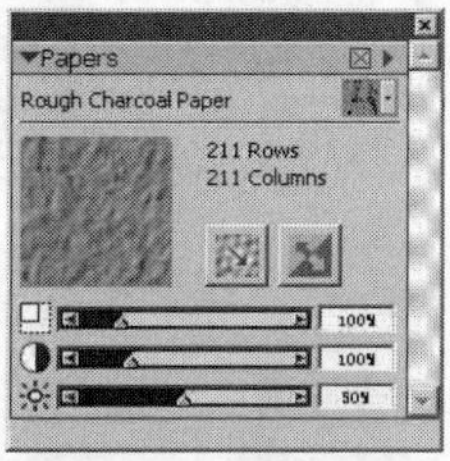

图10–28　选择纸纹

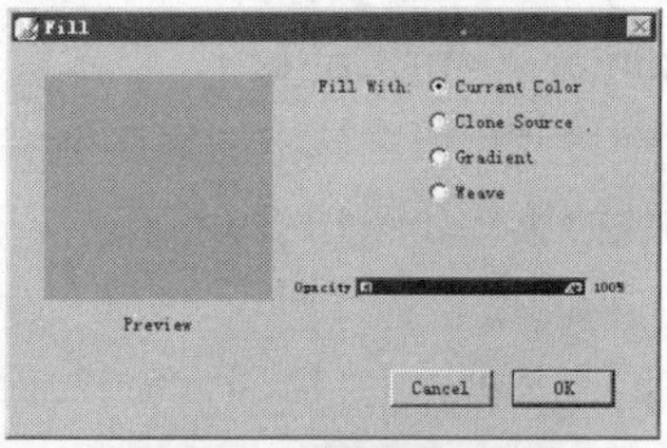

图10–29　填充前景色

（6）绘制轮廓线。在工具栏中选择“画笔工具”后，在笔刷选取栏中选择Pencils（铅笔）中的2B Pencil（2B铅笔）笔刷，通过描图纸所提供的参照来绘制出小苏珊的轮廓线，如图10-30所示。

（7）绘制阴影部分。在笔刷选取栏中选择Charcoal（炭笔）中的Charcoal（炭笔），根据源图像的阴影部分绘制图像的阴影部分，如图10-31所示。

（8）绘制面部细节。将画笔调小来绘制小苏珊的面部细节，如图10-32所示。

图10–30　绘制轮廓线

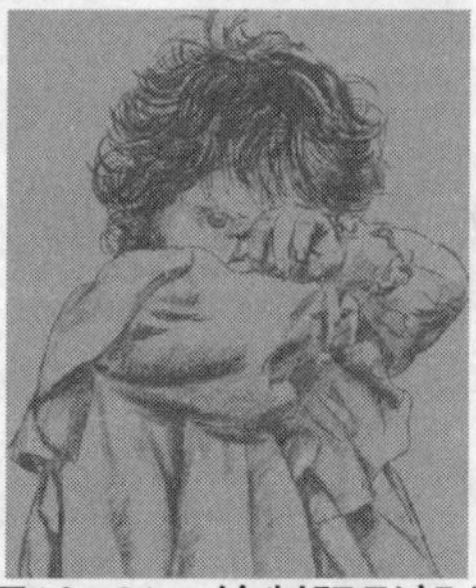

图10–31　绘制阴影部分

图10–32　绘制面部细节

（9）添加高光。在一幅粉笔画的作品中常会感觉色彩平淡，下面试着为画面填充高光效果。在拾色器中，选择白色绘制画面中的高光部分，为画面中较突出的亮度较高的部分添加高光，如图10-33所示。

（10）调整画面整体效果。在工具箱中选择“手型工具”，在工具属性栏中单击Fit on Screen（满画布显示）按钮，在画面显示为满屏状态后，观察并调整小苏珊的整体效果，并完成绘画，如图10-34所示。

图10–33　添加高光

图10–34　调整画面整体效果

10.4 波普艺术风格——我今天气色好吗

由艺术家Andy Warhol（安迪·沃霍尔）启发的波普艺术风格可以从Painter X中得到大胆的想象与尝试。Painter X中的Pattern（图案）是重复的色彩连续图像，并可以通过多种方式应用在画布上，这个技术可以创建出一系列富有变化的主题，可以用来处理自己的照片，由此获得一些生动有趣的效果，如图10-35所示。

（1）打开素材图像。选择File（文件）→Open（打开）命令，弹出Select Image（选取图像）对话框，打开光盘中素材\ Giraffe02.jpg文件，如图10-36所示。

图10–35　我今天气色好吗？

图10–36　打开源图像Giraffe02

（2）调整画布尺寸。选择Canvas（画布）→Canvas Size（画布尺寸）命令，在弹出的Canvas Size（画布尺寸）对话框中，在画布的四周各添加50像素，如图10-37所示。使源图像有边框效果，如图10-38所示。

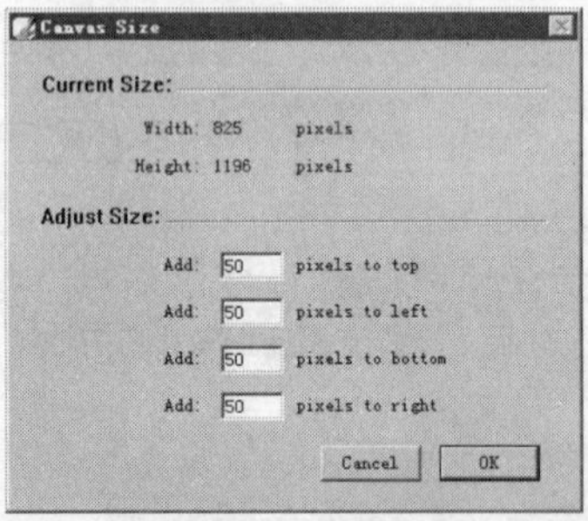

图10–37　Canvas Size （画布尺寸）对话框

图10–38　调整画布尺寸效果

（3）捕获源图像为图案。按快捷键Ctrl+A将画布全选，选择Window（窗口）→ Libraries Palettes（材质库）→Show Patterns（显示图案）命令，打开Patterns（图案）面板，然后单击Patterns（图案）面板右上角的三角图标，在弹出的图像选择器快捷菜单中选择Capture Pattern（获取图案）命令，弹出Capture Pattern（获取图案）对话框，如图10-39所示，为捕获的图案命名，单击OK按钮确认。

（4）调节图案缩放度。在Patterns（图案）面板中调节图案的缩放度，将默认的100%改为33%，如图10-40所示。

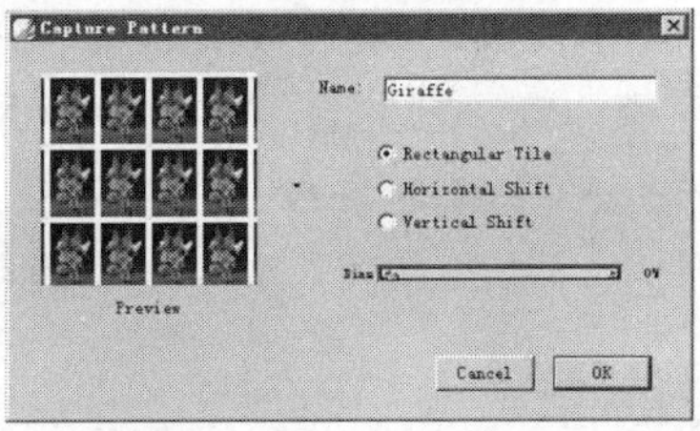

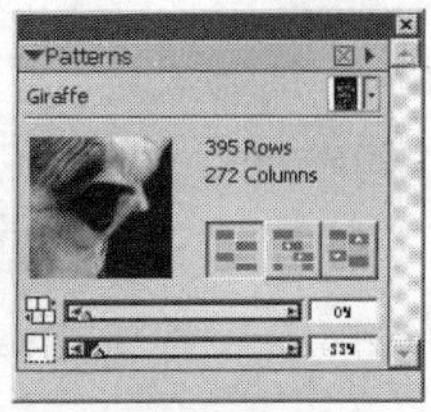

图10–39　Capture Pattern（捕获图案）对话框　　图10–40　调节图案的缩放度

（5）填充图案到画布。选择Effects（效果）→Fill（填充）命令，在弹出的Fill（填充）对话框中选择Fill With（填充为）Patterns（图案）选项，如图10-41所示。

（6）填充图案到画布效果。将图案填充到画布后，单击OK按钮，此时画布出现了排列整齐的图案效果，如图10-42所示。

（7）建立选区。选择工具箱中的“矩形选区工具”，将第一个图像建立选区，如图10-43所示。

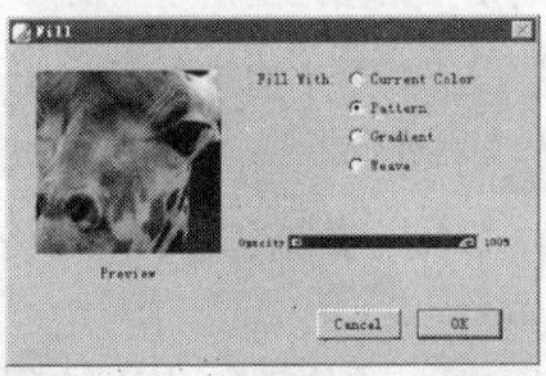

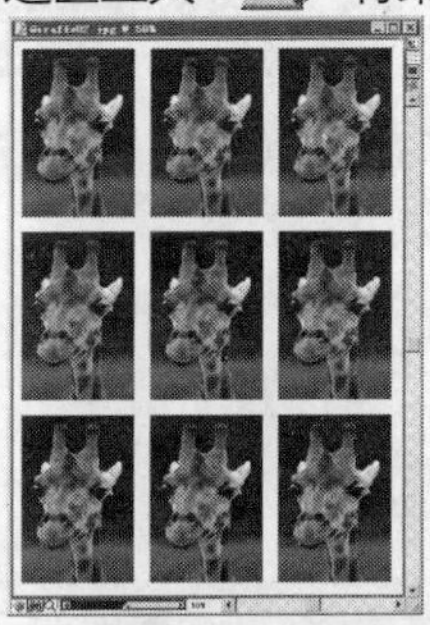

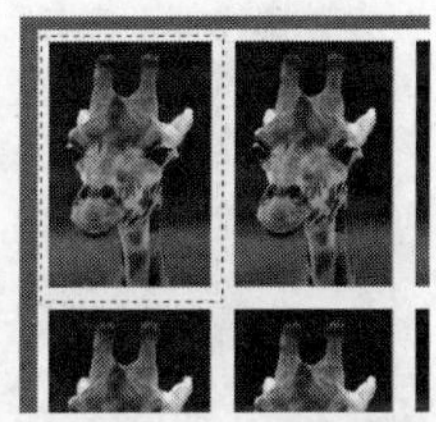

图10–41　选择填充图案　　图10–42　填充图案到画布效果　　图10–43　建立选区

（8）调整选区内的图像色彩。选择Effects（特效）→ Tonal Control（色彩控制）→ Adjust Color（调整色彩）命令，弹出Adjust Color（调整色彩）对话框。在Using（使用）列表中选择Uniform Color（统一色彩）的调整方式，将Hue Shift（色相位移）的滑条移到最左边值为-50%处；将Saturation（饱和度）的滑条移到最右边饱和度最大值139%处；将Value（亮度）设置为45%，如图10-44所示。

（9）调整选区内的图像色彩。选择工具箱中的“选区调整工具”，移动选区到第二个图像上，剩下的图像依次这样进行选取并对图像色彩进行调整。选择Effects（特效）→ Tonal Control（色彩控制）→ Adjust Color（调整色彩）命令，调整Hue Shift（色相位移）的滑标，对每个图像均向右调整10%的值，其他属性保持不变，如图10-45所示。

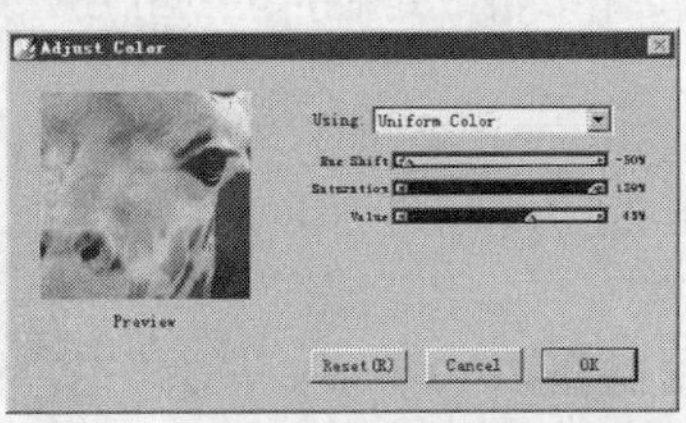

图10–44　调整选区内的图像色彩1　　图10–45　调整选区内的图像色彩2

（10）绘制笔触效果。按快捷键Ctrl+Shift+N新建一个图层。选择工具箱中的“画笔工具”，在笔刷选取栏中选择Pastels（色粉笔）中的Round Soft Pastels（圆头软粉笔），对各个图像的高光部分绘制笔触效果，这样可使图片有整体效果且生动，如图10-46所示。

（11）调整画布尺寸。选择Canvas（画布）→Canvas Size（画布尺寸）命令，在弹出的Canvas Size（画布尺寸）对话框中，将画布向上添加20像素，向左和向右各添加40像素，向下添加150像素，如图10-47所示。

（12）添加表面纹理效果。选择Effects（效果）→Surface Control（表面控制)→Apply Surface Texture（应用表面纹理）命令，弹出Apply Surface Texture（应用表面纹理）对话框。在Using（使用）列表框中选择Paper（纸张）添加表面纹理。将Amount（数量）设置为37%；将Picture（图像色彩量）设置为100%；完全显示光照下的颜色；将Shine（光泽）设置为17%；将Reflection（反射率）设置为0。单击Light Color（灯光颜色）的颜色框选择颜色值R：255、G：255、B：202的淡黄色为当前灯光的颜色，如图10-48所示。

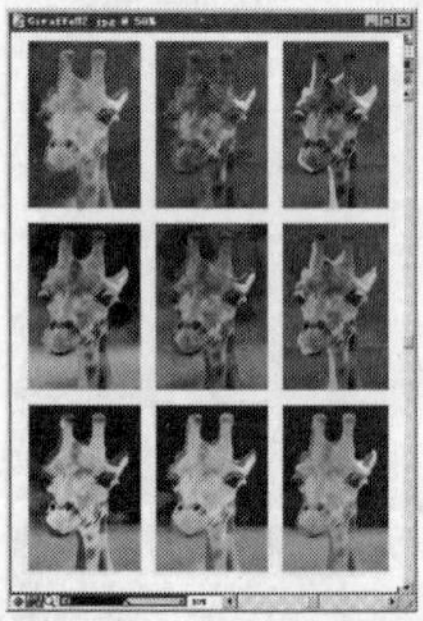
图10-46　添加笔触效果

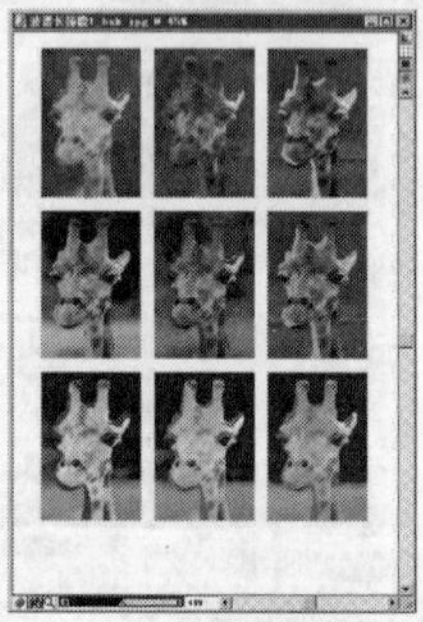
图10-47　调整图像尺寸

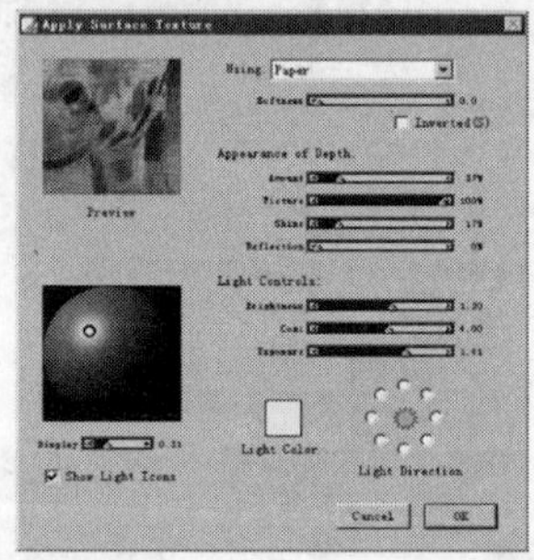

图10-48　设置添加表面纹理

（13）单击OK按钮完成表面纹理的添加，效果如图10-49所示。

（14）添加文本。选择工具箱中的“文本工具”T，输入“Am I in face today?”的字样。选择工具箱中的“图层调整工具”调整输入的文本位置。最后完成“我今天气色好吗”的最终效果，如图10-50所示。

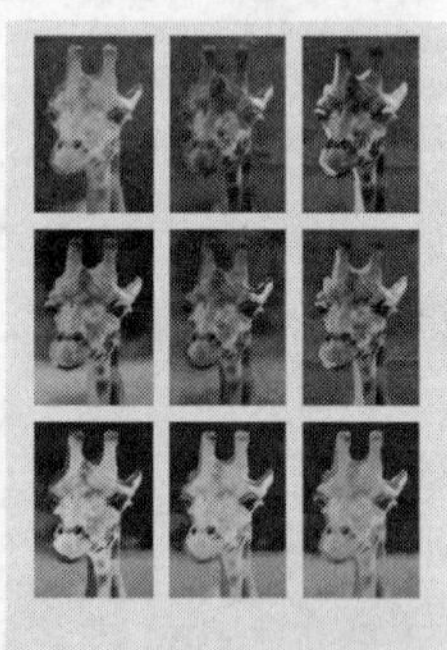
图10-49　添加表面纹理效果

图10-50　添加文本并完成

10.5 马赛克艺术风格——吉他手

镶嵌在古罗马建筑墙壁上的马赛克，如今也可以在Painter X中创建出漂亮且错综复杂的马赛克作品。运用表面纹理添加三维立体效果和灯光使马赛克作品更加逼真，效果如图10-51所示。

（1）打开素材图像。选择File（文件）→Open（打开）命令，弹出Select Image（选取图像）对话框，打开光盘中素材\Guitarist.jpg文件，如图10-52所示。

图10−51　吉他手

图10−52　打开源图像Guitarist

（2）调整图像对比度。选择Effects（特效）→ Tonal Control（色彩控制）→ Brightness/Contrast（亮度与对比度）命令，在弹出Brightness/Contrast（亮度与对比度）对话框中，移动◑图标对应的滑条，调整图像的明暗对比度，如图10-53所示。使图像色彩更加鲜明，效果如图10-54所示。

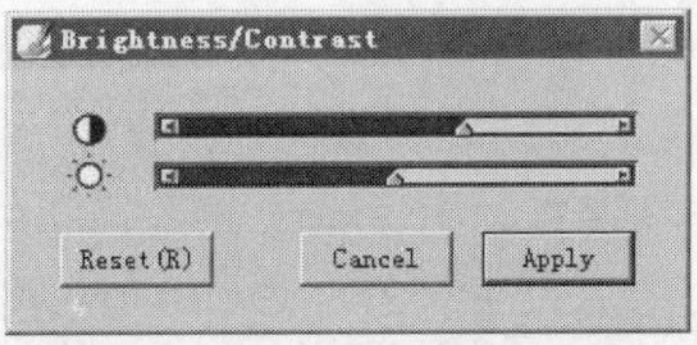

图10−53　Brightness/Contrast（亮度/对比度）对话框

图10−54　调整图像对比度效果

（3）克隆源图像。选择File（文件）→Quick Clone（快速克隆）命令，此时图像中自动生成一个克隆图像，如图10-55所示。

（4）存储文件。选择File（文件）→Save as（另存为）命令，将要绘制的图像保存为RIFF格式的文件。

（5）制作马赛克。选择Canvas（画布）→ Make Mosaic（制作马赛克）命令，弹出Make Mosaic（制作马赛克）对话框。在Make Mosaic（制作马赛克）对话框中勾选Use Tracing Paper（使用描图纸）复选框，如图10-56所示。

图10−55　快速克隆源图像

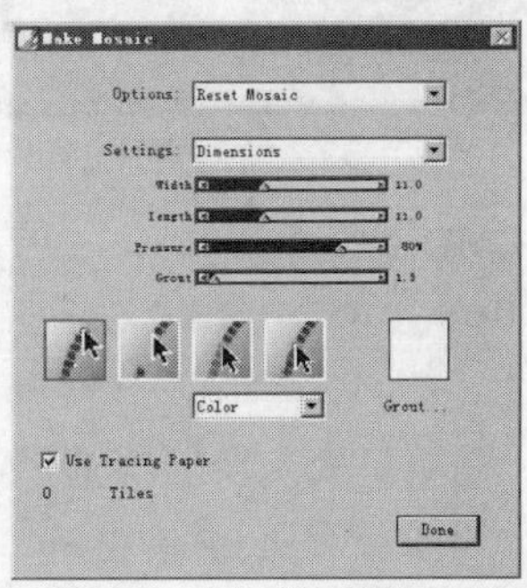

图10−56　选择使用描图纸选项

（6）启用克隆颜色。在Color（色彩）面板中单击克隆颜色的按钮，如图10-57所示。使马赛克的镶嵌外观从源图像中取色及整体定型。

（7）绘制女孩的马赛克。根据底层的半透明源图像开始绘制女孩部分的马赛克，在Make Mosaic（制作马赛克）对话框中对马赛克效果和外观属性进行设置。选择Dimensions（尺寸）选项后，将Width（宽度）设置为11，Length（长度）设置为11，Grout（灰浆）设置为1.5。单击Grout（灰浆）图标，在拾色器中选择颜色值R：31、G：31、B：31的灰色，单击确定更改灰浆颜色，完成马赛克属性的设置。接下来根据女孩的轮廓走势绘制女孩的马赛克，如图10-58所示。

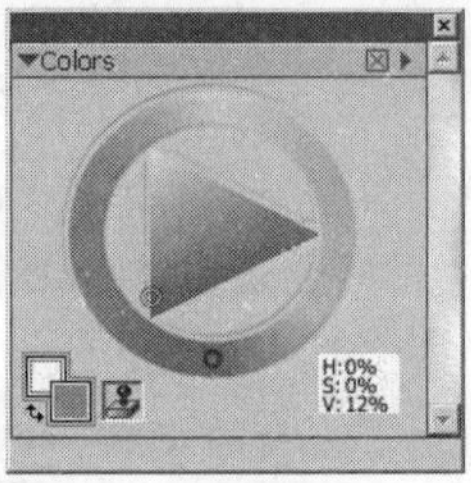

图10–57　选择克隆颜色

图10–58　绘制女孩的马赛克

（8）绘制吉他的马赛克。区别于女孩的轮廓转折，吉他的轮廓走势较为平缓。选择Dimensions（尺寸）选项后，将Width（宽度）设置为22，Length（长度）设置为22，Grout（灰浆）设置为1.5。用绘制女孩的马赛克方法对吉他部分绘制马赛克，如图10-59所示。

（9）绘制背景马赛克。在Make Mosaic（制作马赛克）对话框中，选择Dimensions（尺寸）选项，将Width（宽度）设置为26，Length（长度）设置为26，Grout（灰浆）设置为2，平铺整个画面的背景，如图10-60所示。

图10–59　绘制吉他的马赛克

图10–60　绘制背景的马赛克

（10）渲染马赛克瓦片为蒙版。在Make Mosaic（制作马赛克）对话框中，选择Render Tiles into Mosaic（渲染马赛克为蒙版）选项，单击Done按钮确认，如图10-61所示。

（11）查看马赛克蒙版。选择Window（窗口）→Show Channels（显示通道）命令，在Channels（通道）面板中单击Mosaic Mask眼睛图标，激活该选区面板。此时蒙版以红色显示，它精确地显示了马赛克泥浆所处的范围，如图10-62所示。

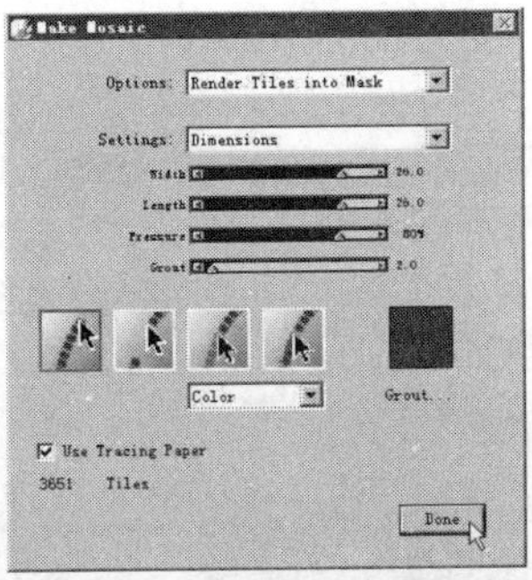

图10-61 渲染马赛克为蒙版

图10-62 查看马赛克蒙版

（12）将蒙版载入选区。选择Select（选择）→ Load Selection（载入选区）命令，在Load Selection（载入选区）对话框中选择Mosaic Mask选项，单击OK按钮确认，如图10-63所示。

（13）将选区隐藏。当将蒙版载入选区后，发现图像上闪动着密密麻麻的选区“蚂蚁线”，如图10-64所示。选择Select（选择）→ Hide Selection（隐藏选区）命令，这些“蚂蚁线”被隐藏。

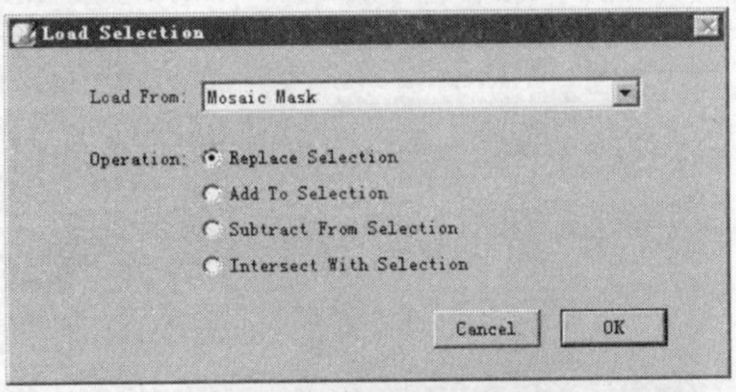

图10-63 将蒙版载入选区

注意此时当前的选区仍然处于被激活状态，只是隐藏了相关的视觉提示而已，并没有真正取消选区。

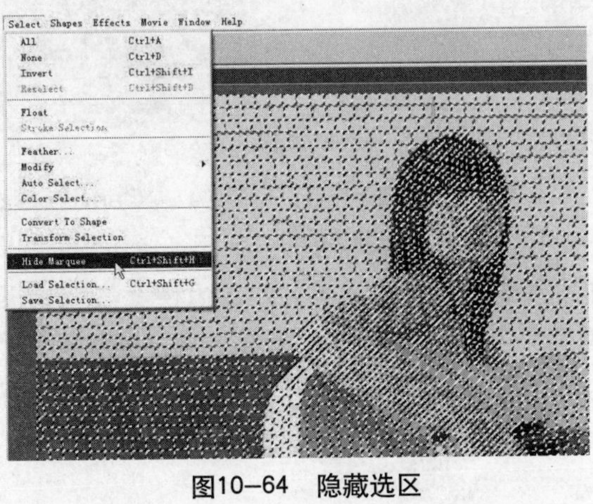

图10-64 隐藏选区

（14）赋予马赛克瓦片粗糙的纹理效果。选择Effects（效果）→Surface Control（表面控制)→Apply Surface Texture（应用表面纹理）命令，在弹出Apply Surface Texture（应用表面

纹理）对话框中对马赛克蒙版表面进行设置。在Using（使用）选项中选择Paper（纸纹）选项，在纸纹选择器中选择Fine Hard Grain（精细硬质颗粒纸），如图10-65所示。单击OK按钮应用表面纹理，为马赛克瓦片赋予粗糙的纹理效果，如图10-66所示。

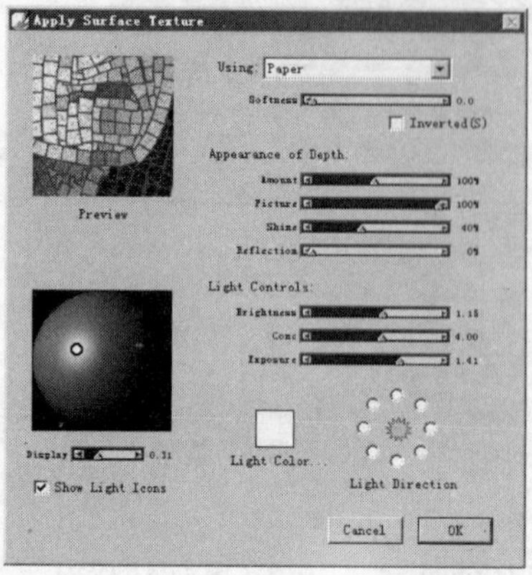

图10–65　赋予马赛克瓦片粗糙的纹理

图10–66　赋予马赛克瓦片粗糙的纹理效果

（15）赋予马赛克瓦片三维立体效果。选择Effects（效果）→Surface Control（表面控制)→Apply Surface Texture（应用表面纹理）命令，在弹出的Apply Surface Texture（应用表面纹理）对话框中对马赛克蒙版表面进行设置。在Using（使用）选项中选择Mosaic Mask（马赛克蒙版）选项，调整Softness（柔和）滑条将数值设置为2.3，如图10-67所示，单击OK按钮确认效果。此时画面产生了如同真正马赛克瓷砖质感的三维立体效果，如图10-68所示。

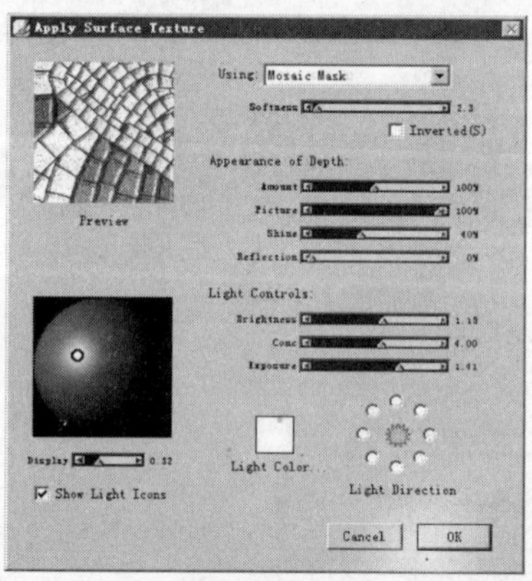

图10–67　使用马赛克蒙版应用表面纹理

图10–68　赋予马赛克瓦片三维立体效果

（16）调整画布尺寸添加边框。选择Canvas（画布）→Canvas Size（画布尺寸）命令，在弹出的Canvas Size（画布尺寸）对话框中，将画布向四周各增加50像素，如图10-69所示。

（17）添加图像的边框效果。选择工具箱中的“魔棒工具”，选取增加的边框。然后选择工具箱中的“喷漆桶工具”。在喷漆桶工具的属性栏中单击Fill（填充），效果如图10-70所示。在Weaves（织物面板）下拉列表中选择一个织物素材Star Maze（星形迷宫），将边框填充成织物效果，完成“吉他手”的绘制。

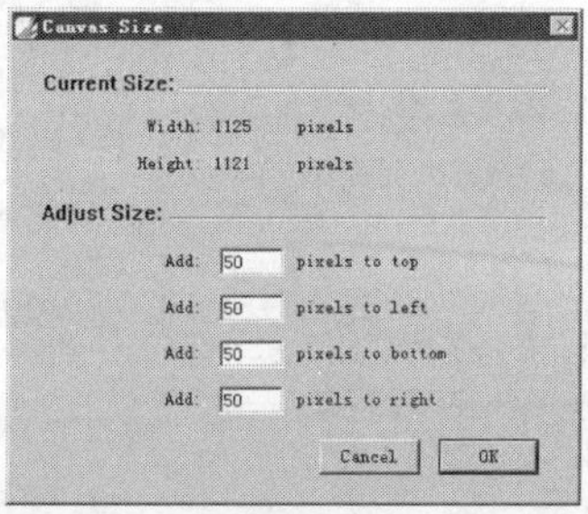

图10–69　调整画布尺寸添加边框

图10–70　添加图像的边框效果

10.6 创意插画——秘密花园

下面通过如图10-71所示的简单创意插画作品来巩固基本绘画技巧。

（1）新建文件。选择File（文件）→New（新建）命令，在弹出的New（新建）对话框中设置新建文件的大小，如图10-72所示。设置完成后单击OK按钮。

图10–71　秘密花园

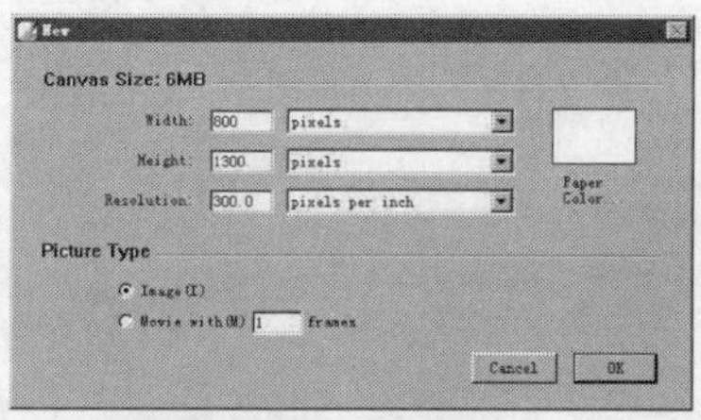

图10–72　新建文件

（2）用直线起稿。在工具箱中选择“画笔工具”，在笔刷选取栏中选择Pencils（铅笔）中的2B Pencil（2B铅笔）笔刷，为构思的场景和人物设定一个大概位置，使用直线确定各部分的大致位置，如图10-73所示。

（3）绘制轮廓线。在直线的基础上刻画女孩的头和躯干部分的位置，以及整个场景动作形态的走向，如图10-74所示。

图10–73　用直线起稿　　　　图10–74　绘制轮廓线

（4）细致绘制女孩轮廓。根据以上设定的动作形态，描绘女孩的轮廓线。类似于女孩的速写，将女孩由头至脚勾勒出流畅的线条，如图10-75所示。

（5）绘制女孩。将女孩放大检查细节上的不足，并随时将画面缩小来查看大关系，如图10-76所示。

（6）描绘环境场景。将画面缩放为满屏模式，将整副画面的场景勾画一遍。根据自己的视觉感在画面中的“墙”的后面部分，绘制出一些层叠的房屋效果，并描绘女孩脚下的地面，如图10-77所示。

图10–75　绘制女孩轮廓　　图10–76　绘制女孩轮廓　　图10–77　描绘环境场景

（7）描绘女孩底色。新建一个图层，选择Oils（油画笔）笔刷变体中的Detail Oils Brush 10（细节油画笔10号）笔刷。在该图层中选择女孩的衣服颜色为女孩铺底色，也就是为女孩的衣服及头发、皮肤上色，如图10-78所示。在这里设定的颜色为，头发（R：22、G：12、B：1）、皮肤（R：255、G：240、B：216）、外套衣服（R：0、G：180、B：150）、衬衣（R：182、G：121、B：182）、裤子（R：177、G：154、B：177）、背包（R：185、G：170、B：80）。

（8）大面积的铺背景色。新建一个图层作为背景图层，绘制背景的大色块，使女孩实实在在存在于所描绘的环境中。在女孩的身后墙面绘制出阴影部分，如图10-79所示。

（9）刻画头发细节。选择头发颜色（R：22、G：12、B：1）的几个明度和饱和度变化的颜色值，用Detail Oils Brush 10（细节油画笔10号）笔刷并将笔刷调小，根据头发的走向细致刻画头发细节，如图10-80所示。

（10）描绘女孩衣物褶皱。前面介绍过明暗对比在一幅画面中起到了至关重要的作用，一幅画中只有有了明确的明暗对比关系才能看出这幅画的前后关系。选择Oils（油画笔）中的Detail Oils Brush 10（细节油画笔10号）笔刷，将画笔笔刷调大描绘出女孩衣服的褶皱和背包的转折面，如图10-81所示。

（11）绘制女孩衣物细节。由上到下排列，为女孩的裤子及鞋子部分刻画出转折面及细节部分，如图10-82所示。

（12）设置当前纸张纹理。接下来要表现墙面粗糙感，这里设置当前的纸张纹理。单击选择纸纹选择器，在打开的纸纹库中选择Rough Charcoal Paper（粗颗粒炭画纸）纸纹作为当前的纸纹，如图10-83所示。

图10-78　描绘女孩底色

图10-79　大面积的铺背景色

图10-80　刻画头发细节

图10-81　描绘女孩衣物褶皱

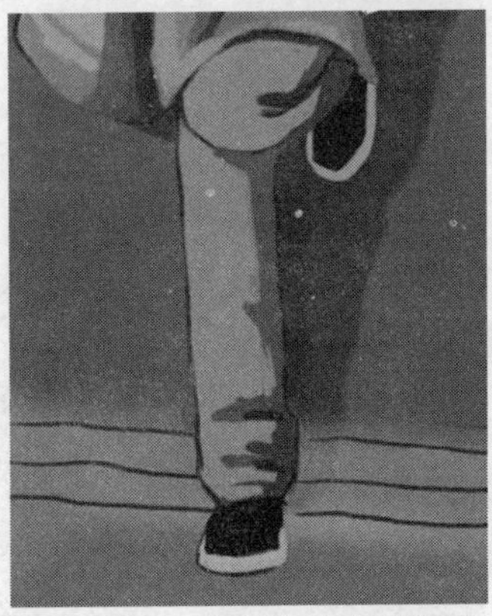

图10-82　绘制女孩衣物细节

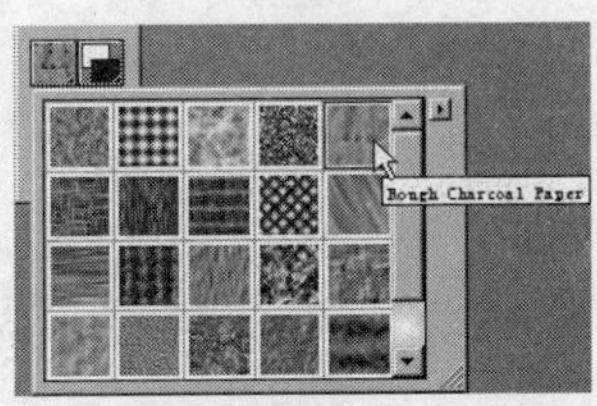

图10-83　设置当前纸张纹理

（13）绘制墙面粗糙感。在笔刷选择栏中选择Charcoal（炭笔），将画笔笔刷的尺寸调到60，按住Alt键吸取墙面颜色，在色彩面板中选择吸取颜色范围偏深红的颜色（R：158、G：64、B：27）来大面积平涂出墙面的粗糙感，如图10-84所示。

（14）沿直线绘制出横向砖缝。在笔刷选择栏中选择Charcoal（炭笔）中的Dull Charcoal Pencil（钝头炭铅笔）来绘制墙面的砖缝，在色彩面板中设置当前的颜色为偏红的灰色（R：

90、G：77、B：70），单击笔刷属性栏中的沿直线绘画按钮，绘制出墙面横向的砖缝，如图10-85所示。

（15）绘制纵向砖缝。绘制完横向的砖缝后，就很容易画出整个纵向砖缝的感觉了，沿着墙砖的走势绘制出纵向砖缝，这样整个墙砖的感觉就出来了，如图10-86所示。

图10-84　绘制墙面粗糙感

图10-85　沿直线绘制出横向砖缝

图10-86　绘制纵向砖缝

（16）绘制墙面苔藓和地面。在笔刷选择栏中选择Airbrushes（喷笔）中的Pixel Spray（像素喷笔）中的Cover Pencil（覆盖铅笔）笔刷，在色彩面板中选择深绿色（R：35、G：80、B：30）在墙面接近地面处喷涂出苔藓。喷涂时可以选取色彩面板中深绿色附近的颜色值来喷涂出层次感，如图10-87所示。

（17）绘制一朵小花。为了使画面更活泼，按快捷键Ctrl+Shift+N新建一个图层，在笔刷选取栏中选择Oils（油画笔）中的Detail Oils Brush 10（细节油画笔10号）笔刷，将画笔笔刷尺寸调小，绘制一朵小花，如图10-88所示。颜色分为花冠颜色（R：255、G：80、B：68）、花茎颜色（R：36、G：164、B：28）、叶子颜色（R：13、G：85、B：9）。

图10-87　绘制墙面苔藓和地面

图10-88　绘制一朵小花

（18）细致描绘远景中的窗户。为窗户添加一种图案效果使画面显得更活泼，如图10-89所示。添加玻璃（R：206、G：227、B：236）、图案（R：255、G：255、B：255）、窗框（R：228、G：56、B：61）。

（19）为远景添加趣味效果。利用一些自由变化的线条来营造一种神秘的气氛，在线条的颜色部分，尽量选择活泼的颜色，如粉红、粉蓝等，如图10-90所示。

图10–89 细致描绘窗户

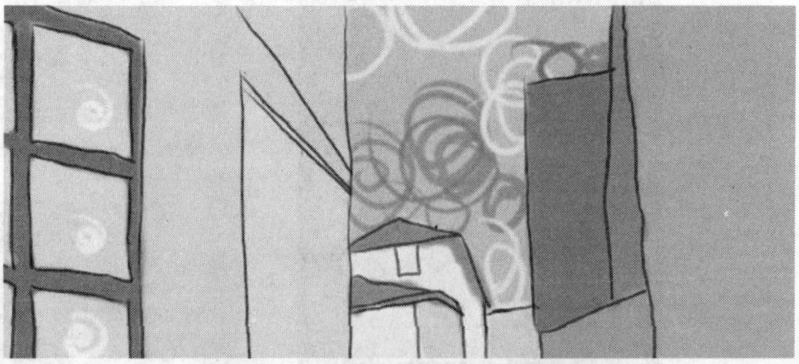
图10–90 为远景添加趣味效果

（20）调整各部分细节并完成绘画。使用不同部分不同种类的笔刷将整个画面的细节进行调整并最终完成画面效果，如图10-91所示。

图10–91 调整各部分细节并完成绘画

10.7 拼贴画——跑！跑！跑！

拼贴画是一种把多重元素整合在一起的艺术表现形式，传统的做法是将不同的材质（如纸张、织物和木材）混合堆积在一个表面上，形成拼贴效果。现在有了Photoshop和Painter X这样强大高效的创作工具，在数字画布上就可以整合不同对象，使创作变得更加简便。下面通过如图10-92所示作品学习如何用Painter X实现拼贴画的技法。

（1）搜集图片素材。在确定了创作的主题后，需要收集和整理图片的素材资料。这里的图片资料是指各种类型的素材，并不仅仅是照片，而是任何可以表现主题的元素，如图10-93所示。

图10-92　跑！跑！跑！

图10-93　搜集图片素材

（2）确认主体图像。在一个画面中，很容易把多重的图像元素搞得七零八落。拼贴画创作更是如此，因此创建出一幅主次分明的绘画作品很具有挑战性，需要充分考虑到应该如何去牢牢地抓住观众的视线，并能够顺理成章地讲述整个画面中的故事。这里将图10-93所示的图片作为主体图像。选择File（文件）→Open（打开）命令，弹出Select Image（选取图像）对话框，打开光盘中素材\Running man.jpg文件，如图10-94所示。

（3）调整画布尺寸。画布的面积尺寸决定了主体图片在画布上的比例位置，也就是画布应该设置多大的尺寸来搭配主体图像。在Painter X中打开要确定的主体图像后，选择Canvas（画布）→Canvas Size（画布尺寸）命令，在弹出的Canvas Size（画布尺寸）对话框中，将画布向上增加600像素、向左增加500像素、向下增加0像素、向右增加100像素，如图10-95所示。

图10-94　确认主体图像

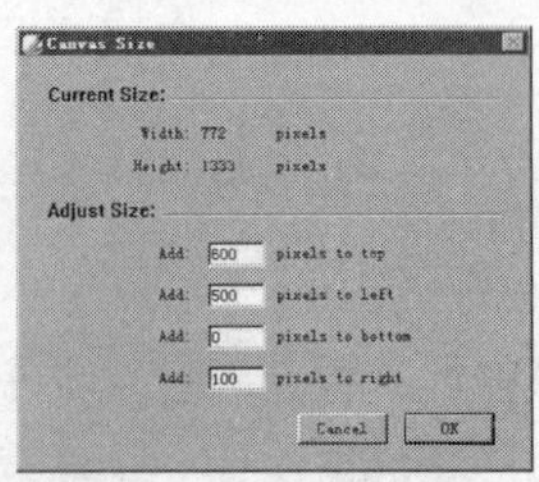

图10-95　Canvas Size（画布尺寸）对话框

（4）确认画布尺寸。单击OK按钮确认调整后的画布尺寸，如图10-96所示。此时画布的主图像位于画布的右下方。

（5）克隆源图像。选择File（文件）→Quick Clone（快速克隆）命令，按快捷键Ctrl+Shift+N新建图层。在工具栏中选择“画笔工具”后，在笔刷选取栏中选择Acrylics（丙烯）中的Captured Bristle（分叉毛笔）笔刷，在色彩面板中单击“克隆”按钮，将当前使用的颜色设置为克隆色。透过描图纸所提供的参照将图像中正在奔跑的人用该笔刷克隆到新画布中，如图10-97所示。

（6）存储新文件。选择File（文件）→Save as（另存为）命令，将要绘制的图像保存为RIFF格式的文件。

（7）细致描绘人物形象。在利用Captured Bristle（分叉毛笔）笔刷粗略克隆图像源后，在笔刷选取栏中选择Acrylics（丙烯）中的Dry Brush 10（干画笔10号）笔刷，利用该笔刷细致描绘人物的面部表情及衣服的转折和手部的图像，如图10-98所示。

图10–96 确认画布尺寸

图10–97 克隆源图像

图10–98 细致描绘人物形象

（8）选择夜空为背景图层。在Painter X中打开一张素材图像作为图像的背景图层，选择File（文件）→Open（打开）命令，弹出Select Image（选取图像）对话框，打开光盘中素材\Night.jpg文件，如图10-99所示。

（9）将图层复制于图像中。在夜空的图像中按快捷键Ctrl+A全选图像，按快捷键Ctrl+C复制图像。打开Run run run.rif文件，按快捷键Ctrl+V将夜空图像复制于正在创作的拼贴画图像中。此时Night.jig文件作为一个新的图层被粘贴在当前文件的画布层上。

（10）调整图层在画布中的位置。确认夜空的图层在Layers（图层）面板中为选中状态，选择Effects（特效）→ Orientation（方向）→ Free Transform（自由变形）命令或按快捷键Ctrl+Alt+T，此时图层上出现8个控制点，通过这些控制点可以调整图层的大小和形状，如图10-100所示。在Layers（图层）面板中将夜空图层置于画布图层的上方，也就是所有图层的最底下，确保该图层为图像中的背景图层。

图10–99 选择夜空为背景图层

图10–100 调整图层在画布中的位置

（11）设置图层特效参数调整人物图层。此时克隆的夜空下的人物颜色好像不是在同一个环境下发生的，此时需要调整人物的颜色及光源。选择Effects（效果）→Surface Control（表面控制）→Apply Surface Texture（应用表面纹理）命令，弹出Apply Surface Texture（应用表面纹理）对话框，在弹出的对话框中将该图像的参数进行调整，如图10-101所示。

（12）调整人物图层。调整完成应用表面纹理的参数后，单击OK按钮确认，如图10-102所示。此时观察正在奔跑中的人物已经融入了这个环境中。

（13）选择素材图像并建立选区。在Painter X中打开一张素材图像作为图像的素材图层，选择File（文件）→Open（打开）命令，弹出Select Image（选取图像）对话框，打开光盘中素材\Flying gril.jpg文件。在工具箱中选择“套索工具”，使用“套索工具”在女孩的部分圈选一个大致的选区。选择Select（选择）→Feather（羽化）命令，如图10-103所示。

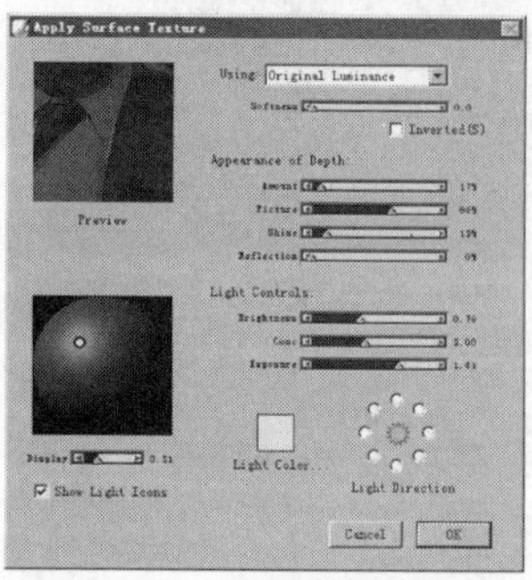

图10-101　设置图层特效参数

图10-102　调整人物图层

图10-103　选择素材图像并建立选区

（14）将素材图像中的选区羽化。在Feather（羽化）对话框中，设定羽化值为20像素，用来获得一个柔和边界的选区，如图10-104所示。

（15）将素材图层复制于图像中。按快捷键Ctrl+C对当前的选区执行复制操作，回到Running.rif文件的操作中，按快捷键Ctrl+V将选区复制于图像中。把粘贴生成的新图层移动到合适的位置上，如图10-105所示。

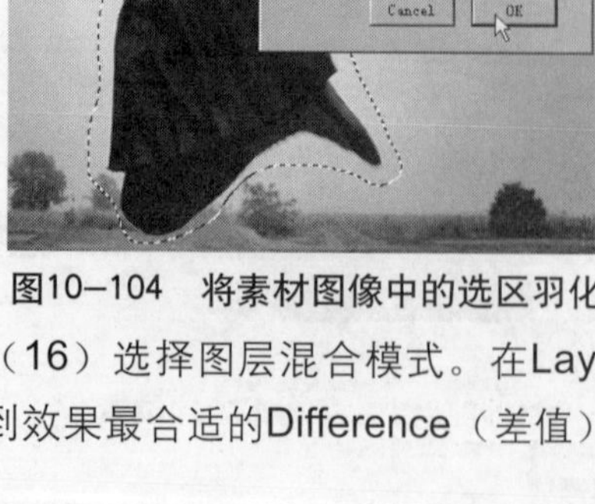

图10-104　将素材图像中的选区羽化

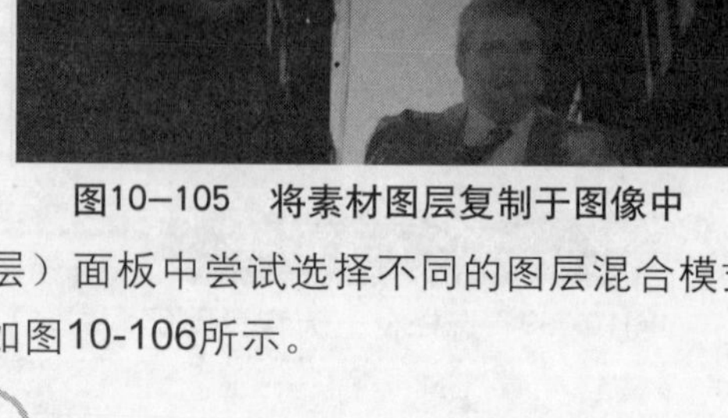

图10-105　将素材图层复制于图像中

（16）选择图层混合模式。在Layers（图层）面板中尝试选择不同的图层混合模式，最后找到效果最合适的Difference（差值）模式，如图10-106所示。

（17）添加素材图层并将图层混合。在Painter X中打开一张素材图像作为图像的素材图层，选择File（文件）→Open（打开）命令，弹出Select Image（选取图像）对话框，打开光盘中素材\Text.jpg文件。用同样的方法将其粘贴到图像中，调整好素材图层的位置后，在Layers（图层）面板中选择一种图层混合模式，这里选择Overlay（叠加）混合模式，如图10-107所示。

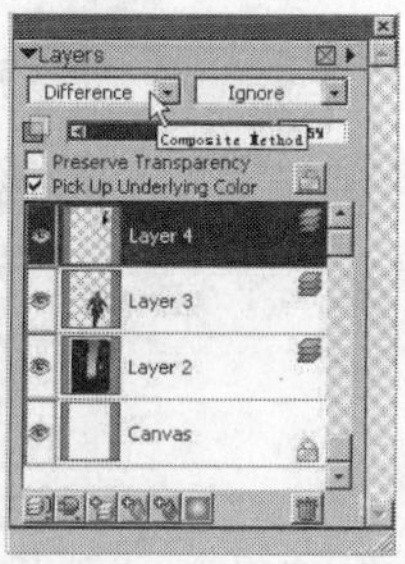

图10–106 选择图层混合模式

图10–107 添加素材图层并将图层混合

（18）绘制新素材。按快捷键Ctrl+Shift+New新建图层，在工具栏中选择“画笔工具”后，在笔刷选取栏中选择Pencils（铅笔）中的Cover Pencil（覆盖铅笔）笔刷，在图像的右下角绘制一只老鼠，如图10-108所示。

（19）调整图像光源。选择Effects（效果）→Surface Control（表面控制）→Apply Surface Texture（应用表面纹理）命令，弹出Apply Surface Texture（应用表面纹理）对话框，在弹出的对话框中将该图像的参数进行调整，将光源颜色调整为红色，如图10-109所示。

图10–108 绘制新素材

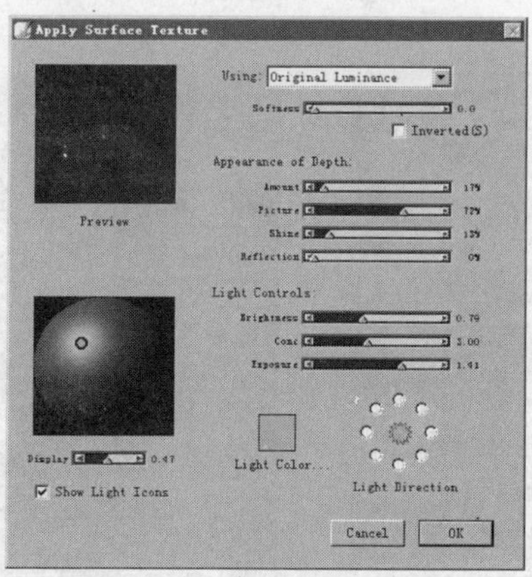

图10–109 调整图像光源

（20）调整素材图层。调整到满意的效果后，单击OK按钮确定。此时添加并设置各个图层在图像中的状态，如图10-110所示。

（21）添加并设置文本。在工具箱中选择文本工具在图像中输入文本，选择Window（窗口）→Show Text（显示文本）命令，在Text（文本）面板中对输入的文本进行调整，调整参数如图10-111所示。

图10–110　调整素材图层

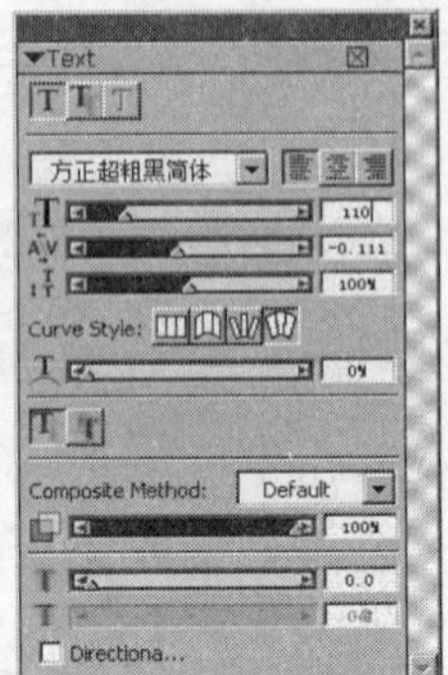

图10–111　添加并设置文本

（22）调整文本图层。在工具箱中选择图层“调整工具”，将文本层移到合适位置，如图10-112所示。单击Layers（图层）面板右上角的三角按钮，在弹出的级联菜单中选择Convert to Default Layer（转换为普通图层）命令，将文本图层转换为普通图层，这样做便于修改。在混合模式菜单中尝试选择不同的图层混合模式，最后找到效果最合适的Overlay（叠加）模式，如图10-113所示。

（23）添加笔触效果并完成绘画。按快捷键Ctrl+Shift+N新建图层，使用观察和克隆源参考的方式自由绘画。在确定了几笔基本的大关系后沿着奔跑的男人轮廓使用疏松、自由、活泼的笔触自由绘制线条笔触。选择活泼跳跃的色彩，这里使用Gouache（水粉笔）中的Detail Opaque（不透明细节画笔）和Airbrushes（喷笔）中下Pixel Spray（像素喷笔）中的Cover Pencil（覆盖铅笔）笔刷，添加笔触效果并完成绘画，如图10-114所示。

图10–112　调整文本图层

图10–113　将图层混合

图10–114　添加笔触效果